"十三五"国家重点出版物出版规划项目

制造系统建模与仿真

第 3 版

苏　春　编著
李小宁　主审

机械工业出版社

系统建模与仿真是利用模型来分析、评价和优化系统性能的相关技术的总称。目前，该技术已经广泛应用于企业选址、车间布局、系统规划设计、新产品研发与性能分析、生产计划与调度、物流系统设计、供应链管理等领域。

　　本书以机械制造系统、物流系统等作为主要研究对象，在分析系统和制造系统定义、组成与特点的基础上，介绍系统建模与仿真的概念和原理，阐述制造系统建模与仿真的模型元素、建模方法及其应用步骤，分析系统建模与仿真中的关键技术，介绍主流仿真软件的功能、特点及其使用流程。书中提供了多个制造（生产）系统建模与仿真的研究案例，并配有丰富的思考题和习题。

　　本书系统地阐述了系统建模与仿真的概念、原理与方法，通过案例展现了系统建模与仿真技术的功能及其应用。本书可以作为机械工程、工业工程、物流工程、系统工程以及管理工程等专业本科生及研究生教材，也可供制造系统设计、新产品研发、企业运营管理、设施规划等领域的技术人员和管理人员参考。

　　本书入选"十三五"国家重点出版物出版规划项目（现代机械工程系列精品教材）。

图书在版编目（CIP）数据

制造系统建模与仿真/苏春编著．—3 版．—北京：机械工业出版社，
2019. 3（2024. 6 重印）
"十三五"国家重点出版物出版规划项目
ISBN 978-7-111-62084-6

Ⅰ. ①制…　Ⅱ. ①苏…　Ⅲ. ①机械制造-系统建模-高等学校-教材
②机械制造-计算机仿真-高等学校-教材　Ⅳ. ①TH16

中国版本图书馆 CIP 数据核字（2019）第 034636 号

机械工业出版社（北京市百万庄大街22号　邮政编码100037）
策划编辑：裴　泱　责任编辑：裴　泱　李　乐　刘丽敏
责任校对：张晓蓉　封面设计：张　静
责任印制：张　博
北京建宏印刷有限公司印刷
2024 年 6 月第 3 版第 4 次印刷
184mm×260mm・18. 75 印张・477 千字
标准书号：ISBN 978-7-111-62084-6
定价：44. 90 元

电话服务　　　　　　网络服务
客服电话：010-88361066　机　工　官　网：www.cmpbook.com
　　　　　010-88379833　机　工　官　博：weibo. com/cmp1952
　　　　　010-68326294　金　书　网：www. golden-book. com
封底无防伪标均为盗版　机工教育服务网：www.cmpedu. com

前　言

　　制造业是国民经济的支柱产业，而制造系统是制造业的基本构成单元。在制造系统数量、从业人员数量以及产业规模等层面，我国已经成为世界制造业大国。但是，由于在制造系统的规划设计、性能参数设置以及运营管理等方面存在诸多问题，众多制造系统的运行效率低下、经济效益不高，在经济全球化环境下缺乏足够的竞争力。近年来，实现从"制造大国"向"制造强国"转变成为各级政府、企业和学术界共同关注的话题。

　　仿真是一种基于模型的活动，它通过对系统模型的试验达到分析与研究系统的目的。建模与仿真技术可以再现系统动态行为、分析系统配置及参数是否合理、预测瓶颈工位、判断系统性能是否满足规定要求，为制造系统的设计和运行提供决策支持。目前，系统建模与仿真技术已经广泛用于企业选址、制造系统设计、产品研发与性能优化、生产计划与调度、供应链管理等领域，成为提升制造系统性能的有效手段。

　　本书以机械制造系统、物流系统和服务系统等离散事件系统为研究对象，在分析系统定义和特征的基础上，阐述系统建模与仿真的概念、原理和方法，介绍主流系统建模与仿真软件的功能、特点及其应用。本书既提供了完整的系统建模与仿真体系架构，也注重理论方法与工程应用的结合。在相关章节，分别以制造系统、物流系统以及服务系统为对象，给出了多个仿真研究案例。

　　全书共分为七章。第1章介绍系统与制造系统的定义、组成与特点，系统建模与仿真的相关概念，并给出系统建模与仿真应用案例。第2章讨论离散事件系统建模与仿真中的共性问题，分析离散事件系统的模型分类、元素组成以及仿真模型结构，阐述系统建模中常用的思维方法。第3章介绍系统建模与仿真中随机变量、随机分布、随机分布的数字特征等概念，论述随机数和随机变量的生成原理。第4章以制造系统为对象，介绍系统建模的主要方法，包括马尔可夫过程、Petri网建模理论、排队系统模型以及库存系统模型等，并给出系统建模与分析案例。第5章分析仿真程序和仿真软件架构，介绍常用的仿真调度策略和仿真时钟推进机制，阐述蒙特卡洛仿真和系统动力学仿真的基本原理，给出仿真应用案例。第6章简要介绍系统建模与仿真的校核、验证与确认的概念和基本方法。第7章阐述仿真语言和仿真软件的分类及其发展历程，介绍主流系统建模与仿真软件的功能、特点及其应用领域；以ProModel软件为重点，分析软件的模型元素和建模、仿真流程，并以板材加工柔性制造系统、汽车发动机再制造生产线、柔性作业车间生产调度、再制造系统动态瓶颈分析为例，给出多个制造系统建模、仿真与优化研究案例。

本书由东南大学苏春编著，由南京理工大学李小宁教授主审。 教材的编写工作得到了东南大学教务处立项支持，并入选国家新闻出版广电总局"十三五"国家重点出版物出版规划项目。 部分研究内容受到国家自然科学基金项目和江苏省"六大人才高峰"项目资助，研究生沈戈、王圣金、黄茜、卢山、邹小勇、王胜友、安政、曹白雪、许爱娟、付叶群、施杨梅等在制造系统建模与仿真案例研究中做出了贡献，在此谨表感谢。 在教材编写过程中参考了大量文献，在此谨向原文献作者表示感谢。

　　系统建模与仿真研究领域宽广、研究内容丰富，并且是一门快速发展中的新兴学科。 由于作者水平有限，书中难免有不足和错误之处，敬请读者批评指正。

苏　春

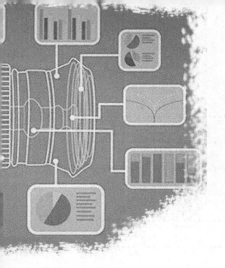

目　　录

第 1 章
绪　论

1.1　系统与制造系统

1.1.1　系统的定义

在与自然界的交往中，人类逐步认识到客观世界的系统性，并自发地产生了系统（System）的思想。古希腊哲学家德谟克利特（Democritus，约前460—前370）在其著作《世界大系统》中就有关于系统的论述："任何事物都是在联系中显现出来的，都存在于系统中，系统联系规定了每一个事物，而每一个联系又能反映系统联系的总貌。"

中华文明源远流长，博大精深。我国古代也有不少朴素的系统思想，并为后人留下以系统观点认识生命规律和改造自然的宝贵财富。《黄帝内经》是中国古代关于天地万物和生命规律的百科全书，也是我国最早的医学典籍。《黄帝内经》系统地阐述了天体运行的阴阳规律、万物生成的五行规律，并将阴阳五行规律应用于人体。它以生命规律和医疗理法为中心，涵盖人体结构、生理、病理、诊断、治疗和药学等内容，强调以自然之法治人、自外而知内、从显而知微，秉承同类相似、整体与局部相似、宏观与微观相似、人与宇宙相似的广义相似律，集中体现了"因人而异，辨证施治"的系统思想，建立了阴阳五行、脉象、藏象、经络、病因、病机、病症、诊法、论治、养生、运气等中医学说，形成集自然、生物、心理和社会于一体的整体医学模式，成为中医学的元始经典。

系统工程思想在我国古代的工程项目建设中也得到了完美应用。都江堰水利工程就是系统思想的典型应用。公元前256年，蜀郡太守李冰父子组织建造都江堰工程，它主要由"鱼嘴""宝瓶口"和"飞沙堰"等三部分组成（见图1-1）。"鱼嘴"因其形如鱼嘴而得名，它将汹涌的岷江分隔成外江和内江，是都江堰的分水工程。其中，外江为岷江主流，主要用于排洪；内江江水通过宝瓶口流入成都平原，主要用于灌溉。"宝瓶口"是在玉垒山上人工开凿的一个山口，因形状酷似瓶口而得名，它的功能是将岷江水引入成都平原并且控制进入内江的水量。"飞沙堰"具有泄洪和排沙功能。当内江水量超过宝瓶口流量的上限时，多余的水便从飞沙堰自行溢出；如遇特大洪水，飞沙堰

图 1-1　都江堰水利工程的系统组成

1

还会自行溃堤，让内江的水回归到外江，即岷江主流。此外，当江水超过飞沙堰的顶部时，洪水中夹带的泥沙便会流入外江，以避免宝瓶口水道和内江的淤塞。都江堰工程巧妙地利用地形，科学地解决了江水自动分流、泥沙自动排除和进水流量自动控制等难题，起到了"行水灌田，防洪抗灾"的功效。

都江堰工程渠道总长1165km，共有520多条支渠、2200多条分渠，灌溉农田面积达300多万亩。据《史记》记载，都江堰工程使成都平原"水旱从人，不知饥馑，时无荒年，天下谓之'天府'也"。都江堰是系统工程思想的典型应用，使成都平原获得"天府之国"的美誉，成为世界水利工程史上的创举。

我国著名科学家、"工程控制论"创始人、系统科学重要奠基人钱学森（1911—2009）院士指出：系统是由相互作用、相互依赖的若干组成部分结合而成、具有特定功能的有机整体，而且这个有机整体又是它从属的更大系统的组成部分。系统具有以下特点：

1）系统是由两个或两个以上要素组成的整体。需要指出的是，系统和要素是一组相对的概念，它取决于研究对象组成及其功能。

2）系统构成要素之间具有一定的联系和内在关系，并且在系统内部形成特定的结构。结构（Structure）就是组成系统的诸要素之间相互关联的方式。

3）系统具有边界（Boundary）。边界确定了系统的范围（Scope），并将系统与周围的环境（Environment）区别开来。系统与环境之间存在一定的物质、能量和信息交流。通常将环境对系统的作用称为系统的输入（Input），而将系统对环境的作用称为系统的输出（Output）。与系统和要素之间的关系相似，系统和环境也是两个相对的概念。

系统运行过程通常会受到外部环境中各种因素的影响。以制造企业为例，企业的采购计划、生产计划、运营调度、物料配送、产品营销等活动会受到国家政策、社会治安状况、极端天气、客户需求、原材料供应、季节等因素影响，存在一定的随机性和不确定性。

4）系统具有特定的功能和具体的运作目标，有存在的价值和必要性。

图1-2所示为某汽车装配线的局部。汽车装配线是由零部件、装配工具、物流设备、信息、能源、技术人员、管理人员、操作工人、技术要领、操作规范等要素构成的复杂制造系统。各要素之间相互影响、相互制约、密切关联，共同服务于汽车装配这一目标。系统中任一参数或环境因素的变化都会改变装配线的状态和性能，某些要素故障甚至会导致整条装配线瘫痪，给企业带来重大的经济损失。要保证装配线高效运行，实现系统结构、参数或性能的优化，需要从系统层面科学地设定系统功能、确定系统的组成要素，统筹考虑系统对环境的要求和环境对系统性能的影响。

图1-2 某汽车装配线的局部

1.1.2 制造系统及其组成

根据系统状态是否随时间变化而连续发生改变，可以将系统分为连续系统（Continuous System）和离散事件系统（Discrete Event System）。

连续系统是指系统状态和性能随时间发生连续性变化的一类系统。电力系统的用电需求、炼油厂和自来水厂单位时间产量等系统的状态具有连续性，此类系统为连续系统。图 1-3 所示为某地区的用电负荷变化曲线，显然电力生产属于一类连续系统。连续系统常用的定义方法包括常微分方程、偏微分方程、状态空间方程和脉冲响应函数等。

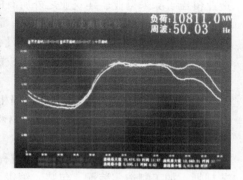

图 1-3 某地区的用电负荷变化曲线

离散事件系统是指只有在某些时间点上有事件（Event）发生时，系统状态（State）才会发生改变的一类系统。也就是说，系统状态的改变只发生在离散的时间点上，并且系统的一种状态通常会保持一段时间。通常，系统状态的变化也会引发新的事件。在机械制造系统中，毛坯到达、加工开始、设备故障、加工完成等都是会引起系统状态改变的事件。此外，超市、图书馆、理发店、餐厅、物流、仓储等服务系统也属于离散事件系统，顾客到达、服务开始、服务结束以及顾客离开等，均是此类系统中的事件。

在多数离散事件系统中，事件发生与否、何时发生存在一定的随机性，系统状态的变化具有明显的动态性和不确定性。因此，也常被称为离散事件动态系统（Discrete Event Dynamic System，DEDS）。根据事件类型及其发生次序不同，某一种系统状态可能会演变成多种不同的后续状态。通常，离散事件系统的状态难以用准确的函数加以描述，但是通过统计分析可以得到系统处于不同状态的概率等信息，获得系统状态和性能变化的内在规律。

机电产品制造系统、仓储和配送系统、公路交通系统、车站/机场/码头客流、电信网络系统中的电话流量、理发店/商店/餐厅等服务系统都属于离散事件系统。图 1-4 所示为某企业粗钢日产量的统计数据。显然，该企业钢产量具有明显的离散性和随机性。

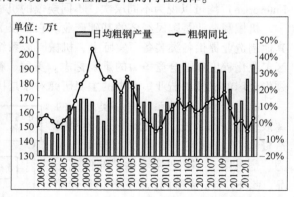

图 1-4 某企业粗钢日产量的统计数据

制造业（Manufacturing Industry）是国民经济的支柱产业，它与工业生产以及人们的日常生活关系密切。科学技术进步和生产力水平的提高，使得制造的内涵和外延不断得到拓展。制造（Manufacturing）是指将物质、能量、信息等可用的资源转化为可供人们利用和使用的工业产品或生活消费品的过程。广义的制造不仅指具体的工艺过程，还包括市场分析、产品研发、零部件结构设计、加工工艺、装配、检验、销售、售后服务以及产品报废回收等全生命周期的相关环节。2011 年，国家统计局、国家质量监督检验检疫局、国家标准委员会第三次修订《国民经济行业分类（GB/T4754—2011）》。该国家标准参照 2008 年联合国制定的《国际标准行业分类》，将制造业分为农副品加工、食品加工、烟草、纺织、木材、家具、造纸、印刷、石化、医药、化纤、橡胶和塑料、非金属矿物、黑色金属、有色金属、金属制品、专用设备、汽车、铁路、船舶、航空航天、电气、计算机、通信和其他电子设备、仪器仪表等 31 个大类。实际上，制造业覆盖了除采掘业、建筑业之外所有的第二产业。

制造系统（Manufacturing System）是指以生产产品为目的，由产品制造过程中涉及的原材料、人员、能源、加工设备、物流设备、信息系统以及设计方法、加工工艺、生产计划与调度、系统维护、管理规范等要素组成的具有特定生产功能的一类系统。制造系统具有以下特点：

1）制造系统是由与产品制造过程相关的软件、硬件和人员组成的有机整体。

2）制造系统的输入为毛坯、原材料、能源、信息等资源，输出为零部件、半成品或产品。它是一个动态输入输出系统。

3）制造系统涵盖产品制造的全过程以及产品全生命周期，包括市场分析、产品设计、工艺规划、加工制造、装配、包装、销售、售后服务以及回收再利用等环节。

科学技术进步、客户需求变化、竞争对手状况、原材料供应、制造系统状态、宏观经济环境、季节性因素、天气状况等因素都会影响制造系统性能。近年来，制造企业之间的竞争日趋激烈，产品质量、交货期、生产成本、服务水平等成为制造企业竞争力的重要体现，也对制造系统的规划、设计与运营提出了更高要求。

机械制造（Machinery Manufacturing）是制造业的重要组成部分。它是指利用机器制作或生产产品的过程。通常，机械制造系统包括机床、夹具、刀具、加工工艺、原材料、操作人员、管理人员、操作规范、技术要求等各类生产要素。单台加工设备（Machining Equipment）、制造单元（Manufacturing Cell）、生产车间（Manufacturing Shop）、生产线（Production Line）、装配线（Assembly line）、柔性制造系统（Flexible Manufacturing System，FMS）、计算机集成制造系统（Computer Integrated Manufacturing System，CIMS）以及制造企业（Manufacturing Enterprise）均可以视为不同层次、不同规模的机械制造系统。

机械制造业是国民经济的基础产业。它不仅为工业生产和人们生活提供产品，同时也为其他制造业提供各类装备。实际上，机械制造系统的技术与管理水平已经成为一个国家或地区工业化程度和综合竞争力的重要标志。美国、德国、日本、瑞士、法国等发达国家均拥有领先全球的机械制造业。本书的主要研究对象是机械制造系统，以下简称为制造系统。

综上所述，制造系统是一类复杂的离散事件动态系统。它的输入为各种制造资源（如毛坯、半成品、能源、人力、信息等），输出为零件、部件或产品。此外，制造系统的运行过程始终伴随着物料流、能量流和信息流（见图 1-5）。

（1）物料流　在某种意义上，产品的制造过程就是物质在制造系统中流动并且状态不断发生改变的过程。通过加工、装配、检验等制造环节以及运输、存储、搬运、装夹、拆卸、包装、配送

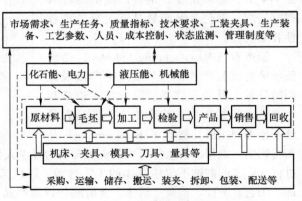

图 1-5　机械制造系统组成

等物流环节，输入系统的原材料、毛坯和零部件，被转换成半成品或成品从系统中输出，成为满足顾客需求的商品。除原材料、毛坯和半成品之外，物料流还包括机床、夹具、模具、刀具、量具以及物流设备等硬件设备。图 1-5 中以 "⟹" 表示物料流。

（2）能量流　能量是驱动机械制造系统运行的动力源。机械加工过程和物流系统都需要一定形式的能量来驱动。在某种意义上，机械制造系统也是一个能量转换系统。驱动机械加工系统运动最常用的原动力是电能，通过电动机将电能转化为机械能，完成切削加工动作，使原材料（或毛坯）改变其形状或状态；部分机械能再转化为液压能、气动等形式，以完成执行元件的特定动作。原动力的其他形式还包括化石能源（如煤、石油、天然气等）燃烧产生的化学能、太阳能、风能、动力电池等。图 1-5 中以 "----▶" 表示能量流。

（3）信息流　信息是制造系统运行的前提和基本条件。要使机械制造系统低成本、高质量、高效率地完成产品加工活动，必须提供准确、及时和有效的信息，包括市场需求、生产任务、质量指标、技术要求、工艺参数、设备性能等。此外，机械制造系统运行过程中，各种信息参数是动态变化的，信息必须及时反馈和更新。与物料流和能量流有所不同，信息流通常是双向的。图 1-5 中以 "◀━▶" 表示信息流。

1.2　系统、模型与仿真

在新系统开发过程中或者分析已有系统的性能指标时，通常需要开展试验（Experiment）研究。总体上，试验方法可以分为两类：一类是直接以实际系统为对象进行试验；另一类是先构造合适的系统模型，再通过对系统模型的试验来获得系统的性能指标。

与直接的实物试验相比，基于模型的试验（Model-based Experiment）具有以下优点：①当新系统还处于开发阶段，尚没有可供试验的真实系统，此时只能通过对模型的试验来分析、验证系统性能。例如：新型飞机、新款汽车、新型舰船等新产品的研制等。②对真实系统的试验可能会引起系统故障或造成严重破坏，给系统、环境、操作人员或用户等带来危害或造成重大经济损失，如新型火箭、卫星和载人飞船发射，电网、铁路机车和机场调度系统功能验证和员工操作培训等。③为得到系统真实的性能指标，往往需要进行多次试验，基于实物的试验周期长、成本高。④试验条件的一致性是保证试验结果准确性和可信性的重要条件，有时采用实物试验存在较大难度。

随着科学技术进步和系统复杂性的增加，基于模型的试验受到重视，应用日趋广泛。建立系统模型是开展模型试验的前提条件，这一过程称为系统建模（System Modeling）。模型（Model）是对实际或设计中系统某种形式和一定程度的抽象、简化与描述。通过模型，可以分析系统结构、参数和动态行为，判断系统性能指标是否满足要求。总体上，系统模型可以分为物理模型、数学模型以及物理-数学模型等类型。

物理模型（Physical Model）是采用特定的材料和工艺、根据相似性原则按照一定比例制作的系统模型，可用于试验、评估系统某些方面性能。例如：研制新型飞机时，一般先要对按比例缩小的飞机模型开展风洞试验，验证飞机空气动力学性能、结构件强度等；开发新型轮船时，一般先要在水池中对缩小的轮船模型进行试验，评估轮船的动力学特性；建设水电站时通常要建立沙盘模型，评估项目在发电、防洪、生态、环境等方面的作用或效果；军事演习和战争中通常采用沙盘模型完成交战双方军事运筹的推演；制造企业选址和车间布局时，也可以通过建立相应的物理（沙盘）模型，开展多方案评估与论证，到优化设计方案。此外，建筑模型、城市（区域）规划模型等也属于物理模型。

数学模型（Mathematical Model）是采用特定的符号、算式、方程或计算程序等方法构建的系统模型，用于描述系统的结构组成和要素之间的内在关系。通过对数学模型的试验，可以获得实际系统特定的性能特征和运行规律。例如：区域经济增长预测模型、火箭系统可靠性评估模型、汽车动力学仿真模型、客机机舱舱门运动学分析模型等。

除数学模型和物理模型外，还有物理-数学模型（Physical-mathematical Model），也称为半物理模型（Semi-physical Model）。物理-数学模型是一种混合模型，它集成了物理模型和数学模型的优点。例如：飞机仿真训练器（见图1-6、图1-7）、发电厂调度仿真训练器、高铁列车模拟驾驶舱（见图1-8）等。其中，图1-8所示是我国第一套自主研制的高铁列车模拟驾驶仿真培训系统，能够模拟动车的操纵环境、各类运行环境、运行条件与运行性能，实现列车驾驶实操的模拟训练，此外还可以开展故障应急处理、非正常行车处理和突发事件处理训练。

图1-6　波音787飞机全动模拟机　　图1-7　波音787飞机飞行训练器　　图1-8　高铁列车模拟驾驶舱

如前所述，建立系统模型的目的是通过模型来评估系统性能。仿真（Simulation）是通过对系统模型的试验，研究已存在的或设计中的系统性能的一类方法与技术。也就是说，仿真是一种基于模型的试验活动。

仿真可以再现系统状态、动态行为和性能特征，分析系统配置是否合理、性能能否满足要求，预测系统可能存在的缺陷，为系统设计提供决策支持和理论依据。根据仿真模型不同，仿真可以分为物理仿真（Physical Simulation）、数学仿真（Mathematical Simulation）和物理-数学仿真（Physical-mathematical Simulation）。物理仿真是通过对实际存在的物理模型的试验来研究系统性能，如飞机风洞试验、建筑模型抗震试验、汽车的碰撞试验等。数学仿真是利用系统的数学模型代替实际系统开展试验研究，获得现实系统的性能特征和运作规律，如基于有限元分析和虚拟现实技术开展汽车碰撞试验。物理-数学仿真是前两种仿真方法的有机结合。如果通过数学仿真可以研究实际系统性能，通常将可以显著降低模型试验的时间和成本。

图1-9所示为几种系统仿真案例。其中，图1-9a、e为物理仿真试验，图1-9b、c为物理-数学仿真试验，图1-9d、f为数学仿真试验。它们分别适用于不同的研究对象。

综上所述，系统、模型与仿真三者之间关系密切。其中，系统是研究的对象和目标，模型是系统在某种程度和层次上的抽象，而仿真是通过对系统模型的试验，以便分析、评价和优化系统。系统、模型与仿真三者之间的关系如图1-10所示。

随着计算机软硬件技术的发展、计算数学与计算力学等相关理论日趋成熟，人们越来越多地利用数学模型和计算机来分析系统性能、优化系统设计，由此形成计算机仿真（Computer Simulation）技术。计算机仿真属于数学仿真，它的实质是仿真过程的数字化，因而也称为数字化仿真（Digital Simulation）。

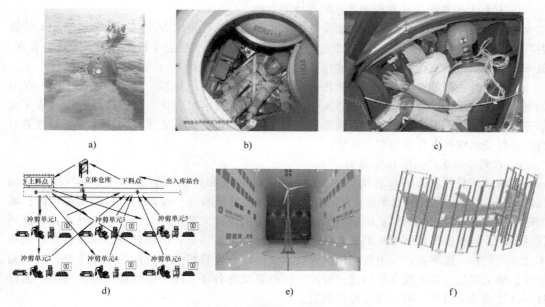

图 1-9　系统仿真案例

a) 神舟飞船海上回收试验　b) 模拟航天员太空生存环境试验　c) 汽车碰撞试验中的模拟驾驶员（假人）
d) 板材柔性制造系统的配置仿真　e) 风力发电机风洞试验　f) 汽车保险杠注塑成型工艺仿真

仿真是分析、评价和优化系统性能的一种技术手段。与基于运筹学的优化模型相比，仿真模型无须对系统做过多的简化，可以更加真实地反映系统的结构组成及其动态运行过程。此外，对于离散事件系统，仿真模型可以灵活地表达各类规则（Rule）和策略（Policy），真实反映决策变量的变化对系统性能的影响，更加符合工程实际。

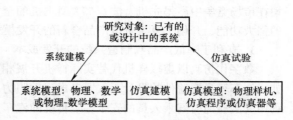

图 1-10　系统、模型与仿真的关系

目前，数字化仿真已经广泛用于机电产品开发和制造系统规划设计中，成为制造系统方案论证、规划设计、参数设置和性能优化研究的有效工具。表 1-1 列举了仿真技术的部分应用。

表 1-1　仿真技术在产品开发和制造系统研制中的应用

阶　　段	应　用　内　容
概念性设计	产品（或制造系统）设计方案的技术分析、经济分析及可行性论证
设计建模	建立零部件或制造系统模型，分析产品造型、结构以及物理特性是否满足要求
设计分析	仿真分析零部件（或制造系统）运动学、静力学、动力学、可靠性等性能特征
设计优化	优化系统结构组成、零部件配置和参数，改进系统性能
制造	通过加工工艺、参数和装配过程仿真，优化制造工艺、降低制造成本
样机试验	通过虚拟样机试验评估系统动态性能，优化系统结构、参数和性能指标

对制造企业来说，采用建模与仿真技术有助于提升企业竞争力，主要表现在：

1. 有利于提高产品开发和制造系统设计的质量

传统的机械产品开发或制造系统设计多以满足基本使用要求为准则。随着科学技术的发展和市场竞争的加剧，产品（或制造系统）全生命周期综合性能（如交货期、质量、成本、服务质量等）最优成为设计的核心准则。

物理仿真往往难以复现产品或制造系统在全生命周期内可能经历的各种复杂工况，或因为复现环境的代价太高而不容易付诸实施。数字化仿真技术可以克服上述缺点，在产品（或制造系统）尚未开发出来之前，系统地分析产品（或制造系统）在未来工作环境下的性能与表现，保证系统具有良好的综合性能。

2. 有利于缩短产品的开发周期

传统的产品开发遵循市场调研、设计、制造、装配和样机试验的串行工程（Sequential Engineering，SE）模式。简单的分析计算通常难以准确预测处于设计中产品的实际性能，因而需要通过试制样机和对样机试验结果的分析，确定设计方案可行与否、产品性能是否达到设计要求；再根据样机试验结果，修改和优化设计方案。因此，产品开发的反复性大、成功率低、周期长、成本高。采用数字化仿真技术，可以在计算机上完成产品的概念设计、结构设计、加工制造以及系统参数的优化设计，模拟系统在各种工况下的性能指标，提高产品设计一次性成功的概率，有效缩短设计周期。

20世纪90年代，美国波音公司的波音777型飞机开发时广泛采用数字化仿真技术，在计算机和网络环境中完成飞机设计、制造、装配和试飞的全部过程，取消了传统的风洞试验、上天试飞等物理仿真和试验环节，飞机开发周期由原先的9~10年缩短为4.5年，为波音公司在市场竞争中赢得先机。波音777型飞机的全数字和无纸化生产，充分展现了数字化仿真的强大功能，开创了复杂机电产品全新的开发模式。

3. 有利于降低产品和制造系统的开发成本

数字化仿真以虚拟样机代替实际样机开展相关性能试验，能够显著地降低开发成本。例如：汽车车身覆盖件的设计不仅要考虑运动阻力、外观造型等因素，还要考虑汽车在行驶过程中受到碰撞时驾乘人员的安全性。传统的汽车产品开发，在样机试验阶段每种车型都要开展多种类型的碰撞试验，如正面碰撞、侧面碰撞、追尾碰撞、角度碰撞等，以检验车身变形状况和驾乘人员的伤害程度，评估车辆的安全性，多者需要毁坏几十辆车（见图1-11）。如果碰撞试验结果不符合相关技术规范的要求，就需要修改产品设计方案和制造工艺，并重新开发模具和制造样机，由此会给企业造成巨大的经济损失，严重影响产品的上市进度。利用有限元软件和虚拟样机技术，可以在计算机中开展汽车碰撞的仿真试验，减少实物碰撞试验次数甚至取消碰撞试验，有效提高汽车的安全性，极大地降低开发成本（见图1-12）。

图1-11 汽车的实物碰撞试验　　　　　　图1-12 汽车的仿真碰撞试验

目前，世界领先汽车制造厂商（如 BMW、Benz、Ford 等）的汽车新品开发已经彻底摒弃了传统的开发模式。在基于网络的产品研发与制造环境下，传统的串行工程和物理样机开发模式已经被并行工程（Concurrent Engineering, CE）所取代，概念设计、样机制造、样机性能试验以及结构改进、参数优化等环节均在计算机和网络环境下完成，极大地加快了新品开发速度，有效地降低了开发成本，帮助企业在激烈的市场竞争中保持优势。

近年来，仿真技术在航空航天、汽车、船舶、工程机械、铁路机车、军事装备、家用电器等产品开发中得到了广泛应用。在航空航天领域，仿真技术广泛用于模拟飞机起落架的工作过程和结构设计，用于空间飞行器发射、目标捕捉、对接和着陆系统的设计与优化，用于太阳帆板展开机构的分析与设计等。在武器装备研发领域，仿真可以用于坦克、火炮的装填和发射系统设计，用于履带式和轮式车辆动力学仿真，用于坦克跨越障碍能力仿真和坦克行驶稳定性优化设计等。国产汽车自主品牌——奇瑞汽车重视数字化仿真技术，从海内外引进100 多位专业技术人员，建立了具有国际领先水平的汽车研发仿真平台，分析对象包括所有关键零部件、子系统和整车，具备从概念设计到样机制造的全过程仿真验证能力。高水平仿真平台的建立，有效地缩短了新产品开发周期，提高了市场响应速度，降低了开发成本，对提高产品安全性、耐用性、综合性能发挥了重要作用。数字化仿真推动了奇瑞的自主研发和技术创新，成为奇瑞汽车研发、设计和生产中不可或缺的技术手段。2008 年 6 月，奇瑞获得国内计算机辅助工程领域权威机构——中国 CAE 组委会授予的"中国 CAE 领域杰出贡献奖"。

4. 可以完成复杂产品或系统的操作培训

对于复杂产品或技术系统（如飞机、核电站），系统操作人员必须经过严格培训。若以真实产品或系统进行培训，成本高而且存在很大风险。采用数字化仿真技术，可以再现系统的运行过程，模拟系统的各种状态，甚至可以设计出各种"故障"和"险情"，帮助操作人员全面了解系统功能、熟悉操作方法，既能有效地降低培训成本，也有助于改善培训效果。

系统建模与仿真技术已经广泛应用于机械制造、军事、工程建设、管理、物流、商业等领域。表1-2 列举了系统建模与仿真技术的部分应用。

表1-2 系统建模与仿真技术的部分应用

应用领域	应用举例
机械制造	切削加工车间生产调度、注塑模具制造与工艺仿真、汽车发动机加工工艺优化、生产线平衡分析与参数优化、飞机起落架性能分析、机床传动系统可靠性评价、摩托车装配线瓶颈工序分析、轧钢厂生产流程优化、汽车虚拟碰撞
半导体制造	半导体生产线布局、晶圆生产工艺及参数优化、晶圆生产线调度优化
工程项目	水电站选址、港口建设项目效益评价、机场建设工程调度优化、项目工期预测、项目管理优化、项目环境评估、项目成本预算、项目技术方案可行性论证
军事	信息战环境模拟、武器效能仿真、新型装备操作培训、虚拟现实的三维作战环境构建、后勤保障系统评估、多兵种联合作战效果分析、载人航天发射全程仿真
物流与供应链	企业库存管理、物流瓶颈工序分析、企业供应链优化、车站进出站口规划、企业物资采购计划、图书馆布局优化、汽车销售配送中心选址、购物中心规划与布局、物流中心选址与布局
交通运输	飞机航班调度、城市交通瓶颈预测、公交车辆调度、新机场选址、城市消防通道优化、铁路机车调度、运输企业效益评估、天然气管线优化、高速公路网规划
商业、服务与社会系统	超市收银台数量优化、114 查号台规模分析、自动取款机选址、医院门诊布局、医院诊疗流程优化、银行网点布局、食堂布局与窗口数量优化

1.3　系统建模与仿真的步骤

本书的主要研究对象是机械制造系统，它属于离散事件系统。如前所述，离散事件系统是指只有当在某个时间点上有事件发生时，系统状态才会发生改变的系统。当采用数学模型研究此类系统的性能时，模型求解大致可有两类方法，即解析法（Analytical Approach）和数值法（Numerical Approach）。

解析法采用数学演绎推理的方法求解模型。例如：采用作业成本法（Activity-based Costing）优化库存成本，采用单纯形法求解最佳运输路线问题等。与解析法不同，数值法在一定假设和简化的基础上建立系统模型，通过运行模型来观测系统的运行状况，通过采集和处理观测数据来分析、评价实际系统的性能指标。显然，离散事件系统仿真方法可归类为数值法。图1-13分析了系统试验、模型以及数学模型求解方法之间的关系。

系统建模和仿真研究的目的是分析工程实际系统的性能特征。一般地，系统建模与仿真技术的应用包括系统分析、数学建模、仿真建模、模型确认、仿真试验以及仿真结果分析等步骤，如图1-14所示。

下面简要分析系统建模与仿真的步骤及其功能。

1. 问题描述与需求分析

建模与仿真的应用源于工程系统的研发需求。因此，首先需要明确被研究系统的组成、结构、参数、功能等信息，清晰地划定系统的范围和运行环境，提炼出系统的主要特征和建模元素，以便对系统建模和仿真研究做出准确定位和判断。

2. 设定研究目标和计划

性能评估、优化设计和决策支持是系统建模与仿真的最终目的。根据研究对象不同，建模和仿真的目标可以为性能、参

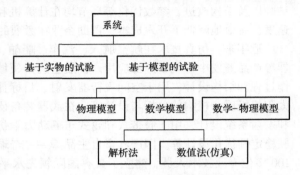

图1-13　系统试验、模型以及数学模型求解方法之间的关系

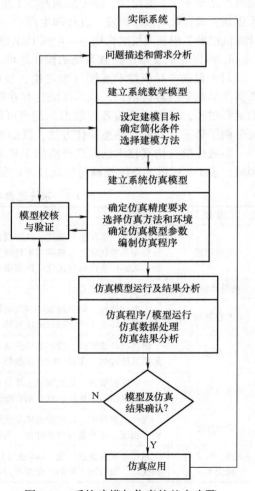

图1-14　系统建模与仿真的基本步骤

数、产量、成本、效率、资源消耗等。

根据项目具体的研究目标和研究内容，确定拟要采用的建模与仿真技术，制订可行的建模与仿真研究计划，包括方案、技术路线、时间安排、成本预算、软硬件条件和人员配置等。

3. 建立系统的数学模型

为保证所建模型符合真实系统、能够反映问题的本质特征和运行规律，在建立模型时要准确把握系统的结构组成和运行机理，提取关键的参数及其特征量，选择合适的建模方法。按照由粗到精、逐步深入的原则，逐步细化和完善系统模型。需要指出的是，数学建模时通常并不追求模型元素与实际系统的一一对应关系，而是通过合理的假设来简化模型，关注系统的关键元素和本质特征。此外，应以满足仿真精度为目标，避免使模型过于复杂，降低建模和模型求解的难度。

4. 模型的校核、验证与确认

系统建模和仿真的重要作用是为决策提供依据。

为减少决策失误，降低决策风险，有必要对所建立的数学模型和仿真模型进行仔细的校核、验证与确认，确保系统模型、仿真逻辑和仿真结果的正确性与有效性。实际上，模型的校核、验证与确认工作贯穿于系统建模与仿真的全过程中。本书第 6 章将讨论模型的校核、验证与确认问题。

5. 数据采集

要想使仿真结果能够反映系统的真实特性，采集和拟合符合系统实际的输入数据尤为重要。数据采集是系统建模与仿真中一项十分重要的工作。例如：要完成制造车间经济效益评估，就必须事先调研和分析制造车间的设备数量及其性能参数、物流设备数量及性能参数、操作人员数量、车间面积、人力资源成本、设备单位时间运行成本、零件种类/数量/成本、产品售价、维修成本等信息。上述数据是仿真模型运行的基础数据，关系到仿真结果的可信性。

6. 数学模型与仿真模型的转换

在计算机仿真中，需要将系统的数学模型转换为计算机能够识别的数据格式。

7. 仿真试验设计

为了提高系统建模与仿真的效率，可以在不同层面和深度上分析系统性能，开展仿真试验设计（Design Of Experiment，DOE）。仿真试验设计的内容包括仿真初始化的长度、仿真运行时间、仿真试验次数、仿真试验方案以及如何根据仿真结果修正模型、参数等。

8. 仿真试验

仿真试验是运行仿真程序、开展仿真研究的过程，也是对所建立的仿真模型进行数值试验和求解的过程。仿真模型不同，求解方法也不相同。离散事件系统的仿真模型通常是概率模型。因此，离散事件系统仿真一般为数值试验的过程，测试当参数符合一定概率分布规律时系统的性能指标。不同类型的离散事件系统（如排队系统、库存系统等）具有不同的仿真方法，具体可以参见本书第 4 章的相关内容。

9. 仿真数据处理与结果分析

从仿真试验中提取有价值的信息，指导实际系统的开发和运营，是仿真的最终目标。在早期的仿真软件中，仿真结果大多以数据列表的形式输出，需要研究人员花费大量时间来整理和分析仿真数据，以便评价系统特性。

目前，仿真软件中已经广泛采用图形化技术，通过图形、图表、动画等形式直观显示被仿真对象的各种状态，使得仿真数据更加丰富和详尽，也有利于人们对仿真结果的分析。另外，应用领域和仿真对象不同，仿真结果的数据呈现形式和分析方法也不尽相同。

10. 优化和决策

根据系统建模、仿真得到的数据，改进系统结构、参数、工艺、配置、布局和控制策略等，实现系统性能的优化，为系统决策提供理论依据。

1.4　制造系统建模与仿真概述

1.4.1　制造系统的特征分析

如前所述，制造系统是一类加工和处理系统。它通常由多个工位和多台设备构成，通过各个工位一系列的加工和操作活动，将输入的实体（Entity），如原材料、零件或部件等，转变为具有一定功能的产品（Product）。制造系统是仿真技术最重要的应用领域之一。

制造系统的运行过程具有以下特点：①各工位的加工和操作时间为定值，或服从一定分布。②输入实体（如毛坯）的到达时间和频率为确定值，或服从特定的概率分布。③每种实体（如零件）的加工工序和工艺路线通常是固定的。但是，由于车间中存在冗余和并行设备，实体在系统中的流动路径常具有柔性。④加工和物流操作的对象可能是成批（Batch）的实体，也可能是单个实体。⑤设备可靠性、故障停机时间（Downtime）以及班次（Shift）安排等对系统性能有重要影响。⑥物流设备是制造系统重要的组成部分，它们的性能、参数对制造系统有很大影响。⑦生产计划、调度和控制规则对系统性能有显著影响。对于高度机械化和自动化的制造系统，操作人员通常不是重点考虑的因素。⑧制造系统的稳态行为和统计意义上的系统特征，是此类系统重要的性能指标。

仿真可用于评价设计方案、优化设计参数以及制定系统调度策略等，成为制造系统性能持续改进的决策支持工具。例如：仿真可以为新制造系统的规划、设计提供技术支持，帮助工程师优化车间布局，减少占地面积，改进物料搬运系统设计，评估与优化调度规则、策略和算法，提高系统运行效率。仿真还可以用于评价员工的工作效率、加工设备利用率，改进生产运营、库存管理和物流搬运系统的效率。仿真可以为仓库、配送中心等物流设施的优化提供技术支持。仿真可以用来控制和减少在制品（Work In Process，WIP）数量，降低库存水平，减少库存成本，以实现准时制生产（Just In Time，JIT）或按订单生产（Make To Order，MTO）。仿真还可以用于发现制造系统的瓶颈（Bottleneck）工位，寻找影响制造系统性能提升的制约性因素，并通过去除瓶颈或消除约束来改善制造系统性能，提升生产线的平衡率（Balancing Rate）和生产效率。

系统建模和仿真时，首先要确定研究范围（Scope）和详细程度（Level of Details）。范围用来界定系统组成，以决定系统模型中应包含哪些建模元素；详细程度是根据研究目标、决定模型应描述到什么层次和深度，需要采集哪些数据、数据类型和精度等，需要哪些与系统相关的先验知识等。

对于制造系统的短期决策问题，如车间生产调度、实时控制等，通常需要建立较为详细的系统模型，以便准确反映模型与系统的相似性、再现系统的实际状况。对于制造系统的长期决策问题，因决策的宏观性和数据的模糊性，模型通常比较粗糙、分辨率较低，不强调模型与实际系统的逐一对应。

对于设计中或尚不存在的系统，由于先验知识和已知数据有限，一般需要根据类似的或已有的系统做出假设。因此，开始建模时模型应尽可能简单。随着对系统特性了解的逐步深入，再不断地完善模型，以便更准确地反映系统实际。

通常，制造系统仿真模型的运行结果中包括各个工位（如设备或服务台等）或被加工实体在仿真时段内性能状态的统计数据。该统计数据主要由三部分组成：

1）利用率（Utilization），即各工序处于生产（加工或服务）状态、各实体处于被加工（或服务）状态的比例。利用率越高，表示当前工序（设备或服务人员）得到充分利用，或实体处于增值状态的时间比例越大，有助于提高系统的生产效率和经济效益。这也是系统仿真研究追求的重要目标。

2）堵塞率（Blockage Ratio），因下一道工序生产能力不足致使本道工序已经完成加工的产品无法顺利进入下道工序，而处于被堵塞状态的时间占比。堵塞会造成本道工序资源（设备和人员）的浪费，也使得相应的实体处于堵塞状态。

3）空闲率（Idleness Rate），因上道工序加工能力不足或生产效率低，致使本道工序无法及时获得要加工（或服务）的对象，造成设备处于等待状态的时间占比。

显然，一个经过优化的制造系统，各道工序都应该具有较高的利用率，各工序和实体处于堵塞、空闲状态的比例应降低到合理的水平。此外，根据仿真模型的参数设置和仿真需求，一些工序还有处于故障和维修状态、生产（服务）成本等统计数据。

下面介绍生产线瓶颈工序的判定方法。图 1-15 所示为某生产线局部，其中包括三道相邻的工序 $n-1$、n 和 $n+1$，三道工序的产能分别为 20 件/h、15 件/h 和 30 件/h。

图 1-15 生产线瓶颈工序分析示例

显然，在上述三道相邻的工序中，前道工序 $n-1$ 和后道工序 $n+1$ 的产能均高于工序 n。因此，当该生产线连续运行时，因产能不足，工序 n 将会出现利用率偏高的现象。此案例中，工序 n 的利用率为 100%，始终处于满负荷运行状态。即便如此，因本道工序加工能力不足，会导致前道工序 $n-1$ 出现较为严重的堵塞（Blockage）现象，堵塞率达 25%，工序 $n-1$ 的产能不能得到有效利用；因工序 n 来料不及时，后道工序 $n+1$ 会出现严重的空闲（Idleness）和等待（Waiting）现象，空闲率高达 50%，造成严重的资源浪费。显然，这条生产的规划设计和参数配置存在不合理之处，各道工序的生产能力（生产节拍）存在较大差异，造成制造资源的浪费，影响系统的生产效率，需要加以改善和优化。

一般地，由于各道工序生产节拍不同，制造系统会不同程度地存在瓶颈工序。瓶颈工序的基本判据如下：①当前工序的利用率偏高，如利用率大于 90%。②前道工序的堵塞率比较高。③后道工序的空闲率比较高。若同时符合上述三个条件，就可以判定当前工序为系统的瓶颈工序或瓶颈工序之一，应列为系统改善和优化研究的重点。

前道工序出现堵塞现象，往往会使得后道工序处于等待状态。如不及时加以干预，制造系统就可能会进入无序或混乱状态。生产管理就是一种平衡的艺术。生产线平衡（Line Balancing）就是通过调整各工序的作业负荷，使各工序的作业时间尽可能相近，实现各工序用时的均衡化；通过消除瓶颈工序，提高设备工装和作业人员的作业效率，缩短生产周期，提升系统产量。生产线平衡的最高目标是：综合应用程序分析、动作分析、布置分析、搬运分析、时间分析、ECRS 法则等工业工程方法，通过合理配置资源、优化工艺参数、改进作业方法等措施，使各工序工时相同或接近，最终达到一个流生产（One Stream Production）的目的。其中，ECRS 法则是指取消（Eliminate）、合并（Combine）、重排（Rearrange）和简化（Simplify），它是程序分析中的基本原则，可以优化工序组成、减少工序数量、提高生产效率。

生产线平衡率（Line Balancing Rate）是衡量生产线平衡与否、判定制造资源配置是否合理的重要指标。

$$生产线平衡率 = 各工序工时之和 \div (瓶颈工序工时 \times 工序总数)$$

由于瓶颈工序工时不小于其他工序工时，生产线平衡率小于或等于1。根据上式，还可以得出如下结论：①生产线各工序工时的差值越大，生产线平衡率就越低。②当各工序工时完全相同时，生产线平衡率为1，此时生产线将实现一个流生产，即各工序上有且只有一个工件在流动，整条产线将始终处于不停滞、不堆积、不超越的流动状态。这是生产线理想的运行状态。③对于具有串联关系的生产线，瓶颈工序工时即为该生产线的生产节拍（Cycle Time），此时针对非瓶颈工序的工时改善活动都将失去意义。

以图 1-15 所示的生产线为例，三道相邻工序 $n-1$、n 和 $n+1$ 的工时分别为 3min/件、4min/件和2min/件，工序 n 为瓶颈工序。根据上式，该生产线平衡率为

$$生产线平衡率 = (3 + 4 + 2) \div (4 \times 3) = 75\%$$

显然，该生产线片段的平衡率处于较低的水平。另外，该生产线片段的生产节拍为4min/件，即瓶颈工序 n 的加工工时。

时间损失率是与生产线平衡率相对应的产线性能指标。它的计算公式为

$$时间损失率 = 1 - 生产线平衡率 = 1 - 各工序工时之和 \div (瓶颈工序工时 \times 工序总数)$$

上述生产线片段的时间损失率为25%，整体上生产设施有25%的作业时间没有得到有效利用。

1.4.2　制造系统建模与仿真的功用

制造系统类型众多、性能要求各异，使得此类系统建模与仿真研究的目标具有多样性。表 1-3 给出了制造系统建模与仿真常用的建模元素。

表 1-3　制造系统建模与仿真常用的建模元素

系 统 类 型	建 模 元 素
车间布局（Layout）	车间，面积，距离，加工设备类型和数量，物流设备类型和数量，成本，时间
物料处理系统（Material Handling System）	AGV，堆垛机，输送带，存储装置，托盘，货架，叉车，小车，距离，速度，停靠点，存料、取料时间，行驶时间
系统维修（System Maintenance）	故障类型，故障时间分布，维修设备，维修人员，维修时间分布，维修工具，维修调度策略
产品制造（Product Manufacturing）	产品类型，工艺流程，时间，数量，工装夹具，设备，物料清单（BOM）
生产调度（Production Scheduling）	调度目标（时间、成本、效益），任务构成，设备，调度规则
生产控制（Production Control）	加工任务，加工设备，操作人员，任务分配，控制规则
供应链（Supply Chain）	供应商名称，等级，价格，数量，订单，交货期，交货方式
库存（Storage）	库存容量，库存成本，备件数，在制品，产品，货格数量
配送销售（Distribution and Marketing）	配送中心，批发商，零售商，订单，距离，运输方式，运输时间，成本

虽然制造系统仿真研究的目标众多，其中还是存在一些常用的术语，见表1-4。

表1-4 制造系统建模与仿真的常用术语

术 语	含 义
操作（Operation）	操作是指在工位对实体的一次作业活动。常见的操作包括装夹、切削加工、装配、拆卸、检测等。通常，操作会改变实体的物理状态或结构
工位（Workstation）	工位是完成操作的场所或区域。工位可以是一台或几台设备以及相关操作人员
加工设备（Machining Equipment）	对加工对象完成指定加工操作（如切削、装配、拆卸、检测等）的装备
操作人员（Operator）	制造系统中用于完成一定操作或决策的工人或技术人员。他们常位于某个工位，或同时服务多个工位
工件（Workpiece）	设备和操作人员所服务的对象，如毛坯、零件、元件、子装配体等
托盘（Pallet）	用来收集、存放和运输工件的平板或箱体
主生产计划（Master Production Scheduling, MPS）	一个产品在某一个给定时间段的生产计划，通常为企业季度、半年度或年度拟生产（或销售）的产品类型及其数量
生产计划（Production Plan）	以主生产计划为基础，所制定的针对具体产品及其零部件的详细作业安排
物料清单（Bill Of Material, BOM）	也称为产品结构树。由主生产计划和物料清单，用于确定零部件、原材料的采购计划和生产计划
路径（Path）	加工对象在制造系统中的操作流程和流动轨迹。路径定义了工件的加工流程与设备之间的关系，并影响车间布局和系统性能
瓶颈（Bottleneck）	制造系统中利用率最高的工位或加工时间需求与可用时间比值最高的设备。也泛指影响制造系统性能改善的关键工序或限制性因素
决策（Decision）	根据制造系统的状态和资源状况，所做出的关于系统运行的决定。系统的决策点数量越多，柔性就越大。制造系统性能受各决策点调度策略的共同影响
规则（Rule）	为各工位、设备以及其他系统资源预先定义的规定和准则。仿真时，系统将根据资源的当前状况为规则覆盖范围内的问题进行控制、调度或决策，如先进先出（First In First Out, FIFO）、后进先出（Last In First Out, LIFO）等
初始化（Setup）	为完成新作业，各工位、设备或其他系统资源所做的准备工作及其准备时间
作业（Job）	制造系统需要完成的活动和生产任务，如待加工零件、来自顾客的订单等
班次（Shift）	各工位、设备、操作人员等系统资源上班的时间安排，包括休息及故障停机时间的设置等
故障停机时间（Downtime）	工位或设备等因故障、维修、保养、待料等造成的停产时间，可以是仿真时钟、工位（设备）使用时间、完成加工零件数或实体类型的函数
能力（Capacity）	加工设备、物流设备和服务台重要的性能指标，表示工位一次能接受实体的数量，或用于表征设备的生产效率
可靠度（Reliability）	一般以平均故障间隔时间（Mean Time Between Failures, MTBF）表示
维修性（Maintainability）	一般以故障后的平均修复时间（Mean Time To Repair, MTTR）表示
可用度（Availability）	资源实际可用时间与仿真调度总时间的比值。可用度是可靠度与维修性的函数
预防性维修（Preventive Maintenance）	预防性维修是针对系统资源的有计划、有针对性地维护与修理，如润滑、清洗、保养，以保证资源的可靠度和可用度

对于制造系统，系统建模与仿真研究的作用主要体现在以下几个方面：

（1）性能分析（Performance Analysis） 分析系统的整体性能，如资源利用率、流动时间、给定时间内的产量等。

（2）能力分析（Capability Analysis） 评估系统最大的生产能力；分析系统当前的配置能否满足产量、交货期等性能要求？如何改变系统配置（如增加瓶颈工位资源的数量、改进作业方式等）才能满足市场需求。

（3）配置比较（Configuration Comparison） 根据给定的系统性能指标要求，对多个设计方案进行评估和对比分析。

（4）瓶颈分析（Bottleneck Analysis） 判定影响系统性能的约束条件和瓶颈工位，寻找减小约束或去除瓶颈的有效途径。

（5）优化（Optimization） 优化系统配置、参数和调度规则等，提高资源利用率，优化系统性能指标。

（6）敏感度分析（Sensitivity Analysis） 寻找对系统性能有重要影响的敏感参数，并分析敏感参数设置与系统性能的关系。

（7）可视化（Visualization） 通过数值、图形、动画或视频等形式，实时分析系统的动态运行过程。

在多数情况下，仿真研究都具有多个分析或优化目标。这些目标之间可能相互兼容，也有可能相互矛盾。因此，需要根据研究对象，合理地确定仿真研究的主要目标。

根据功能不同，仿真技术在制造系统中的应用可以归结为设计决策（Design Decision）和运行决策（Operational Decision）两种类型。

"设计决策"关注制造系统结构、参数和配置的分析、规划、设计与优化，它可以为下列问题的决策提供技术支持：

1）在生产任务一定时，制造系统所需机床、设备、工具以及操作人员数量。

2）在配置给定的前提下，分析制造系统最大产能、生产效率和经济效益。

3）制造设备类型、数量、参数和布局优化。

4）缓冲区（Buffer）和库存的容量分析。

5）作业车间的最佳布局（Layout）。

6）生产线平衡（Production Line Balancing）分析与优化。

7）确定制造企业或车间的瓶颈工位，寻找瓶颈改善的有效方法。

8）分析设备故障和维修活动安排对系统性能的影响。

9）确定复杂产品制造工艺的最佳安排。

10）评估物流系统的资源配置、运行节拍、存取货时间、停靠点等设计参数。

11）优化产品销售体系，如仓储系统规模、配送中心选址等，降低销售成本。

"运行决策"关注制造系统运营过程中的生产计划、调度与控制。它可以为以下问题的决策提供技术支持：

1）给定生产任务时，制订作业计划、安排作业班次。

2）制订采购计划，使采购成本最低。

3）优化车间生产调度策略。

4）企业制造资源的调度，以提高资源利用率和实现效益最大化。

5）设备维修计划的制订与优化。

6）根据生产任务，确定人力资源安排。

7）确定最佳的库存补充策略。

8）评估原材料和在制品最小库存。

对于制造系统的规划设计和调度运营，建模与仿真技术具有很多优点，主要包括：①可以利用仿真去试验新的设计方案、结构参数、调度规则、操作流程以及控制方式等，而无须破坏实际系统或中断实际系统运行。②可以测试车间布局、物流系统设计等是否合理，而无须消耗大量资源。③通过采用时间"压缩"或"延长"技术，仿真可以加速或延缓制造系统中某些物理现象的发生频率及其持续时间，揭示制造系统的内在规律和本质特征。④有利于深入观察不同配置、结构和参数之间的相互作用，从全局角度认识系统。⑤有利于分析和发现影响系统性能的关键因素，确定影响系统性能的敏感参数。⑥有利于确定系统中的瓶颈工序、部位和设备，并有针对性地做出改进。⑦利用仿真技术，可以不断发现和解决系统存在的瓶颈环节，实现制造系统设计或运营过程的优化。

1.5 制造系统建模与仿真案例

本节以某汽车发动机连杆生产线为例，在分析连杆生产工艺的基础上，基于 ProModel 仿真软件建立生产线仿真模型；以仿真试验结果为依据，通过分析各工位和设备的利用率，判断连杆生产线的瓶颈环节，改进生产线配置、优化系统性能。

1. 连杆生产线的组成与功能

连杆是汽车发动机的重要组成部分。本案例中的连杆生产线主要由三台数控机床（一台数控铣床、两台数控车床）、两台钻床、一台磨床以及两个工作台等设备组成。此外，还包括自动测量仪、检验台和成品测量仪等工序，完成连杆制造质量的检测和控制。该连杆生产线的工位及设备构成如图 1-16 所示。

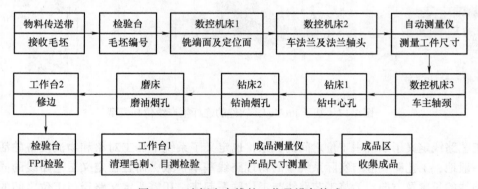

图 1-16　连杆生产线的工位及设备构成

由图 1-16 可知：按加工的先后顺序，连杆生产线各工位和设备之间呈串联关系。因此，当工件的到达速率大于某工位的加工速率时，当前工位上的工件将会出现排队现象。显然，排队队列越长，工件等待时间就越长，由此会影响前、后道工序的运行，生产线的效率也随之下降。为减少工件的排队等待现象、提高生产线的整体效率，就要调整各工位及其工步、改善设备性能参数，使各工位的节拍相同或相近。另外，还可以增加瓶颈工位设备的数量，形成功能相同的并行工位。

但是，盲目地调整参数或随意地添置设备不仅会增加生产成本，造成资源浪费和设备闲置，还会形成新的瓶颈工位。通过开展系统仿真，可以科学地确定连杆生产线的设备配置，优化生产线产能，提高系统的经济效益。

　　2. 连杆生产线仿真模型的构建

　　本生产线可以生产 5 种不同型号的连杆，分别为 PW2000、PW4K94、PW4K100、PW4K112 和 PW6K，即有 5 种加工对象。在 ProModel 仿真模型中，分别用五种不同的实体（Entities）表示 5 种连杆。

　　本仿真模型中的工位有两类：一类是如图 1-16 所示的 14 个加工和检测工位；另一类是等待工位，由于各生产工位的节拍不一致，在某些工位之前或工位之后会设立一些缓冲区（见图 1-17 中的 4 个托盘），以临时存放待加工工件，直到下一个工位可用。在 ProModel 仿真模型中，用 18 个位置（Locations）表示 18 个工位。

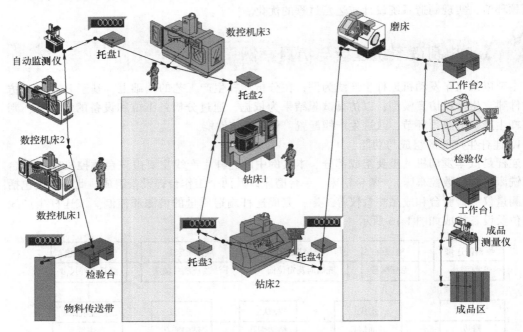

图 1-17　基于 ProModel 软件的连杆生产线仿真模型

　　工艺路线定义了系统中工位之间的关系，也定义了系统中加工对象和物流设备的活动路线。一般地，工艺路线应与实际系统中的物理路线基本一致，而且在定义工艺路线的同时要确定路线的长度及方向。为将工艺路线与工位联系起来，还需要定义路径与工位之间的接口（Interface）。运行仿真模型时，加工对象的移动或物流设备的运动就按照规定的工艺路线行走。在 ProModel 软件中，以连接于不同工位的线段表示工艺路线（Path Networks）。图 1-17中，连接于不同工位之间的有向线段即为工艺路线。

　　制造系统是动态的加工系统，加工对象会在不同工位之间流动。在 ProModel 软件中，以资源（Resource）表示在系统中用来搬运加工对象的元素。在连杆生产线仿真模型中，设置了 4 个资源，即四个搬运工人（Operator）。其中，工人 1 负责工件在物料传送带、检验台、数控机床 1、数控机床 2、自动监测仪和托盘 1 的操作；工人 2 负责工件在数控机床 3 和托盘

2 的操作；工人 3 负责工件在钻床 1、钻床 2 和托盘 3 的操作；工人 4 负责工件在磨床、工作台 2、检验仪、工作台 1、成品测量仪和成品区的操作，如图 1-17 所示。

3. 仿真逻辑定义

上节中定义了连杆生产线仿真模型的基本元素，构建了生产线仿真模型。要使仿真模型能够模拟连杆生产线的运行过程，还需采用程序代码定义要素之间的逻辑关系。

如前所述，机械加工系统属于离散事件系统。事件是引起系统状态变化的原因。在连杆生产线中，有很多引起系统状态变化的事件，如毛坯到达、工件装夹到机床上、加工完成、机床故障等。另外，连杆生产线各个工位之间为串联关系，当工件到达某个工位时，如果该工位正忙，则工件需要在相应的缓冲区（Buffer）中等待；只有当该工位空闲时，工件才能进入加工工位、完成相应的加工操作。因此，仿真模型中需要定义加工对象（实体）与各工位之间的关系、事件与系统状态的关系、事件与系统性能指标之间的关系。

ProModel 软件中主要以实体的到达（Arrivals）、处理（Processing）、班次（Shift）等定义要素之间的关系，描述系统模型的运行逻辑。到达用来定义实体进入系统的时间、位置、批量及频率等。处理用于定义每个实体在不同工位（位置）的操作逻辑，如操作时间、运行规则等，是建立仿真模型的重点。一般地，"处理"所需时间服从一定的概率分布。本研究中，设定工人搬运工件的时间服从三角形分布，机床操作时间服从正态分布。连杆生产线所在车间的工作时间设定为每月 25 个工作日、每天 2 个班次、每班 8 小时（Hour）工作制。每个工作日工作班次的设定如图 1-18 所示。

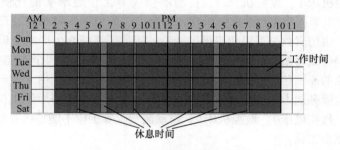

图 1-18 连杆生产线班次的定义

4. 仿真结果分析与系统优化

该连杆生产线仿真研究的目标是分析生产线配置是否合理、寻找瓶颈工位、评价生产线产能，如系统中工件的平均排队时间、机床平均利用率、系统产能等。在上述参数下，运行仿真模型，得到仿真结果。加工实体（连杆）处于不同状态的比例见表 1-5，各工位性能指标见表 1-6。

表 1-5 加工实体状态的统计分析

实体名称	移动（%）	等待（%）	加工（%）	堵塞（%）
PW2000	0.22	66.98	4.33	28.47
PW4K94	0.23	65.77	5.06	28.94
PW4K100	0.21	63.86	7.41	28.52
PW4K112	0.22	63.15	9.14	27.49
PW6K	0.17	61.06	9.36	29.41

表1-6 各工位的性能指标与瓶颈位置分析

名 称	运行时间/min	加工（%）	准备（%）	空闲（%）	等待（%）	堵塞（%）	故障（%）
检验台	130592	0.15	0.00	56.67	3.34	39.84	0.00
数控机床1	172513	26.46	0.00	0.84	0.00	71.11	1.59
数控机床2	172324	28.27	0.00	0.97	0.24	68.83	1.69
自动测量仪	122932	0.19	0.00	67.70	0.20	31.88	0.03
数控机床3	167257	86.35	0.00	0.21	0.00	11.99	1.45
钻床1	122795	23.12	0.00	66.94	0.00	8.45	1.49
钻床2	172800	19.49	0.00	75.00	0.42	4.79	0.30
检验仪	115496	11.52	0.00	83.23	0.05	4.77	0.43
工作台1	110216	2.06	0.00	96.93	0.23	0.78	0.00
磨床	110711	5.25	0.00	92.47	0.13	1.03	1.12
工作台2	109489	0.15	0.00	99.52	0.32	0.01	0.00
成品测量仪	109489	0.00	0.00	99.66	0.00	0.00	0.34

由表1-5可知：5种连杆在生产线中处于加工状态的时间占生产线总运行时间的比例，从4.33%~9.36%不等，而处于等待或堵塞的状态均在90%以上，最高达95.45%。由表1-6可知：检验台、数控机床1、数控机床2、自动测量仪等工位处堵塞的比例严重，堵塞率从31.88%~71.11%不等；除3台数控机床外，其余工位的空闲率都很高，设备处于加工状态的时间比例很低。由仿真数据可以初步得出结论：待加工连杆在生产线中设备（工位）的大部分时间都处于等待或堵塞状态，生产线中各工位的利用率很低，生产线效率低下。

造成上述现象的原因包括：①各工位的生产节拍相差较大。②由于生产线的工位呈串联方式，前几个工位服务能力的不足导致零件的等待和堵塞，也使得后续工位处于等待、空闲状态。③检验台、数控机床1、数控机床2、自动测量仪等工位不能提供有效服务的能力，是该生产线当前的瓶颈工位。

为消除生产系统的瓶颈工序、提高系统的生产效率，将检验台的容量增加到3个、添加与数控机床1同型号的机床一台；另外增加一名操作工，以分担操作工1的任务，新操作工承担工件在物料传送带、检验台、新数控机床的工作，而操作工1只负责工件在数控机床1、数控机床2、自动监测仪和托盘1的操作，保持仿真模型中其他参数和设置不变。

再次运行仿真模型，得到各实体的状态指标见表1-7。与表1-5相比，由于在瓶颈位置增加了并行工位和资源，连杆在生产线中处于加工状态的比率大幅度增加，处于等待状态的比率大幅下降。显然，在调整系统配置后，生产线的性能得到很大改善。

表1-7 增加平行工位和资源后实体的状态统计

实体名称	移动（%）	等待（%）	加工（%）	堵塞（%）
PW2000	13.67	3.90	54.07	28.36
PW4K94	6.50	3.55	50.32	39.63
PW4K100	6.26	4.59	61.72	27.44
PW4K112	2.92	4.04	66.59	26.45
PW6K	2.23	1.78	71.84	24.15

对比表 1-5 和表 1-7 可以发现：虽然生产线的效率得到改善，但工件在系统中的堵塞率并没有大的改变。原因在于：工件到达（Arrivals）模式不合理，进入系统的节拍与各工位的生产节拍不一致。调整工件的到达模式，再次运行仿真模型，得到实体的性能指标见表 1-8。

表 1-8 调整工件到达模式后实体的状态统计

实体名称	移动（%）	等待（%）	加工（%）	堵塞（%）
PW2000	13.36	3.17	61.94	21.54
PW4K94	6.921	3.03	66.26	23.78
PW4K100	7.26	4.11	70.14	18.50
PW4K112	4.70	4.04	74.93	16.34
PW6K	3.77	1.59	79.92	14.72

由表 1-8 可以看出：工件的堵塞现象有所改善，但没有完全消除，生产线平衡率还比较低。这是由于在系统仿真中设置了工位的随机故障以及工人班次中的休息时间等原因导致的工件堵塞。因此，还需要进一步优化系统的资源配置和工艺参数。限于篇幅，此处不再赘述。

由上述仿真过程可以看出，通过增加瓶颈工位的设备数、增加资源、改变工件到达模式等方式，可以有效减少工件和加工设备处于等待状态的时间，提高资源利用率、生产线平衡率和生产效率。在工程实际中，生产线改善需要综合考虑各方面因素和制约性条件，合理地确定资源及其参数配置。

需要指出的是：制造系统的改善和性能优化没有止境，只有更好、没有最好。系统建模和仿真技术为制造系统设计和运行过程的优化提供了决策支持工具。

思考题及习题

1. 查阅图书、期刊论文和新闻报道等，分析系统建模与仿真技术在经济建设、新产品研发、制造企业运作、国防工业以及社会发展中的功能与作用，可供选择的专题包括：

（1）系统建模与仿真技术在制造企业规划与运营中的应用，如企业选址、车间布局、生产线平衡、瓶颈分析、缓冲区设置等。

（2）系统建模与仿真技术在工程开发中的应用，如三峡大坝建设、机场选址、城市及区域规划、大型体育设施建设等。

（3）系统建模与仿真技术在工业产品研制中的应用，如长征火箭、神舟飞船、飞机、高铁列车、汽车、舰艇和船舶等。

（4）系统建模与仿真技术在社会服务系统中的作用，如商业设施和物流企业选址与布局、医院选址与布局、游乐设施选址与布局、公交线路布点及班次优化等。

（5）系统建模与仿真技术在物流系统中的应用，如物流企业选址、配送中心选址与布局、物流系统规划开发、物流设备研制等。

（6）围绕具体产品或系统，分析系统建模与仿真技术的功用，如飞机风洞试验、汽车虚拟碰撞试验、飞机数字化开发等。

（7）系统建模与仿真的单项技术。

（8）系统建模与仿真技术的历史、现状与发展趋势分析。

（9）系统建模与仿真技术当前的研究热点和关键技术。

2. 名词解释

（1）系统

（2）制造系统

（3）仿真

（4）模型

（5）建模

（6）物理模型

（7）数学模型

（8）串行工程

（9）并行工程

（10）试验

（11）试验设计

（12）基于模型的试验

（13）离散事件动态系统

（14）灵敏度分析

（15）约束条件

（16）班次

（17）规则

（18）生产线平衡

（19）生产节拍

（20）缓冲区

（21）瓶颈

（22）在制品

（23）按订单生产

（24）准时化生产

（25）一个流生产

（26）ECRS 法则

3. 什么是系统？它有哪些特点？结合具体的制造系统、物流系统或服务系统，分析系统范围、组成要素、功能和边界。

4. 什么是制造系统？它有哪些特点？常见的制造系统有哪些类型？

5. 什么是机械制造系统？它有哪些特点？简要分析机械制造系统的运行过程。

6. 以机械制造系统为例，分析此类系统运作的基本特点，系统与环境之间存在哪些交互作用？

7. 在查阅资料的基础上，以汽车整车制造企业为例，分析此类系统中物料流、能量流和信息流涵盖的内容及其在系统运作中的作用。

8. 什么是连续系统和离散事件系统？它们存在哪些区别？结合具体案例，分析连续系统和离散系统分别具有哪些特点。

9. 分析系统、模型与仿真三者之间的关系。对系统而言，建模与仿真技术具有哪些作用？

10. 对制造系统而言，采用哪些方法能够分析系统性能，它们各具有什么特点？为什么计算机仿真技术的应用越来越普遍？

11. 与实物试验相比，基于模型的试验具有哪些优点？

12. 系统模型可以分为哪些类型？简要分析每类模型的特点，并给出具体案例。

13. 制造系统的建模与仿真具有哪些特点？

14. 对制造系统而言，仿真研究有哪些目标？

15. 分别从"设计决策"和"运行决策"的角度出发，分析仿真技术可以为制造系统设计及运行提供决策支持。

16. 仿真技术本身具有优化系统设计的功能吗？试解释之。

17. 比较仿真技术与运筹学方法的异同之处。

18. 从建模和仿真研究的角度，机械制造系统的建模和仿真包括哪些类型的建模元素？

19. 简述系统建模与仿真的步骤，并指出每个步骤的作用。

20. 分析仿真技术是否可以为下述问题提供决策支持。若可以的话，还需要哪些条件？若不可以，分析其中的原因。

(1) 寻找完成指定订单的有效作业方法；

(2) 评估某生产线成品的废品率；

(3) 寻找提升生产线产能的方法；

(4) 根据给定的产量需求，优化系统的资源配置；

(5) 缩短订单的前置期；

(6) 确定检测工位的配置规模；

(7) 减少生产线中操作工人的数量；

(8) 生产线布局及占地面积优化；

(9) 增加顾客需求和订单数量；

(10) 缩短物料流动的距离和时间；

(11) 根据特定的生产需求和服务水平，确定班次安排计划；

(12) 根据生产需求，确定堆垛机等物流设备的技术参数；

(13) 确定制造系统的瓶颈工序；

(14) 根据生产需求确定库存系统的合理规模。

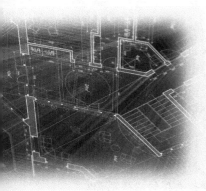

第 2 章
离散事件系统建模与仿真的基本原理

离散事件系统种类繁多，系统功能、工作原理、结构组成和性能指标各异。但是，从系统建模和仿真的角度，它们仍具有一定的共性。本章阐述离散事件系统建模和仿真的基本概念，讨论离散事件系统建模与仿真中具有共性的建模方法，为后续章节展开做出铺垫。

 ## 2.1　系统与系统模型分类

如前所述，根据系统状态是否随时间而连续发生改变，可以将系统划分为连续系统和离散事件系统两种类型。与此相对应，系统模型也可分为连续时间模型和离散时间模型。通常，连续时间模型中的时间用实数表示，系统状态在任意时间点都可能会发生改变；离散时间模型中的时间既可以为整数，也可以不是整数，用以表示离散时间点上系统状态的变化。

根据系统中变量特性不同，可以将系统分为确定性系统（Deterministic System）和随机性系统（Stochastic System）。在确定性系统中，变量和参数之间具有确定的因果关系，可以采用确定性的数学函数、方程或模型加以描述。总体上，确定性系统的数学建模相对容易，模型求解也较为方便。受系统内部要素以及外部环境中各种随机因素影响，随机性系统的参数、输入、状态以及输出均存在一定的不确定性（Uncertainty），难以用精确的数学模型来描述。但是，此类系统的状态及其性能通常有一定的统计特征，可以采用概率论、数理统计、时间序列等方法加以分析。仿真技术是研究随机性系统特性的一种有效方法。

与确定性系统和随机性系统相对应，系统模型可以分为确定性模型和随机性模型两种类型。确定性模型在相同输入参数下，系统在任何时刻所经历的状态都是相同的。因此，基于模型可以准确预见系统性能和运行结果。随机性模型是指即使是模型的输入完全相同，系统的状态变化和性能指标也存在一定的不确定性，模型运行结果和系统状态难以准确预见。

根据系统状态是否随时间发生变化，可以将系统分为静态系统（Static System）和动态系统（Dynamic System）。动态系统是系统建模与仿真技术的主要研究对象。

根据变量之间因果关系的不同，可以将系统模型分为线性数学模型（Linear Mathematical Model）和非线性数学模型（Nonlinear Mathematical Model）。

根据对系统认识程度的不同，可以将系统模型分为白箱模型（White-box Model）、灰箱模型（Grey-box Model）和黑箱模型（Black-box Model）。白箱模型是指在已经充分掌握系统结构、参数和性能情况下建立的系统模型。白箱模型可以逼真地反映实际系统特性，与实际系统具有良好的对应性。灰箱模型是指在部分了解系统结构组成、参数和性能情况下建立的系统模型。此类模型只能在某种程度上反映系统的性能特征。黑箱模型是指对系统结构、参数和性能等内部情况一无所知情况下建立的系统模型。此时只能通过设定的输入参数来测试系统的输出，采用数学语言建立系统数学模型，通过不断尝试，逐步弄清系统结构、参数以及系统与外部环境之间的内在联系，为系统行为和性能预测创造条件。建立黑箱模型的目的是将"黑箱"逐渐变成"白箱"，这也是开展系统建模与仿真研究的目标。通常，大多数待研究系统都属于灰色系统。

根据研究目的不同，还可以将模型分为微观模型（Micro Model）和宏观模型（Macro Model）、定常模型（Constant Model）和时变模型（Time-varying Model）等类型。本书不再赘述。

 ## 2.2 离散事件系统的建模元素

如前所述，离散事件系统的状态变化只发生在离散的时间点上，并且离散事件发生的时间通常是不确定的，使得系统状态的变化具有随机性。对于汽车、家电、工程机械等类型的制造企业，通常会有多种产品类型，包括不同种类的零部件、款式、配置、材质、颜色等。因此，每个种类产品的订单量难以准确预测，给企业的生产组织带来很大困难。为降低库存成本、减小市场风险，不少企业开始实行按订单生产（MTO），这就要求企业具有很强的动态生产计划和调度能力。

实际上，对于大多数制造系统，订单、库存、原材料供给、产量、故障间隔、维修时间、维修成本、系统性能状态等均具有随机性。以概率论、数理统计和随机过程等理论为基础，利用建模与仿真技术可以模拟系统的动态运行过程，得到系统性能的统计解，为系统设计与优化提供理论依据。

通常，离散事件系统建模与仿真中涉及下列基本元素：

1. 实体

实体（Entity）是系统边界内部的对象，它是构成系统模型的基本要素。在离散事件系统中，实体可分为临时实体（Temporary Entity）和永久实体（Permanent Entity）两类。只在系统中存在一段时间的实体称为临时实体，它们在模型或仿真过程的某一时刻出现，并在仿真结束前从系统中消失，实体的生命不会贯穿于整个仿真过程中。例如：机械加工车间中的待加工零件，它按照一定规律进入加工车间，加工过程结束后即离开加工车间，因而是临时实体。永久实体是指始终驻留在系统中的实体，即只要系统处于运行状态，此类实体就始终存在。例如：机械制造车间中的加工设备、操作人员、理发店中的理发员等。一般地，离散事件系统运行时，临时实体会按一定规律产生并进入系统，在永久实体的作用下改变状态，并相继离开系统，由此导致系统状态和性能参数的动态变化。

2. 属性

每个实体都具有自身的状态和特性，可以用属性（Attribute）的集合加以描述。例如：加工车间中的机床有名称、加工范围、加工精度、加工效率、使用成本、能耗、功率、占地面积等属性，待加工零件有名称、材料、重量、外形尺寸、到达规律、加工工序、工序工时、成本等属性。

在系统建模与仿真过程中，通常只关注与当前研究工作相关的系统性能及其属性，而忽略与之无关的或次要的属性。

3. 状态

在任意一个时刻，系统中所有实体属性的集合就构成了系统状态（State）。显然，系统状态是时间的变量。

4. 事件

事件（Event）是引起系统状态变化的行为和起因，也是系统状态变化的内在驱动力。正是在各类事件的驱动下，离散事件系统的状态才不断地发生变化。例如：机械加工车间中"待加工零件到达"是一个事件，一个待加工零件的到达使得系统状态发生改变（如待加工零件数量增加一个等），可能是本来处于空闲状态的机床变成加工状态；同样地，"零件加工结束"也是一个事件，它使得系统中已完成加工的零件数增加一个、待加工零件数减少一个，并且使机床由加工状态转变为空闲或等待状态。对于仓储系统而言，"物品入库"是一类事件，"物品出库"是另一类事件。

系统中往往存在不同类型的事件，它们交替出现使得系统状态不断发生变化。此外，除系统中真实的事件之外，仿真模型中还可能存在程序事件（Program Event）或决策事件（Decision Event），即根据系统调度或仿真模型运行需要而设定的特定事件。例如：为了使仿真结束，在仿真过程中通常要定义一个事件，将该事件的触发作为仿真程序终止运行的条件。事件之间、事件与实体之间存在一定的关联性。事件的发生与实体类型相关联，一类事件的发生可能会导致其他事件的发生，也可能是其他事件发生的条件。

在系统建模和仿真时，为有效跟踪、描述和管理系统中的事件，通常要建立事件列表（Events List），表中记录每个已经发生和将要发生的事件及其发生时间、结束时间等，并记录与事件相关的实体属性。事件列表是调度仿真模型和统计系统特性的基础与依据。

5. 活动

活动（Activity）是指两个事件之间的持续过程，它标志系统状态的转移。活动开始和结束都是由事件引起的。例如：机械加工车间中一个零件从开始加工到加工结束可视为一个活动，在该活动中机床处于加工状态。再如：仓储系统中"物品入库"是一个事件，该事件的发生可能会使仓储系统的货位从"空闲"状态变为"占用"状态。从"物品入库"事件直到"物品出库"事件，物品都处在存储状态，即处于"存储"活动中。因此，"存储"活动的开始和结束标志着物品的到达与离去，标志着货位的空闲与占用的转变。

6. 进程

进程（Process）是由与某类实体相关的若干个有序事件和活动组成，它描述了相关事件和活动之间的逻辑与时序关系。以机械加工车间为例，一个零件从到达机械加工车间、等待加工（排队）、开始加工、加工结束离开加工车间的过程可视为一个进程。再如：一个物品进入仓库、经过在货位的存储，直到从仓库中出库，物品经历了一个进程。

事件、活动和进程三者之间的关系如图 2-1 所示。需要指出的是，此处进程的概念与计算机软件、程序中的进程有一定区别。

图 2-1　事件、活动和进程三者之间的关系

7. 仿真时钟

仿真时钟（Simulation Clock）用来显示仿真模型运行时待仿真系统内运行时间的变化规律，它是仿真模型运行时序的控制机构。仿真模型中以仿真时钟来模拟实际系统运行所需的时间，而不是指计算机执行仿真程序所需的时间。在离散事件系统仿真中，事件的发生时间具有随机性，但是在两个相邻事件之间系统状态保持不变，因而仿真时钟可以跨过这段时间，由一个事件发生的时刻直接推进到下一事件发生的时刻，使得仿真时钟的推进呈现出跳跃性。

仿真时钟可以按照固定的时间间隔向前推进，也可以按照变化的节拍（如下一个事件发生的时刻）向前推进。通常将仿真时钟的变化机理称为仿真时钟推进机制（Simulation Time Advance Mechanism）。常用的仿真时钟推进机制包括：固定步长时间推进机制（Fixed-increment Time Advance Mechanism）、下次事件时间推进机制（Next Event Time Advance Mechanism）和混合时间推进机制（Mixed Time Advance Mechanism）等。

8. 规则

离散事件的发生具有随机性，但是它们的发生可以按照一定的逻辑加以定义和约束。规则（Rule）就是用于描述实体之间逻辑关系和运行策略。例如：机械加工车间中，当机床空闲时，它可以按照一定的规则去选择待加工的零件，如先进先出（First In First Out，FIFO）、后进先出（Last In First Out，LIFO）、加工时间最短的（Shortest Processing Time，SPT）先加工或优先级最高（Highest Priority）的先加工等。同样地，当有多台机床空闲时，待加工零件也可以按照一定的规则去选择机床，如选择距离最近的（Closest）机床、选择加工效率最高的（Highest Efficiency）机床、选择加工精度最高的（Highest Precision）机床、选择加工费用最低的（Lowest Machining Cost）机床等。

显然，采用不同规则将会对系统性能产生重要影响。在系统建模和编制仿真程序时，可以有意识地设计一些调度规则，用来评价不同规则对系统性能的影响，从中选择有利于改进系统性能的规则，这也是建模和仿真研究的重要目的。

以制造车间为例，该系统中的临时实体包括待加工零件或订单等，永久实体包括各类加工设备、物流设备以及操作人员等。上述实体都具有自身的属性，并影响车间的整体性能。系统中订单到达、每种零件的加工时间、工序、机器性能及其故障规律等均具有显著的随机性，此外不同订单的优先级不尽相同。因此，在车间调度过程中，要求管理和操作人员能根据实际，不断地调整加工计划。若在加工开始之前，利用仿真技术模拟车间在各种状态下的性能，制定完善的预案，将有助于实现系统性能的优化。

 ## 2.3　离散事件系统仿真程序的结构

离散事件系统种类繁多，建模与仿真分析的目标各异，所采用的建模和仿真方法也不尽相同。尽管如此，在编制仿真程序或采用商品化仿真软件建立仿真模型时还是存在一定的共性特征。离散事件系统仿真程序的基本结构如图 2-2 所示。

由图 2-2 可知，离散事件仿真程序主要包括以下步骤：

1. 变量和实体属性

变量和实体属性用来记录系统在不同时刻的工作状况和性能状态。通过跟踪变量、实体属性以及系统状态的变化，可以分析引起系统状态变化的内在原因，为系统规划设计、运行调度和改善优化提供理论依据。

2. 初始化子程序

在仿真模型开始运行前，完成模型初始化工作，产生必要的初始参数。

3. 仿真时钟

用于记录仿真模型的运行时间。它可作为评价系统性能的依据，也可以作为仿真调度和仿真程序是否结束的依据。

4. 事件列表

将仿真模型运行时所发生的事件按发生的先后顺序建立数据列表。它是仿真模型运行和仿真时钟推进的依据。值得指出的是，事件列表由系统实体构成及其依存关系确定，事件发生的时间通常服从特定的分布。

5. 定时子程序

根据事件表确定下一个将发生的事件，并将仿真时钟推进到下一次事件发生的时刻。

6. 事件子程序

根据实际系统抽象出的事件程序，如制造系统中零部件的"故障""修复"事件，排队系统中的"等待""接受服务"等事件。事件子程序与系统中事件类型相对应。显然，系统中事件的类型越多，事件子程序就越多。

7. 仿真数据处理与分析子程序

用于计算、显示、分析和打印仿真结果，以便根据仿真结果判断系统性能，为系统优化和改进提供依据。

为了从仿真试验中提取有价值的信息，提高仿真数据处理的质量和效率，目前仿真软件中已经普遍采用图形化和动态显示技术，通过图形、图表、动画等展示实体属性和系统状态随时间的变化规律，仿真数据的表示更加直观、丰富和详尽。

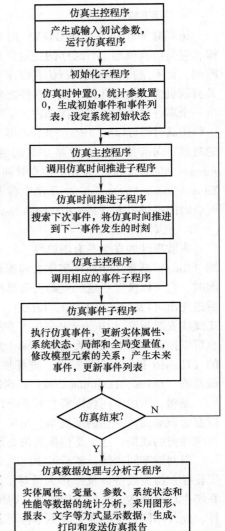

图2-2　离散事件系统仿真程序的结构

2.4　系统建模的常用方法

系统建模是复杂的思维过程，它要求建模者具备扎实的专业知识，了解待研究对象的结构、参数和运行规律，还要求建模者掌握系统建模的基本方法，熟练应用相关数学工具和理论方法。系统建模要求建模者具备以下能力：①分析和综合能力。②抽象和概括能力。③洞察和想象能力。④运用数学工具分析问题的能力。⑤设计试验验证数学模型的能力。

在工程实际中，系统种类众多，组成要素、结构、参数和性能各异。因此，系统建模并没有统一的模式和固定的方法。但是，系统建模过程中还是存在一些规律性和具有共性的思维方法，如分析与综合、抽象与概括、归纳与总结、演绎与推理、比较与类比等。掌握和应用这些思维方法，对提高建模效率和模型质量具有重要意义。

2.4.1　分析与综合

系统是由若干有机联系的要素构成的整体，各要素之间相互联系、相互影响、相互制约。要正确地认识系统，不仅要分析系统中的要素以及要素之间的联系，还要在分析的基础上进行综合。

分析（Analysis）是指将被研究的对象（系统）分解为不同部分、方面、要素、层次和功能模块，并且分别加以考察、研究的思维方法，即"化整为零"的思维过程。分析是研究系统的基础，也是认识事物的必经阶段。分析的任务包括：①分析系统的构成要素、结构及其属性。②分析系统运行过程，确定系统要素之间的关系。

综合（Synthesis）是将已有的关于研究对象各个部分、方面、要素、层次和功能模块的认识连接起来，以便构成一个整体的思维方法，即"积零为整"的思维过程。综合不是系统要素、结构的简单累加，而是在分析的基础上区分主次、去粗取精，从整体上把握系统的本质特征和运行规律，正确地认识系统。

分析与综合是揭示系统规律的基本方法之一。分析是综合的基础，但是分析着眼于系统局部，得到的是关于系统各部分的信息，而不是关于系统整体的认识。若只有分析而忽视综合，就会只见树木、不见森林，导致对系统认识的片面性。因此，分析的最终目的是为了综合，分析的结果往往是综合的出发点。在工程实际中，认识系统的过程就是沿着"分析-综合-再分析-再综合…"不断深化的过程。系统建模时，应先分析后综合，将二者有机地结合起来。

19 世纪 60 年代，当时人们已经发现了 63 种元素。人们很自然地问，这些元素之间是相互孤立，还是彼此之间有着某种联系？有没有尚没有发现的元素？为此，科学家们采用各种方法研究元素之间的内在联系。一位德国化学家发现了某些元素原子量之间的简单关系，提出了三元素组分类法，即 Li，Na，K；Ca，Sr，Ba；P，As，Sb；S，Se，Te；Cl，Br，I；一位法国化学家按原子量递增，将元素排在一条螺旋线上。但是，上述结论似乎还不足以表达出各种元素之间的内在联系。

俄国化学家季米特里·伊万诺维奇·门捷列夫（Dmitri Ivanovich Mendeleev，1834—1907）决定在前人的基础上，进一步研究元素之间的内在联系。他制作了 63 张卡片，将 63 种元素的性质（如名称、原子量、化合物形态、溶解度等）分别写在 63 个卡片上，之后门捷列夫像玩纸牌一样反复分析元素卡片之间的内在联系。经过 20 余年的不懈努力，最终将元素按原子量逐渐增大的顺序排列起来，再按性质相似上下对应排列，得到了元素周期表。

元素周期表激起了人们研究化学理论和发现新元素的热潮。人们根据元素周期表矫正了一批已经被发现元素的原子量。根据元素周期表，若元素是按原子量的大小有规律地排列，那么两个原子量相差悬殊的元素之间一定有未被发现的元素。门捷列夫据此预测类硼、类铝、类硅、类锆等 4 个新元素的存在，不久之后该预测得到证实。后来，人们又相继发现镓、钪、锗等新元素。另外，根据元素周期表，还可以推测各种元素的原子结构、元素及其化合物性质的递变规律。

门捷列夫的元素周期表使得人类在认识物质世界的思维方式产生飞跃，认识到化学元素性质发生变化是由量变到质变的过程。从此，人们开始从宏观、整体和系统的角度研究元素和物质世界，为现代化学奠定了基础。

分析和综合对制造系统的设计、分析、评价与优化也具有重要价值。例如：为分析数控机床的整体性能，需要将数控机床分为机床本体、伺服系统、数控系统、控制介质等基本部件，并进一步分解成零件；通过对机床基本组成要素的分析，完成机床整体性能评价。机床制造企业在开发新型数控机床时，也需要通过市场调研，获取用户需求、研究新的技术方案、分析生产成本、评估技术可行性和产品收益等，在此基础上拟定机床零部件组成、功能、结构、参数及其接口等细节，逐步明确新机床开发的技术方案，再通过对备选技术方案的分析和综合评价，选择综合性能最佳的方案。

2.4.2　抽象与概括

　　抽象（Abstraction）是指从某种角度抽取要研究系统的本质属性的思维方法。抽象思维是数学建模的重要基础。在数学中，抽象是指从研究对象中抽取出数量关系或空间形式而舍弃其他属性，完成对象考察的一种方法。数学中的定义、定理、模型、符号等都是数学抽象的结果。采用建模与仿真技术研究系统时，需要建立系统的数学模型。

　　概括（Generalization）是把抽象出来的、若干对象的共同属性加以总结，从而得出某些结论的一类思维方法。概括以抽象作为基础，也是抽象的发展。抽象度越高，概括性越强，将概括中获得的概念和方法运用于实际时，它的应用范围就越广。因此，高度的概括能使得对事物的理解更具有一般性，所获得的理论或方法具有更加普遍的指导性。

　　抽象和概括密不可分。抽象可能仅涉及一个对象，概括则涉及一类对象。从不同角度考察同一事物，会得到不同性质的抽象，获取事物不同的属性。概括需要从多个对象的考察中寻找共同的相通性质。

　　抽象思维侧重于分析、提炼，概括思维则侧重于归纳、综合。数学中的每一个概念都是对一类事物的多个对象通过观察和分析，先抽象出每个对象的属性，再通过归纳，概括出各个对象的共同属性而形成的。

　　下面以哥尼斯堡"七桥问题"为例，分析抽象的过程和方法。18世纪，东普鲁士哥尼斯堡有条普莱格尔河横贯城区。河的中间有两个小岛（B和D），两个小岛通过七座桥梁与河两岸（A和C）联系起来（见图2-3a）。

　　哥尼斯堡的大学生们提出这样的问题：一个人能否从任何一处出发，一次相继走遍这七座桥，并且每座桥只走一次，然后重返到起点？此即所谓的"七桥问题"。大学生们现场进行了多次步行尝试，终无一

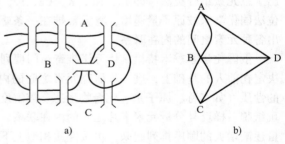

图2-3　哥尼斯堡"七桥问题"

a)"七桥问题"简图　b)"七桥问题"的数学模型

人取得成功。于是，他们就写信给著名数学家莱昂哈德·欧拉（Leonhard Euler，1707—1783），请他帮助解决这个问题。

　　1736年，欧拉开始研究人步行过桥的问题，并将之抽象成为一个"一笔画"问题：岛B与岛D无非是桥梁的连接地点，河的两岸A与C也是桥梁通往的地点，于是他将这四个地点抽象为四个点A、B、C、D，将七座桥抽象成七条线段。这样，原来的"七桥问题"就被抽象成"能否一笔且无重复地画出图中图形"的问题。图2-3b所示就是经过抽象建立的"七桥问题"数学模型。

接着，欧拉分析"一笔画"问题的结构特征。按照"一笔画"中每一点交会的曲线段数的奇、偶数来分，做如下推理分析：

1）至多有两个点（即起点和终点）有可能通过奇数条曲线段。

2）其他任何一个中间点（交点），每次总是沿着一条曲线段到达这点，紧接着又必须沿另一条曲线段离开这点（用以满足"无重复"的要求）。因此，在这些中间点交会的曲线段必为偶数条。

3）由于现在所要做的是封闭图形（即终点与起点必须重合），因此，可以一笔且无重复地画出某一图形的条件（充要条件）是：图中各中间点的曲线段总是偶数条。

然而，现在得出的图形中的四个交点 A、B、C、D 处所通过的曲线段都是奇数条，不符合"一笔画"所具有的特征。因此，可以断言该图形是不可能一笔且无重复地画出。也就是说，"七桥问题"不成立。

在上述案例中，欧拉运用了抽象方法，把工程实际中的"七桥问题"提炼成简明的数学模型。该数学模型摒弃了具体对象的非本质属性（如小岛、河岸、桥等），仅保留对象的本质特征，有利于揭示事物的本质特征及其运行规律，也使所建的模型更具有代表性和通用性。

图 2-4 所示为由齿链无级变速器和行星齿轮组成的齿链复合传动系统。它的工作原理如下：动力由输入轴 14 输入，部分功率由行星齿轮机构输出，路径为输入轴 14→齿轮 8→太阳轮 9→行星轮 10、11→行星架 12→输出轴 15，其余功率经齿链无级变速器传递，路径为输入轴 14→链轮锥盘 3→齿链 2→链轮锥盘 4→齿轮 5、6、7→中心轮 13→行星轮 10、11→行星架 12→输出轴 15。齿链无级变速器起调速作用，调速原理为：调节调速丝杠 1 使主、从动链轮各自做相向或相背的轴向移动，使链条与两链轮的接触半径（工作半径）分别变大或变小，根据主、从动链轮工作半径的不同形成不同传动比，达到无级变速的目的。

假定已知系统各部件的寿命和维修分布，现要评估该传动系统的可用度（Availability）指标。根据各零部件之间的连接关系，建立传动系统的可靠性框图（Reliability Block Diagram，RBD）如图 2-5 所示。图 2-5 所示是在对齿链复合传动系统结构和功能进行抽象的基础上，通过提取系统本质特征而建立起来的。一旦建立系统可靠性模型，后续分析、评估及仿真工作就可针对系统可靠性框图展开。显然，无论系统实际结构和功能如何，只要所建立的可靠性框图和模型中的参数相同，它们的可用度等性能指标必然相同，这正是抽象和概括的价值所在。

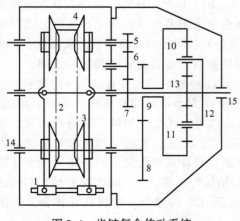

图 2-4 齿链复合传动系统

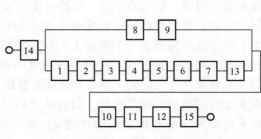

图 2-5 传动系统的可靠性框图

2.4.3 归纳与总结

联想集团董事局主席柳传志在接受采访时曾指出：企业最需要两类人才，一是领军人物，二是熟悉具体运作的人才。其中，领军人物应具备良好的职业素质和基本能力。柳传志说："能力有很多种，但我最看重归纳和总结的能力，就是看他能否在所做过的事情中提炼、总结规律性的东西。这样善于研究的人有系统设计的能力，能开大局。企业最缺的是这样的领导人物"。由此可见，归纳（Induction）和总结（Summarizing）对于一个人事业上的成功具有重要作用。

归纳是指从个别的事物、现象出发，通过感官观察、经验推理或数学推导等方式，得出关于此类事物或现象的具有普遍性结论的过程。归纳的前提是单个事实或特殊的情况，它建立在观察、经验或实验的基础上。归纳的意义在于：在一定条件下，将得出的结论应用于不同的应用对象，或避免犯类似的错误。

归纳可以分为完全归纳和不完全归纳。完全归纳就是通过考察某一类事物的全部个体，而得出的一般性结论。完全归纳是一种分析问题的可行方法。但是，由于个体数量众多、地域分布广泛、周期太长或考察成本过高等原因，要逐一考察某类事物所有对象往往不太可能。因此，在工程实际中常采用不完全归纳。

不完全归纳是根据某类事物中的部分对象具有（或不具有）某种属性，从而得出这一类对象都具有（或不具有）某种属性的结论。显然，不完全归纳要基于一定的先验知识和假设条件。当研究对象所需知识超出了前提所断定的知识范围时，由归纳得出结论的发生与否就不存在必然性。因此，不完全归纳是一种或然性推理过程，具有猜测的成分。

著名的哥德巴赫猜想就是在归纳和总结的基础上提出的。1742年，德国数学家克里斯蒂安·哥德巴赫（Christian Goldbach，1690—1764）研究发现：奇数都可以由三个素数相加。例如：$77 = 53 + 17 + 7$，$461 = 449 + 7 + 5 = 257 + 199 + 5$等。于是，他归纳出一个规律：所有大于5的奇数都可以分解为三个素数之和。他写信给数学家欧拉，提出上述猜想。欧拉肯定了他的想法，并补充提出：4以后每个偶数都可以分解为两个素数之和。后来，人们将这两个命题合称为哥德巴赫猜想。由于是采用不完全归纳，该猜想的正确与否一直引起人们的浓厚兴趣。

德国天文学家约翰尼斯·开普勒（Johannes Kepler，1571—1630）在研究前人观测的行星运动规律时发现，行星的实际运动轨道与按哥白尼太阳系学说的理论计算值之间存在一定偏差。于是，自1601年起他从观测值与理论值差异较明显的火星着手，采用数学方法研究行星运动，先后归纳出行星运动三大定律，分别被后人命名为开普勒第一定律、第二定律和第三定律。他先是经过8年的假设和验证，于1609年归纳出开普勒第一定律和开普勒第二定律。开普勒第一定律可表述为"各行星分别在大小不同的椭圆轨道上绕太阳运行，太阳位于这些椭圆的一个焦点上"；开普勒第二定律可表述为"对同一颗行星而言，太阳和行星之间的连线在相等的时间内扫过相等的面积"。之后，为进一步寻求行星运动周期与椭圆轨道尺寸之间的关系，开普勒又经过九年的反复计算和假设，于1618年发现了隐藏在大量观测数据后面的规律，归纳出"行星绕太阳运行周期（T）的二次方与它们到太阳的平均距离（椭圆轨道长轴半径a）的三次方成正比"的结论，这就是开普勒第三定律（见表2-1）。

表 2-1　太阳系行星运行周期与椭圆轨道长半轴之间的关系

行　　星	运行周期（T）	长半轴（a）	T^2	a^3
水星	0.241	0.387	0.058	0.058
金星	0.615	0.723	0.378	0.378
地球	1.000	1.000	1.000	1.000
火星	1.881	1.524	3.540	3.540
木星	11.862	5.203	140.700	140.850
土星	29.457	9.539	867.700	867.980

　　开普勒的三大定律是天文学的又一次革命，它彻底摧毁了托勒密复杂的本轮宇宙体系，完善并简化了哥白尼的日心宇宙体系，对后人确认太阳系结构提供了理论依据，并为牛顿发现万有引力定律奠定了重要的理论基础。由此可见，归纳和总结具有重要价值。1619 年，开普勒在《宇宙的和谐》一书中介绍第三定律。他在书中写道："认识到这一真理，超出了我最美好的期望"。

　　虽然不完全归纳推理只能得出必然性的结论，但并不意味着这种推理没有价值。相反地，如果不以感官观察和经验数据概括为基础，并通过归纳推理形成的一般性结论，科学技术将不可能进步。

2.4.4　演绎与推理

　　演绎（Deduction）是由普遍性前提推导出特殊性结论的思维方法，是由一般到特殊的推理过程。演绎推理（Deductive Reasoning）是严格的逻辑推理，一般表现为大前提、小前提、结论的三段论模式，即从两个反映客观世界对象联系和关系的判断中得出新的判断的推理形式。

　　演绎推理的基本要求是：一是大、小前提的判断必须是真实的；二是推理过程必须符合正确的逻辑形式和规则。演绎推理的正确与否首先取决于大前提正确与否。如果大前提错误，结论自然不会正确。当推理形式和推理逻辑正确时，在真实的前提下由演绎方法一定能得出正确的结论，不会出现前提真而结论假的情况。

　　按照前提与结论之间的结构关系，演绎推理可分为三段论、假言推理、选言推理以及关系推理等形式。

　　（1）三段论　三段论是指由两个简单判断作前提和一个简单判断作结论组成的演绎推理，它的应用最为普遍。其中，第一个前提为"大前提"，第二个前提为"小前提"。例如："自然界中一切物质都是可分的。基本粒子是自然界的物质。因此，基本粒子是可分的。"这就是典型的三段论式演绎推理。正是由该演绎推理得出的结论，引导全世界的物理学家为剖析基本粒子结构、了解宇宙秘密而不断进行理论分析和实验研究。

　　运用三段论，两个前提必须真实，符合客观实际，否则就推不出正确的结论。此外，为简化语言，三段论演绎推理中常采取省略形式，或省略大前提，或省略小前提，甚至省略不言而喻的结论。

　　（2）假言推理　假言推理是以假言判断为前提的演绎推理。假言推理分为充分条件假言推理和必要条件假言推理两种。

　　1）充分条件假言推理的基本原则是：若小前提肯定大前提的条件，则结论就肯定大前提的条件；若小前提否定大前提的条件，则结论就否定大前提的条件。

例如：如果一个图形是正方形，那么它的四边相等。这个图形四边不相等。因此，它不是正方形。

2）必要条件假言推理的基本原则是：若小前提肯定大前提的条件，则结论就要肯定大前提的条件；若小前提否定大前提的条件，则结论就要否定大前提的条件。

例如：育种时，只有达到一定的温度，种子才能发芽。这次育种没有达到一定的温度。因此，种子没有发芽。

（3）选言推理　选言推理是以选言判断为前提的演绎推理。选言推理分为相容的选言推理和不相容的选言推理两种。

1）相容的选言推理的基本原则是：大前提是一个相容的选言判断，小前提否定了其中一个（或一部分）选言，结论就要肯定剩下的一个选言。

例如：这个三段论的错误，或者是前提不正确，或者是推理不符合规则。这个三段论的前提是正确的。因此，这个三段论的错误是推理不符合规则。

2）不相容的选言推理的基本原则是：大前提是个不相容的选言判断，小前提肯定其中的一个选言，结论则否定其他选言；小前提否定除其中一个以外的选言，结论则肯定剩下的那个选言。

例如：一个三角形，或者是锐角三角形，或者是钝角三角形，或者是直角三角形。这个三角形不是锐角三角形和直角三角形。因此，它是个钝角三角形。

英国科学家艾萨克·牛顿（Isaac Newton，1642—1727）以微积分方法为工具，应用演绎推理方法，在开普勒三定律和牛顿第二定律的基础上，推导出万有引力定律，定量地解释了许多自然现象。由于该演绎推理的前提正确、推理逻辑无误，万有引力被大量的实验数据所证实。

著名科学家阿尔伯特·爱因斯坦（Albert Einstein，1879—1955）曾说过："理论研究者的工作可分成两步，首先是发现公理，其次是从公理推出结论"。爱因斯坦还曾指出："科学发展的早期所采用的方法以归纳为主，随着科学的发展而逐步让位于探索性的演绎法"。从开普勒归纳出三大定律到牛顿提出万有引力定律，就是很好的例证。

归纳与演绎属于不同的推理形式。归纳推理告诉我们：在给定的经验性证据的基础上，能得出怎样的结论。演绎推理告诉我们：当前提确定时，我们如何有效地从中引出何种结论。从认识世界的角度看，归纳与演绎密切联系，两者互相依赖、互为补充，不是对立的关系。例如：演绎推理中一般性知识的大前提，必须借助于归纳从具体的经验中概括出来。从这层意义上来说，没有归纳推理也就没有演绎推理。此外，归纳推理也离不开演绎推理。例如：归纳活动的目的、任务和方向是归纳过程本身所不能解决和提供的，只有借助于理论思维，依靠人们先前积累的一般性理论知识的指导，此过程就是一种演绎活动。另外，单靠归纳推理是不能证明必然性的。因此，在归纳推理过程中，人们常常需要应用演绎推理对某些归纳的前提或者结论加以论证。从这层意义上来说，没有演绎推理也就不可能有归纳推理。

德国著名思想家、哲学家弗里德里希·恩格斯（Friedrich Engels，1820—1895）曾经指出："正如分析和综合一样，归纳和演绎是必然相互联系着的"。华人诺贝尔奖得主杨振宁教授也曾说："中华文化有归纳法，可没有推演法（演绎法），而近代科学是把归纳法和推演法结合起来而发展的，推演法对于近代科学产生的影响无法估量。"

2.4.5　比较与类比

要判定一个系统性能的优劣，可以采用以下两种方法：一种方法是采用实验手段直接测量，得到系统性能的绝对值；另一种方法是将待研究对象与类似的已知系统做比较，得到系统性能的相对值。

类比（Analogy）是与比较（Comparison）相近的概念。它是根据两个对象某些相同或相似的性质，推断它们在其他性质上也有可能相同或相似的一种推理形式。

如图 2-6 所示，一个由质量为 m 的刚体、阻尼系数为 c 的阻尼器以及刚度系数为 k 的弹簧组成的机械系统。由于重力是常力，对振动特性没有影响。在外力 F 的作用下，根据牛顿定律，对刚体 m 可以建立如下振动微分方程：

$$m\frac{\mathrm{d}^2 x}{\mathrm{d}t^2} + c\frac{\mathrm{d}x}{\mathrm{d}t} + kx = F \tag{2-1}$$

式中，x 为刚体的位移；$\dfrac{\mathrm{d}x}{\mathrm{d}t}$ 为刚体的速度；$\dfrac{\mathrm{d}^2 x}{\mathrm{d}t^2}$ 为刚体的加速度；$m\dfrac{\mathrm{d}^2 x}{\mathrm{d}t^2}$ 为惯性力；$c\dfrac{\mathrm{d}x}{\mathrm{d}t}$ 为阻尼力；kx 为弹簧力。

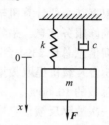

图 2-6　质量-弹簧-阻尼器
构成的机械系统

如图 2-7 所示，由电感 L、电容 C、电阻 R 组成的电路，当输入电压为 u_I 时，取电容上的电压 u_O 为输出，则根据基尔霍夫定律，输入电压 u_I 和输出电压 u_O 满足如下微分方程：

$$LC\frac{\mathrm{d}^2 u_\mathrm{O}}{\mathrm{d}t^2} + RC\frac{\mathrm{d}u_\mathrm{O}}{\mathrm{d}t} + u_\mathrm{O} = u_\mathrm{I} \tag{2-2}$$

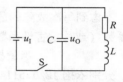

图 2-7　电感-电容-电阻
构成的电路

式（2-1）描述了刚体所受的力与刚体质量、速度、加速度、阻尼系数、弹簧刚度系数以及弹簧变形量之间的关系。式（2-2）描述了电路输入电压、输出电压与电感、电容、电阻之间的关系。比较两个公式可以发现，两者之间具有很大的相似性。当 $LC = m$、$RC = c$、$k = 1$ 时，两个微分方程完全相同。由此可以判定，上述机械系统和电路系统应具有一些相似的特征。

类比是人们认识和改造客观世界活动中常用的方法，也是一种创造性思维方式。它能够启发人们提出科学假说、做出科学发现，为模型实验提供科学的逻辑思维。需要指出的是：类比是以已经掌握的事物属性为基础的，它是一种主观的和不充分的推理，由类比得出的结论并不完全可靠。要提高类比的可靠性，应力求做到：被比较对象的共有属性要尽可能地多；被比较的属性应是对象最典型、最核心和最本质的属性。

2.4.6　概率统计法

制造系统建模和仿真时，模型的输入参数（如订单需求、毛坯的到达时间、零件在不同工序的加工工时、设备故障停机时间等）通常都服从一定分布。此外，系统性能指标（如机床利用率、零件平均等待时间、车间生产率等）也具有随机性。要准确描述模型的输入/输出参数，必须利用概率统计法。

概率统计法（Probabilistic Method）以概率论为基础，通过观察、采集、处理和分析待研究系统的样本数据，推断系统的总体性能指标。显然，概率统计法属于从特殊到一般的归纳方法。概率统计法在工程管理、生产系统运营、项目方案评估、系统性能预测等工程领域得到了广泛应用。

下面以某型装载机可靠性评估为例，介绍概率统计法的应用步骤。装载机是重要的工程装备，广泛应用于工程建设领域。装载机工作环境恶劣、负荷多变、野外作业给设备维修带来困难，上述特点要求装载机具有较高的可靠性指标。通过对样本数据的统计分析，评估装载机可靠性水平，发现产品可靠性薄弱环节，以实现产品可靠性增长。

1. 样本确定和故障次数统计

根据某企业计算机辅助质量控制系统反馈的故障信息、售后服务部门提供的用户反馈信息和维修服务信息，采集最近两年的相关数据。两年间，该企业共销售某型装载机2389台，有反馈信息总计5394台·次。由于数据较多，采取抽样方法进行统计。根据整机编号随机抽取225台装载机提取数据，占反馈车辆总数的9.42%。共抽取反馈信息571台·次，占反馈信息总数的10.60%。

一次故障反馈信息中可能包含多次非关联故障类型。因此，需要根据故障反馈，查找出非关联故障次数。由抽取的故障反馈571台次查找出非关联故障次数计715次，其中属于重复统计的有119次。由此得到

$$故障次数系数 = 715 \div 571 = 1.25$$
$$有效故障系数 = (715 - 119) \div 571 = 1.04$$

考虑到每次故障的危害程度不同，在计算无故障工作时间时根据故障类型确定不同的加权系数（或称危害性系数），计算得到当量故障次数：

$$当量故障次数 = 故障次数 \times 加权系数（或称危害性系数）$$

分别依据 JB/T 51148—1994 和 JG/T 5050—1994，通过计算得到当量故障次数分别为542.5和679.2。汇总数据见表2-2。

表2-2　装载机样本故障数据汇总

项　目	统计值	系数	备　注
故障次数	715	1.25	在计算当量故障次数时，将故障分为：严重、一般、轻度（无致命故障），加权系数分别为：①JB/T 51148—1994：1.5、1、0.1；②JG/T 5050—1994：3、1、0.2
有效故障次数	571	1.04	
当量故障次数（JB/T）	542.5	0.95	
当量故障次数（JG/T）	679.2	1.19	

2. 平均工作时间的统计分析

从维修服务卡中随机抽取426台装载机作为样本，统计并分析装载机的工作时间。426台装载机的总工作时间为242269.80h，总工作天数为43926天。因此，在统计期内，单台装载机平均使用为43926/426≈103天，日平均工作时间为242269.8/43926=5.52h/天，年平均工作时间为5.52×365=2014.80h。

此外，还可以统计分析不同月份装载机的使用频率。装载机平均每天最多工作6.26h，平均每天最少工作4.94h。其中，第3、4、10、11、12月份内购机的用户平均使用时间偏多。装载机的使用率呈现出明显的季节性特征。

3. 平均故障间隔时间的统计分析

平均故障间隔时间（Mean Time Between Failures，MTBF）表示设备平均有效工作时间，是可修复设备重要的可靠性指标。根据"轮式装载机可靠性试验方法、故障分类及评定（JB/T 51148—1994）"，得到装载机 MTBF 的计算公式为

$$MTBF = \frac{样本装载机实际工作时间之和}{当量故障次数}(h)$$

由样本数据，得到某型装载机的 MTBF 为 438.45h。

4. 首次故障前平均工作时间的统计分析

首次故障前平均工作时间（Mean Time To First Failure，MTTFF）表示产品首次故障前的平均寿命，是评价产品质量及可靠性的重要指标。MTTFF 的计算公式为

$$\text{MTTFF} = \frac{1}{n} \left[\sum_{j=1}^{r} t_j + (n-r)t_c \right]$$

式中，r 为被试验或调查产品发生首次故障的台数；t_j 为第 j 台产品发生首次故障的工作时间（h）；t_c 为规定的可靠性试验时间（h）；n 为被试验或调查产品的台数。

由于此类样本数据中 $r \approx n$，$(n-r)t_c = 0$。根据整机编号，随机抽取 225 台装载机，其中数据有效的有 165 台，它们在发生首次故障时总的工作时间为 9923 天，由此得到该型装载机的首次故障前平均工作时间为

$$\text{MTTFF} = \left(\frac{9923}{165} \times \frac{2014.80}{365} \right) \text{h} = 331.97\text{h}$$

5. 故障类别及可靠性薄弱环节的统计分析

对该型装载机某年度用户反馈的故障数据进行统计分析。在所有反馈故障中，电器故障占 17.65%、硬管占 7.29%、变速箱占 7.15%、先导阀占 6.38%、胶管占 6.38%、传动轴占 5.87%、转向器占 4.99%、柴油机占 4.96%、传动桥占 4.66%、加力缸占 2.97%、动臂缸占 2.94%、转向缸占 2.40%、空调占 2.40%、水箱占 2.29%、销轴占 1.72%。以上 15 类零部件的故障约占反馈故障总数的 80%，是造成该产品故障的主要原因。

此外，对同一年度内某型装载机与所有型号装载机的可靠性抽样数据分别进行统计分析，结果见表 2-3。

表 2-3　某型装载机与所有型号装载机可靠性指标对比

性 能 指 标	某型装载机	所有型号装载机
MTBF（JB/T）/h	425.856	549.36
MTBF（JG/T）/h	325.88	438.8

由表 2-3 可知，某型装载机的可靠性指标与所有型号装载机可靠性指标的均值之间存在较大差距。此外，该型装载机的平均故障反馈值也高于所有装载机故障反馈的平均值。排除因数据不准确以及抽样、统计方法的差异性外，产品本身的开发质量应当是主要原因。

通过对故障数据的分析可知：该型装载机主要故障源与其他机型之间无明显变化，电器、胶管、变速箱、传动轴、动臂缸、手制动等部件的故障率也与其他型号产品的故障率相近。但是，该型产品中新增加部件（如空调、先导阀等）的故障率较高，位于部件故障率的前几项，导致该型装载机的 MTBF 等可靠性指标低于所有装载机可靠性的平均水平。因此，空调、先导阀等部件是该装载机可靠性的薄弱环节，在后续开发中可以通过选择高质量的零部件供应商、改进产品结构设计和制造工艺等措施加以解决，在保证产品新功能的前提下实现产品可靠性增长。

2.4.7　层次分析法

复杂系统的分析、设计和优化过程往往涉及众多相互关联、相互制约的因素。建立系统的数学模型时，不仅要耗费大量的时间和精力，而且可能会由于模型过于抽象而与实际相差

甚远。因此，对于一些复杂系统，要建立完全精确的数学模型往往并不可行。在实际决策时，决策者的选择和判断往往起到决定性的作用。但是，若仅依靠决策者的主观判断，又难以保证决策的科学性。

为解决上述矛盾，20世纪70年代初，美国宾夕法尼亚大学沃顿商学院、匹兹堡大学萨蒂教授（Thomas L Saaty，1926—2017）提出了层次分析法（Analytic Hierarchy Process，AHP）。AHP将复杂问题分解成多层次递阶结构，体现了人类思维过程中递阶、分层的特点，通过计算各层元素对评价目标的权重完成各方案的排序，使人们的思维趋于条理化、系统化。20世纪80年代，层次分析法的思想传入我国。目前，AHP方法在项目选择、工程方案论证、复杂系统评价等领域得到广泛应用。

1. AHP方法的基本思想

决策问题通常表现为从一组已知方案中选择理想的或综合性能最优的方案。AHP基本思想是按照支配关系将影响系统性能的因素分组形成递阶的层次结构，权衡各方面影响确定每个因素的相对重要性，通过逐层分析得到对决策目标的测度。AHP有机地统一了有形和无形、定量和定性等各种因素。AHP方法的基本步骤如下：

（1）建立影响系统性能元素的递阶层次结构　通常，在分析复杂问题时，要将复杂问题分解为若干相对简单的子问题，再将子问题继续分解，直至分解到每个子问题都具有明确的解为止。同一层次的元素相互独立，某一层次的元素对下一层次的部分或全部元素起支配作用，并同时受上一层次元素的支配，从而形成递阶的层次结构。

确立递阶层次结构是AHP应用的首要条件。递阶层次结构的层数由研究对象特性和复杂程度而定，问题复杂程度越高，层次就越多。考虑到人们对事物的判断能力，每一层次中各元素支配的元素不宜过多。一般地，可以将层次分为三种：①目标层：该层次只有一个元素，是待研究问题的预定目标或决策依据。②中间层：包含为实现目标所涉及的中间环节，包括评价目标的准则、子准则等，因而也称为准则层。中间层可以由若干层次组成。③底层：为实现目标可供选择的各种措施、方案等，是用于解决问题的各种方法和途径，也称为方案层。

此外，递阶层次结构中的各层元素需要满足以下条件："不重复"和"不遗漏"。"不重复"是指各层次元素不能重复出现，有时甚至要求不相关或独立；"不遗漏"是指任何一个支配者所支配的元素都应该在该支配者的下一层次中出现，并受支配者的支配。将上述两种性质称为层次模型的完备性。

某企业拟采购一条板材加工柔性制造系统（FMS）生产线，有多个备选产品可供选择。由于板材加工FMS是物流和信息流高度集成的自动化制造系统，也是资金及技术高度密集的投资项目，购买时需要综合考虑各方面因素。为全面评估FMS的性能，在选取评估指标时确定了以下原则：①完整性：指标集应能反映FMS的主要性能特征。②可操作性：评价指标应易于计算及评估。③清晰性：评价指标应具有明确含义。④非冗余性：评价指标的层次结构中，同一特征不应用多个指标来度量。⑤代表性：所选择的评价指标体系应是针对特定评价要求的最小割集。⑥可比性：指标的确定应便于对不同厂家同类产品进行比较。根据上述原则制定FMS评价指标体系如图2-8所示。

其中，"FMS性能综合评价"为目标层，是最终判定不同备选方案优劣的直接依据；"自动化及柔性""运行性能""风险性""可靠性""成本"等为中间层，是评价柔性制造系统综合性能的基本准则；其余为底层。

（2）构造判断矩阵及确定元素权重　递阶层次结构确定了元素之间的隶属关系。此外，

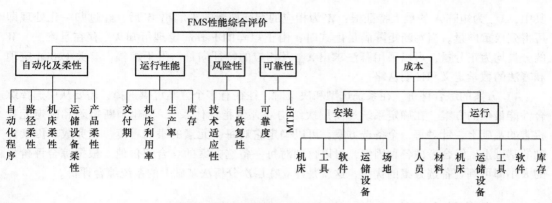

图 2-8　板材加工 FMS 的综合评价指标体系

权重的确定也是应用 AHP 法的关键之一。假定上一层次的元素 C 为准则，它所支配的下一层次元素为 u_1、u_2、$\cdots$、u_n。显然，要确定 C 的具体数值，不仅要知道 u_1、u_2、$\cdots$、u_n 的数值大小，还要确定 u_1、u_2、$\cdots$、u_n 之间的相对重要性，赋予 u_1、u_2、$\cdots$、u_n 以相应的权重（Weight Factor）。

当元素较多或难以直接确定各元素权重时，通常先对同一层次中的元素两两比较，确定出元素之间的相对重要性，形成一个两两比较的判断矩阵：

$$A = (a_{ij})_{n \times n}$$

式中，a_{ij} 为元素 u_i 和 u_j 相对于评价准则 C 的重要性的测度。显然，判断矩阵具有以下性质：①$a_{ij} > 0$，②$a_{ij} \cdot a_{ji} = 1$，③$a_{ii} = 1$。

设已知 n 个元素 $\{u_1, u_2, \cdots, u_n\}$，并且已经确定了各元素对于准则 C 的判断矩阵 A。现要求各元素对于准则 C 的权重向量 $(w_1, w_2, \cdots, w_n)$，可以采用以下方法：

1）和法。和法以判断矩阵 A 的 n 个列向量的算术平均值作为权重向量，即

$$w_i = \frac{1}{n} \sum_{j=1}^{n} \frac{a_{ij}}{\sum_{k=1}^{n} a_{kj}} \quad (i = 1, 2, \cdots, n)$$

也可以采用下式进行计算：

$$w_i = \frac{\sum_{j=1}^{n} a_{ij}}{\sum_{k=1}^{n} \sum_{j=1}^{n} a_{kj}} \quad (i = 1, 2, \cdots, n)$$

2）根法。将 A 的各个列向量进行几何平均，再归一化，所得到的列向量就是权重向量，计算公式为

$$w_i = \frac{\prod_{j=1}^{n} a_{ij}^{1/n}}{\sum_{i=1}^{n} a_{ij}^{1/n}}$$

值得指出的是，在编程计算时，当矩阵含零元时需要做异常处理，以防止分母为零。

3）特征根法。

将求解权重向量问题转化为求解下式的特征根问题：

$$A \cdot W = \lambda_{max} W$$

其中，λ_{max} 为矩阵 A 的最大特征根；W 为相应的特征向量。求解出 W 后，经过归一化处理即可得到权重向量。当判断矩阵满足上式时，由正矩阵的 Perron 定理可知 λ_{max} 存在且唯一，W 的分量均为正分量，可以采用幂法求出 λ_{max} 及相应的特征向量。限于篇幅，有关 Perron 定理和幂法的数学定义和证明从略。

4）方案的综合评价。在系统选型和决策时，往往有多个方案可供选择，需要从中选择综合性能最佳的方案。在确定系统递阶层次结构（评价指标体系）、构建判断矩阵和确定元素权重的基础上，针对每一个备选方案，可以确定它对每个元素的隶属程度，在完成单因素评判的基础上，综合考虑各种因素，可以得到对每一备选方案的综合评价值。根据综合评价值的大小即可判定备选方案的优劣，这就是建立在层次分析法基础上的系统综合评价。

2.4.8　模糊综合评价

1. 综合评价的基本方法

综合评价是指对受多种因素影响的事物或现象进行的总的评价。综合评价要兼顾各项指标，牵涉多种因素。常用的综合评价方法有总分法和加权平均法等。

总分法是对评价对象的每一评判因素评定相应分数，并以各分数之和作为评判标准的评判方法。设有 n 个评判因素，每个因素的评分为 $s_i(i=1,2,\cdots,n)$，则总分 S 可以表示为

$$S = \sum_{i=1}^{n} s_i \tag{2-3}$$

由式（2-3）可知，总分法中将各影响因素视为同等重要的，并以简单的求和作为最终的评价依据。如 2.4.7 节所述，评价中各评判因素的重要程度（权重）不一定完全等同，根据实际情况会有所侧重。因此，总分法不完全符合评价的客观情况和实际要求。

加权平均法在总分法的基础上做出改进，它依据评判因素重要程度的不同赋以相应的权重 $a_i(i=1,2,\cdots,n)$，再将各评判因素的评分 s_i 加权平均，并以加权平均值 V 作为评判的标准。即

$$V = \sum_{i=1}^{n} a_i s_i \tag{2-4}$$

式中，a_i 为第 i 个评判因素的权数，表示第 i 个因素在综合评价中的相对重要程度。一般地，权数满足归一性和非负性要求。

由于考虑了各因素重要程度的差异性，加权平均法能给出更为合理的结果，因而在综合评价中得到广泛应用。当各权数相等时，加权平均法与总分法的评价结果相同。因此，总分法是加权平均法的一种特殊形式。

但是，综合评价中某些评价指标和评判因素具有模糊性。模糊性是由于事物边界不甚清晰造成的，简单的主观方法难以给出准确地判断。以上节中柔性制造系统（FMS）评价为例，"自动化程度""柔性"等评价指标等都具有模糊性。传统的总分法和加权平均法建立在普通集合基础上，不能准确描述模糊概念和模糊变量之间的关系，因而难以得到科学的评价结果。此外，AHP 法中有关相对权重的确定和方案之间的排序缺乏足够的定量计算依据，主要依靠人的主观判断，缺乏科学性。

1965 年，美国控制学家、加州大学伯克利分校扎德（Zadeh，1921—2017）教授创立的模糊集（Fuzzy Sets）理论，为解决模糊性问题提供了有效方法。基于模糊数学的模糊综合评价（Fuzzy Comprehensive Evaluation）能定量处理评价过程中的模糊因素，较好地定义评价指

标之间的相互关系，得到合理、准确的评价结果。

2. 模糊综合评价的理论基础

模糊数学是利用数学方法研究和处理具有"模糊性"现象的科学。"模糊性"主要是指客观事物差异的中间过渡过程中的"不分明性"。"柔性""自动化程度""人的高矮胖瘦"等概念均属于模糊概念。

经典数学建立在基于二值逻辑的集合论基础上。对于给定的集合 A 和元素 x，A 和 x 之间的关系只有 $x \in A$ 和 $x \notin A$ 两种情况，可以用特征函数（Characteristic Function）$C_A(x)$ 来刻画：

$$C_A(x) = \begin{cases} 1, & x \in A \\ 0, & x \notin A \end{cases} \qquad (2\text{-}5)$$

显然，特征函数并不能准确地刻画模糊性。例如：FMS 自动化程度的变化，其内涵和外延均不十分清晰；一条 FMS 自动化程度的高低只能在与其他类似系统的比较中才能确定，而简单地判定某条 FMS 自动化程度属于"高"或"低"，不仅缺乏依据，也没有意义。

模糊数学将传统的二值逻辑 $\{0,1\}$ 推广到 $[0,1]$ 区间内任意值的无穷多的连续值逻辑，并将特征函数做适当推广，得到隶属函数。以隶属函数来刻画 A 和 x 之间的关系，记作 $\mu_A(x)$，并满足条件：$0 \leqslant \mu_A(x) \leqslant 1$。当用隶属函数来表示元素与集合之间的关系时，集合 A 称为模糊集合。模糊集合是普通集合的推广形式。当 $\mu_A(x)$ 取 $[0,1]$ 闭区间的两个端点 0 和 1 时，A 退化为普通集合，隶属函数 $\mu_A(x)$ 也退化为特征函数 $C_A(x)$。因此，隶属函数是特征函数的推广形式。模糊数学将元素与集合之间的关系从简单清晰的"属于"或"不属于"关系推广到"在多大程度上属于"和"在多大程度上不属于"的模糊关系，为描述模糊概念和现象创造了条件。

隶属函数是模糊数学的重要理论基础，确定隶属函数的具体形式是采用模糊数学解决实际问题的重要任务。从根本上说，隶属函数由模糊变量本身性质决定，隶属函数的准确界定有待于数据统计和经验积累。常见的隶属函数有正态分布、梯形分布和线性交叉型等类型（见图 2-9）。

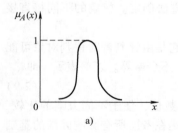 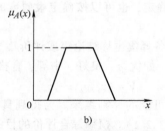 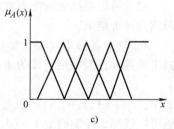

图 2-9　隶属函数的基本形式

a）正态分布隶属函数　b）梯形分布隶属函数　c）线性交叉型隶属函数

国内外学者提出了多种隶属函数的确定方法，比较成熟的方法包括：①二元对比排序法。该方法通过将各模糊对象两两比较来确定各比较对象的顺序，以此为基础得到隶属函数的形状和分布。②专家评判法。通过专家打分来确定隶属函数。该方法具有一定的主观性，但是专家打分反映了经验的积累和知识的综合。通过一定的数学处理，能够得到贴近实际的结果。③模糊统计法。模糊统计法是将数理统计方法应用于模糊对象而得到的方法。

对于某些难以给出定量数值的评价对象，如"自动化程度"等，模糊统计法是确定其隶属函数的有效方法。实际上，将专家评判法和模糊统计法结合起来可以形成确定隶属函数的新方法，称之为"专家模糊统计法"。首先，按照划定的评价标准，将待评判对象的评判结果划分为一定的评价等级；然后，对于特定的评价对象，让参与评价的专家分别确定它所属的评价等级；再统计各评价等级发生的频数，以之作为隶属函数的确定依据：

$$\mu_{vj}(u_i) = \frac{m_{ij}}{n} \tag{2-6}$$

式中，m_{ij} 表示认为评价对象 u_i 属于评价等级 v_j 的次数；n 为参与评价的专家人数；$\mu_{vj}(u_i)$ 表示评价对象 u_i 属于评价等级 v_j 的隶属度。随着 n 的增加，$\mu_{vj}(u_i)$ 将趋于 $[0,1]$ 区间内的某一数值，即得到具有统计意义的评价对象的隶属度。

3. 模糊综合评价的计算方法与步骤

根据待评价系统的复杂程度，模糊综合评价可以分为一级模糊综合评价、二级模糊综合评价等形式。其中，一级模糊综合评价是多级模糊综合评价的基础。

（1）一级模糊综合评价　一级模糊综合评价主要分两步：对单因素（指标）的评价；综合所有因素（指标）的综合评价。基本步骤如下：

1）确立评价因素集（指标集）。依据评价指标的选取原则，以及所评价 FMS 的特点和主要性能要求，可以确定 FMS 的综合评价指标的集合，即评价因素集（指标集）

$$U = (u_1, u_2, \cdots, u_m) \tag{2-7}$$

上述评价指标可以是模糊性的，如 FMS 的柔性等；也可以是非模糊性的，如 FMS 的成本。但是，指标与指标集之间的关系是清晰的。因此，评价指标集本身为普通集合。

2）建立权重集。不同类型的 FMS，评价指标集 U 中的指标 u_i 不尽相同，并且各指标的重要程度一般是不等同的。为反映各指标的重要程度，应赋予各指标 u_i 以相应权重。确定权重是模糊综合评价中的重要问题。对主要指标应赋予较大权重，以突出其作用和地位；对于较次要的指标则赋予较小权重。从而得到 U 上的模糊子集

$$W = (a_1, a_2, \cdots, a_m) \tag{2-8}$$

称为权重集。一般地，权重需满足非负性和归一性条件。

权重可以根据实际需要主观确定，也可以按确定隶属度的方法确定。权重的不同将直接影响到评价结果。

3）建立备择集（评价集）。备择集也称结论集或评价集。它是由评判者对评判对象可能做出的各种评判结果组成的集合，如优秀、良好、中等、合格、不合格等。以 V 表示，即

$$V = (v_1, v_2, \cdots, v_n) \tag{2-9}$$

式中，$v_i(i=1,2,\cdots,n)$ 代表各种可能的评判结果。为得到具体数值，便于不同方案的比较，也可以按照 5 分制确定 $V = (5,4,3,2,1)$。模糊综合评价的目的是在考虑所有影响因素的基础上，依据一定算法从备择集中选择相应的评价结论。显然，备择集划分得越细，评价结果就越准确，但计算量也越大。

4）单因素模糊评价。以单个评价因素为研究目标，以确定评判对象对备择集元素的隶属程度为目的进行的评判称为单因素模糊评判。

设以因素集中第 i 个因素 u_i 为评判对象，它对备择集中第 j 个元素 v_j 的隶属度为 q_{ij}。同理，可以得到 u_i 对备择集 V 中各因素的评价结果（隶属度），得到模糊集

$$Q_i = (q_{i1}, q_{i2}, \cdots, q_{in}) \tag{2-10}$$

称为单因素评判集。

分别对各因素进行单因素评判，就可以得到由各单因素对备择集的隶属度组成的矩阵

$$Q = \begin{pmatrix} Q_1 \\ Q_2 \\ \vdots \\ Q_m \end{pmatrix} = \begin{pmatrix} q_{11} & q_{12} & q_{13} & \cdots & q_{1n} \\ q_{21} & q_{22} & q_{23} & \cdots & q_{2n} \\ \vdots & \vdots & \vdots & & \vdots \\ q_{m1} & q_{m2} & q_{m3} & \cdots & q_{mn} \end{pmatrix}_{m \times n} \tag{2-11}$$

称为单因素模糊评价矩阵。其中，$Q_i = (q_{i1}, q_{i2}, \cdots, q_{in})$ 为对应于评价指标 u_i 的单因素模糊评价集，它是备择集 V 上的模糊子集。Q 是 $U \times V$ 上的模糊关系，(U, V, Q) 定义了评价过程的评价空间。一般地，评价指标不同，相应的模糊评价矩阵也不同。

5）模糊综合评价。单因素模糊评价仅反映了单因素对评价对象的影响。矩阵 Q 中，第 i 行反映了第 i 个因素对评价对象各备择元的影响程度，第 j 列则反映了各因素对评价对象取第 j 个备择元的影响程度。Q 中每列元素的和

$$Q_j = \sum q_{ij} (i = 1, 2, \cdots, m; j = 1, 2, \cdots, n)$$

反映了各因素的综合影响。若再考虑各因素的权重 $a_i (i = 1, 2, \cdots, m)$，则能够得到更合理的评价结果，由此得到对方案的模糊综合评价

$$B = W \circ Q = (a_1, a_2, \cdots, a_m) \circ \begin{pmatrix} q_{11} & q_{12} & q_{13} & \cdots & q_{1n} \\ q_{21} & q_{22} & q_{23} & \cdots & q_{2n} \\ q_{31} & q_{32} & q_{33} & \cdots & q_{3n} \\ \vdots & \vdots & \vdots & & \vdots \\ q_{m1} & q_{m2} & q_{m3} & \cdots & q_{mn} \end{pmatrix}_{m \times n}$$

$$= (b_1, b_2, \cdots, b_n) \tag{2-12}$$

式中，B 为模糊综合评价集；$b_j (j = 1, 2, \cdots, n)$ 为模糊综合评价指标，含义是综合考虑所有因素时，评价对象对备择集中第 j 个元素的隶属度。

式（2-12）中，W、Q 均为模糊矩阵，$B = W \circ Q$ 是（W, Q）空间上的模糊变换，也是备择集 V 的模糊子集。它可以按照模糊矩阵乘法（即最大最小原则）计算：

$$b_j = \bigvee_{i=1}^{m} (a_i \wedge q_{ij}) \quad (j = 1, 2, \cdots, n) \tag{2-13}$$

该算法简洁明了，突出了主要因素和评价指标对备择元素的隶属程度。但是，按最大最小原则（$\vee$，$\wedge$）运算，往往会丢失大量有价值的信息，甚至不能得到有意义的结果。

为克服最大最小原则的缺点，可以采用如下算法：

$$b_j = \sum_{i=1}^{m} a_i \cdot q_{ij} \quad (j = 1, 2, \cdots, n) \tag{2-14}$$

该算法能综合考虑各评价指标对评价结果的影响，保留了单因素评价中的全部信息，对 a_i、q_{ij} 也没有限制，能给出较为全面的结论。

6）模糊评价结果的处理。通过上述步骤，我们分别得到各评价对象的模糊评价集 B 以及模糊评价指标 b_j。以此为基础，可以得到各评价对象的模糊综合评价结果。一种方法是按最大隶属度法，即取与模糊综合评价集中最大隶属度值相对应的备择元素作为评价依据

$$v = \{v_l | v_l \to \max b_j\} \quad (j = 1, 2, \cdots, n) \tag{2-15}$$

由式（2-15）可知，最大隶属度法仅考虑了最大评价指标的影响，舍去了其他指标所提供的信息。当最大评价指标多于一个时，最大隶属度法就很难给出具体的评价结果。

另一种方法是综合评价值法，以 b_j 为权数、以 b_j 与各备择元素 v_j 的加权值 E 作为评价依据

$$E = \sum_{j=1}^{n} b_j v_j \tag{2-16}$$

综合评价值法能综合考虑各模糊综合评价指标对评价结果的影响，对评价对象的整体性能做出全面评价，也有利于不同方案之间的比较。

（2）多级模糊综合评价　上节所述的一级模糊综合评价是模糊综合评价的初始模型。对于简单的评价对象一级模糊综合评价能够给出比较合理的评价结果。但是当评价对象比较复杂时，由于需要考虑的因素较多，且各因素往往具有不同的层次时，一级模糊综合评价就不能给出合理的评价结果。

多级模糊综合评价可以克服上述缺点。一般地，在以下情况下应考虑采用多级模糊综合评价。

1）当评价指标过多时，且被评价的 FMS 过于复杂时，需要考虑的指标过多，而各指标都需要赋予一定的权重，于是就会产生权重难以恰当分配和不能得到有意义的评价结果的问题。也就是说，指标过多造成权重过小，造成判断困难。此外，在模糊矩阵的计算中，采用最大最小运算必然丢失大量信息，使评价结果失去意义。解决此类问题的方法是：将评价因素分类，进行多级模糊综合评价。

2）当评价指标具有多个层次时，以图 2-8 所示的板材加工 FMS 为例，它的评价指标具有较复杂的层次结构。例如：成本指标由安装成本和运行成本构成，而安装成本又包括机床、工具、软件、场地和运储设备等多个子指标，运行成本也由多个部分组成，客观上形成了多个指标层次。一级模糊综合评价不能处理多层次评价指标的计算问题。解决此类问题的方法是：确定指标的层次，从最低层的指标开始，进行多级模糊综合评价。

多级模糊综合评价与一级模糊综合评价的步骤基本相同。评价指标的类别和层次应根据评价对象的实际合理划定，再由最低层开始，逐层往上，最后构成多级综合评价。

4. 模糊综合评价应用案例

某公司拟采购板材加工 FMS，现有 4 个备选方案，欲从中筛选出最优方案。通过分析，确定以生产率（P）、柔性（F）、自动化程度（A）、自恢复性（S）、可靠度系数（R）以及成本（C）等作为评价指标，对各方案进行初步评估，得到各方案单项指标的评估值见表 2-4。

表 2-4　FMS 备选方案评价指标的评估值

方　案	生　产　率	柔　　性	自动化程度	自恢复性	可靠度系数	成本/万元
1	1.70	0.96	0.70	0.80	0.60	2350
2	1.50	0.95	0.60	0.70	0.80	2000
3	1.43	0.96	0.50	0.60	0.60	2800
4	1.20	0.90	0.80	0.80	0.70	2400

由表 2-4 可知：就生产效率而言，方案 1 最好；就柔性而言，方案 3 最好；就自动化程度而言，方案 4 自动化程度最高；就可靠性而言，方案 2 最高，并且方案 2 的成本最低。显然，没有一个方案的各单项指标都是最优的。因此，由单项指标很难判定各方案孰优孰劣。实际上，FMS 的选型依据应当是方案的综合性能，有必要对各方案开展综合评价。

以前述的方法为基础，对各方案做出模糊综合评价。确定备择集 V =（优秀,良好,中等,合格,不合格），权重集 W =（0.30,0.15,0.05,0.1,0.15,0.25）。由于线性交叉型隶属函数能够较好地刻画评价指标等级区间的模糊性，故采用线性交叉型隶属函数。确定自动化程度及自恢复性指标的不合格阈值为 0.5、优秀阈值为 0.9，柔性指标的不合格阈值为 0.75、优秀阈值为 0.95。对于可以给出具体数值的指标，如成本、生产率等，则可以根据 FMS 性能要求，确定该评价指标不合格阈值 a 以及优秀阈值 b，并把 [a,b] 划分为相应的等级区间。凡 $u < a$ 者完全属于 v_5（不合格），$u > b$ 则完全属于 v_1（优秀）。取最能表示该等级特性的点的隶属函数值为 1；边界交点处最为模糊，其隶属度为 0.5。得到 FMS 评价指标的隶属函数如图 2-10 所示。

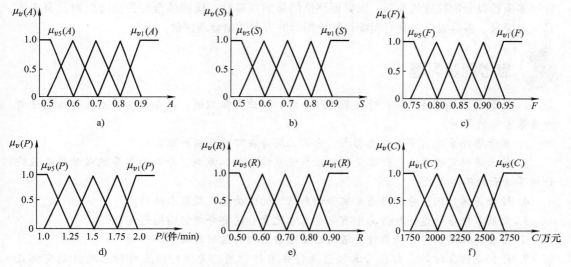

图 2-10　板材加工 FMS 评价指标的隶属函数

a）自动化程度的隶属函数　b）自恢复性的隶属函数　c）柔性的隶属函数
d）生产率的隶属函数　e）可靠度系数的隶属函数　f）成本的隶属函数

由备选方案的评估值及隶属函数的阈值范围，可以计算各方案的模糊评价矩阵。以方案 1 为例，模糊评价矩阵为

$$\boldsymbol{Q}_1 = \begin{pmatrix} 0 & 0.8 & 0.2 & 0 & 0 \\ 1 & 0 & 0 & 0 & 0 \\ 0 & 0 & 1 & 0 & 0 \\ 0 & 1 & 0 & 0 & 0 \\ 0 & 0 & 0 & 1 & 0 \\ 0 & 0 & 0.6 & 0.4 & 0 \end{pmatrix}$$

采用普通矩阵乘法，得到模糊综合评价集：$\boldsymbol{B}_1 = \boldsymbol{W} \cdot \boldsymbol{Q}_1 = (0.15, 0.34, 0.26, 0.25, 0)$。同理，可以计算出其他三个方案的模糊评价矩阵 $\boldsymbol{Q}$ 和模糊综合评价集：$\boldsymbol{B}_2 = (0.15, 0.40, 0.40, 0.05, 0)$，$\boldsymbol{B}_3 = (0.15, 0, 0.216, 0.334, 0.3)$，$\boldsymbol{B}_4 = (0, 0.3, 0.25, 0.39, 0.06)$。

由最大隶属度法，与最大隶属度相对应，方案 1 的综合性能为"良好"，方案 3 和方案 4 的综合性能为"中等"。方案 2 模糊综合评价集中的模糊评价指标 $b_2 = b_3 = 0.40$，由最大隶属度法很难判定方案 2 的总体性能为"良好"还是"中等"，给综合评定带来困难。

为得到各方案综合评价的具体数值，并且有利于不同方案之间的直观比较，本研究采用计算综合评价值法，参照 5 分制确定备择集 $\boldsymbol{V} = (5, 4, 3, 2, 1)$，其中 5 表示优秀、1 表示不合格。由式（2-16）得到方案 1 的综合评价值 $E_1 = \boldsymbol{B}_1 \boldsymbol{V}^\mathrm{T} = (0.15, 0.34, 0.26, 0.25, 0) \times (5, 4, 3, 2, 1)^\mathrm{T} = 3.39$。同理，得到 $E_2 = 3.65$，$E_3 = 2.366$，$E_4 = 2.79$。

显然，由综合评价值 E 可知：方案 3 的综合性能最差，方案 2 的综合性能最优，故选择方案 2。

由上述案例可以看出，模糊综合评价法能定量处理评价指标及评价过程中的模糊因素，客观地反映各备择方案的综合性能，为多方案选型提供科学依据。当评价指标较多时，可以采用多级模糊综合评价模型，既反映出评价指标之间具有的层次关系，又可以克服因评价指标过多而难以分配权重的弊病，以保证评价结果的可靠性。模糊综合评价法可以对具有多数目、多层次、多等级以及具有模糊性评价指标的方案做出合理评价。

思考题及习题

1. 什么是离散事件系统？什么是连续系统？给出具体案例，并分析两类系统在性能分析方法等方面的异同。

2. 离散事件系统有哪些分类形式，它们之间存在哪些区别和联系？

3. 什么是确定性系统？什么是随机性系统？结合具体案例，分析两类系统在结构及性能分析等方面的不同之处。

4. 结合具体案例，分析静态系统和动态系统的结构组成及基本特性。

5. 离散事件系统建模与仿真中有哪些基本元素？简要分析它们的含义。

6. 结合具体案例，分析事件、活动以及进程之间的区别与联系。

7. 什么是仿真时钟？它在仿真模型运行中有何作用？常用的仿真时钟推进机制有哪几种？它们分别适合于什么样的系统？

8. 什么是规则（Rule）？在制造系统运行过程中，常用的规则有哪些？结合案例分析不同规则的特点及其适用领域。

9. 绘制离散事件系统仿真程序结构图，分析其中子程序的构成及其功能。

10. 建立系统模型的常用方法有哪些？结合具体工程案例，论述"分析与综合""抽象与概括""归纳与总结""演绎与推理""比较与类比"等建模方法的特点与应用。

11. 分别以下列系统为对象，分析系统中的实体、属性、活动、事件、进程、状态、变量以及规则等建模与仿真元素。

（1）机械加工车间

（2）银行

（3）汽车客运站

（4）理发店

（5）图书馆

（6）食堂

（7）超市

（8）医院

（9）物流仓储系统

12. 什么是层次分析法（AHP）？它的应用对象和领域有哪些？论述AHP的应用步骤。

13. 什么是综合评价？常用的综合评价方法有哪些？模糊综合评价适用于什么类型的对象，论述模糊综合评价法的应用步骤，指出它的数学理论基础。

14. 某汽车制造企业主要生产中档家用轿车，现有的生产基地位于重庆。随着市场规模的扩大，现有的生产能力已经不能满足市场需求。企业现拟投资在国内建设一个新的生产基地，候选城市包括上海、江苏南京、江苏张家港、安徽合肥、江西九江等。在查阅资料的基础上，分析该企业选址时需要考虑哪些因素，采用层次分析和综合评价等方法，给出该企业新生产基地的选址方案。

第 3 章
随机变量和随机分布

3.1　随机变量和随机分布概述

如前所述，活动（Activity）是指两个事件之间的持续过程，它标志着系统状态的转移。实际上，制造系统的运行过程就是由一系列活动组成的。根据活动特性不同，可以将活动分为两类：

（1）确定性活动（Deterministic Activity）　活动的变化规律已知，活动结果可以准确预计，在一定条件下活动可以准确地重复和再现，或者根据过去的状态准确预见活动的未来进展。例如：重物自由落体运动的轨迹、炮弹的运行轨迹与落点等，都可以根据相关公式准确测算。

（2）随机性活动（Stochastic Activity）　活动结果难以准确预见，即使在相同条件下进行重复试验，每次试验的结果未必相同，或者由过去状态不能准确定义相同条件下活动的未来趋势。例如：抛掷硬币时，每次硬币是正面向上还是正面向下；交叉路口单位时间内的通行流量；同一批次零件的寿命和故障发生时间；作业（Job Shop）车间每个班次生产零件的数量；机器故障后，每次维修作业所需的时间和成本等。

早期的科学研究主要以确定性活动为对象，所采用的数学工具包括微分方程、几何、代数等。在制造系统、物流系统以及服务系统中，纯粹的确定性活动并不多见，随机性因素和随机性活动众多，概率论和数理统计成为重要的数学工具。

对于随机性活动，可以采用变量进行描述，称之为随机变量（Random Variable）。通过定义随机变量类型及其参数，以随机变量的不同取值表示活动的不同结果。在系统建模和仿真过程中，通常需要输入随机变量的分布类型及其参数，如实体到达的时间间隔、零件加工时间、服务时间、订单需求、维修时间等。显然，不合理的变量取值将会导致不正确的输出和错误决策。

根据取值是否连续，随机变量可以分为离散型随机变量和连续型随机变量。

3.1.1　离散型随机变量

若随机变量的可能取值为有限个数值或为可以逐一列举的无穷多个数值，则称此类随机变量为离散型随机变量（Discrete Random Variable）。

设离散型随机变量 X 所有可能的取值为 x_1、x_2、$\cdots$、x_n、$\cdots$，并且所有可能取值的概率分别为 p_1、p_2、$\cdots$、p_n、$\cdots$，则将 $\{x_i, p_i\}$（$i=1,2,\cdots,n,\cdots$）配对的集合称为随机变量 X 的概率分布（Probability Distribution），并将 $P=\{p_1,p_2,\cdots,p_n,\cdots\}$ 称为随机变量 X 的概率质量函数（Probability Mass Function，PMF）。概率质量函数满足以下条件：

1) $$p_i > 0 (i = 1, 2, \cdots, n, \cdots) \tag{3-1}$$

2) $$\sum_{i=1}^{\infty} p_i = 1 \tag{3-2}$$

抛掷一枚硬币，存在正面向上和正面向下两种可能。若以随机变量 X 表示抛掷结果，X 取值为"1"表示正面向上、取值为"0"表示正面向下。显然，X 所有可能的取值为 $X = \{x_1, x_2\} = \{1, 0\}$。大量的试验表明：当抛掷次数趋近于无穷大时，正面向上和正面向下的概率均趋近于 50%，即概率质量函数 $P = \{p_1, p_2\} = \{0.5, 0.5\}$，$p_1 + p_2 = 1$。抛掷硬币结果的概率分布如图 3-1 所示。

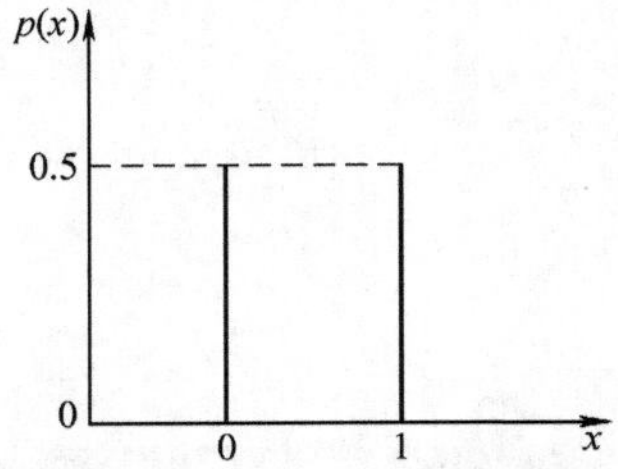

投掷一颗骰子所有可能的结果是 1 点、2 点、3 点、4 点、5 点和 6 点。若以随机变量 X 表示掷一颗骰子的结果，它所有可能的取值为 $X = \{x_1, x_2, \cdots, x_6\} = \{1, 2, 3, 4, 5, 6\}$。若排除骰子制作工艺等方面的因素，投掷骰子的概率质量函数为 $P = \{p_1, p_2, \cdots, p_6\} = \{1/6, 1/6, 1/6, 1/6, 1/6, 1/6\}$。

统计每天到达机械加工车间的毛坯数量，并以随机变量 X 表示之，即

$$X = 每天到达加工车间的毛坯数量$$

图 3-1 抛掷硬币的概率分布

X 可能的取值集合为 $X = \{x_1, x_2, \cdots, x_n, \cdots\} = \{0, 1, 2, 3, 4, 5, 6, \cdots\}$。显然，$X$ 为离散型随机变量；对于 X 中每个可能的数值 x_i，$p(x_i) = P\{X = x_i\}$ 给出了随机变量取值为 x_i 的概率。

设 $F(x)$ 为离散型随机变量的累积分布函数（Cumulative Distribution Function，CDF），它表示 X 小于或等于某个给定值 $x_i (i = 1, 2, \cdots, n, \cdots)$ 的概率函数，显然有

$$F(x_i) = \sum_{i=0}^{\infty} p_i (X \leqslant x_i) \tag{3-3}$$

式中，p_i 表示 X 取值为 x_i 的概率。

由式（3-3）可以得到如下结论：

1) $0 \leqslant F(x) \leqslant 1$

2) 当 $x < y$ 时，有 $F(x) \leqslant F(y)$，即 $F(x)$ 为单调递增函数。

通过采样和统计分析样本数据，可以得到离散型随机变量的取值及其概率分布，据此分析待研究对象的一些特性。

例如：对某一批次 40 件零件的质量（X）进行检测，并按照优、良、中、合格和不合格等五个等级进行统计分析，其中优秀（A）5 件、良好（B）16 件、中等（C）12 件、合格（D）5 件、不合格（E）2 件，绘制零件质量分布直方图如图 3-2 所示。根据对零件质量的统计，计算 X 的分布概率，绘制零件质量概率分布和累积分布函数分别如图 3-3 和图 3-4 所示。

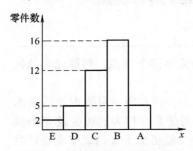

图 3-2 零件质量分布直方图

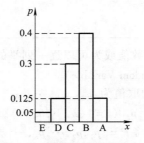

图 3-3 零件质量概率分布

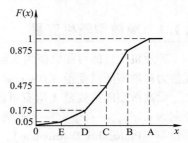

图 3-4 零件质量累积分布函数

例如：目前，国产数控机床在性能上能满足绝大多数用户的要求，与进口数控机床相比，在价格、售后服务等方面还具有一定的优势。但是，由于机床整机的可靠性偏低，严重影响国产数控机床的市场占有率。有一种观点认为：数控系统是导致国产数控机床可靠性偏低的主要原因，只要提高数控系统可靠性，数控机床整机的可靠性问题就迎刃而解。实际上，多数国产数控机床大多安装了进口的、世界知名的数控系统，但是数控机床整机的可靠性水平仍然偏低。因此，数控系统的可靠性未必是数控机床整机可靠性偏低的主要原因。

为寻找导致数控机床整机可靠性偏低的原因，提高产品的市场竞争力，某机床厂对一批次数控机床进行质量跟踪，获取该批次机床故障部位及其发生频率分布见表3-1。由表3-1可知，调查时间段内该数控机床产品故障多发部位分别为转塔刀架（33.6%）、液压系统（11.2%）、电气系统（8.8%）、冷却系统（8.0%）等，数控（CNC）系统故障仅占机床故障次数的1.6%。

表3-1 某批次数控机床的故障部位及其频率分析

部件名称	故障次数	故障比例
转塔刀架	42	0.336
液压系统	14	0.112
电气系统	11	0.088
冷却系统	10	0.080
装卡附件	8	0.064
排屑系统	8	0.064
主传动系统	6	0.048
X轴进给系统	6	0.048
Z轴进给系统	6	0.048
电源	5	0.040
润滑系统	5	0.040
CNC系统	2	0.016
伺服单元	1	0.008
防护装置	1	0.008

为此，该机床厂采取多项有针对性的改进措施，数控机床可靠性得到明显提高，整机故障频次大幅度减少，产品的故障分布也发生明显变化。表3-2所示为改进后该厂部分数控机床产品的故障部位及其频率统计数据。

表3-2 改进后数控机床的故障部位及其频率

部件名称	故障次数	故障比例
排屑系统	6	0.2143
转塔刀架	6	0.2143
冷却系统	6	0.2143
液压系统	3	0.1071
电气系统	2	0.0714
X轴进给系统	2	0.0714
润滑系统	1	0.0357
CNC系统	1	0.0357
Z轴进给系统	1	0.0357

由表 3-2 可知：改进之后，排屑系统、转塔刀架、冷却系统的故障次数分别占总故障次数的 21.43%，为故障多发部位，而数控（CNC）系统故障仅占总故障次数的 3.57%。因液压系统故障导致的机床故障比例略微下降，排屑系统的故障比例则大幅度上升，转塔刀架系统的故障率有较大幅度的下降，冷却系统的故障率明显增加。上述分析结果为该产品可靠性增长研究指明了方向。

上述研究表明，该厂数控机床产品的故障多发部位并非数控系统，而是主机本身及其他子系统。因此，要提高国产数控机床的市场占有率，除要开发或采用高性能、高可靠性的数控系统外，提高机床主机本身以及相关子系统的可靠性也是重要条件。

3.1.2 连续型随机变量

若随机变量 X 可以在某个数值区间内连续取任一数值，则称之为连续型随机变量（Continuous Random Variable）。由于 X 的取值为无穷多个点，我们无法定义 X 在某一个数值点的概率，只能考察 X 落入某个子区间内的概率。

若存在非负函数 $f(x)$，使得随机变量 X 在区间 $[a,b]$ 内取值的概率为

$$P\{a \leqslant X \leqslant b\} = P(a,b) = \int_a^b f(x)\,\mathrm{d}x \tag{3-4}$$

则称 X 为连续型随机变量，并称 $f(x)$ 为 X 的概率密度函数（Probability Density Function，PDF）。

与离散型随机变量的概率函数相似，$f(x)$ 需满足以下条件：

1)
$$f(x) > 0 \tag{3-5}$$

2)
$$\int_{-\infty}^{+\infty} f(x)\,\mathrm{d}x = 1 \tag{3-6}$$

需要指出的是，$f(x)$ 的值可以大于 1，但是在 $[a,b]$ 内任意区间由 $f(x)$ 曲线围成的面积一定小于或等于 1。对于任一指定的数值点 x_0，它的发生概率为 0，即

$$\int_{x_0}^{x_0} f(x)\,\mathrm{d}x = 0$$

$F(x)$ 为连续型随机变量的累积分布函数，它表示随机变量取值小于或等于 x 的概率，即

$$F(x) = P\{X \leqslant x\} = \int_{-\infty}^{x} f(x)\,\mathrm{d}x \tag{3-7}$$

由累积分布函数的定义，可得到如下结论：

1) $0 \leqslant F(x) \leqslant 1$

2) 当 $x_1 < x_2$ 时，有 $F(x_1) \leqslant F(x_2)$

累积分布函数 $F(x)$ 的值随 x 值的增加而增加，并趋近于极限值 1。随机变量 X 落在区间 $[a,b]$ 内的概率为 $F(b) - F(a)$。

例如：$U(a,b)$ 表示均匀分布，它的概率密度函数为

$$F(x) = \begin{cases} \dfrac{1}{b-a}, & a \leqslant x \leqslant b \\ 0, & 其他 \end{cases} \tag{3-8}$$

由式（3-8）得到均匀分布 $U(a,b)$ 的概率密度函数 $f(x)$ 曲线和累积分布函数 $F(x)$ 曲线分别如图 3-5 和图 3-6 所示。

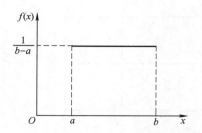

图 3-5　均匀分布 $U(a,b)$ 的概率密度函数

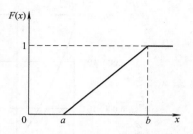

图 3-6　均匀分布 $U(a,b)$ 的累积分布函数

例如：统计某装备的使用寿命，获得寿命样本数据见表 3-3。

表 3-3　某装备的寿命测试数据　　　　　　　　　　（单位：s）

寿命测试数据
72, 533, 705, 1572, 1911, 1986, 2617, 3057, 3063, 3202, 3226, 3559, 4391, 4850, 5602, 5789, 6690, 6998, 7011, 8045, 8812, 9053, 10889, 11177, 11222, 11571, 11766, 12847, 13642, 14475, 15585, 15744, 15874, 16059, 16683, 17159, 17312, 17325, 19327, 19781, 19782, 19885, 20069, 21556, 24520, 24818, 28621, 29163, 30403, 30705, 30743, 30980, 31730, 31802, 32121, 33378, 34694, 34773, 34869, 34888, 35867, 36304, 39648, 40717, 40830, 41329, 41399, 43023, 43386, 43969, 46279, 46472, 46870, 47070, 47490, 48006, 48525, 49444, 50487, 52306, 53606, 55089, 55533, 55599, 56167, 57202, 58039, 62343, 62800, 63150, 64873, 65134, 65708, 66643, 66883, 67961, 70480, 71097, 74743, 75117, 76400, 77900, 78007, 78274, 78395, 79740, 80119, 80146, 80873, 81906, 83651, 85177, 85355, 85685, 86319, 88078, 89866, 90161, 91273, 91534, 93734, 93864, 97093, 97651, 98072, 102712, 103834, 104007, 104712, 106832, 108464, 108930, 110368, 110590, 110592, 115237, 118305, 124654, 126101, 126147, 130248, 131960, 133636, 134324, 135357, 137670, 145015, 146863, 150459, 150727, 151188, 157717, 158647, 160170, 160376, 168669, 169712, 172969, 174968, 179983, 182463, 185635, 188284, 188923, 190871, 194249, 196087, 197703, 202207, 208809, 208823, 214716, 215072, 216196, 225412, 225484, 227418, 233395, 235369, 237059, 243436, 251743, 252179, 255897, 272850, 283654, 283838, 292309, 296921, 309981, 321036, 323455, 330430, 365211, 387284, 391480, 417491, 471891, 483190, 512728

以上述数据为基础，通过计算可知该装备寿命服从故障率 $\lambda = 9.5343 \times 10^{-6}$（1/s）的指数分布。以 s 为单位，该装备寿命的概率密度函数为

$$f(x) = \begin{cases} 9.5343 \times 10^{-6} e^{-9.5343 \times 10^{-6} x}, & x \geqslant 0 \\ 0, & 其他 \end{cases}$$

绘制装备概率密度函数如图 3-7 所示。

例 3-1　某类检测设备的寿命为 X（年），已知它的概率密度函数 $f(x)$ 服从均值为 2 年的指数分布，即

$$f(x) = \begin{cases} \dfrac{1}{2} e^{-x/2}, & x \geqslant 0 \\ 0, & 其他 \end{cases}$$

求该类检测设备寿命在 2～3 年之间的概率。

解：

$$P\{2 \leqslant X \leqslant 3\} = \int_2^3 \frac{1}{2} e^{-x/2} dx$$

$$= -e^{-3/2} + e^{-1} = -0.223 + 0.368 = 0.145$$

即此类设备寿命在 2～3 年之间的概率为 14.5%。

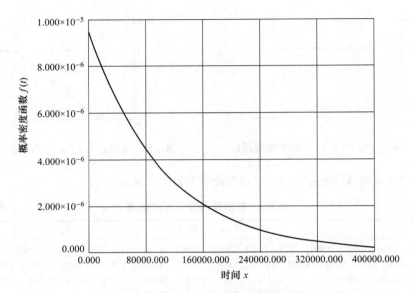

图 3-7 某装备寿命的概率密度函数

3.1.3 随机变量的数字特征

概率质量函数、概率密度函数以及累积分布函数等能够反映随机变量的某些概率特征。但是，在工程实际中，往往存在以下情况：①无法了解或无须知道随机变量准确的概率特征。②只能得到或只需利用随机变量的具有代表性的数值。此时，仅根据概率质量函数、概率密度函数和累积分布函数等参数还不足以反映随机变量的某些特性。

例 3-2　根据统计资料，甲、乙两种同类型设备每月发生故障的次数及其发生概率见表 3-4。根据表 3-4 的故障数据，比较两种设备的性能。

表 3-4　设备的月故障次数及其发生概率

故障次数/月		0	1	2	3
发生概率	甲设备	0.65	0.30	0.03	0.02
	乙设备	0.80	0.16	0.04	0.00

解：表 3-4 给出了两种设备月故障次数及其发生概率的分布情况，但是没有集中反映两种设备故障特征及其差异性。计算两种设备的平均每个月发生故障的次数分别为

$$P_1 = (0 \times 0.65 + 1 \times 0.30 + 2 \times 0.03 + 3 \times 0.02) \text{次} = 0.42 \text{次}$$

$$P_2 = (0 \times 0.80 + 1 \times 0.16 + 2 \times 0.04 + 0) = 0.24 \text{次}$$

即甲设备和乙设备的平均每个月发生故障的次数分别为 0.42 次和 0.24 次。因此，根据月平均故障次数可知：乙设备的性能要优于甲设备。

上例中利用随机变量的平均值来分析随机变量的特性。在工程实际中，除平均值外，随机变量常用的数字特征还包括方差、标准差、变异系数等。

1. 平均值

平均值（Mean 或 Average Value）简称均值，也称数学期望（Mathematical Expectation），

或随机变量的一阶矩（The First Moment）。它是指随机变量取值的平均数，表示随机变量取值的集中程度，一般以 $E(X)$ 或 μ 表示。

设 X 为离散型随机变量，它的概率分布见表 3-5。

表 3-5　随机变量的概率分布

X	x_1	x_2	$\cdots$	x_n	$\cdots$
概率	p_1	p_2	$\cdots$	p_n	$\cdots$

其中，$p_i > 0\,(i=1,2,\cdots,n,\cdots)$，并且 $\sum\limits_{i=1}^{\infty} p_i = 1$。

离散型随机变量的平均值为

$$E(X) = \sum_{i=1}^{\infty} x_i p_i \tag{3-9}$$

对于连续型随机变量 X，平均值的计算公式为

$$E(X) = \int_{-\infty}^{+\infty} x f(x)\,\mathrm{d}x \tag{3-10}$$

2. 方差和标准差

方差（Variance）表示随机变量相对于均值的平均分散和变动程度。若某一随机变量的方差为 0，则表示该随机变量没有偏差，此时随机变量退化为一个确定值。从这个意义上说，确定性变量是方差为零的一类随机变量，它是随机变量的一种特殊形式。方差的定义为

$$D(X) = E\,(x_i - E(X))^2 \tag{3-11}$$

对于离散型随机变量，方差可由下式计算：

$$D(X) = E\,(X - E(X))^2 = \sum_{i=1}^{\infty} \big[\,x_i - E(X)\,\big]^2 p_i$$

$$= \sum_{i=1}^{\infty} x_i^2 p_i - \big[\,E(X)\,\big]^2 = E(X^2) - \big[\,E(X)\,\big]^2 \tag{3-12}$$

对于连续型随机变量，方差的计算公式为

$$D(X) = E\,(X - E(X))^2 = \int_{-\infty}^{+\infty} \big[\,x - E(X)\,\big]^2 f(x)\,\mathrm{d}x$$

$$= \int_{-\infty}^{+\infty} x^2 f(x)\,\mathrm{d}x - \big[\,E(X)\,\big]^2 = E(X^2) - \big[\,E(x)\,\big]^2 \tag{3-13}$$

方差的单位是随机变量单位的二次方。为了保持与随机变量单位的一致性，常以方差的二次方根作为衡量分散性的尺度。通常，将方差的二次方根称为随机变量的标准差（Standard Deviation），以 σ 表示，即

$$\sigma = \sqrt{D(X)} \tag{3-14}$$

平均值、标准差是与随机变量具有相同量纲的物理量。对于同一个随机变量的两个不同样本数据，平均值不同表示两个样本的中心位置不同，两款产品月平均故障的次数见表 3-4。若平均值相同，而方差（或标准差）不同，方差（或标准差）越大，说明样本数据的分散程度越大。

例 3-3　对甲、乙两位工人所加工零件的尺寸公差进行测试，在相同条件下分别检测 1000 个零件，并以随机变量 ξ_1 和 ξ_2 分别表示两组样本数据，尺寸公差等级及其发生概率见表 3-6。试根据表 3-6 的数据，判断哪位工人的加工技术更好、发挥更稳定？

表3-6 工人加工零件尺寸公差的概率分布

尺寸公差等级	10	9	8	7	6	5
$P(\xi_1)$	0.525	0.2	0.05	0.1	0.075	0.05
$P(\xi_2)$	0.4	0.2	0.245	0.155	0	0

解： 若分别比较两个分布列，则很难直接判断两位工人加工技术的优劣，但是可以利用随机变量的数字特征加以判定。首先，由式（3-9）计算两位工人加工零件尺寸公差的均值：

$$E(\xi_1) = 10 \times 0.525 + 9 \times 0.2 + 8 \times 0.05 + 7 \times 0.1 + 6 \times 0.075 + 5 \times 0.05 = 8.85$$

$$E(\xi_2) = 10 \times 0.4 + 9 \times 0.2 + 8 \times 0.245 + 7 \times 0.155 + 6 \times 0 + 5 \times 0 = 8.845$$

从公差的均值看，甲、乙两位工人的技术水平非常接近。但是，由表3-6可以初步判断，乙工人所加工零件的公差较为集中、波动性较小，加工的稳定性较好，而甲工人所加工零件的公差较为分散。为确定两位工人所加工零件公差的分散程度，由式（3-12）和式（3-14）计算两位工人尺寸公差的方差和标准差如下：

$$D(\xi_1) = (10 - 8.85)^2 \times 0.525 + (9 - 8.85)^2 \times 0.2 + (8 - 8.85)^2 \times 0.05 + (7 - 8.85)^2 \times 0.1 +$$
$$(6 - 8.85)^2 \times 0.075 + (5 - 8.85)^2 \times 0.05 = 2.4275$$

$$D(\xi_2) = (10 - 8.845)^2 \times 0.4 + (9 - 8.845)^2 \times 0.2 + (8 - 8.845)^2 \times 0.245 +$$
$$(7 - 8.845)^2 \times 0.155 + (6 - 8.845)^2 \times 0 + (5 - 8.845)^2 \times 0 = 1.2409$$

$$\sigma(\xi_1) = \sqrt{D(\xi_1)} = 1.558$$

$$\sigma(\xi_2) = \sqrt{D(\xi_2)} = 1.114$$

由方差（或标准差）可知：乙工人所加工零件公差的分散程度较甲的分散程度要低，即乙的稳定性相对较好。由两组样本数据的均值和方差可以得出结论：乙工人的技术比甲工人好。

3. 变异系数

为更好地描述随机变量的分散程度，引入变异系数（Coefficient of Variation）的概念，也称变化系数或变差系数。变异系数是指随机变量的标准差与平均值的比值，即

$$C_x = \frac{\sqrt{D(X)}}{E(X)} = \frac{\sigma}{\mu} \tag{3-15}$$

式中，C_x 为变异系数。

由定义可知，变异系数是随机变量取值相对分散性的一个尺度，它表示随机变量的标准差相对于平均值的百分比。由于标准差与平均值的量纲相同，变异系数是量纲为一的量，它不受数据量纲的影响。变异系数的数值越小，表示随机变量的分散性越小。

以表3-6所示的公差数据为例，由式（3-15）计算两位工人所加工零件公差的变异系数如下：

$$C_x(\xi_1) = \frac{\sigma(\xi_1)}{E(\xi_1)} = \frac{1.558}{8.85} = 0.176$$

$$C_x(\xi_2) = \frac{\sigma(\xi_2)}{E(\xi_2)} = \frac{1.114}{8.845} = 0.126$$

因此，由变异系数也可以得出同样结论：乙工人所加工零件的公差分散性较小，发挥较甲工人更为稳定。

除均值、方差和变异系数外，在工程实际中还采用模数、中间值等来表达随机变量的数字特征。

4. 模数

模数（Mode）也称众数，它是指随机变量的频率（或频数）取得某个峰值时的随机变量的值。当随机变量的概率密度函数有多个峰值时，通常取最大峰值作为随机变量的模数。

对于离散型随机变量，观测值出现最多的数即为模数。对于连续型随机变量，模数是指概率密度函数为极大值时的 x 值，即概率密度函数峰值所对应的 x 值。

5. 中间值

中间值（Medium Value），也称中位数。对于随机变量 X，若存在一个点 x_m 使得随机变量的一半数值落在该点以下，则称点 x_m 为随机变量的中间值，即与 $F(x) = 0.5$ 相对应的点。此外，也可以由累积分布函数曲线求得随机变量的中间值。

图 3-8 所示为某随机变量 X 的概率密度函数。显然，模数为随机变量的密度函数 $f(x)$ 取得最大值时对应的随机变量的数值。另外，对该随机变量而言，模数小于中间值，中间值小于平均值。

值得指出的是：随机变量的类型和数值不同，它的模数、中间值以及平均值三者之间大小次序也不尽相同。当随机变量的密度函数为对称曲线时，平均值与中间值相等。例如：服从正态分布的随机变量，它的中间值等于平均值。

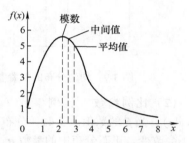

图 3-8　模数、中间值与平均值的关系分析

3.1.4　常用随机分布类型及其特性

如前所述，根据取值是否连续可以将随机变量分为离散型分布（Discrete Distribution）和连续型分布（Continuous Distribution）两种类型。对于随机分布，如果仅给出它的概率密度函数 $f(x)$ 或概率质量函数 $P\{X = k\}$，通过改变分布参数的数值还可以演化出各种变化。因此，要完全确定一个随机分布，不仅要确定其分布类型，还要求得分布的参数，如正态分布的参数 μ 和 σ、泊松分布的参数 λ 等。

1. 随机分布的参数类型

根据参数的物理意义和几何意义，可以将分布参数分为位置参数（Location Parameter）、比例参数（Scale Parameter）和形状参数（Shape Parameter）等三种类型。

（1）位置参数　位置参数（记作 γ）也称为位移参数，它确定了函数在横坐标（x 轴）的取值范围。当位置参数发生变化时，函数在横坐标的位置上会向左或向右发生偏移。

对两个同一种类型的随机变量 X 和 Y，如果两者仅在位置上有所不同的话，则一定存在一个实数 γ 使得 $(\gamma + X)$ 与 Y 的分布相同。如果函数 X 的位置参数为 0，则函数 $Y = X + \gamma$ 的位置参数为 γ。

通常，位置参数 γ 是函数分布范围的中点或两端的极值点。

例如：均匀分布 $U(a, b)$，它的概率密度函数为

$$f(x) = \begin{cases} \dfrac{1}{b-a}, & a \leqslant x \leqslant b \\ 0, & \text{其他} \end{cases}$$

可以将参数 a 定义为位置参数。当 a 发生改变且保持 $(b-a)$ 不变时，$f(x)$ 将向左或向右发生偏移。如图 3-9 所示，图中 $b - a = b' - a'$。

又如：正态分布的概率密度函数为

$$f(x) = \frac{1}{\sqrt{2\pi\sigma^2}} e^{-(x-\mu)^2/2\sigma^2} \tag{3-16}$$

式中，μ 为正态分布的均值，是位置参数；σ^2 为正态分布的方差。

图3-10所示为方差 σ^2 保持不变，改变均值得到的图形，其中 $\mu_3 > \mu_2 > \mu_1$。显然，图形的形状保持不变，增加 μ 的数值，概率密度函数曲线将向 x 轴的右侧平移。

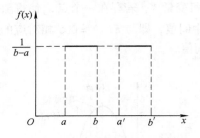

图3-9 均匀分布的位置参数

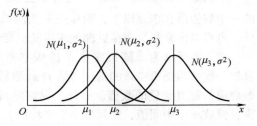

图3-10 正态分布的位置参数

（2）比例参数　比例参数（记作 β）用于确定在分布范围内取值大小的比例尺度（Scale）。当 β 的数值改变时，分布函数被压缩或扩张，分布范围发生改变，但分布的基本形状不会改变。正态分布中的参数 σ 和指数分布中的参数 λ 就属于比例参数。

分布基本形状不变是指分布曲线的直观形状不变。由于分布密度函数在 $(-\infty, +\infty)$ 上的积分结果为1，当 β 数值改变后，分布函数各点的数值并不是按照同一比例进行压缩或扩张的。因此，分布函数的形状完全不变是不可能的。

若随机变量 X 的比例参数为1，则随机变量 $Y = \beta X$ 的比例参数为 β，并称 X 和 Y 属于同一种分布类型、比例尺度不同的随机变量；若 $Y = \gamma + \beta X$，则称 X 和 Y 为属于同一种分布类型、位置和比例尺度均不同的随机变量。

例如：指数分布 $\mathrm{Exp}(1/\lambda)$，它的概率密度函数为

$$f(x) = \begin{cases} \lambda e^{-\lambda x}, & x \geq 0 \\ 0, & \text{其他} \end{cases} \tag{3-17}$$

当比例参数分别为 $\lambda = 0.01$ 和 $\lambda = 0.005$ 时，指数分布的密度函数曲线如图3-11所示。

方差 σ^2（标准差 σ）是正态分布的比例参数。图3-12所示为均值不变、不同比例参数（标准差）时的正态分布图形。

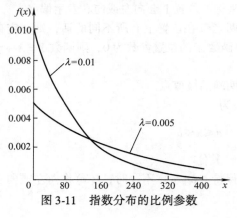

图3-11 指数分布的比例参数

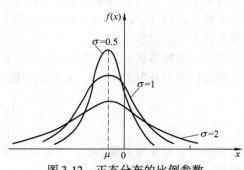

图3-12 正态分布的比例参数

显然，增加 σ 的数值，概率密度曲线将变得"胖"且"矮"，而减小 σ 的数值，概率密度曲线会变得"瘦"且"高"。

　　(3) 形状参数　形状参数（记作 α）用来决定分布函数的基本形状（Basic Form or Shape），它可以改变分布函数的性质。形状参数与位置参数、比例参数之间相互独立。与位置参数、比例参数相比，形状参数可以从根本上改变分布的形状。

　　有些分布（如正态分布、指数分布等）没有形状参数。当这些分布的参数发生改变时，分布曲线的形状变化不太明显。另外一些分布（如 Γ 分布、威布尔分布等）具有形状参数。

　　例如：Γ 分布的概率密度函数为

$$f(x) = \begin{cases} \dfrac{\beta^{-\alpha}x^{\alpha-1}\mathrm{e}^{-x/\beta}}{\Gamma(\alpha)}, & x > 0 \\ 0, & \text{其他} \end{cases} \tag{3-18}$$

式中，α 为 Γ 分布的形状参数。当 $\beta = 1$ 且形状参数 α 分别为 1/2、1、2、3 时，它的概率密度函数曲线如图 3-13 所示。

　　又如：两参数威布尔（Weibull）分布的概率密度函数为

$$f(x) = \begin{cases} \alpha\beta^{-\alpha}x^{\alpha-1}\mathrm{e}^{-(x/\beta)^{\alpha}} & x > 0 \\ 0, & \text{其他} \end{cases} \tag{3-19}$$

式中，$\alpha > 0$ 为威布尔分布的形状参数；$\beta > 0$ 为比例参数。威布尔分布的概率密度函数曲线随着 α 数值改变会发生非常明显的变化。当 $\beta = 2/3$ 且 α 分别取值 1、2 和 3 时，威布尔分布的概率密度函数曲线如图 3-14 所示。

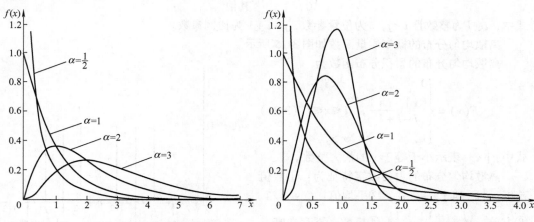

图 3-13　Γ 分布的概率密度函数曲线　　　　图 3-14　威布尔分布的概率密度函数曲线

　　由于具有形状参数，Γ 分布和威布尔分布的数据拟合能力强、具有高的柔性。通过改变参数数值，可以模拟其他分布，具有与其他分布相类似的属性。广义的 Γ 分布和威布尔分布都是三参数分布，数据拟合能力更强。例如：Γ 分布可以用来模拟威布尔分布或正态分布；当威布尔分布的形状参数 $\alpha = 1$ 时，威布尔分布将演化为指数分布；当 $\alpha = 3.43954$ 时，威布尔分布将接近于正态分布（参见图 3-13 和图 3-14）。

　　近年来，威布尔分布在随机数据的分析和处理中得到重视，并广泛应用于试验数据拟合、产品寿命分析以及可靠性工程等工程领域。

　　常用随机分布的位置参数、比例参数和形状参数分类见表 3-7。

表 3-7 常用分布的参数类型

分布类型		位置参数	比例参数	形状参数
连续分布	均匀分布 $U(a,b)$	a	$b-a$	
	指数分布 $\mathrm{Exp}(1/\lambda)$		λ	
	正态分布 $N(\mu,\sigma^2)$	μ	σ	
	对数正态分布 $\mathrm{LN}(\mu,\sigma^2)$		μ	σ
	Γ 分布 $\mathrm{Gamma}(\alpha,\beta)$		β	α
	β 分布 $\mathrm{Beta}(\alpha_1,\alpha_2)$			α_1, α_2
	威布尔分布 $\mathrm{Weibull}(\alpha,\beta)$		β	α
离散分布	离散均匀分布 $DU(i,j)$	i	$j-i+1$	

2. 离散型随机分布

离散型随机分布主要包括离散均匀（Discrete Uniform，DU）分布、伯努利（Bernoulli）分布、几何（Geometric）分布、二项（Binomial，Bin）分布、负二项（Negative Binomial）分布以及泊松（Poisson）分布等。

（1）离散均匀分布 $DU(i,j)$ 　离散均匀分布 $DU(i,j)$ 用来产生介于最小值整数 i 和最大值整数 j 之间的随机、均匀、离散的随机数。它主要用来描述有几种抽样结果且每种结果出现的可能性都是均等的随机变量。离散均匀分布的概率质量函数为

$$P(x)=\begin{cases} \dfrac{1}{j-i+1}, & x \in \{i,i+1,\cdots,j\} \\ 0, & \text{其他} \end{cases} \tag{3-20}$$

式中，i、j 为整数且 $i<j$，i 为位置参数，$j-i+1$ 为比例参数。

离散均匀分布的概率质量函数如图 3-15 所示。

离散均匀分布的累积分布函数为

$$F(x)=\begin{cases} 0, & x<i \\ \dfrac{\lfloor x \rfloor -i+1}{j-i+1}, & i \leqslant x \leqslant j \\ 1, & x>j \end{cases} \tag{3-21}$$

式中，$\lfloor x \rfloor$ 表示小于等于 x 的最大整数。

离散均匀分布的主要数字特征为：①数值范围：$\{i,i+1,\cdots,j\}$。②平均值：$(i+j)/2$。③方差：$\dfrac{(j-i+1)^2+1}{12}$。④模数：不存在唯一的模数。⑤ $DU(0,1)$ 与 Bernoulli（1/2）分布相同。

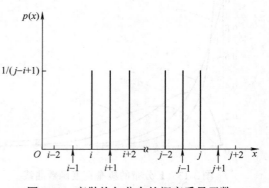

图 3-15 离散均匀分布的概率质量函数

（2）伯努利分布或（0—1）分布　伯努利分布用来描述和统计结果仅为两种可能的随机变量，如"是（Yes）"或"否（No）""成功（Success）"或"失败（Failure）""通过（Pass）"或"不通过（Rejection）"等。此外，伯努利分布还是二项分布、几何分布等的基础。

假定某种试验（Experiment）共进行了 n 次，每次试验之间相互独立，每次试验都可能存在两种结果：成功或失败。若以 $x_j=1$ 表示第 j 次试验成功，以 $x_j=0$ 表示第 j 次试验失败，由

于相邻试验之间的成功概率保持恒定，对 n 次试验可得到以下结论：

$$P(x_1, x_2, \cdots, x_n) = P(x_1)P(x_2)\cdots P(x_n) \tag{3-22}$$

伯努利分布的概率质量函数为

$$P(x_j) = \begin{cases} 1-p, & x_j = 0; \ j = 1, \ 2, \ \cdots, \ n \\ p, & x_j = 1; \ j = 1, \ 2, \ \cdots, \ n \\ 0, & 其他 \end{cases} \tag{3-23}$$

伯努利分布的数值范围为 $\{0,1\}$，它的均值和方差分别为

$$E(X) = 0 \cdot (1-p) + 1 \cdot p = p \tag{3-24}$$

$$D(X) = [0^2 \cdot (1-p) + 1^2 \cdot p] - p^2 = p(1-p) \tag{3-25}$$

伯努利分布的概率分布示意图如图 3-16 所示。

（3）二项（Binomial）分布 $b(n,p)$

二项分布用来描述当每次试验的成功概率为 p 时，n 次独立伯努利试验中成功的总次数为 k 的概率。当一种试验只有两种可能（如通过或不通过）的试验结果时，可以采用二项分布加以描述，也称为成败型试验。例如：确定一批产品中有缺陷产品的数量、产品保修期内的备件需求、备件的库存需求等。在可靠性工程、质量控制以及库存管理等领域，二项分布应用较广泛。

二项分布的概率质量函数为

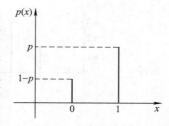

图 3-16　伯努利分布的概率分布（$p > 0.5$）

$$P\{x = k\} = \binom{n}{k} p^k (1-p)^{n-k} \tag{3-26}$$

式中，$\binom{n}{k} = \dfrac{n!}{k!(n-k)!}$ 称为二项系数（Binomial Coefficient）。

式（3-26）用来计算在 n 次试验中有 k 次试验成功（以 S 表示）、有 $(n-k)$ 次试验失败（以 F 表示）的事件的概率。其中，满足这种条件的基本事件的概率为

$$P(\overbrace{SSS\cdots SS}^{k次成功}\overbrace{FFF\cdots FF}^{n-k次失败}) = p^k (1-p)^{n-k}$$

按照排列组合原理，满足上述条件的组合数为 $\binom{n}{k} = \dfrac{n!}{k!(n-k)!}$，即二项系数。

二项分布的累积分布函数（即在 n 次试验中获得 x 次或更少次成功的概率）为

$$F(x) = P\{X \leqslant x\} = \begin{cases} 0, & x < 0 \\ \sum_{i=0}^{\lfloor x \rfloor} \binom{n}{i} p^i (1-p)^{n-i}, & 0 \leqslant x \leqslant n \\ 1, & n < x \end{cases} \tag{3-27}$$

显然，二项分布的数值范围为 $\{1,2,\cdots,n\}$，它的均值和方差分别为

$$E(X) = p + p + \cdots + p = np \tag{3-28}$$

$$D(X) = p(1-p) + p(1-p) + \cdots + p(1-p) = np(1-p) \tag{3-29}$$

图 3-17 给出了部分不同试验次数 n、不同成功概率 p 时的二项分布的概率质量函数。

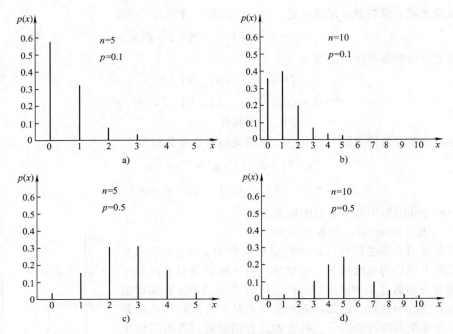

图 3-17 二项分布的概率质量函数

a) $n=5$ 和 $p=0.1$ 时的概率分布   b) $n=10$ 和 $p=0.1$ 时的概率分布

c) $n=5$ 和 $p=0.5$ 时的概率分布   d) $n=10$ 和 $p=0.5$ 时的概率分布

例3-4 某种大批量生产的产品，正品率为80%，次品率为20%；随机抽检10件产品，求抽得次品数 x 分别为 0、1、2、…、10 的概率。

解：由条件可知，总试验次数为 $n=10$，每次抽出次品的概率 $p=0.2$。由式（3-27）计算抽出不同数量次品的概率分别为

$$P\{x=0\} = \binom{10}{0} p^0 (1-p)^{10} = 0.8^{10} = 0.107$$

$$P\{x=1\} = \binom{10}{1} p^1 (1-p)^9 = 10 \times 0.2 \times 0.8^9 = 0.268$$

$$P\{x=2\} = \binom{10}{2} p^2 (1-p)^8 = \frac{10!}{2! \times (10-2)!} \times 0.2^2 \times 0.8^8 = 0.302$$

$$P\{x=3\} = \binom{10}{3} p^3 (1-p)^7 = \frac{10!}{3! \times (10-3)!} \times 0.2^3 \times 0.8^7 = 0.201$$

$$\vdots$$

$$P\{x=10\} = \binom{10}{10} p^{10} (1-p)^0 = 0.2^{10} = 1 \times 10^{-7}$$

得到抽检产品中次品数的概率分布见表3-8。

表3-8 抽检产品时次品的概率分布

次品数	0	1	2	3	4	5	6	7	8	9	10
概率	0.107	0.268	0.302	0.201	0.088	0.026	0.0055	0.0008	7×10^{-5}	4×10^{-6}	1×10^{-7}

也可以由表 3-8 的数据绘制类似图 3-17 所示的概率分布图。

例 3-5　某种大批量生产的产品，次品率为 1%，每箱装 90 件，现随机抽检一箱产品进行全数检验，计算查出次品数不超过 5 件的概率。

解：由条件可知，$n = 90$，$p = 0.01$。由式（3-27），查出次品数不超过 5 件的概率为

$$P\{X \leq 5\} = F(5) = \sum_{x=0}^{5} \binom{n}{x} p^x (1-p)^{n-x} = \sum_{x=0}^{5} \binom{90}{x} \times 0.01^x \times 0.99^{90-x} = 0.99964$$

因此，抽检一箱产品时，次品数超过 5 件的概率为

$$P\{X > 5\} = 1 - P\{X \leq 5\} = 1 - 0.99964 = 0.00036$$

也就是说，抽检一箱产品发生次品超出 5 件的概率非常小，属于小概率事件。若检查一箱就发现次品数量超过 5 件，就有理由怀疑次品率可能大于 1%。

（4）泊松分布 $P(\lambda)$　泊松分布是二项分布的一种特殊情况。在二项分布中，n 的数值越大，计算量就越大。定义 λ 为某一大于零的常数，当 n 趋于无穷大时，令 $np \to \lambda$，由式（3-26）可知

$$P\{x = k\} = \lim_{n \to \infty} \binom{n}{k} p^k (1-p)^{n-k}$$

经过推导，可得泊松分布的概率质量函数为

$$P\{x = k\} = \frac{\lambda^k}{k!} e^{-\lambda}, k \in \{0, 1, \cdots, n\} \tag{3-30}$$

若随机变量 X 满足式（3-30），则称 X 服从泊松分布，并记作 $X \sim P(\lambda)$。$\lambda > 0$ 为泊松分布的参数。

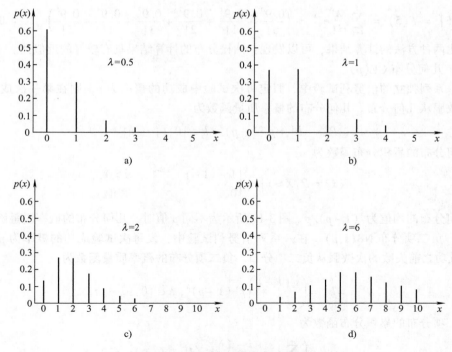

图 3-18　泊松分布的概率质量函数

a）$\lambda = 0.5$ 时的概率分布　b）$\lambda = 1$ 时的概率分布　c）$\lambda = 2$ 时的概率分布　d）$\lambda = 6$ 时的概率分布

当一个固定的时间间隔内有大量事件以恒定的速率发生（如服从同一指数分布）且事件之间相互独立时，可以用泊松分布加以描述，并称这样的随机事件为泊松流。

一般地，当 $n \geq 50$、$p < 0.1$ 且 $np < 10$ 时，采用泊松分布代替二项分布计算简单，并具有较高的计算精度。泊松分布的应用领域包括大批量生产（或使用）的零件中不合格品出现的次数、物资清单中的物品数量等。

泊松分布的累积分布函数为

$$F(x) = P\{X \leq x\} = \sum_{i=0}^{\lfloor x \rfloor} \frac{\lambda^i}{i!} e^{-\lambda} \tag{3-31}$$

泊松分布的均值和方差均为 λ，即

$$E(X) = \lambda \tag{3-32}$$

$$D(X) = \lambda \tag{3-33}$$

图 3-18 所示为不同 λ 数值时，泊松分布的概率质量函数。

例 3-6 某种大批量生产的产品，次品率为 1%，每箱装 90 件，现随机抽检一箱产品进行全数检验，计算查出次品数不超过 5 件的概率。

解： 由条件可知：$n = 90$，$p = 0.01$。根据二项分布，由式（3-27）计算查出次品数不超过 5 件的概率为

$$P\{X \leq 5\} = F(5) = \sum_{x=0}^{5} \binom{n}{x} p^x (1-p)^{n-x} = \sum_{x=0}^{5} \binom{90}{x} \times 0.01^x \times 0.99^{90-x} = 0.99964$$

根据泊松分布，$\lambda = np = 90 \times 0.01 = 0.9$，由式（3-31）计算查出次品数不超过 5 件的概率为

$$P\{X \leq 5\} = F(5) = \sum_{i=0}^{5} \frac{\lambda^i}{i!} e^{-\lambda} = \left(\frac{0.9^0}{0!} + \frac{0.9^1}{1!} + \frac{0.9^2}{2!} + \frac{0.9^3}{3!} + \frac{0.9^4}{4!} + \frac{0.9^5}{5!} \right) e^{-0.9} = 0.9997$$

对比两种方法的计算结果，可以发现：泊松分布的计算结果具有较好的近似性。

（5）几何分布 $GE(p)$

在一系列独立的伯努利试验中，假定每次试验中成功的概率为 p，则在第一次成功前失败的次数服从几何分布。几何分布的概率质量函数为

$$P\{x = k\} = p(1-p)^k, \ k \in \{0, 1, \cdots, n\} \tag{3-34}$$

几何分布的累积分布函数为

$$F(x) = P\{X \leq x\} = \begin{cases} 1 - (1-p)^{\lfloor x \rfloor + 1}, & x > 0 \\ 0, & \text{其他} \end{cases} \tag{3-35}$$

几何分布的均值为 $(1-p)/p$。图 3-19 所示为不同 p 值时，几何分布的概率质量函数。

（6）负二项分布 $NB(s, p)$　在一系列伯努利试验中，设每次试验成功的概率为 p，则在第 s 次成功之前失败的次数服从负二项分布。负二项分布的概率质量函数为

$$P\{x = k\} = \binom{s+k-1}{k} p^s (1-p)^k, \ k \in \{0, 1, \cdots, n\} \tag{3-36}$$

负二项分布的累积分布函数为

$$F(x) = \begin{cases} \sum_{i=0}^{\lfloor x \rfloor} \binom{s+i-1}{i} p^s (1-p)^i, & x > 0 \\ 0, & \text{其他} \end{cases} \tag{3-37}$$

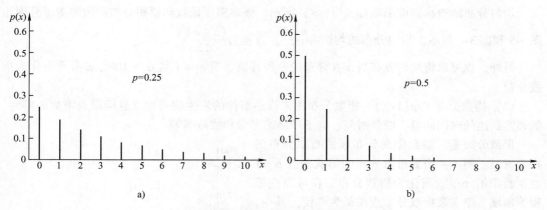

图 3-19　几何分布的概率质量函数

a）$p = 0.25$ 时的概率分布　b）$p = 0.5$ 时的概率分布

负二项分布的均值和方差分别为

$$E(X) = \frac{s(1 - p)}{p} \tag{3-38}$$

$$D(X) = \frac{s(1 - p)}{p^2} \tag{3-39}$$

图 3-20 所示为不同 s 值和 p 值时，负二项分布的概率质量函数。

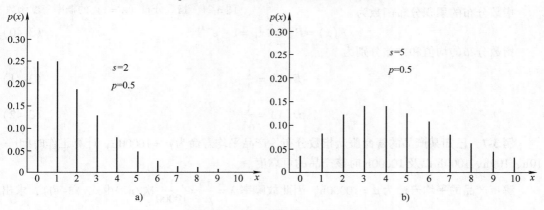

图 3-20　负二项分布的概率质量函数

a）$s = 2$ 和 $p = 0.5$ 时的概率分布　b）$s = 5$ 和 $p = 0.5$ 时的概率分布

3. 连续型随机分布

连续型随机分布包括均匀分布（Uniform Distribution）、指数分布（Exponential Distribution）、Γ 分布（Gamma Distribution）、威布尔分布（Weibull Distribution）、正态分布（Normal Distribution）、对数正态分布（Lognormal Distribution）、β 分布（Beta Distribution）、三角分布（Triangular Distribution）等。

（1）均匀分布 $U(a, b)$　均匀分布的值在最大值 b 和最小值 a 之间随机、连续抽取。均匀分布在系统仿真中具有重要意义，其中生成 $[0, 1]$ 均匀分布的随机数是生成其他类型随机数的基础。

均匀分布的概率密度函数如式（3-8）所示，概率密度函数和累积分布函数的图形分别如图 3-5 和图 3-6 所示。均匀分布的均值为 $\dfrac{b-a}{2}$，方差为 $\dfrac{(b-a)^2}{12}$。

另外，也可以将均匀分布当作 β 分布的一种特例。当 $\alpha_1=1$ 且 $\alpha_2=1$ 时，β 分布退化为指数分布。

（2）指数分布 $Exp(1/\lambda)$ 指数分布用来描述事件的发生相互独立且间隔为常数的事件，如顾客到达的时间间隔、服务时间、电子产品的寿命和故障率等。

指数分布是三参数伽马分布和威布尔分布的特殊情况。例如：当威布尔分布的形状参数 $\alpha=1$ 时，威布尔分布就演化为指数分布。在可靠性工程等领域，单参数指数分布应用最为广泛。其中，参数 λ 为常数，可用来表示失效率为常数的零部件或产品。此外，指数分布具有"无记忆性"，即产品工作一段事件后的寿命分布与原来未工作时的寿命分布相同。指数分布不仅在电子元器件可靠性研究中得到广泛应用，在复杂系统可靠性计算中也得到应用。

指数分布的概率密度函数如式（3-17）所示。图 3-21 所示为 $\lambda=1$ 时的概率密度函数。

指数分布的累积分布函数为

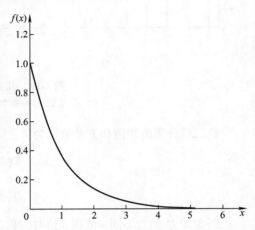

图 3-21 指数分布（$\lambda=1$）的概率密度函数

$$F(x)=P\{X\leqslant x\}=1-e^{-\lambda x} \tag{3-40}$$

指数分布的均值和方差分别为

$$E(X)=\frac{1}{\lambda} \tag{3-41}$$

$$D(X)=\frac{1}{\lambda^2} \tag{3-42}$$

例 3-7 已知某产品的寿命服从指数分布，产品平均寿命为 $\mu=10000h$，计算工作时间 $t=10h$、$100h$、$1000h$ 以及 $10000h$ 时该产品的可靠度。

解： 产品的平均寿命为 $\mu=10000h$，因此故障率 $\lambda=\dfrac{1}{\mu}=\dfrac{1}{10000}$ 次/h。由式（3-40），求出产品在 $10h$、$100h$、$1000h$ 以及 $10000h$ 时的失效率分别为

$$F(10)=1-e^{-\frac{10}{10000}}=0.0009995$$

$$F(100)=1-e^{-\frac{100}{10000}}=0.00995$$

$$F(1000)=1-e^{-\frac{1000}{10000}}=0.095$$

$$F(10000)=1-e^{-\frac{10000}{10000}}=0.632$$

由可靠度与故障的关系式 $R(t)=1-F(t)$，求得产品在 $10h$、$100h$、$1000h$ 以及 $10000h$ 时的可靠度分别为

$$R(10)=1-F(10)=1-0.0009995=0.9990005$$

$$R(100)=1-F(100)=1-0.00995=0.99005$$

$$R(1000) = 1 - F(1000) = 1 - 0.095 = 0.905$$
$$R(10000) = 1 - F(10000) = 1 - 0.632 = 0.368$$

也就是说，假定产品寿命服从指数分布时，当工作时间达到平均寿命时，将只有 36.8% 的产品能可靠工作，63.2% 的产品在此之前已经失效。

（3）正态分布 $N(\mu, \sigma^2)$　正态分布也称高斯分布，是应用最为广泛的一种分布。它常用来描述由众多独立偶然因素共同作用下的变量，如机械零件的尺寸、材料强度、质量控制、失效分布、载荷分布等都服从正态分布。

正态分布的概率密度函数如式（3-16）所示，其中均值 μ 为位置参数、标准差 σ 为形状参数。正态分布的累积分布函数为

$$F(x) = P\{X \leq x\} = \int_{-\infty}^{x} f(x)\mathrm{d}x = \frac{1}{\sqrt{2\pi}\sigma}\int_{-\infty}^{x} \mathrm{e}^{-\frac{(x-\mu)^2}{2\sigma^2}}\mathrm{d}x \tag{3-43}$$

图 3-22 所示为标准正态分布 $N(\mu, \sigma^2) = N(0, 1^2)$ 的概率密度函数图形。由图可知，正态分布具有以下特点：

1）对称性：概率密度函数曲线以 μ 为对称轴，μ 两侧的曲线与 x 轴之间围成的面积分别为 0.5。

2）概率密度函数曲线在 $\mu \pm \sigma$ 处存在拐点。

3）当 $x = \mu$ 时，$f(x)$ 取最大值 $\dfrac{1}{\sigma\sqrt{2\pi}}$。

4）正态分布的均值、模数以及中间值相等。

5）当 $x \to \pm\infty$ 时，$f(x) \to 0$。

由图 3-22 可知，服从正态分布的随机数落在 $\mu \pm \sigma$ 区间内的概率为 68.26%，落在 $\mu \pm 2\sigma$ 区间内的概率为 95.44%，落在 $\mu \pm 3\sigma$ 区间内的概率为 99.73%。也就是说，落在 $\mu \pm 3\sigma$ 区间之外随机数的概率仅为 0.27%。由此类推，落在 $\mu \pm 6\sigma$ 区间内的概率为

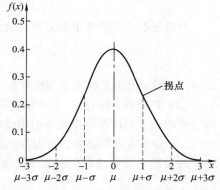

图 3-22　标准正态分布的概率密度函数

99.99966%。以企业产品质量管理为例，若实现了 6σ 管理，意味着每百万个产品中产生质量缺陷或失误的概率将不大于 3.4 个，缺陷或失误的来源包括产品本身以及采购、研发、生产、包装、库存、运输、维修、服务、财务等各类因素。当前，为数众多的制造企业都在推行 6σ 管理。

（4）对数正态分布 $LN(\mu, \sigma^2)$　当随机变量 X 的对数 $\ln X$ 服从正态分布时，即 $\ln X \sim N(\mu, \sigma^2)$，则称 X 服从对数正态分布。对数正态分布的概率密度函数为

$$f(x) = \begin{cases} \dfrac{1}{x\sigma\sqrt{2\pi}}\mathrm{e}^{-(\ln x - \mu)^2/2\sigma^2}, & x > 0 \\ 0, & \text{其他} \end{cases} \tag{3-44}$$

与正态分布相比，对数正态分布的定义域为（0，$+\infty$），更加符合工程实际。它常用来描述材料的疲劳寿命、具有耗损特性的可靠性数据、完成某些任务所需的时间、大批量产品的测量误差等。对数正态分布具有良好的适应性，是一种用途广泛的分布类型。

与正态分布类似，对数正态分布也是单峰的。但是，对数正态分布是一种偏态分布。当 $\mu \gg \sigma$ 时，对数正态分布近似于正态分布。图 3-23 所示为对数正态分布的概率密度函数。

对数正态分布的累积分布函数为

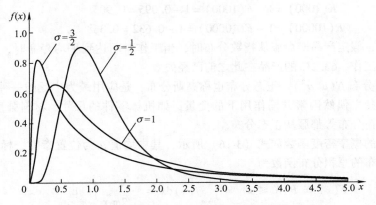

图 3-23　对数正态分布 $LN(0,\sigma^2)$ 的概率密度函数

$$F(x) = \frac{1}{\sigma\sqrt{2\pi}}\int_0^x \frac{1}{x}\mathrm{e}^{-(\ln x-\mu)^2/2\sigma^2}\mathrm{d}x \tag{3-45}$$

对数正态分布的均值和方差分别为

$$E(X) = \mathrm{e}^{\mu+\sigma^2/2} \tag{3-46}$$

$$D(X) = \mathrm{e}^{2\mu+\sigma^2}(\mathrm{e}^{\sigma^2}-1) \tag{3-47}$$

式中，μ 和 σ 是 $\ln X$ 的均值和标准差，也称为对数均值和对数标准差。

（5）Γ 分布 $\Gamma(\alpha,\beta)$　Γ 分布常用于描述完成某些任务所需要的时间，如排队系统中顾客的等待时间、制造系统中设备的维修时间、系统早期的偶发失效等。与指数分布和正态分布相比，Γ 分布有形状参数，数据描述能力强，更具有普遍性。

两参数 Γ 分布的概率密度函数为

$$f(x) = \frac{\beta^{-\alpha}x^{\alpha-1}\mathrm{e}^{-\frac{x}{\beta}}}{\Gamma(\alpha)} \quad (x>0) \tag{3-48}$$

式中，$\beta>0$ 为比例参数，表示事件发生的平均间隔；$\Gamma(\alpha)$ 为 Γ 函数（Gamma Function），$\Gamma(\alpha)=\int_0^\infty t^{\alpha-1}\mathrm{e}^{-t}\mathrm{d}t$；$\alpha>0$ 为形状参数，表示产生一次失效的事件数。

Γ 分布的累积分布函数为

$$F(x) = \begin{cases} 1-\mathrm{e}^{-x/\beta}\sum_{j=0}^{\alpha-1}\dfrac{(x/\beta)^j}{j!}, & x>0 \\ 0, & \text{其他} \end{cases} \tag{3-49}$$

Γ 分布的均值和方差分别为 $\alpha\beta$ 和 $\alpha\beta^2$。

$\Gamma(\alpha,1)$ 的概率密度函数如图 3-13 所示。

（6）β 分布 $\beta(\alpha_1,\alpha_2)$　β 分布一般用于数据缺乏时的粗略估计，如不合格产品比例、质量控制和可靠性工程数据等。它的概率密度函数为

$$f(x) = \frac{x^{\alpha_1-1}(1-x)^{\alpha_2-1}}{\beta(\alpha_1,\alpha_2)} \quad (0<x<1) \tag{3-50}$$

式中，$\beta(\alpha_1,\alpha_2)=\int_0^1 t^{\alpha_1-1}(1-t)^{\alpha_2-1}\mathrm{d}t$ 称为 β 函数（Beta Function）。

图 3-24 所示为部分 β 分布的概率密度函数。

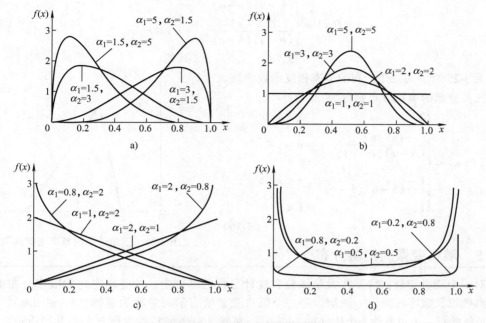

图 3-24 β 分布的概率密度函数示例

a) 示例之一 b) 示例之二 c) 示例之三 d) 示例之四

（7）威布尔分布 Weibull(α,β,γ) 威布尔分布通常用来描述完成任务所需时间、产品寿命、设备故障间隔时间等。

两参数威布尔分布的概率密度函数如式（3-19）所示。图 3-14 所示为威布尔分布的概率密度函数曲线。两参数威布尔分布的累积分布函数为

$$F(x) = \begin{cases} 1 - e^{-(x/\beta)^{\alpha}}, & x > 0 \\ 0, & \text{其他} \end{cases} \tag{3-51}$$

两参数威布尔分布的均值和方差分别为

$$E(X) = \frac{\beta}{\alpha}\Gamma\left(\frac{1}{\alpha}\right) \tag{3-52}$$

$$D(X) = \frac{\beta^2}{\alpha}\left\{2\Gamma\left(\frac{2}{\alpha}\right) - \frac{1}{\alpha}\left[\Gamma\left(\frac{1}{\alpha}\right)\right]^2\right\} \tag{3-53}$$

三参数威布尔分布数据拟合能力更强。经双对数变换可以实现线性化，使得数据处理方便。它的概率密度函数为

$$f(x) = \begin{cases} \dfrac{\alpha}{\beta}\left(\dfrac{x-\gamma}{\beta}\right)^{\alpha-1} e^{-\left(\frac{x-\gamma}{\beta}\right)^{\alpha}}, & x > 0 \\ 0, & \text{其他} \end{cases} \tag{3-54}$$

式中，$\alpha(\alpha>0)$ 为形状参数，确定了分布函数的形状，用于改变分布函数的性质；$\beta(\beta>0)$ 为比例参数，用于压缩或扩张分布函数，而不改变其基本形状；$\gamma(-\infty<\gamma<+\infty)$ 为位置参数，它确定分布函数取值范围的横坐标。

（8）三角分布 三角分布也是随机数据处理中常用的分布形式，它的概率密度函数为

$$f(x) = \begin{cases} \dfrac{2(x-a)}{(b-a)(c-a)}, & a \leqslant x \leqslant c \\[2mm] \dfrac{2(b-x)}{(b-a)(b-c)}, & c < x \leqslant b \\[2mm] 0, & \text{其他} \end{cases} \quad (3\text{-}55)$$

图 3-25 所示为三角分布的概率密度函数曲线。

三角分布的累积分布函数为

$$F(x) = \begin{cases} 0, & x < a \\[2mm] \dfrac{(x-a)^2}{(b-a)(c-a)}, & a \leqslant x \leqslant c \\[2mm] 1 - \dfrac{(b-x)^2}{(b-a)(b-c)}, & c < x \leqslant b \\[2mm] 1, & b < x \end{cases}$$

(3-56)

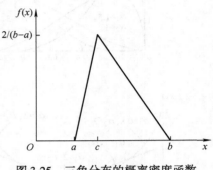

图 3-25　三角分布的概率密度函数

3.1.5　随机变量的经验分布

对一个随机变量，需要在大量试验和统计分析的基础上，才能确定它的概率分布类型、分布参数以及数字特征。一般地，将一个随机变量所有的对象称为总体（Population），而将构成总体的每一个对象称为个体（Individual）。显然，总体的特性由所有个体共同决定，个体的特性在某种程度上反映了总体的性质，但又会存在一些偏差。

总体的分布及其属性是客观存在的。理想的情况是，对研究对象总体中的所有个体进行数据统计和分析，得出总体的分布，这样的结果最真实、可靠。但是，该方法所需的时间长、成本高。此外，当个体数量非常多或为无限时，要对总体中的全部个体逐一进行数据统计和分析往往是不可能的。在工程实际中，由于各种原因和条件的限制，通常不能得到总体的确切分布，一般将它作为理论分布，如3.1.4节中介绍的分布。

在工程实际中，通常以局部个体的特性来研究总体。首先，从总体中抽取部分个体，组成样本（Sample），这一过程称为抽样（Sampling）。被抽出的个体称为样品，样品的数量（n）称为样本容量（Sample Size）。按 n 的大小，将样本分为大样本和小样本，一般将 $n \leqslant 20$ 的样本称为小样本。根据样本观测值所做出的分布，通常称为经验分布（Empirical Distribution），并以经验分布作为总体分布的近似估计（Likelihood Estimation）。

经验分布也称实验分布，它不依赖于已知的理论分布形式，而是根据观测到的离散数据而确定的连续分布或离散分布。经验分布的优点是只需要根据所观察的样本数据，缺点是样本数据不可能包含总体中各种可能的数值，可能存在较大的偏差。由于抽样的目的是利用样本对总体的各种特性进行推断，因此所选择的样品应具有代表性，不应做有偏袒性的挑选。

某汽车制造企业对零件加工时间进行统计分析，绘制加工时间概率分布如图3-26所示。

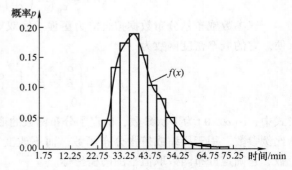

图 3-26　某汽车制造企业零件加工时间的概率分布

图 3-27 所示为某类实体到达时间间隔进行统计分析得到的概率分布图。

图 3-26 和图 3-27 所示均为相应随机变量概率密度的经验分布。同样，也可以求出它们的经验分布函数，图中 $f(x)$ 为拟合的概率密度函数的理论分布。

假定样本容量为 n，样本观测值为 $x_i(i=0,1,\cdots,n)$，并对 n 个观测值依次按大小次序排列，即

$$x_1 \leqslant x_2 \leqslant x_3 \leqslant \cdots \leqslant x_n$$

由累积分布函数的含义可知，$F_n(x_i)=P\{X<x_i\}$。$F_n(x_i)$ 可以作为 $F(x)$ 的近似估计。显然，样本数目 n 越小，所得到的经验分布 $F_n(x_i)$ 与

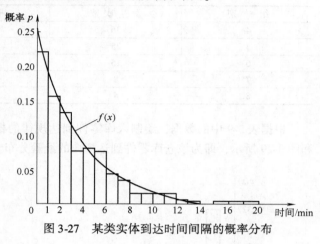

图 3-27　某类实体到达时间间隔的概率分布

$F(x)$ 的误差越大；当 n 足够大（即 $n\to\infty$）且统计间隔足够小时，由样本得到的经验分布将逐步收敛于总体的分布。对于小样本（$n<20$）的数据，常用平均秩和中位秩来近似替代 $F_n(x_i)$。

平均秩的计算公式为

$$F_n(x_i)=\frac{i}{n+1} \quad (i=0,1,\cdots,n) \tag{3-57}$$

中位秩的计算公式为

$$F_n(x_i)=\frac{i-0.3}{n+0.4} \quad (i=0,1,\cdots,n) \tag{3-58}$$

平均秩计算方便。当 n 较小时，中位秩的计算精度更好；当 n 较大时，几种计算结果相近。

由样本观测值可以确定样本的数字特征。设样本容量为 n，观测值为 $x_i(i=0,1,\cdots,n)$，则样本的均值 $\bar{x}$、方差 s^2 和标准差 s 分别为

$$\bar{x}=\frac{1}{n}\sum_{i=1}^{n}x_i \tag{3-59}$$

$$s^2=\frac{1}{n-1}\sum_{i=1}^{n}(x_i-\bar{x})^2 \tag{3-60}$$

$$s=\sqrt{\frac{1}{n-1}\sum_{i=1}^{n}(x_i-\bar{x})^2} \tag{3-61}$$

例如：为确定某仓库入库零件的到达规律，对入库零件的批量及其次数进行统计分析。将成批到达的零件数从 1 ~ 8 件分成八个组别，共获得 300 组样本数据，得到统计数据见表 3-9。

表 3-9　入库零件到达规律的统计分析

组　　别	发生次数	概　　率	累积概率
1	64	0.213	0.213
2	98	0.327	0.540
3	50	0.167	0.707

（续）

组　　别	发生次数	概　　率	累积概率
4	36	0.120	0.827
5	25	0.083	0.910
6	15	0.050	0.960
7	8	0.027	0.987
8	4	0.013	1

根据表 3-9 中的数据，绘制入库零件到达规律的概率分布、累积分布函数分别如图 3-28 和图 3-29 所示，即为该仓库零件到达规律的经验分布。

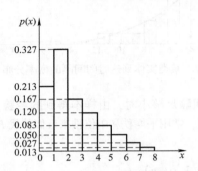
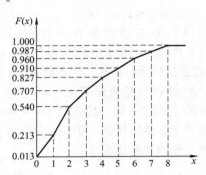

图 3-28　入库零件的概率分布　　　　　图 3-29　入库零件的累积分布函数

又如：为更好地制订某传动系统的维修计划，对该传动系统的故障维修时间进行统计分析，采集 100 组样本数据，按维修时间（h）统计，结果见表 3-10。

表 3-10　传动系统维修时间的统计分析

维修时间/h	发生次数	概　　率	累积概率
$0 < x \leq 0.5$	24	0.24	0.24
$0.5 < x \leq 1.0$	17	0.17	0.41
$1.0 < x \leq 1.5$	36	0.36	0.77
$1.5 < x \leq 2.0$	12	0.12	0.89
$2.0 < x \leq 2.5$	8	0.08	0.97
$2.5 < x \leq 3.0$	3	0.03	1.00

根据表 3-10 所示的数据，建立传动系统维修时间累积概率的经验分布如图 3-30 所示。在传动系统维修仿真时，可以根据图 3-30 抽样产生维修时间数据。

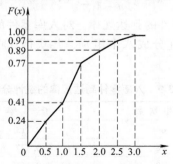

图 3-30　传动系统维修时间的累积分布函数

3.1.6　随机分布的参数估计

对模型中的随机变量，首先要观测或抽样采集样本数据，之后对随机变量的分布类型进行假设，再由样本数据确定分布的参数。根据对随机变量特性的了解程度，存在以下三种情况：①随机变量的分布类型已知，需要由观测数据确定分布的参数。②随机变量的分布类型和参数均未知，需要根据观测数据确定分布类型及其参数。③由已有的观测数据难以确定随机变量的理论分布。

确定分布参数是随机变量的统计中的重要工作，称为参数估计（Estimation of Parameters）。参数估计可以分为点估计（Point Estimation）和区间估计（Interval Estimation）两种类型。其中，点估计是由样本观测值估计出未知参数的大致数值点，区间估计则是估计出未知参数可能位于的数值区间。

1. 点估计

设 $Y_j(j=1,2,\cdots,m)$ 为要估计的 m 个未知参数，$x_i(i=1,2,\cdots,n)$ 是一个样本，则用来估计位置参数的统计量 $\hat{Y}_j=\hat{Y}_j(x_1,x_2,\cdots,x_n)(j=1,2,\cdots,m)$ 就是 Y_j 的点估计。

点估计的主要方法有矩法、极大似然法和最小二乘法等。

（1）矩法（Method of Moment）　由于样本各阶矩反映了总体各阶矩的信息，可以用样本的上述数字特征作为总体数字特征的估计量。矩法的基本思想是：用样本的各阶矩去估计总体的各阶矩。

若 $x_i(i=1,2,\cdots,n)$ 是总体 X 的一个样本，则

$$\hat{\mu}_k=\frac{1}{n}\sum_{i=1}^{n}x_i^k \quad (k=1,2,\cdots,n) \tag{3-62}$$

称为 k 阶样本原点矩。

当 $k=1$ 时，有

$$\hat{\mu}=\frac{1}{n}\sum_{i=1}^{n}x_i=\bar{X} \tag{3-63}$$

称为一阶样本原点矩，即样本的均值。

$$\hat{\nu}_k=\frac{1}{n}\sum_{i=1}^{n}(x_i-\bar{X})^k \tag{3-64}$$

称为 k 阶样本中心矩。

当 $k=2$ 时，有

$$\hat{\sigma}^2=\frac{1}{n}\sum_{i=1}^{n}(x_i-\bar{X})^2 \tag{3-65}$$

常用的矩法估计包括用样本的一阶原点矩估计总体的均值［式（3-63）］，以样本的二阶中心矩估计总体的方差［式（3-65）］等。但是，某些情况下没有合适的样本矩与总体的参数相对应，威布尔分布的三个参数没有相应的样本矩与它们对应。此时，就需要利用总体的各阶矩所包含的待估参数建立方程组，以方程组的解作为待估参数的估计量。

例3-8　已知某产品的月产量服从正态分布，对车间产量进行统计，得到 9 个月的产量数据分别为 4506 个、4359 个、4101 个、4950 个、4235 个、4455 个、4820 个、4406 个和 4479 个。采用矩法估计总体分布的均值 μ 和标准差 σ。

解：样本的一阶原点矩可以作为总体均值 μ 的点估计：

$$\hat{\mu} = \frac{1}{n}\sum_{i=1}^{n} x_i = \frac{1}{9}(4506 + 4359 + 4101 + \cdots + 4406 + 4479)\,\text{个} = 4479\,\text{个}$$

样本的二阶中心矩可以作为总体方差 σ^2 的点估计：

$$\hat{\sigma}^2 = s^2 = \frac{1}{n}\sum_{i=1}^{n}(x_i - \bar{X})^2 = \frac{1}{9}\left[(4506 - 4479)^2 + \cdots + (4406 - 4479)^2 + 0^2\right]\text{个}^2 \approx 62397.33\,\text{个}^2$$

因此，总体标准差的点估计值为 $\hat{\sigma} = \sqrt{62397.33}\,\text{个} \approx 250\,\text{个}$

（2）极大似然法（Maximum Likelihood Method）　设总体的分布类型已知，分布中的未知参数为 θ。虽然 θ 可以有许多取值，但是可以从 θ 的全部取值中选取一个使样本观测结果（即一个事件）出现概率最大的 $\hat{\theta}$，将 $\hat{\theta}$ 称为 θ 的极大似然估计值，并称这种参数估计方法为极大似然估计法（Maximum Likelihood Estimation，MLE）。

设离散型随机变量 X，为了表示总体中包含一个未知参数 θ，将总体的概率分布表示为

$$P\{X = x_i;\theta\} = p(x_i;\theta) = f(x_i;\theta) \tag{3-66}$$

式（3-66）定义了第 i 次抽得 x_i 的概率。对于连续型随机变量的总体，$f(x_i;\theta)$ 为对应分布的密度函数。

现从总体中抽取一个样本 x_1、x_2、$\cdots$、x_n，则抽得该样本观测值的概率为

$$L(\theta) = f(x_1;\theta)f(x_2;\theta)\cdots f(x_n;\theta) = \prod_{i=1}^{n}f(x_i;\theta) \tag{3-67}$$

$L(\theta)$ 称为似然函数，解方程

$$\frac{\mathrm{d}L(\theta)}{\mathrm{d}\theta} = 0 \tag{3-68}$$

即可求得极大似然估计值 $\hat{\theta}$，式（3-68）称为似然方程。

当总体中包含 m 个未知数时，似然函数为

$$L(\theta) = \prod_{i=1}^{n}f(x_i;\theta_1,\theta_2,\cdots,\theta_m) \tag{3-69}$$

由于 $L(\theta)$ 和 $\ln L(\theta)$ 同时到达极值点，有时按 $\ln L(\theta)$ 计算比较方便，解似然方程组

$$\frac{\partial L(\theta)}{\partial \theta_j} = 0 \quad (j = 1,2,\cdots,m) \tag{3-70}$$

或

$$\frac{\partial \ln L(\theta)}{\partial \theta_j} = 0 \quad (j = 1,2,\cdots,m) \tag{3-71}$$

即可求得一组极大似然估计值 $\hat{\theta}_1$，$\hat{\theta}_2$，$\cdots$，$\hat{\theta}_m$。

例3-9 设 x_1、x_2、$\cdots$、x_n 为正态分布总体 $X \sim (\mu,\sigma^2)$ 的一个样本，求参数 μ 和 σ^2 的极大似然估计量。

解：由式（3-67），得似然函数为

$$\begin{cases} L(\mu,\sigma^2) = \prod_{i=1}^{n}\dfrac{1}{\sigma\sqrt{2\pi}}\mathrm{e}^{-\frac{(x_i-\mu)^2}{2\sigma^2}} = \left(\dfrac{1}{2\pi\sigma^2}\right)^{\frac{n}{2}}\mathrm{e}^{-\frac{(x_i-\mu)^2}{2\sigma^2}} \\[2mm] \ln L(\mu,\sigma^2) = -\dfrac{n}{2}\ln(2\pi\sigma^2) - \dfrac{1}{2\sigma^2}\sum_{i=1}^{n}(x_i-\mu)^2 \end{cases}$$

由式（3-71）得

$$\begin{cases} \dfrac{\partial}{\partial \mu}\ln L(\mu,\sigma^2) = \dfrac{1}{\sigma^2}\sum_{i=1}^{n}(x_i - \mu) = 0 \\[3mm] \dfrac{\partial}{\partial \sigma^2}\ln L(\mu,\sigma^2) = -\dfrac{n}{2\sigma^2} + \dfrac{1}{2\sigma^4}\sum_{i=1}^{n}(x_i - \mu)^2 = 0 \end{cases}$$

解上述方程组，可得

$$\hat{\mu} = \frac{1}{n}\sum_{i=1}^{n}x_i = \overline{X}$$

$$\hat{\sigma}^2 = \frac{1}{n}\sum_{i=1}^{n}(x_i - \overline{X})^2$$

与矩法的点估计结果相同，参数 μ 的估计值 $\hat{\mu}$ 为一阶样本原点矩，参数 σ^2 的估计值 $\hat{\sigma}^2$ 为二阶样本中心矩。但是，样本的方差为 $D(X) = \dfrac{1}{n-1}\sum_{i=1}^{n}(x_i - \overline{X})^2$，两者之间略有差别。

（3）最小二乘法（Least Square Method）　在研究两个变量 (x,y) 的相互关系时，通常得到的是一系列成对的数据点 (x_1,y_1)，(x_2,y_2)，…，(x_n,y_n)。将这些数据点在直角平面坐标系下绘制成散点图，如果数据点大致散布在某条直线周围，则意味变量 (x,y) 之间近似地呈现为线性关系，设该直线的方程为

$$\hat{y} = a + bx \tag{3-72}$$

式中，a 为该直线的斜率；b 为直线的截距。

剩下的问题是如何确定直线的斜率和截距，使得它最好地反映出数据组之间的内在联系。

一般地，当 $x = x_i$ 时，由式（3-72）计算出的 $\hat{y}_i$ 与实际观测值 y_i 之间会存在一定偏差：

$$y_i = \hat{y}_i + e_i = a + bx_i + e_i \tag{3-73}$$

式中，e_i 为试验的随机偏差。

$$e_i = y_i - (a + bx_i) \tag{3-74}$$

由式（3-74），偏差 e_i 的二次方和仅是参数 a、b 的函数，记为

$$Q(a,b) = \sum_{i=1}^{n}(y_i - a - bx_i)^2 \tag{3-75}$$

最小二乘法就是选择合适的参数 $\hat{a}$、$\hat{b}$，使得偏差 e_i 的二次方和最小。为此，可以通过对 $Q(a,b)$ 分别求 a、b 的偏导并令其为零，求得 a、b 的最佳估计值

$$\begin{cases} \dfrac{\partial Q}{\partial a} = -2\sum_{i=1}^{n}(y_i - a - bx_i) = 0 \\[3mm] \dfrac{\partial Q}{\partial b} = -2\sum_{i=1}^{n}(y_i - a - bx_i)x_i = 0 \end{cases} \tag{3-76}$$

令 $\overline{x} = \dfrac{1}{n}\sum_{i=1}^{n}x_i$，$\overline{y} = \dfrac{1}{n}\sum_{i=1}^{n}y_i$，化简方程组得

$$\hat{a} = \overline{y} - \hat{b}\,\overline{x} \tag{3-77}$$

$$\hat{b} = \frac{\displaystyle\sum_{i=1}^{n}y_i x_i - \frac{\left(\sum_{i=1}^{n}y_i\right)\left(\sum_{i=1}^{n}x_i\right)}{n}}{\displaystyle\sum_{i=1}^{n}x_i^2 - \frac{\left(\sum_{i=1}^{n}x_i\right)^2}{n}} \frac{\displaystyle\sum_{i=1}^{n}(x_i - \overline{x})(y_i - \overline{y})}{\displaystyle\sum_{i=1}^{n}(x_i - \overline{x})^2} = \frac{S_{xy}}{S_{xx}} \tag{3-78}$$

式中，$\hat{a}$、$\hat{b}$ 分别为参数 a、b 的最小二乘估计量；$\hat{a}$ 称为常数项；$\hat{b}$ 称为回归系数。

将式（3-77）和式（3-78）代入式（3-72），得到 (x,y) 的线性回归方程为

$$\hat{y} = \hat{a} + \hat{b}x \qquad (3-79)$$

例 3-10 对某种材料中的有害物质含量进行抽样分析，得到的数据见表 3-11。其中，y 为有害物质含量（g/m^3），x 为抽样的空气体积（m^3）。根据表 3-11 的数据，拟合有害物质含量的方程。

表 3-11 有害物质含量抽样数据

样本号	有害物质含量 $y/(g/m^3)$	体积 x/m^3	样本号	有害物质含量 $y/(g/m^3)$	体积 x/m^3
1	3.8	0.19	11	15.6	0.78
2	5.9	0.15	12	20.8	0.81
3	14.1	0.57	13	14.6	0.78
4	10.4	0.40	14	16.6	0.69
5	14.6	0.70	15	25.6	1.30
6	14.5	0.67	16	20.9	1.05
7	15.1	0.63	17	29.9	1.52
8	11.9	0.47	18	19.6	1.06
9	15.5	0.75	19	31.3	1.74
10	9.3	0.60	20	32.7	1.62

解： 由题目可知，$n = 20$，$\sum_{i=1}^{20} x_i = 16.480$，$\sum_{i=1}^{20} y_i = 342.70$，

$$\bar{x} = 0.842, \bar{y} = 17.135$$

$$\sum_{i=1}^{20} y_i^2 = 7060.00, \sum_{i=1}^{20} x_i^2 = 17.2520, \sum_{i=1}^{20} x_i y_i = 346.793$$

$$S_{xx} = \sum_{i=1}^{20} x_i^2 - \frac{\left(\sum_{i=1}^{20} x_i\right)^2}{20} = 3.67068$$

$$S_{xy} = \sum_{i=1}^{20} x_i y_i - \frac{\left(\sum_{i=1}^{20} x_i\right)\left(\sum_{i=1}^{20} y_i\right)}{20} = 64.4082$$

因此，a、b 的最小二乘估计为

$$\hat{b} = \frac{S_{xy}}{S_{xx}} = \frac{64.4082}{3.67068} = 17.5467$$

$$\hat{a} = \bar{y} - \hat{b}\bar{x} = 17.135 - 17.5467 \times 0.842 = 2.3607$$

拟合的线性模型为

$$\hat{y} = 2.3607 + 17.5467x$$

下面讨论参数估计的判定准则。对同一个参数而言，采用不同等待进行估计可能会得到不同的估计值。因此，需要有一些准则来判定参数估计方法的优劣。常用的判定准则包括：

（1）无偏性 待估计参数 θ 是随机变量，由于每次抽得的样本不同或采用不同的估计方法，所求得的参数估计值 $\hat{\theta}$ 不完全相同。我们无从知道 $\hat{\theta}$ 是否就是未知参数 θ 的真值，但是希望它在 θ 真值附近，并且估计值 $\hat{\theta}$ 的数学期望就是参数的真值 θ。通常，将满足上述条件的 $\hat{\theta}$ 称为 θ 的无偏估计量。当满足无偏性条件时，多次重复抽样不会使 θ 估计值产生系统偏差。

（2）有效性　若 $\hat{\theta}_1$ 和 $\hat{\theta}_2$ 是同一未知参数 θ 的无偏估计量，且存在

$$D(\hat{\theta}_1) < D(\hat{\theta}_2)$$

由于 $\hat{\theta}_1$ 的分散性小，称 $\hat{\theta}_1$ 比 $\hat{\theta}_2$ 有效。也就是说，对于一定样本容量 n，将 $D(\hat{\theta})$ 为最小值的无偏估计量称为 θ 的有效无偏估计量。

（3）一致性　随着样本容量 n 的增大，估计量 $\hat{\theta}$ 趋向于真值 θ，从而使参数估计的结果更加精确。若对于任意 $\varepsilon > 0$，有

$$\lim_{n \to \infty} P\{|\hat{\theta} - \theta| < \varepsilon\} = 1 \tag{3-80}$$

则称 $\hat{\theta}$ 为 θ 的一致估计量。

在上述判定准则中，无偏性对保证估计的准确性具有重要意义，尤其是当样本容量比较小时，但并不是每个参数都有无偏估计量。有效性在直观上容易理解，理论上求解也较方便，在工程实际中应用较多。只有当样本容量很大时，一致性准则才有效。

在上述几种点估计方法中，矩法比较简单。它适用于任意总体，且不论分布类型是否已知，适应性较强。但是，由矩法求得的评估量的有效性较差，往往存在一定的偏差。极大似然估计法具有很多好的性质，是常用的参数估计方法，但是只有当总体分布类型已知时才可以使用。此外，为减小估计结果的偏差，极大似然估计法往往用于大样本容量的参数估计。

2. 区间估计

点估计是利用由样本得到的估计量 $\hat{\theta}$ 估计总体的真值 θ。一般地，估计值与真值之间难免存在偏差，偏差的绝对值为 $|\hat{\theta} - \theta|$。有时，人们不仅要利用样本估计总体参数 θ 的数值，还要给出 θ 的分布区间以及 θ 位于该区间的可信度，这种形式的估计称为区间估计。

设总体 X 的分布中含有一个未知参数 θ，如果由样本确定两个统计量 θ_l 和 θ_u，对于给定的显著性水平 $\alpha(0 < \alpha < 1)$，满足：

$$P\{\theta_l \leqslant \theta \leqslant \theta_u\} = 1 - \alpha \tag{3-81}$$

则称随机区间 (θ_l, θ_u) 是 θ 的 $1 - \alpha$ 的置信区间（Confidence Interval）。θ_l 和 θ_u 分别称为 θ 的 $1 - \alpha$ 的置信区间的置信下限（Confidence Lower Limit）和置信上限（Confidence Upper Limit），$1 - \alpha$ 称为置信区间 (θ_l, θ_u) 的置信水平（Confidence Level）。显著性水平也称风险度，常用的取值为 0.01、0.05 或 0.1 等。

当 $\alpha = 0.05$ 时，此时若满足式（3-80）的条件，则该式读作 "θ 位于随机区间 (θ_l, θ_u) 的概率为 0.95，或置信水平为 0.95。也就是说，由不同样本可以得到不同的估计区间，其中一些区间包括 θ，而另一些区间不包括 θ。例如，设样本容量 n 相同，共抽样 100 次，当显著性水平 $\alpha = 0.05$ 时，则在 100 个估计区间里包含 θ 真值的区间约为 95 个，而不包含 θ 真值的区间约为 5 个。

置信区间还可以分为双侧置信限（Two-sided Confidence Bounds）和单侧置信限（One-sided Confidence Bound）等两种类型。其中，双侧置信限具有置信下限 θ_l 和置信上限 θ_u，而单侧置信限只具有置信下限 θ_l 或置信上限 θ_u。

图 3-31 所示为双侧置信限，其中 $\alpha = \alpha_1 + \alpha_2$，$\alpha_1$ 和 α_2 可以相等、也可以不等，通常取 $\alpha_1 = \alpha_2 = \alpha/2$。图中，

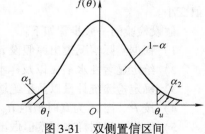

图 3-31　双侧置信区间

显著性水平 $\alpha = 0.1$，置信水平为 $1 - \alpha = 0.9 = 90\%$，$\alpha_1 = \alpha_2 = \alpha/2 = 0.05 = 5\%$。

图 3-32 所示为单侧置信区间。其中，置信下限定义了一个点，使得总体参数大于该点数值的概率为 $1 - \alpha$；单侧置信上限定义了一个点，使得总体参数小于该点数值的概率为 $1 - \alpha$。

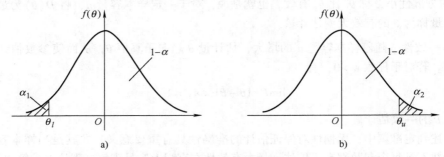

图 3-32　单侧置信区间
a）单侧置信下限　b）单侧置信上限

3.1.7　随机分布的假设检验

在工程实际中，往往需要根据已有资料，对总体做出某种假设（记为 H_0，称为原假设）。对总体的假设包括两种：①关于总体参数的假设，称为参数假设。②关于总体分布的假设，称为统计假设。

要确定一种假设是否成立，需要根据样本信息，按照一定的规则和程序进行检验，以确定假设是否正确，是接受还是拒绝该假设，称该过程为假设检验（Test of Hypothesis）。假设检验的基本思想是小概率事件原理（Minor Probability Event Principle）。小概率事件原理是指在预定的一次试验中，概率很小的事件发生的可能性几乎为零。但是，小概率事件也并非绝对不会发生。因此，在假设检验时要避免发生以下两类错误：

1）弃真错误，也称为第一类错误。假设 H_0 为真，但根据推断却拒绝了 H_0。设犯第一类错误的概率为：

$$P\{\text{拒绝 } H_0 | H_0 \text{ 为真}\} = \alpha \tag{3-82}$$

式中，概率 α 为检验概率，也称为检验水平。

2）取伪错误，也称为第二类错误。若 H_0 不真，但根据推断却接受了 H_0。犯第二类错误的概率为

$$P\{\text{接受 } H_0 | H_0 \text{ 不真}\} = \beta \tag{3-83}$$

假设检验时，当然希望犯上述两类错误的概率都很小。但时，当原假设 H_0、备择假设 H_1 给定，且样本容量较小时，要做到不犯错误并不容易，只有增大样本容量 n，才能使 α、β 的值变小。

假设检验的一般步骤如下：

1）根据实际情况提出原假设 H_0 和备择假设 H_1；

2）给定显著性水平 α 以及样本容量 n；

3）确定检验统计量以及拒绝域的形式；

4）按 $P\{\text{当 } H_0 \text{ 为真时拒绝 } H_0\} \leqslant \alpha$ 求出拒绝域；

5）取样，根据样本观察值做出决策，是接受 H_0，还是拒绝 H_0。

3.2 随机数生成方法

离散事件系统仿真中，事件的发生时刻、系统状态及其持续时间等都是服从一定概率分布的随机变量。因此，仿真模型运行时，随机事件、随机活动的描述与分析需要各种类型的概率分布，以便通过随机抽样产生样本数据，模拟系统的运行过程。

随机数（Random Numbers）是随机变量的取样值，它是离散事件系统仿真的基础和必备的建模元素。任何离散事件系统仿真程序或模型都必须具备完善的能够产生指定分布的随机变量生成模块或子程序。运行仿真程序或模型时，当用户赋予某一随机变量以确定参数的分布时，仿真系统就调用和生成相应的随机变量，以便再现系统的随机特征。

其中，产生 $[0,1]$ 区间上均匀分布的随机数是产生随机变量的基础，其他类型分布（如正态分布、Γ 分布、β 分布、指数分布等）都是在 $[0,1]$ 均匀分布的基础上通过一定变换实现的。鉴于 $[0,1]$ 区间均匀分布随机数在系统仿真中的重要性，通常将生成这种类型随机数的算法或程序称为随机数发生器（Random Number Generator）。在随机数发生器的基础上加以扩展和变换，就可以生成其他类型的随机变量。本节讨论随机数的特性和随机数生成方法。

3.2.1 随机数的特性

在仿真程序中，一个随机数序列必须具有以下统计特性：①均匀性（Uniformity）：如果将随机数的分布区间分成 n 个相等的子区间，那么出现在每个子区间的预期观测值的数量应为 N/n，其中 N 为总的观测次数。均匀性也可以表达为：随机变量在其可能取值范围中任一区间出现的概率和此区间的大小与可能值范围的比值成正比。②独立性（Independence）：在某个区间内一个观测值发生的概率与先前已有的观测值结果无关。

$[0,1]$ 区间均匀分布的概率密度函数为

$$f(x) = \begin{cases} 1, & 0 \leqslant x \leqslant 1 \\ 0, & \text{其他} \end{cases} \tag{3-84}$$

它的概率密度函数和累积分布函数分别如图 3-33 和图 3-34 所示。它的数学期望为

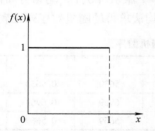

图 3-33 $[0,1]$ 均匀分布的概率密度函数

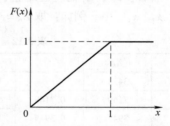

图 3-34 $[0,1]$ 均匀分布的累积分布函数

$$E(X) = \int_0^1 x \mathrm{d}x = \frac{x^2}{2} \bigg|_0^1 = \frac{1}{2}$$

它的方差为

$$D(X) = \int_0^1 x^2 \mathrm{d}x - [E(X)]^2 = \frac{x^2}{3}\Big|_0^1 - \left(\frac{1}{2}\right)^2 = \frac{1}{3} - \frac{1}{4} = \frac{1}{12}$$

在仿真程序中，通常采用数学方法根据确定的递推公式近似地生成随机数。这些随机数并不能严格地满足"均匀性"和"独立性"准则，不是概率意义下真正的随机数，但是它们又能在某种程度上表现出随机性，具有较好的统计特性，满足了仿真系统对随机变量统计特性的要求，常称之为伪随机数（Pseudo Random Number）。

利用数学方法产生随机数还具有占用内存小、产生速度快、便于重复等优点。随机数发生器的种类很多，它的评价指标包括：

（1）随机性（Randomness）　所产生的伪随机数序列应具有良好的独立性和均匀性，与真实的随机数具有相同或相近的数字特征，如数学期望、方差等。

（2）长周期（Long Period）　随机数发生器都是根据确定性的数学公式产生，产生的随机数序列通常会回到它的起点，并重复以前出现过的序列。我们将无重复出现的随机数序列的长度称为随机数发生器的周期（Period）。显然，随机数发生器的周期越长越好，以避免在短的仿真时间内随机数的重复出现。实际上，复杂系统的实际运行过程中，随机过程重复出现的概率很低。

（3）可再现性（Reproducibility）　通常，仿真系统要求随机数发生器每次产生的随机数序列不同于以往的随机数序列，以体现出随机性和长周期性。但是，在某些情况下，为再现仿真系统状态或调试、校验系统的某个参数，也要求随机数发生器能够准确地多次生成同样的随机数序列，这也是建模和仿真技术的优点之一。

（4）计算效率高（High Computational Efficiency）　在复杂系统的仿真过程中，需要在很短时间内产生大量的随机数。因此，要求随机数发生器有高的计算效率，产生随机数的时间尽量少。此外，随机数发生器占用的内存要尽可能少，以提高仿真效率。

3.2.2　随机数发生器的设计

20世纪40年代，Von Neumann和Metropolis提出采用中值平均法生成随机数的方法，是最早的随机数发生器之一。它的基本过程是：以一个四位正整数Z_0作为起点，取Z_0二次方得到一个八位整数，取该八位数的中间四位作为下一个四位数Z_1，采用同样的方法求得Z_2、Z_3、$\cdots$，然后在每个Z_i的左边加上小数点，从而得到一个服从$[0,1]$均匀分布的伪随机数序列x_1、x_2、x_3、$\cdots$。例如：取$Z_0 = 3423$，采用中值平均法求得的随机数序列见表3-12。

表3-12　中值平均法求得的随机数序列

i	Z_i	x_i	Z_i^2	i	Z_i	x_i	Z_i^2
0	3423		11716929	3	5630	0.5630	31696900
1	7169	0.7169	51394561	4	6969	0.6969	48566961
2	3945	0.3945	15563025	5	5669	0.5669	32137561

中值二次方法存在一个致命缺陷：一旦退化为零，该随机数序列将永远停留在零上。此外，该随机数发生器的周期性较明显。以上述迭代过程为例，若继续计算下去，将会出现循环。

通常，利用计算机生成伪随机数序列的步骤为：

1）确定数学计算公式或规则。

2）确定初始参数值。

3）按规定的数学公式、规则或步骤产生第一个随机数。

4）以产生的上一个随机数作为新的初值，按同样步骤产生下一个随机数。

5）重复第 4）步，得到一随机数序列。

常用的均匀分布伪随机数产生方法有：线性同余法、混合同余法、乘同余法以及组合法等。

1. 线性同余法

线性同余法（Linear Congruence）是应用广泛的一种随机数发生方法。应用该方法设计的随机数发生器称为线性同余发生器（Linear Congruential Generator，LCG）。该方法产生随机数序列的公式如下：

$$Z_i = (aZ_{i-1} + c)(\mathrm{mod}\, m) \quad (i = 1, 2, \cdots) \tag{3-85}$$

式中，m 为模数（Modulus）；a 为乘数（Multiplier）；c 为增量（Increment）。

式（3-85）的含义是：将 $(aZ_{i-1} + c)$ 除以 m 并取其余数作为 Z_i，再用同样的方法根据 Z_i 求出 Z_{i+1}，依此类推产生随机数序列。其中，第一个数 Z_0 称为随机数源或种子，它的取值为非负整数，由用户提供。m、a、c 和 Z_0 均为非负整数，此外它们还需满足 $m > a$、$m > c$ 以及 $Z_0 < m$ 等条件。

由于式中 Z_i 为一个整数除以 m 的余数，因此整数序列中的每一个数都有 $0 \leq Z_i \leq m-1$。再令 $x_i = Z_i/m$，就可以得到区间 $[0, 1]$ 上的伪随机数 $x_i(i = 1, 2, \cdots)$。以 $m = 24$、$\alpha = 13$、$c = 17$、$Z_0 = 5$ 为例，采用线性同余法产生的随机数序列见表 3-13。

表 3-13　线性同余法求得的随机数序列

i	Z_i	x_i	i	Z_i	x_i	i	Z_i	x_i
0	5		9	2	0.0833	18	11	0.4583
1	10	0.4167	10	19	0.7917	19	16	0.6666
2	3	0.1250	11	0	0.0000	20	9	0.3750
3	8	0.3333	12	17	0.7083	21	14	0.5833
4	1	0.0417	13	22	0.9167	22	7	0.2917
5	6	0.2500	14	15	0.6250	23	12	0.5000
6	23	0.9583	15	20	0.8333	24	5	0.2083
7	4	0.1667	16	13	0.5417	25	10	0.4167
8	21	0.8750	17	18	0.7500	…	…	…

由式（3-85）以及表 3-13，分析线性同余随机数发生器的特点如下：

1）一旦确定了 m、a、c 和 Z_0 的数值，随机数序列 Z_i 也就完全确定。因此，由线性同余法产生的随机数完全不是随机的。

2）由于 Z_i 是 $[0, m-1]$ 区间上的整数，由 Z_i 得到的 x_i 仅仅是有限个数，分别为 0、$1/m$、$2/m$、$\cdots$、$(m-1)/m$，且在 $[0, 1]$ 区间。因此，不论 m、a、c 和 Z_0 取什么数值，随机数序列 x_1、x_2、$\cdots$ 中不可避免地会出现相同的元素，即该随机数发生器存在周期性。随机数序列循环一次称为发生器的一个周期，记作 P。当 $P = m$ 时，称该发生器为满周期（Full Period）。

满周期只是对线性同余发生器的一项性能指标。此外，在设计发生器时还需要考虑随机数的统计特性（如独立性、均匀性）、计算效率和可再现性等。

线性同余发生器具有周期性，很容易实现可再现性。只要再次启动发生器时，使 m、α、c 以及种子 Z_0 取相同的数值，就可以得到两个完全相同的随机序列。

3）为提高 x_i 的均匀性，线性同余随机数发生器中的模数 m 取值一般都非常大（如 10^9），使得在 [0,1] 中的可取值点变得十分密集，提供满足仿真需求的、近似均匀的随机数。

4）当仿真过程中不需要随机数和随机过程的可再现性，而是要求每次仿真随机数发生器都能生成不同以往的随机数序列时，可以在保持 m、a、c 不变的前提下，每次给发生器输入不同的种子 Z_0。

选取种子的方法有：

1）人工设置，每次输入不同的种子，能够保证随机性，但是效率较低。

2）根据计算机的时钟生产随机的种子。由于计算机时钟不断推进和变化，可以从计算机时钟系统中读取年、月、日、时、分、秒、毫秒等，并从中抽出几位，组合起来构成种子。

3）利用计算机系统运行过程中具有随机性的事件生成种子。

由于线性同余法发生器产生的随机数统计特性较差，人们在线性同余发生器的基础上，扩展出多种改进的发生器，如混合同余发生器（Mixed Congruential Generator）、乘同余发生器（Multiplicative Congruential Generator）等。其中，混合同余法产生的随机数统计性能较好，应用广泛。

如前所述，为了使 x_i 在 [0,1] 区间获得长周期和高密度的取值，m 值应足够大。另外，对计算机而言，取余运算的速度较慢。为解决上述问题，通常取 $m = 2^b$，其中 b 为计算机系统的位数，目前常用的计算机系统为 32 位。除去一个符号位，$b = 31$。$2^{31} > 2.1 \times 10^{10}$，满足 m 取值尽量大的要求。另外，取 $m = 2^{31}$，可以利用整型溢出的特性，避免直接的除法运算。

在位数为 b 的计算机系统中，可以保留的最大的整型数据为 $2^b - 1$。因此，若要用整型数据类型保存一个位数大于 b 的整数（如一个位数为 h 的整数 I，$h > b$），实际保存的是该整数的低 b 位数值，而高 $(h - b)$ 位数据被丢失。也就是说，保留下来的 b 位数据的值就是 $I \pmod{2^b}$ 的值。

一般地，将这种利用计算机系统本身位数的限制、自动地避免取余运算，以减少运算量的随机数发生器称为混合同余发生器。

值得指出的是，设计混合同余发生器时，首先要了解所用的计算机系统是如何处理溢出的，如符号位是否被取反、数据类型等。

乘同余法中参数 $c = 0$。由于 $c = 0$，乘同余发生器不能获得满周期。但是，通过选择 m 和 a 的值，可以得到 $P = m - 1$ 的循环周期。乘同余法的出现早于混合同余法，在仿真系统中的应用较为广泛。

为提高乘同余的可用性，人们进行大量研究，发现通过恰当地选择 m、a 可实现满周期或接近满周期。其中，比较突出的是素数取模乘同余法（Prime Modules Multiplicative Linear Congruential Generator，PMMLCG）。

在 PMMLCG 中，模数 m 不是 2^b 而是取小于 2^b 的最大素数。a 可以根据以下条件选取：对于素数 m，a 是模数 m 的一个本原元素，即在 $(a^l - 1)$ 可以被 m 整除的情况下最小的整数 $l = m - 1$。这样得到的发生器的周期为 $P = m - 1$，它避免了一般乘同余中 Z_0 取值出现间隙的问题。PMMLCG 不需要选择 c，当 m 足够大时，具有长周期。以下为几个经过检验、性能较好的 PMMLCG：

$$Z_i = 7^5 Z_{i-1} (\mod (2^{31} - 1))$$

$$Z_i = 5^5 Z_{i-1}(\mathrm{mod}(2^{35} - 31))$$

$$Z_i = 7^5 Z_{i-1}(\mathrm{mod}(2^{31} - 1))$$

2. 取小数法

取小数法分为二次方取小数法和开方取小数法两种形式。其中，二次方取小数法是将前一次随机数二次方后的数，取其小数点后第一个非零数字后面的尾数作为下一个要求的随机数；开方取小数法是将前一次随机数开方后的数，取其小数点后第一个非零数字后的尾数作为下一个要求的随机数。开方取小数法产生随机数的流程如图 3-35 所示。

只要种子选择得当，就不会发生退化。取小数法的周期很长，这是同余法等发生器不能比拟的。另外，取小数法对种子的选择没有太多限制，给程序设计提供了方便。但是，与加减乘除相比，开方运算要占用大量的计算机资源（时间和内存），开方取小数法的计算效率要比同余法低。

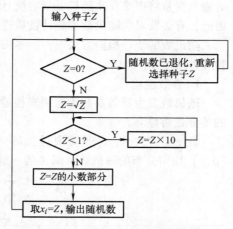

图 3-35　开方取小数产生随机数流程

3. 组合发生器

为提高线性同余发生器的性能，人们采用两个独立的线性同余发生器，并按照某种方法将它们组合起来，用一个发生器去控制另一个发生器，以产生最终的随机数，这种发生器称为组合发生器。

采用组合发生器的目的是希望产生比被组合的发生器特性更好的随机数。目前，已经有多种组合控制方法。其中，以下两种控制方法的应用比较广泛。

1）首先从一个发生器产生前 k 个 x_i 值，顺序填入数组 $V = \{V_1, V_2, \cdots, V_k\}$，由第二个随机数发生器产生一个均匀分布于 $[1, k]$ 区间的随机整数 I，然后把 V 中下标为 I 的元素 V_I 作为组合发生器的一个随机数输出；再用第一个随机数发生器的下一个 x_i 值置换数组 V 中的第 I 个位置，由第二个随机数发生器再生成下一个 $[1, k]$ 区间的随机整数 I'，再从 V 中选取下一个返回的随机数；依次产生随机数序列。

2）设 $Z_i^{(1)}$ 和 $Z_i^{(2)}$ 分别为第一个和第二个线性同余发生器产生的整型随机数，令 $Z_i^{(2)}$ 的二进制数循环移位 $Z_i^{(1)}$ 次，得到一个新的位于 $0 \sim (m-1)$ 之间的整数 $Z_i'^{(1)}$；然后将 $Z_i^{(1)}$ 和 $Z_i'^{(1)}$ 相应二进制位的"异或"相加得到 Z_i，组合发生器输出随机数 $x_i = Z_i / m$。

组合发生器减少了线性同余法带来的自相关性，提高了独立性。组合发生器还可以延长发生器的周期，增加随机数的密度，从而提高随机数的均匀性。一般地，对构成组合发生器的线性同余发生器的统计特性要求较低，得到的随机数统计特性较好。但是，由于同时使用两个发生器，并需完成一些辅助操作，组合发生器占用的计算机系统资源较单独一个发生器要多，速度较慢。在上述几种随机数发生器中，曾经普遍采用线性同余法，目前开始被组合发生器所替代。

 ## 3.3　随机数发生器的检验

在上节中，我们介绍了几种产生 $[0, 1]$ 区间伪随机数的数学方法。$[0, 1]$ 区间均匀分布的随机数是生成其他类型分布的随机变量以及建立随机模型的基础。人们自然关心用上述方法产生的伪随机数的质量，并希望了解它与真正的 $[0,1]$ 均匀分布的随机数样本的统计性质之间有无显著差异等。显然，如果某伪随机数的差异显著，则以该伪随机数为基础产生的随机变量将很难反映随机变量的统计性质，所建立的随机模型也不能反映原系统的本质。因此，有必要对伪随机数的统计性质进行检验。

随机数的统计检验方法很多，本书简单介绍其中的参数检验、均匀性检验以及独立性检验等方法。

1. 参数检验

随机数发生器的参数检验用来检验随机分布的参数估计值与 $[0,1]$ 均匀分布的理论值的差异是否显著。

设 x_1、x_2、$\cdots$、x_n 是需要检验的一组随机数，相应的随机变量记为 X。假设 X 为服从 $[0,1]$ 均匀分布的随机数，则 X 的一阶矩、二阶矩和方差的估计量分别为

$$\begin{cases} \overline{X} = \dfrac{1}{n}\sum_{i=1}^{n} x_i \\[2mm] \overline{X^2} = \dfrac{1}{n}\sum_{i=1}^{n} x_i^2 \\[2mm] S^2 = \dfrac{1}{n}\sum_{i=1}^{n}\left(x_i - \dfrac{1}{2}\right)^2 = \overline{X^2} - \overline{X} + \dfrac{1}{4} \end{cases} \tag{3-86}$$

经过计算，它们的期望与方差分别为

$$\begin{cases} E(\overline{X}) = \dfrac{1}{2},\ D(\overline{X}) = \dfrac{1}{12n} \\[2mm] E(\overline{X^2}) = \dfrac{1}{3},\ D(\overline{X^2}) = \dfrac{4}{45n} \\[2mm] E(S^2) = \dfrac{1}{12},\ D(S^2) = \dfrac{1}{180n} \end{cases} \tag{3-87}$$

由极限定理，可知统计量

$$X_1 = \frac{\overline{X} - E(\overline{X})}{\sqrt{D(\overline{X})}} = \sqrt{12n}\left(\overline{X} - \frac{1}{2}\right) \tag{3-88}$$

$$X_2 = \frac{1}{2}\sqrt{45n}\left(\overline{X^2} - \frac{1}{3}\right) \tag{3-89}$$

$$X_3 = \sqrt{180n}\left(S^2 - \frac{1}{12}\right) \tag{3-90}$$

均渐近服从 $N(0,1)$ 分布。因此，只要有一组随机数序列 x_1、x_2、$\cdots$、x_n，即可求出上述各 $x_i(i=1,2,\cdots n)$ 的具体估计值，记为 $x_i'(i=1,2,\cdots n)$。如果取显著性水平 $\alpha = 0.05$，则 $|x_i'| > 1.96$，表示差异显著，应拒绝 X 为 $[0,1]$ 均匀分布的随机数。

2. 均匀性检验

均匀性检验也称频率检验，它是用来检验随机数序列 x_1、x_2、$\cdots$、x_n 的经验频率与理论频率的差异是否显著。

均匀性是随机数发生器的重要评价指标，它要求由随机数发生器产生的伪随机数能"均匀"地分布在 $[0,1]$ 区间内。均匀性检验的常用方法是：将随机数发生器的取值范围 $[0,1]$ 分成 k 个互不重叠的等长子区间，然后由该随机数发生器产生 n 个随机数 $x_i(i=1,$

$2, \cdots, n$)。按照均匀性的定义，随机数落在每个子区间的概率 $p = 1/k$。因此，在理论上每个子区间上的随机数个数为 n/k，称之为理论频率。

实际上，由随机数发生器产生的 x_i 落在每个子区间上的个数不可能恰好等于 n，而为 $n_j (j = 0, 1, \cdots, k)$，因而会产生一定的偏差。均匀性检验就是检验实际频率与理论频率之间偏差的大小。

一般地，采用 χ^2 检验随机数的均匀性：

$$\chi^2 = \sum_{j=1}^{k} \frac{(n_j - n)^2}{n} \tag{3-91}$$

显然，若 $n_j = n$，则 χ^2 等于 0，即实际频率与理论频率完全一致。χ^2 的大小反映了偏差程度，也就是随机数的均匀性程度。

采用 χ^2 检验随机数均匀性的主要步骤如下：

1）给定原假设 H_0：假定随机数发生器产生的随机数 X 为服从独立同分布 $U[0, 1]$ 的随机变量。

2）将 $[0, 1]$ 分成 k 个等长的子区间。

3）由该随机数发生器产生 n 个随机数 x_i。

4）统计计算在每个子区间上的随机数的个数 $n_j (j = 1, 2, \cdots, k)$。

5）计算 $\chi^2 = \sum_{j=0}^{k} (n_j - n/k)^2 / (n/k)$。

6）在原假设条件下，χ^2 接近 $(k-1)$ 自由度的 χ^2 分布，规定检验水平 α，若 $\chi^2 > \chi^2_{k-1, 1-\alpha}$ 时，则拒绝 H_0；否则，不拒绝 H_0。

3. 独立性检验

独立性检验用来检验随机数列 x_1、x_2、$\cdots$、x_n 前后各项之间是否相互独立，一般以相关系数来判断。

一个符合均匀分布的随机数序列，但不一定满足独立性要求。独立性检验的常用方法是计算随机数序列相邻一定间隔的随机数之间的相关系数，判断它们的相关程度。相关系数的大小可以用来评价相关程度，"相关系数为零"是两个随机变量相互独立的必要条件。

对于给定的随机数发生器，由它产生 n 个随机数 $x_i (i = 0, 1, \cdots, n)$，则前后相隔为 j 个数的相关系数的均值为

$$\bar{\rho}_j = \left[\frac{1}{n-j} \sum_{i=1}^{n-j} x_i x_{i+j} - \left(\frac{1}{2} \right)^2 \right] / S^2 \tag{3-92}$$

式中，S^2 为随机数的方差：

$$S^2 = \frac{1}{n-1} \sum_{i=1}^{n} \left(x_i - \frac{1}{2} \right)^2 \tag{3-93}$$

随机数发生器独立性检验的基本步骤为：

1）给定原假设 H_0：假定随机数发生器产生的 x_i 为独立同分布 $U(0, 1)$ 的随机变量，$\rho = 0$。

2）由该随机数发生器产生 n 个 x_i，并计算 $\bar{\rho}_j$。

3）若 $n - j$ 充分大（一般要求 > 50），取统计量

$$\mu = \bar{\rho}_j \sqrt{n - j}$$

渐近服从标准正态分布 $N(0, 1)$。

4）给定检验水平 α，记 $Z_{1-\alpha}$ 为 $N(0, 1)$ 的上 $1 - \alpha$ 的临界点，则当 $|\mu| > Z_{1-\alpha}$ 时，拒绝 H_0；

当$|\mu| \leqslant Z_{1-\alpha}$时，不拒绝$H_0$。

以上为随机数发生器常用的检验方法。此外，对随机数发生器还有组合规律性检验、连检验、间断检验、子序列检验等检验项目。这些检验方法都属于经验检验方法，即针对具体数据进行的经验。与经验检验相对应的是理论检验或先验检验，它们通过对数列生成方法的理论分析，可以在产生具体随机数列之前就了解随机数发生器的测试结果。

值得指出的是，任何一种检验方法都存在一定的局限性。一组随机数序列，即使已经通过多种检验，仍有可能存在一些不够理想、未被检测出来的统计性质。

此外，$[0,1]$区间均匀分布的随机数是生成其他类型随机变量的基础。在系统建模与仿真研究时，要根据工程实际需求，在$[0,1]$区间均匀分布的基础上生成服从特定分布类型的随机变量。限于篇幅，有关随机变量的生成原理本书不再赘述，需要时可以参照相关书籍。

思考题及习题

1. 什么是随机变量？它有哪些类型，并分别给出具体实例。

2. 什么是概率密度函数（PDF）和累积分布函数（CDF）？给出它们的定义，分析它们的主要特征。

3. 随机变量有哪些数字特征？分别给出它们的定义和数值计算公式。

4. 根据物理意义和几何意义的不同，随机分布的参数可以分为哪几种类型？简要论述几种参数的定义和功能。以正态分布、指数分布、对数正态分布和威布尔分布为例，分析分布的参数类型及其含义。

5. 对某产品的寿命进行抽样，得到一组样本数据为852h、589h、767h、980h、751h和689h。求该产品样本寿命的均值、方差、中位值（中位寿命）以及模数（寿命）等数字特征。

6. 获取某随机变量的一批样本数据如下：34.7，56.2，38.4，54.1，57.4，51.7，60.6，67.7，78.1，38.2，49.2，42.8，45.2，53.4，80.4，97.4，84.5，65.3，66.4，73.4，61.1，68.4，69.4，81.3，74.4，36.3，47.2，52.4，69.2，89.7，76.6，67.3，66.2，59.8，59.2，63.2，38.4，44.6，70.1，28.1，52.3，44.5，46.4，64.4，66.4，54.2，78.8，62.0，32.4，48.5。已知该变量的分布范围为（0，100），求该样本的均值、方差、标准差、变异系数、中位数和模数等数字特征，采用直方图确定随机变量的分布类型，并利用商品化软件估计分布的参数。

7. 以表3-3中某装备的寿命测试数据为基础，采用商品化软件或编制程序等方法，求解装备寿命分布的概率密度函数、累积分布函数等，估计分布的参数，计算装备寿命的常用数字特征。

8. 编制程序或利用商品化软件分别产生1000个服从$[0,1]$区间的均匀分布、$N(0,1)$和$Exp(2)$分布的伪随机数，并利用直方图等工具检验伪随机数的分布、参数及其他特性。

9. X为一个离散型随机变量，已知它的概率质量函数为$P(1) = \dfrac{1}{10}$，$P(2) = \dfrac{3}{10}$，$P(3) = \dfrac{2}{10}$，$P(4) = \dfrac{3}{10}$，$P(5) = \dfrac{1}{10}$。求：

（1）绘制X的概率分布$P(x)$的图形。

（2）绘制X的累积分布函数图形$F(x)$。

（3）计算$P(1.4 \leqslant X \leqslant 4.2)$，$E(X)$和$\mathrm{Var}(X)$。

10. 观察某随机变量，获得其观察数据分别为 1.5、2.0、2.0、3.5。

（1）给出该随机变量的概率分布（概率质量函数）表达式，并绘制概率分布图。

（2）给出该随机变量的累积分布函数（CDF）表达式，并绘制 CDF 图形。

（3）简要分析概率质量函数和概率分布函数的基本特性。

11. 记录一批零件的加工时间（单位：min）：92.3，92.8，106.8，108.9，106.6，115.2，94.8，106.4，110.0，90.9，104.6，72.0，86.0，102.4，99.8，87.5，111.4，105.9，90.7，99.2，97.8，88.3，97.5，97.4，93.7，99.7，122.7，100.2，106.5，105.5，80.7，107.9，103.2，116.4，101.7，84.8，101.9，99.1，102.2，102.5，111.7，101.5，95.1，92.8，88.5，74.4，98.9，111.9，96.5，95.98。计算该样本的均值，确定样本服从什么分布，并估计分布的参数，绘制加工时间各类分布图。

12. 统计某道路汽车通行规律，观察 90min，获得观测点汽车通过时间间隔 x_i 样本数据见表 3-14。分析车辆通行时间间隔数值特征，确定其分布类型并估计分布的参数。

表 3-14　某观测点汽车通过时间间隔 x_i 样本数据

时间间隔	数据个数	时间间隔	数据个数	时间间隔	数据个数	时间间隔	数据个数
0.01	8	0.25	5	0.51	3	0.88	2
0.02	2	0.26	5	0.52	3	0.90	1
0.03	3	0.27	1	0.53	2	0.93	2
0.04	6	0.28	2	0.54	2	0.95	1
0.05	10	0.29	2	0.55	2	0.97	1
0.06	4	0.30	1	0.56	1	1.03	1
0.07	10	0.31	2	0.57	1	1.05	2
0.08	4	0.32	1	0.60	1	1.06	1
0.09	2	0.35	3	0.61	2	1.09	1
0.10	9	0.36	3	0.63	2	1.10	1
0.11	5	0.37	2	0.64	1	1.11	1
0.12	4	0.38	5	0.65	3	1.12	1
0.13	2	0.39	1	0.69	1	1.17	1
0.14	4	0.40	1	0.70	1	1.18	1
0.15	6	0.41	2	0.72	3	1.24	1
0.17	1	0.43	3	0.74	1	1.28	1
0.18	1	0.44	1	0.75	1	1.33	1
0.19	3	0.45	2	0.76	1	1.38	1
0.20	1	0.46	1	0.77	1	1.44	1
0.21	5	0.47	1	0.79	1	1.51	1
0.22	3	0.48	1	0.84	1	1.72	1
0.23	5	0.49	4	0.86	1	1.83	1
0.24	1	0.50	3	0.87	1	1.96	1

13. 通过编程或采用商品化软件，分别绘制均值 $\mu = 1$、2、3 且标准差 $\sigma = 1$、0.5、0.25 时的正态分布概率密度函数和累积分布函数曲线，分析均值和标准差对分布图形的影响，分别划定 $\mu \pm \sigma$、$\mu \pm 2\sigma$、$\mu \pm 3\sigma$ 以及 $\mu \pm 6\sigma$ 的区间，理解"6σ 管理"的含义。

14. 通过编程或采用商品化软件，绘制 $\lambda = 0.01$、0.1、0.5、1、2、5 时，指数分布的概率密度函数和累积分布函数曲线，理解参数 λ 的含义。

15. 通过编程或采用商品化软件，绘制 $\alpha = 0.5$、1、2、3、3.43954、5 和 $\beta = 0.5$、1、3、

5 时威布尔分布的概率密度函数和累积分布函数曲线，理解参数 α 和 β 的含义。

16. 设随机变量 X 分别服从下列分布，分别计算每种分布下 $6<X<8$ 的概率：

(1) 正态分布 $N(\mu,\sigma^2)=(10,2^2)$；

(2) 三角分布 $\mathrm{Triangular}(a,c,b)=(4,10,16)$；

(3) 均匀分布 $U(a,b)=(4,16)$。

17. 已知随机变量 X 服从均值为 10、方差为 4 的正态分布，试确定 a 和 b，使得 $P\{a<X<b\}=0.90$，且 $|\mu-a|=|\mu-b|$。

18. 已知随机变量 U 的 PDF 函数如下：

$$h(u)=\begin{cases}0, & u<0\\ u, & 0\leqslant u<1\\ 2-u, & 1\leqslant u<2\\ 0, & u\geqslant 2\end{cases}$$

求：

(1) $P\{0.5<U<1.5\}$；

(2) $P\{0.5\leqslant U\leqslant 1.5\}$；

(3) $P\{0\leqslant U\leqslant 1.5,0.5\leqslant U\leqslant 2\}$；

(4) 给出随机变量 U 的累积分布函数表达式，并计算 $P\{U\leqslant 1.5\}-P\{U\leqslant 0.5\}$。

19. 已知随机变量 X 的累积分布函数如下：

$$F(x)=\begin{cases}0, & x<1\\ 0.2, & 1\leqslant x<2\\ 0.5, & 2\leqslant x<3\\ 0.8, & 3\leqslant x<4\\ 1, & x\geqslant 4\end{cases}$$

求 X 的均值和标准差。

20. 分析一份投资计划。投资额为 25 万元，投资期限为 1 年。计划 A 在一年后资产总值为 27.5 万元；计划 B 一年后资产总值为 27 万元或 28 万元的概率分别为 0.4 和 0.6；计划 C 一年后资产总值为 24 万元、27 万元或 28 万元的概率分别为 0.2、0.5 和 0.3。如果以预期回报率最大为目标，应该选择哪一个投资计划？除期望值外还可以考虑哪些因素？

21. 已知某计算机主机发生故障符合泊松分布，平均每 36h 会发生一次故障。试确定在上次故障之后的 24～48h 之间发生下次故障的概率。

22. 已知某型号卫星的在轨寿命（单位：年）X 的概率密度函数为

$$f(x)=\begin{cases}0.4\mathrm{e}^{-0.4x}, & x>0\\ 0, & 其他\end{cases}$$

求：

(1) 该卫星在轨 5 年后仍然存活的概率；

(2) 该卫星在轨在第 3 年至第 6 年期间寿命终止的概率。

23. 某种大批量生产的产品，其中正品率为 80%，次品率为 20%，随机抽检 10 件产品，求抽得次品数 x 分别为 0，1，2，…，10 的概率。

24. 某类检测设备的寿命为 X（单位：年），已知它的概率密度函数为 $f(x)$ 服从均值为 2 年的指数分布：

$$f(x) = \begin{cases} \dfrac{1}{2}e^{-x/2}, & x \geqslant 0 \\ 0, & \text{其他} \end{cases}$$

求该类检测设备寿命在 2~3 年之间的概率。

25. 已知某类零件到达车间的间隔服从 $a = 5s$、$c = 11s$、$b = 65s$ 的三角分布。求零件到达间隔小于等于 25s 的概率。

26. 某种大批量生产的产品，次品率为 1%，每箱装 90 件，现随机抽检一箱产品进行全数检验，求查出次品数不超过 5 件的概率。

27. 以交通路口单位时间的车流量、单位时间进入图书馆的人数或理发店每天不同时段的顾客数等为研究对象，在记录数据和统计分析的基础上，绘制概率分布图和累积分布函数图，并通过改变时间刻度分析时间间隔对分布图形的影响。

28. 机修厂修理某种机床所需时间（单位：h）的统计数据见表 3-15。

表 3-15 修理某种机床所需时间的统计数据

修理时间区间	频　数	相 对 频 率	累 计 频 率
$0 \leqslant x \leqslant 0.5$	31	0.31	0.31
$0.5 < x \leqslant 1.0$	10	0.10	0.40
$1.0 < x \leqslant 1.5$	25	0.25	0.66
$1.5 < x \leqslant 2.0$	34	0.34	1.00

绘制维修时间的概率分布和累积分布，并试用连续分布函数进行拟合，确定连续分布函数的参数。

29. 已知某装配线单位时间的产量 X 服从 $N(\mu, \sigma^2)$，随机抽取 12 个时间段进行统计分析，产量数据分别为 180 个、182 个、181 个、183 个、184 个、179 个、178 个、177 个、183 个、185 个、181 个和 179 个。采用矩法估计该装配线产量的均值和方差。

30. 已知某电器产品的市场需求服从正态分布，随机抽取 10 个时间段进行统计，得到市场需求量分别为 1067 台、919 台、1196 台、785 台、1126 台、936 台、918 台、1156 台、920 台和 948 台。设总体的参数未知，采用极大似然估计法估计该电器产品单位时间市场需求在 1300 台以上的概率。

31. 已知某车间零件的月产量 X 服从正态分布。现随机抽取 6 个月，统计各月的产量分别为 1027 个、1026 个、991 个、991 个、1021 个和 975 个。

（1）估计该车间月产量的均值；

（2）若月产量均值的方差为 175，求置信度为 0.95 时，月产量均值的双侧置信区间。

32. 已知某种零件的寿命要求不低于 1000h，根据先前的统计数据可知该零件的寿命服从标准差 $\sigma = 100h$ 的正态分布。现从一批次零件中随机抽取 25 件，测得寿命的均值为 950h。当显著性水平为 0.05 时，确定这批零件是否合格。

33. 分别采用线性同余法（$m = 9600$、$a = 17$、$c = 19$、$Z_0 = 5$）、开方取小数法以及 Excel 软件生成 $[0, 1]$ 区间均匀分布的随机数，完成下列工作：

（1）分别产生容量为 500 的随机数据样本，取小数点后 4 位数；

（2）通过对样本数据分布区间的统计分析，利用频率法校验伪随机数的均匀性和随机性，比较三种随机数生成方法的优劣；

（3）通过修改程序代码中的参数，观察输入参数对随机数性质的影响；

（4）对线性同余随机数发生器而言，可以从哪些方面提高随机数的性能？

34. 考察下面一组随机数：

0.43，0.09，0.52，0.98，0.78，0.44，0.21，0.12，0.64，0.76，0.38，0.67，0.97，
0.46，0.07，0.18，0.49，0.47，0.22，0.47，0.69，0.99，0.77，0.76，0.65，0.14，0.25，
0.37，0.99，0.20，0.74，0.03，0.71，0.28，0.65，0.50，0.54，0.13，0.87，0.50，0.97，
0.17，0.32，0.91，0.28，0.39，0.56，0.73，0.93，0.24，0.99，0.71，0.99，0.64，0.50，
0.66，0.01，0.24，0.81，0.94，0.73，0.15，0.45，0.10，0.18，0.82，0.96，0.43，0.57，
0.94，0.27，0.34，0.65，0.79，0.03，0.49，0.69，0.85，0.37，0.50，0.60，0.93，0.48，
0.42，0.04，0.46，0.04，0.91，0.97，0.26，0.81，0.62，0.79，0.88，0.46，0.74，0.06，
0.11，0.92，0.87

取 $\alpha = 0.05$，

（1）利用 χ^2 检验法确定该组随机数序列的均匀性；

（2）利用柯尔莫格罗夫-斯米尔诺夫法（Kolmogorov-Smimov test）检验确定此随机数序列的均匀性；

（3）利用自相关法检验确定此随机数序列的独立性。

35. 编制程序，实现符合下列分布的随机数发生器：

（1）正态分布：均值 $\mu = 3.5$，方差 $\sigma^2 = 5.8$；

（2）Γ 分布：$\alpha = 0.3$，$\beta = 4.0$；$\alpha = 3.3$，$\beta = 4.0$；

（3）泊松分布：均值 $\lambda = 4.2$。

36. 编制一个用于生成如下形式概率密度函数

$$f(x) = \begin{cases} e^{2x}, & -\infty < x \leqslant 0 \\ e^{-2x}, & 0 < x < \infty \end{cases}$$

的随机变量 X 的随机变量生成器。

37. 编制一个随机变量 X 的生成器，它的概率密度函数为

$$f(x) = \begin{cases} 1/3, & 0 \leqslant x \leqslant 2 \\ 1/24, & 2 < x \leqslant 10 \\ 0, & 其他 \end{cases}$$

38. 设计一个用于产生如下分布的随机变量的方法：

$$f(x) = \begin{cases} 0.5(x-2), & 2 \leqslant x \leqslant 3 \\ 0.5(2-x/3), & 3 < x \leqslant 6 \\ 0, & 其他 \end{cases}$$

39. 选择学校图书馆，以 min 为单位，按定时截尾（如 60min）或定数截尾（如 200 人）方式，统计单位时间内读者的到达规律。手工绘制或利用相关商品化软件构建读者到达规律的直方图，分析读者的到达规律；拟合读者到达的概率密度函数及累积分布函数，估计模型参数，计算该随机变量的数字特征。

40. 选择学校附近交通流量较大的交叉路口，以 min 为单位，按定时截尾（如 60min）或定数截尾（如 500 辆车）方式，统计单位时间内路口车辆的通行规律。手工绘制或利用相关软件绘制路口车辆通行规律的直方图，拟合车辆通行的概率密度函数及累积分布函数，并估计模型参数，计算该随机变量的数字特征。

第4章
制造系统的建模方法

 4.1　系统建模方法概述

连续系统的运行过程通常服从一定的物理学定律（如电工学、力学、流体力学、热力学等），或者符合广义物理学规律。此类系统的模型常可以表示为微分方程或差分方程，可以借助相关数学模型加以描述和求解。

对离散事件系统的研究最早可以追溯到排队现象和排队网络。20 世纪 70 年代前后，柔性制造系统（FMS）、大规模计算、网络通信、空中管制、机场调度等复杂离散事件系统相继出现，推动了离散事件系统建模理论的形成和发展。

20 世纪 80 年代初，美国哈佛大学（Harvard University）教授、美国工程院院士、中国科学院和中国工程院外籍院士何毓琦（Yu-Chi Ho，1934—）首次提出离散事件动态系统（DEDS）的概念。DEDS 系统具有以下特征：①离散事件（Discrete Event）是系统中的基本要素，也是导致系统状态演变并且触发新事件的根本原因。②离散事件发生的时刻受系统结构、参数、状态和外部环境的共同影响，具有随机性和不确定性，系统状态的变化存在不确定性。③DEDS 的运行过程就是因离散事件发生而使系统状态不断变化的过程。DEDS 研究的目标包括：控制不期望事件的发生，使事件按照预定的时刻或顺序发生，通过调整结构和参数优化系统性能。④DEDS 的运行与控制多是基于人为的规则（Rule）或决策逻辑（Decision Logic），而不是某种物理学定律。

如前所述，模型可以反映系统的结构、参数及其主要行为特征之间的关系，它是系统设计、运行和控制的基础。模型的表征形式包括方程、曲线、图表、程序、语言、数据集等。与连续系统相比，离散事件系统的建模存在不少困难，主要表现在：①离散事件发生在某个时刻，具有离散性，不连续性是它的本质特征。②离散系统的性能指标具有离散性，如制造系统的产量、零件的加工时间、故障间隔、维修时间等。③系统中随机性因素和概率化特性普遍存在。④复杂离散系统常具有分层和递阶特征。例如：企业的生产计划可以分为长期、中期和短期，按组织结构制造企业可以分为集团、公司、分公司、车间、班组、操作员工等层级。对于复杂离散事件系统，为降低系统建模和分析的难度，通常将系统分解为若干个既相对独立又相互作用的子系统，在完成局部和子系统建模与分析的基础上，再构建系统级模型，完成系统整体性能的分析。⑤存在状态爆炸性和计算可行性问题。离散事件系统状态的数量与系统变量之间具有复杂的排列组合关系。一般地，系统状态会随着系统规模呈指数方式增加，存在"状态空间爆炸（State Space Explosion）"问题，导致模型的解空间和计算量急剧增加，给模型求解带来困难。

根据建模手段和目标不同，可以将 DEDS 模型分为三个层次，即逻辑层、代数层和统计性能层。逻辑层从逻辑层面分析和研究 DEDS 中事件和系统状态的对应关系，主要数学工具包括形式语言/有限自动机、活动循环图法、Petri 网、马尔可夫链（Markov Chain）等。代数层从物理层面研究 DEDS 的代数特性和系统的运行过程，主要数学工具有极大极小代数等。统计性能层研究随机条件下 DEDS 的统计性能特性及其优化问题，主要建模工具包括排队论、库存模型、摄动分析法、半马尔可夫过程等。上述三个层次模型研究的重点和建模手段各不相同，适合于不同的对象和研究目标，共同构成 DEDS 建模体系。

离散事件动态系统是一门处于发展中的学科，目前还没有形成统一的和具有普适性的建模理论与方法。本章以制造系统为主要建模对象，介绍几种体系较为完整并且得到较多工程应用的离散事件系统建模方法。

4.2　马尔可夫过程

马尔可夫过程（Markov Process）是研究离散事件动态系统状态空间的重要方法，它的数学基础是随机过程理论。如果一个随机过程的概率分布函数具有如下特性：

$$P\{X(t) \le x \mid X(t_n) = x_n, X(t_{n-1}) = x_{n-1}, \cdots, X(t_0) = x_0\} \tag{4-1}$$
$$= P\{X(t) \le x \mid X(t_n) = x_n\}, t > t_n > t_{n-1} > \cdots > t_0$$

则称该随机过程具有马尔可夫特性。一个具有马尔可夫特性的随机过程被称为马尔可夫过程。

离散状态空间的马尔可夫过程也称为马尔可夫链（Markov Chain, MC）。值得指出的是：马尔可夫链既可以是连续时间的，也可以是离散时间的，取决于系统参数的设定。

以离散时间马尔可夫链为例，它的定义如下：设一个离散的随机序列 X_n（$n = 1, 2, \cdots, N$），若它满足：

$$P\{X_{n+1} = x_{n+1} \mid X_n = x_n, X_{n-1} = x_{n-1}, \cdots, X_0 = x_0\} \tag{4-2}$$
$$= P\{X_{n+1} = x_{n+1} \mid X_n = x_n\}$$

则称之为离散时间马尔可夫链（Discrete Time Markov Chain, DTMC）。

马尔可夫特性可以解释为：在给定 t 时刻随机过程的状态为 X_n 或 x_n，则该过程的后续状态及其出现的概率与 t 之前的历史无关。也就是说，过程当前的状态已经包含了该过程所有的历史信息，过程后续的演变规律完全由当前状态决定，与当前状态之前的历史无关。通常，将这种性质称为无后效性或无记忆性（Memoryless）。

马尔可夫特性要求系统处于任何状态的时间分布具有无记忆性。对于连续型随机变量 X，满足无记忆特性的概率分布函数为

$$P\{X \ge t + \tau \mid X \ge t\} = P\{X \ge \tau\} \tag{4-3}$$

它的密度函数为指数分布：

$$f(x) = \alpha e^{-\alpha x}, x \ge 0 \tag{4-4}$$

无记忆性要求在连续时间马尔可夫链（Continuous Time Markov Chain, CTMC）状态的驻留时间为服从指数分布的随机变量。

同样，对于离散时间马尔可夫链（DTMC），驻留时间必定是满足几何分布的随机变量。以 s 表示随机过程在一个状态 i 的驻留时间，则有

$$P\{s = i\} = p^{i-1}(1 - p)(i = 1,2,3,\cdots) \tag{4-5}$$

状态驻留时间是检验随机过程是否属于马尔可夫过程的重要标志。为此，可以采用以下几种方法：①检查一个随机过程是否满足马尔可夫特性。②状态驻留的时间分布是否是无记忆的。③过程从一个状态到另一个状态的概率是否仅依赖于要离开的状态和目的状态。

当系统各状态之间的转移概率均服从指数分布时，只要适当定义系统状态，总可以用马尔可夫过程来描述系统的状态和特性。

马尔可夫过程的形式化定义为：设 $\{X(t),t \geq 0\}$ 是取值为离散状态空间 $E = \{0,1,2,\cdots\}$ 的一个随机过程。若对任意自然数 n 以及 n 个时刻点，均有

$$P\{X(t_n) = i_n | X(t_1) = i_1, \cdots, X(t_{n-1}) = i_{n-1}\} \tag{4-6}$$
$$= P\{X(t_n) = i_n | X(t_{n-1}) = i_{n-1}\} \quad (i_1, i_2, \cdots, i_n \in E)$$

其中 $X(t_i) = i$，表示处于 $t_i(i = 1,2,\cdots,n)$ 时刻的状态，则称 $\{X(t),t \geq 0\}$ 为离散状态空间 E 上的连续时间马尔可夫过程。

若对任意 t，$u \geq 0$，均有

$$P\{X(t + u) = j | X(u) = i\} = P_{ij}(t), i,j \in E \tag{4-7}$$

与 u 无关，则称马尔可夫过程 $\{X(t),t \geq 0\}$ 是齐次的，即 $P_{ij}(t)$ 只与时差 t 有关，而与时间起点 u 的位置无关。一般地，如不做特别说明，马尔可夫过程均假设是齐次的。

对于固定的 i，$j \in E$，函数 $P_{ij}(t)$ 称为转移概率函数。$P(t) = (P_{ij}(t))$ 称为转移概率矩阵。

此处，假定马尔可夫过程 $\{X(t),t \geq 0\}$ 是正则的，有

$$\lim_{t \to 0} P_{ij}(t) = \delta_{ij} = \begin{cases} 1, & i = j \\ 0, & i \neq j \end{cases} \tag{4-8}$$

转移概率函数具有以下性质：

1) $P_{ij}(t) \geq 0$

2) $\sum_{j \in E} P_{ij}(t) = 1$

3) $\sum_{k \in E} P_{ik}(u) \cdot P_{kj}(v) = P_{ij}(u + v)$

令 $P_j(t) = P\{X(t) = j\}$，$j \in E$。它表示 t 时刻系统处于 j 状态的概率，有

$$P_j(t) = \sum_{k \in E} P_k(0) \cdot P_{kj}(t) \tag{4-9}$$

马尔可夫模型常采用状态转移图来描述系统的运行情况。图 4-1 所示为一个可修复系统的状态转移图，系统存在"正常（S）"和"故障（F）"两种状态。当出现故障时，系统将从"S"状态转移到"F"状态；一旦成功修复，系统将会由"F"状态转移到"S"状态。两种状态出现的概率及其持续时间具有随机性，它们的转移规律符合某种概率分布。图中 p、q 为状态转移的概率。显然，$0 < p < 1$，$0 < q < 1$。

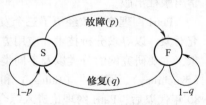

图 4-1 马尔可夫过程的状态转移图

根据上述分析，可以得到系统状态转移率矩阵

$$\boldsymbol{A} = \begin{pmatrix} 1-p & p \\ q & 1-q \end{pmatrix} \tag{4-10}$$

式（4-10）所示的状态转移率矩阵与图 4-1 所示的状态转移图表达的信息相同。

系统经过多次转移后，通常会达到一个与时间无关的稳定状态。此时，系统在状态转移

过程中，在各状态逗留的概率不再发生变化。求解系统处于各种状态的稳态概率是研究离散事件系统特性的重要手段。系统在各状态的稳定概率通常有以下两种解法：

（1）已知瞬态概率，求极限

$$A_i = \lim_{t \to \infty} P\{S_i(t)\} \tag{4-11}$$

式中，$S_i(t)$ 为系统 i 状态的瞬态概率；A_i 为 i 状态的稳态概率。通常，瞬态概率的表达式不易求出，该解法适合于解决一些简单系统的稳定状态概率问题。

（2）同构法　当系统达到稳定状态以后，各种状态将继续转移，但是每种状态出现的概率基本不变，从而形成一个稳定的状态空间［如式（4-10）］。求解状态空间方程组，可以得到系统在各种状态的稳态概率。

以图 4-1 所示的模型为例，由下列线性方程组可以求得系统处于正常状态的稳态概率 η_1 和处于故障状态的稳态概率 η_2：

$$\begin{cases} \eta_1 = (1-p)\eta_1 + q\eta_2 \\ \eta_2 = p\eta_1 + (1-q)\eta_2 \\ \eta_1 + \eta_2 = 1 \end{cases}$$

显然，前两个方程是线性相关的，可以删除其中一个。求得稳定状态的概率为

$$\eta_1 = \frac{q}{p+q}$$

$$\eta_2 = \frac{p}{p+q}$$

4.3　Petri 网建模理论

1962 年，德国人 Carl Adam Petri（1926—2010）在他的博士论文《自动机的通信》（Communication with Automata）中首次使用网状结构模拟通信系统中条件与事件的关系，之后逐步形成 Petri 网理论。20 世纪 80 年代以来，Petri 网理论受到学术界和工业界的高度重视。1981 年，美国德克萨斯大学（University of Texas）计算机系 James L Peterson 教授出版了世界上第一本关于 Petri 网理论的系统建模方法专著《Petri net theory and the modeling of systems》。1989 年，北京大学计算机系袁崇义教授编写了国内第一本 Petri 网专著《Petri 网》，由东南大学出版社出版。

Petri 网理论大致经历了三个发展阶段：①20 世纪 60 年代，Petri 网以孤立的网系统为研究对象，以寻求分析技术和应用方法为目标。②20 世纪 70 年代，以通用网论和网系统为对象，主要研究网的分类以及不同类别网络之间的关系，形成以并发论（Concurrency）、同步论（Synchrony）、网逻辑（Eulogy）和网拓扑（Net Topology）为主要内容的理论体系。③20 世纪 80 年代以后，Petri 网理论进入综合发展阶段，理论研究与工程应用并重，新的网络扩展形式不断产生，开始出现基于 Petri 网的计算机辅助工具。目前，Petri 网理论仍在发展过程中，应用案例越来越丰富，模型的抽象、描述和对系统性能分析能力不断增强。

Petri 网理论具有如下优点：①具有简捷、直观和准确的图形化建模能力，能够定性描述和定量分析系统中的顺序、并发、随机、因果和冲突等事件关系。②具有较为严密的数学理论，由 Petri 网模型不仅可以分析系统静态结构特征，还能分析系统的有界性、活性和可重用性等动态特性。③以 Petri 网模型为基础，可以方便地生成系统控制、调度与仿真的逻辑代

码，得到产量、设备利用率等系统性能指标。与其他建模方法相比，Petri 网可以提供更为丰富的模型信息，已经成为离散事件动态系统重要的建模工具。它的应用领域涉及计算机科学、通信协议、数据库系统、人机系统和制造系统等，成为系统分析评价、调度控制以及仿真优化研究的决策支持工具。

4.3.1 Petri 网的基本概念

系统模型通常由两类元素构成，即表示系统状态的元素和表示系统变化的元素。与上述两类元素相对应，Petri 网中以库所（Place）表示系统中资源的状态、条件或存放资源的场所等，如机床空闲、缓冲区、仓库、工人、服务台忙等；以变迁（Transition）表示改变系统状态的事件或资源的消耗、使用情况等，如工件安装、切削加工、装配、维修等操作。

库所和变迁是 Petri 网中用来定义系统组成与功能的基本元素。变迁能否发生需要满足特定的条件、受到系统状态的限制。此外，变迁一旦发生，它的一些前置条件将不再成立，一些后置条件得到满足，系统状态将随之改变。Petri 网模型中以连接于库所和变迁之间的有向弧线（Directed Arc）来表示系统状态与事件之间的关系。

除库所、变迁和有向弧线之外，Petri 网还用令牌（Token）表示库所中拥有的资源数量，并且以库所中令牌数量的动态变化表示系统的不同状态。此外，当库所用于表示条件时，若库所中有相应的令牌存在，则表示条件为真，后续的变迁可以被激发（Fire）；否则，该条件为假，后续变迁不能激发。Petri 网模型通过令牌在不同库所间的移动来模拟系统的动态变化过程。

下面给出 Petri 网的数学定义。

定义 4-1 一个三元组 $N = (P, T, F)$，其中 $P = \{p_1, p_2, \cdots, p_n\}$ 为库所集（Place Set），n 为库所数量；$T = \{t_1, t_2, \cdots, t_m\}$ 为变迁集（Transition Set），m 为变迁数量。它们构成 Petri 网的充分必要条件是：

1）$P \cup T \neq \varnothing$，它规定了 Petri 网的非空性，表示网中至少有一个元素。

2）$P \cap T = \varnothing$，它规定了 Petri 网的二元性，表示库所和变迁是两类不同的元素。

3）F 是一个 P 元素和一个 T 元素组成的有序偶的集合，称为流关系（Flow Relation）。满足 $F \subseteq (P \times T) \cup (T \times P)$，它建立了从库所到变迁、从变迁到库所的单方向联系，并且规定同类元素之间不能直接联系。

4）不与任何变迁相连的资源是孤立的库所，不引起资源流动的变迁是孤立的变迁。令 $\text{dom}(F)$ 和 $\text{cod}(F)$ 分别是 F 中有序偶的第一个元素和第二个元素组成的集合，它们分别构成 F 的定义域和值域，并且满足 $\text{dom}(F) \cup \text{cod}(F) = P \cup T$。该条件规定网中不能有孤立的元素。

以上为 Petri 网的形式化定义，它规定了 Petri 网的静态结构和系统组成，是 Petri 网理论的基础。形式化定义具有严密性、精确性、抽象性和概括性等优点。但是，上述定义还不足以描述系统静态结构的全貌，不够形象和直观，也不易于理解。

图形化是 Petri 网的另一种表示方法。一般地，以圆圈（○）表示为库所；以实线（｜）或方框（□）表示变迁；以带箭头（→）的弧线表示库所与变迁之间的有向弧线；以库所中的黑点表示库所中拥有资源的数量。图 4-2 所示为 Petri 网图形化表示的最基本形式。其中，图 4-2a 表示从库所 p 到变迁 t，即 $(p, t) \in F \cap (P \times T)$；图 4-2b 表示从变迁 t

图 4-2 Petri 网的图形化表示
a）从库所到变迁　b）从变迁到库所

到库所 p，即 $(t,p) \in F \cap (T \times P)$。

变迁发生与否需要满足一定的条件（Condition）或根据一定的激发规则（Firing Rule）。一般地，如果一个变迁所有的输入库所中至少都有一个资源可供使用（即包含一个令牌），那么该变迁可以被激发，即变迁所代表的事件可以发生。一旦该变迁被激发，它的每个输入库所中都会减少一个令牌，而它的输出库所中会增加一个令牌，从而改变系统中令牌的分布。

但是，也存在以下情况：一个变迁的激发需要输入库所中资源的数量大于1。例如：某装配操作需要用到1个半成品和4个螺钉，要使该"装配"变迁激发，则"半成品"库所中至少要有1个半成品且"螺钉"库所中至少要有4个螺钉；该"装配"变迁激发后，"半成品"库所的资源数量将减少1个、"螺钉"库所中的资源数将减少4个。

同样，一个变迁的激发也可能在输出库所中产生大于1的令牌数。例如：拆卸操作是将一个装配体拆为多个零部件，并且拆卸后同一种零部件的数量可能多于1个。如果用 Petri 网来表示拆卸过程，就会出现输出库所中产生多于1个令牌数的情况。

Petri 网中以权函数（Weight Factor）表示每个变迁发生一次引起的相关资源在数量上的变化，也称权重。通常，以 $w(p,t)$ 或 $w(t,p)$ 分别表示由库所 p 指向变迁 t 或由变迁 t 指向库所 p 的权重，并标注在有向弧线旁。一般地，权函数满足以下条件：$0 < w(p,t) < \infty$，$0 < w(t,p) < \infty$。缺省时，表示权重为1。

另外，Petri 网尊重资源有限的事实，主要表现在：变迁发生所需的资源数以及库所的容量是有限的。在 Petri 网中，以集合 K 表示库所的容量，称为容量函数（Capacity Function）。当一个库所为有限容量时，以 $K(p)$ 标注在库所 p 的旁边。有时，当库所容量不会对系统行为构成限制时，也允许某些库所的容量为无穷。另外，当 $K(p) = 1$ 时，也可以缺省不予标注。

图 4-3 所示为一装配线局部的 Petri 网模型，模型中共有7个库所和2个变迁。库所和变迁的含义分别为：p_1、p_2、p_3 表示半成品，p_4、p_6 表示零件，p_5 表示螺钉，p_0 表示螺钉旋具，t_1、t_2 表示两个装配操作。

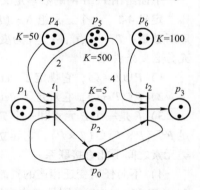

图 4-3 某装配线的 Petri 网模型

该装配线功能如下：装配操作 t_1 用两个螺钉 p_5 将半成品 p_1 与零件 p_4 装配起来，形成半成品 p_2；装配操作 t_2 用四个螺钉 p_5 将半成品 p_2 与零件 p_6 装配起来，形成新的装配体 p_3。两个装配操作中都要用到螺钉旋具 p_0，螺钉旋具用完之后仍回到原来的工位，不随装配体流动。零件 p_4 和 p_6 的最大存储容量分别为50件和100件，螺钉的最大存储容量为500个，半成品 p_2 的缓冲区中最多可以存放5件半成品。

Petri 网将库所中拥有的资源（令牌）数量及其分布称为标识（Marking），将系统开始运行时的标识称为初始标识（Initial Marking）。标识以库所中的黑点表示，显然标识的数量应小于相应库所的容量，即 $M(p) \leqslant K(p)$。

图 4-3 清晰地表达了装配线工作流程以及各元素之间的关系。此外，根据 Petri 网模型还可以分析系统资源和事件之间的关系。例如：某装配过程，若只有当 t_1 操作完成后才能进行 t_2 操作，则事件 t_1 和事件 t_2 之间具有顺序关系；螺钉旋具（p_0）为变迁 t_1 和 t_2 所共用，当变迁 t_1 和 t_2 要同时使用螺钉旋具时将会发生冲突，t_1 和 t_2 之间还存在竞争关系。因此，系统运行时需要制定合适的规则，以确定螺钉旋具的使用顺序或采取增加螺钉旋具的数量等方法，解决系统中可能出现的冲突现象。如果螺钉旋具连续被其中一个变迁占用，就会造成该变迁的后

续库所因容量限制而溢出，并使另一个变迁处于等待和饥饿状态，影响装配线平衡和生产效率。

定义 4-2　一个六元组 $\Sigma = (P,T,F,K,W,M_0)$ 构成 Petri 网系统的条件是：

1）(P,T,F) 为 Σ 的基网 N，含义与定义 4-1 相同。

2）K、W、M_0 分别为 N 的容量函数、权函数和初始标识。初始标识 $M_0 = \{m_1,m_2,\cdots,m_n\}$ 表示起始状态时库所中令牌的分布。系统运行过程中的标识用 M 表示。

Petri 网系统增加了库所容量、变迁发生规则以及资源分布等，具备完整地描述系统结构和资源静态特征的能力。为描述系统的动态运行过程，需要给出变迁发生的条件和结果，称为变迁规则（Transition Rule）。

设 M 为 Petri 网系统任一状态下的标识，$t \in T$ 为任一变迁，$^*t^* = {}^*t \cup t^*$ 称为 t 的外延（Extension），那么 t 在 M 有发生权（Fireable）的条件见定义 4-3。

定义 4-3　变迁发生的条件

$$\forall p \in {}^*t : M(p) \geqslant w(p,t) \wedge \forall p \in t^* : M(p) + w(t,p) \leqslant K(p)$$

t 在 M 有发生权记作 $M[t>$，称为 M 授权（Enable）t 发生或 t 在 M 的授权下发生。

定义 4-4　变迁发生的后果若 $M[t>$，则 t 在 M 的授权下可以发生，同时将标识 M 改变为 M 的后续（Successor）M'。对于任何 $p \in P$，M' 为

$$M'(p) = \begin{cases} M(p) - w(p,t), & p \in {}^*t - t^* \\ M(p) + w(t,p), & p \in t^* - {}^*t \\ M(p) - w(p,t) + w(t,p), & p \in {}^*t \cap t^* \\ M(p), & p \notin {}^*t^* \end{cases}$$

因 t 的发生将标识 M 变成 M'，记作 $M[t > M'$。M' 称为 M 的后续标识。

图 4-4 所示为一个 Petri 网系统中变迁 t 激发前和激发后的标识。其中，权重为 1 的流关系没有在图中标注出来。

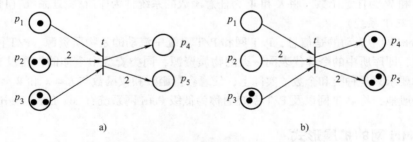

图 4-4　Petri 网的激发规则

a）变迁 t 激发前的状态 M　b）变迁 t 激发后的状态 M'

变迁 t 的激发需要同时满足下列条件：①库所 p_1 中至少要有 1 个令牌。②库所 p_2 中至少要有 2 个令牌。③库所 p_3 中至少要有 1 个令牌。显然，图 4-4a 所示的变迁 t 满足激发条件。变迁 t 激发后，各库所中的令牌分布如图 4-4b 所示。其中，库所 p_1、p_3 中的令牌数分别减少 1 个，p_2 中减少了两个令牌，库所 p_4 和 p_5 中的令牌数分别增加 1 个和 2 个。

变迁的使能（Enabling）规则可以分为无类型使能规则和有类型使能规则两种类型，两者的主要区别如下：

1）无类型使能规则不区分令牌的类型。当判定变迁 t_i 是否具有发生权，仅需考虑变迁 t_i

的前集中是否含有规定数量的令牌即可。

2）有类型使能规则将区别对待库所中的令牌，令牌可以具有不同属性。在判定变迁 t_i 是否被使能时，不仅要确定 t_i 前集中的所有库所是否有规定数量的令牌，还要判断这些令牌的组合是否满足变迁的使能条件。

与变迁使能规则的分类相对应，变迁的激发规则也可以分为无类型激发规则和有类型激发规则：

1）对于无类型激发规则，当变迁被激发时，根据流关系的权重，变迁前集中的库所将失去相应数目的令牌，变迁后集中的各库所将增加相应数目的令牌。基本 Petri 网多采用无类型的使能和激发规则。

2）对于采用有类型使能规则的网模型，激发规则也将被分为不同的类型。变迁 t_i 的激发将"消耗"变迁 t_i 前集库所中特定类型和相应数目的令牌，并在 t_i 的后集库所中增加特定类型和相应数目的令牌。

一般地，将没有任何输入库所的变迁称为源变迁，源变迁是无条件有效的。将一个没有可输出库所的变迁称为汇变迁，汇变迁的激发将消耗标识而不产生任何新的标识。

值得指出的是，Petri 网模型可以应用于不同领域，同一个模型可以表示不同的实际系统，只要这些系统具有相同的结构形式和相似的运行规律。

根据容量函数 K 和权函数 W 取值范围的不同，可以将 Petri 网系统分为三种类型：

（1）$K \equiv 1$ 和 $W \equiv 1$　此时库所元素只能有"有令牌"和"无令牌"两种状态，因而可以理解为"真"与"假"两种状态的布尔运算。网论中将这种库所称为条件（Condition），只与条件关联的变迁称为事件（Event）。由条件和事件构成的网系统称为基本 Petri 网系统（Elementary Net System）。

（2）$K \equiv \infty$ 和 $W \equiv 1$　这类系统称为 Petri 网的网系统，也称库所/变迁网（Place/Transition Nets，P/T 网）。

（3）K 和 W 为任意函数　将 K 和 W 为任意函数的系统称为库所/变迁系统（Place/Transition System，P/T 系统）。

基本 Petri 网中流动的是信息，P/T 网和 P/T 系统中流动的是物质资源。P/T 网和 P/T 系统是同类的，即库所中的令牌代表同一类的物质资源，同类资源中个体的性质没有区别，变迁对资源的要求只是种类和个数。实际上，任意容量函数和权函数与 $K \equiv \infty$ 和 $W \equiv 1$ 也没有本质区别。一般地，将 P/T 网以及 P/T 系统通称为低级 Petri 网系统（Low Level Petri Nets）。

4.3.2　Petri 网的扩展形式

Petri 网具有比其他建模工具更为丰富的模型信息。20 世纪 80 年代以后，Petri 网在制造系统仿真、调度、控制建模和性能分析中得到应用。但是，基本 Petri 网和低级 Petri 网存在节点过多、建模能力弱等缺点，并不适合复杂制造系统（如柔性制造系统、汽车装配线等）的建模和性能分析。

为增强 Petri 网的建模和分析能力，人们对基本 Petri 网和低级 Petri 网进行扩展，提出多种扩展形式。总体上，扩展形式大致包括两个方面：①研究如何增强 Petri 网的建模能力，以简化建模过程和使系统模型简单化，如着色 Petri 网、面向对象 Petri 网等扩展形式。②开发用于 Petri 网分析的技术，以便从原始系统提取更多的信息，如赋时 Petri 网、随机 Petri 网等扩展形式。下面介绍 Petri 网的主要扩展形式。

1. 赋时 Petri 网（TPN）

早期的 Petri 网理论模型（如基本 Petri 网、低级 Petri 网等）中没有时间的概念，不能描述具有延时性的活动（Temporal Activity）。但是，不少应用领域和研究对象都需要定量分析系统性能，如制造系统的生产效率、机床利用率等。上述 Petri 网模型在数值分析与计算方面存在不足。

对制造系统而言，要分析系统性能必然要表达延时性活动，如机床的加工操作、物流设备的运行、工件的安装过程等。赋时 Petri 网（Timed Petri Nets，TPN）也称为时间 Petri 网，它的出现为采用 Petri 网开展制造系统实时调度、计算系统性能指标等创造了条件。

将时间引入 Petri 网有两种方式：一种是对每个库所关联一个时间参数，表示系统中的元素、系统局部或系统处于某种状态的持续时间；另一种是对每个变迁关联一个时间参数，表示相关事件的执行时间。目前，多数文献采用后一种方法，原因在于 Petri 网模型代表一个系统，系统中一个事件的发生（即变迁）通常需要一定时间。

定义 4-5　一个五元组 (P,T,F,τ,M_0) 构成赋时 Petri 网（TPN）的充分必要条件是：

（1）(P,T,F) 为 TPN 的基网。

（2）$\tau:\tau(t)\to\{0\}\cup\mathbf{R}_+$ 是 TPN 中变迁时延函数（Time-delay Function）集合 $\mathbf{R}_+$ 表示正实数集。若变迁 j 满足 $\tau(t_j)=0$，即变迁的激发不需要时间，则称之为即时变迁（Immediate Transition）；若 $\tau(t_j)>0$，则称之为赋时变迁（Timed Transition）。赋时变迁 j 受到激发后，将立即从输入库所移走相应令牌，但是经过时间 $\tau(t_j)$ 才向输出库所发送令牌。在图形化表示中，一般以实线（｜）表示即时变迁，以方框（□）表示赋时变迁。

（3）M_0 为 TPN 的初始标识。

显然，上述定义中将变迁分为即时变迁和赋时变迁等两种类型。早期的赋时 TPN 赋予每个变迁的激发以一个固定的延迟时间。为更好地反映系统实际情况，后又将时间参数定义为一个时间范围，即每个变迁激发的延迟时间有一个最小值和最大值，可激发的变迁只能在此段时间内激发。

赋时 Petri 网在低级 Petri 网的基础上增加了变迁的时间延迟，可以用于分析设备利用率、系统生产效率等特性，也为系统的实时调度等创造了条件。时间参数的引入是对 Petri 网建模能力的扩展，它不破坏和修改原 Petri 网结构的描述以及事件关系的表达，但是模型的动态行为、一些事件关系及其发生次序要受到时间参数的影响。由于具有时间参数，Petri 网模型可以用来模拟系统的运行过程，为系统定量分析和性能评价创造条件。

2. 随机 Petri 网（SPN）

如前所述，随机性是制造系统的重要特征。赋时 Petri 网中的时间参数为一确定的数值，并不能满足随机性系统的建模和分析的需求。1981 年，Molloy 等人将变迁与随机的指数分布延迟时间联系起来，提出了随机 Petri 网（Stochastic Petri Nets，SPN）的概念。根据变迁激发延迟时间分布的不同，又可以分为离散时间 SPN 和连续时间 SPN。下面主要介绍 Molloy 提出的连续时间随机 Petri 网。

定义 4-6　连续时间 SPN 由六元组构成：$SPN = (P,T,F,W,M_0,\lambda)$。其中：

（1）(P,T,F,W,M_0) 为一个 P/T 系统。

（2）$\lambda = \{\lambda_1,\lambda_2,\cdots,\lambda_m\}$ 为变迁平均激发速率的集合。λ_i 是变迁 $t_i\in T$ 的平均激发速率，表示在可激发的情况下单位时间内变迁的平均激发次数，单位为次数/单位时间。平均激发速率的倒数 $\tau_i = 1/\lambda_i$ 称为变迁 t_i 的平均激发延时或平均服务时间。值得指出的是，λ_i 和 τ_i 的数值应根据所研究的系统实际测量获得或根据预测进行设定，具有实际的物理意义。

随机 Petri 网（SPN）赋予变迁一个随机的延迟时间，可以从概率论角度研究系统性能，在统计意义上计算系统各状态出现的概率及其持续时间。随机 Petri 网的性能分析多建立在其状态空间与马尔可夫链（MC）同构的基础上。

研究表明：当变迁的激发速率服从指数分布时，由于指数分布的无记忆性和标识的可数性，SPN 的每个标识映射为 MC 的一个状态，SPN 的可达图同构于一个 MC 的状态空间。根据 SPN 可达图可以获得 MC 状态转移矩阵的参数，并由马尔可夫过程计算出 MC 每个状态标识的稳定发生概率，得到模型及系统的统计性能指标。采用马尔可夫链求解 SPN 模型的步骤如下：

1）建立系统的 SPN 模型。

2）构造出 SPN 模型同构的马尔可夫链。

3）基于马尔可夫链的稳定状态概率，分析系统的性能指标，如每个状态的驻留时间、标识的概率密度函数、库所中的平均标识数、变迁的利用率、变迁的标记流速等。

但是，马尔可夫过程要求参数服从指数分布，此外 SPN 的状态空间会随着问题规模的扩大而呈指数方式增加，使得马尔可夫过程模型的求解变得困难。上述缺点限制了 SPN 的应用。

为克服 SPN 要求参数服从指数分布并且缓解状态爆炸等问题，人们提出了广义随机 Petri 网（Generalized Stochastic Petri Nets, GSPN）。

定义 4-7 广义随机 Petri 网由六元组构成：$GSPN = (P, T, F, W, M_0, \lambda)$。$P$、$W$、$M_0$、$\lambda$ 的含义与 SPN 相同。与 SPN 相比，GSPN 的不同之处有：

（1）F 中增加了禁止弧：禁止弧由库所到变迁，当库所中含有禁止弧上所标注数量的令牌时，该变迁将被禁止激发，且变迁激发时令牌不从相应库所中移出。也就是说，禁止弧所连接的库所的原可激发的条件变为不可激发的条件，原不可激发的条件变为可激发的条件，且在相连变迁激发时，没有令牌从相应库所中移出。例如：利用 Petri 网进行系统可靠性建模时，禁止弧可用于描述系统故障及修复过程。

（2）将变迁集 T 分为两个子集：$T = T_t \cup T_i$。T_t 为赋时变迁（Timed Transition）的集合，$T_t = \{t_1, t_2, \cdots, t_k\}$；$T_i$ 为瞬时变迁（Immediate Transition）的集合，瞬时变迁的延时为零，$T_i = \{t_{k+1}, t_{k+2}, \cdots, t_m\}$。赋时变迁的延时服从随机分布，可用于描述具有随机性时间分布的事件及活动，与之相关联的平均变迁激发速率集合为 $\lambda = \{\lambda_1, \lambda_2, \cdots, \lambda_k\}$。

（3）定义了随机开关：当一个令牌可以激发多个瞬时变迁时，由随机开关确定可以激发的变迁及其激发概率。

根据生产实际，GSPN 将变迁分为瞬时变迁和赋时变迁。在实际系统中存在一些控制或逻辑操作，它们不需要提供某种服务或处理过程，没有时间需求或所需时间极小、可以忽略不计；而另外一类变迁则正好相反，它们要完成一些操作和处理，需要花费一定时间。在 GSPN 中分别以瞬时变迁和赋时变迁来表示这两类事件。

求解 GSPN 模型稳定状态概率的思路还是先将 GSPN 模型同构于马尔可夫链，再通过求解马尔可夫链得到系统的稳定状态概率。如前所述，这种解析计算方法只适合于简单模型的求解。对于复杂的系统模型，要计算系统的性能指标，只能采用仿真方法。

3. 着色 Petri 网（CPN）

采用基本 Petri 网进行复杂系统建模时，存在系统节点过多、模型庞大等缺点。以个性令牌为特征的网系统称为高级网系统。与基本网系统和库所/变迁网系统相比，高级网（High Level Net）系统更加抽象，其中的库所可以代表多种资源，变迁也可以代表多种变化，令牌的含义更丰富，因此只需较少的节点元素即可模拟同样的应用系统，可以简化网的结构。着色 Petri 网就是高级 Petri 网的一种基本形式。

Martinez 等人将颜色（Color）的概念引入 Petri 网，提出着色 Petri 网（Colored Petri Nets，CPN），并对 FMS 集成控制系统进行描述、分析，通过颜色包含的信息实现子系统之间的协调与集成。着色 Petri 网是 Petri 网的压缩形式，可以有效减少节点的数量，使 Petri 网更适合于复杂系统的建模和分析。

定义 4-8　着色 Petri 网（CPN）由七元组 (P,T,F,C,I_-,I_+,M_0) 构成。其中：

（1）(P,T,F) 为有向网，称为 CPN 的基网。

（2）C：$P \cup T$ 为颜色集的幂集合，使得：对于 $p \in P$，$C(p)$ 为库所 p 上所有可能令牌颜色的集合；对于所有 $t \in T$，$C(t)$ 为变迁 t 上所有颜色的集合。

（3）I_-、I_+ 分别为 $P \times T$ 上的负函数和正函数，使得对所有 $(p,t) \in P \times T$：

$I_-(p,t) \in [C(t)_{MS} \rightarrow C(p)_{MS}]_L$，且 $I_-(p,t) = 0$ 的充要条件是 $(p,t) \notin F$；

$I_+(p,t) \in [C(t)_{MS} \rightarrow C(p)_{MS}]_L$，且 $I_+(p,t) = 0$ 的充要条件是 $(p,t) \notin F$。

（4）M_0 为 CPN 的初始标识。它满足条件 $\vee p \in P$：$M_0(p) \in C(p)_{MS}$，即：$M_0(p)$ 为 p 的令牌颜色集合上的多重集。

实际上，CPN 是基本 Petri 网的压缩形式，CPN 库所中的令牌有不同颜色（属性），可以用较少的节点描述复杂系统，具有结构简单等优点，使之更适合于复杂系统的建模和分析。定义 4-8 仅给出 CPN 的静态结构。为规定其动态行为，在使用时还需给出变迁的发生规则。

4. 着色赋时 Petri 网（CTPN）

上述 Petri 网扩展形式仍存在一些缺点。例如：CPN 有利于减少节点数目，简化系统结构，但是它缺少决策机制，不适合于生产系统调度和控制的建模；TPN 虽然适合于生产系统的实时调度、评估系统性能指标，但系统模型过于复杂。

结合赋时 Petri 网（TPN）和着色 Petri 网（CPN）的优点，可以得到建模与分析能力更强的着色赋时 Petri 网（Colored Timed Petri Nets，CTPN）。CTPN 已经在制造系统建模和分析中得到应用。例如：同济大学吴启迪、乔非等人采用 CTPN 完成箱体零件柔性制造系统（FMS）的建模、作业调度仿真和性能评价。

当采用 CTPN 建立制造系统模型时，库所、变迁和连接两者之间的弧线通常用来表示系统中进程的先后顺序和资源的约束情况。每个进程中活动的持续时间可以用赋时变迁相对应的时延函数表示，库所中的颜色用于区分不同的零件或资源类型。流关系用来表示所建模系统的零件加工路径等。

5. 面向对象 Petri 网（OPN）

Petri 网建模对实际系统具有高度的依赖性。当实际系统结构复杂时，Petri 网规模将十分庞大，给建模和分析带来困难。上述 Petri 网扩展形式（如 CPN、TPN、CTPN 等）可以减小模型规模，使系统性能分析变得可能。但是，以 Petri 网模型为基础而开发的调度和控制软件规模并未减小，并且缺少现代软件系统的基本特征，如模块性、可重用性和易维护性等。

面向对象方法（Object-oriented Approach）更加接近人们的思维方式，并拥有封装、继承、分类等机制，为系统分析、设计和实现提供了统一方法。从面向对象的角度，制造系统是由一系列对象（如加工设备）组成。每个对象具有用方法（Method）表示的行为特征以及属性（Attribute）或状态（State）。例如：机床对象具有"名称""转速""加工精度""工作台尺寸"等属性，"空闲""正在加工"等状态以及"装夹零件""开始加工""加工结束"等动作。

系统的动态运行过程由对象（Object）的方法以及对象之间相互联系的消息（Message）组成。系统模型的功能在于对不同对象的活动和方法进行协调和排序。从数学角度，制造系统 S 可以表示为

$$S = (O,R)$$

式中，$O = \{O_i\}$ 为系统中对象的集合，其中 O_i 表示系统中的对象 $i(i=1,2,\cdots,I)$，I 为系统中的对象数；$R = \{R_{ij}\}(i=1,2,\cdots,I;j=1,2,\cdots,I,\text{且 } i \neq j)$ 为系统中对象之间关系的集合，R_{ij} 表示对象 i 与 j 之间的关系。

当用 Petri 网理论描述面向对象系统时，可以用库所表示对象的属性和状态，用变迁和令牌传递表示对象所具有的方法以及对象之间的消息。因此，两种建模方法可以相互融合。Petri 网与面向对象技术的融合已经成为 Petri 网重要的发展趋势。

面向对象的 Petri 网（Object-oriented Petri Nets，OPN）建模方法结合了 Petri 网和面向对象的优点，具有强大的建模能力。从数学和形式化的角度，可以给出 OPN 的定义。

定义 4-9　面向对象 Petri 网（OPN）由六元组构成：$OPN = (SP,AT,F,IM,OM,C)$。其中：SP 为状态库所的集合；AT 为活动变迁的集合；F 为变迁与状态/消息之间的输入及输出关系；IM 和 OM 分别为输入、输出消息的集合；$C = (C(SP),C(AT),C(IM),C(OM))$ 为 OPN 中与 SP、AT、F、IM、OM 相对应的颜色集合。

在上述 OPN 模型中，不同对象之间的通信联系，如对象 O_i 发送给对象 O_j 的消息等，可以用对象之间的关系（Relation）R_{ij} 来描述。进一步地，R_{ij} 可以定义为三元组（OM_i,g_{ij},IM_j），其中 g_{ij} 为特殊类型的变迁称为门（Gate）。

制造系统的 OPN 模型开发主要包括两个步骤：①界定模型中所需的所有对象类型，并表达出对象内部的动态行为和对象之间的静态关系。②通过分析所有对象的输入（Input）/输出（Output）和对象之间的关系 R_{ij}，并考虑系统的约束条件，如零件路径、机床加工能力和缓存大小等，建立系统 OPN 模型以表达系统的动态行为和控制逻辑。

OPN 的建模过程可以分为静态分析、动态分析、集成以及实现等阶段。其中，静态分析主要用来确定模型中的对象类、特性及其相互关系；动态分析根据车间运行的动态行为及要求的控制逻辑，分析 OPN 模型的基本特性，如死锁分析、冲突分析等。

李芳芸等提出一种制造系统的集成化面向对象建模及分析方法（Integrated Object-Oriented Modeling and Analysis Paradigm，IOOMAP）。它的基本步骤为：

1）建立系统中各物理对象的状态转移图（State Transition Diagram，STD）。

2）用 IDEF0 模型表示出系统的功能和结构关系。

3）由 STD 图和 IDEF0 图来建立制造资源和控制器的 OPN 模型。

4）用实体关系（Entity-Relationship，ER）模型定义系统中实体、联系及属性，即建立系统的信息模型。

5）建立系统 OO 模型，依照一定的映射规则，从 STD、IDEF0、OPN 和 ER 模型中抽取类、联系及其属性。

6. 面向对象扩展着色赋时 Petri 网（OECTPN）

上述扩展形式都是从某一个侧面对 Petri 网进行扩展，均存在一些不足之处。例如：CPN

和 TPN 模型中没有决策节点，不能描述制造系统的决策过程，不适合于制造系统运行、调度和控制的建模。

在着色赋时 Petri 网（CTPN）的基础上，增加了控制系统进程的决策库所（Decision Place），并将面向对象的概念及方法嵌入到 Petri 网中，构成面向对象扩展着色赋时 Petri 网（Object-oriented Extended Colored Timed Petri Nets，OECTPN）。OECTPN 能够制造系统的静态结构、动态特征和决策过程，可以用于制造系统动态仿真调度的建模和分析。OECTPN 的定义如下：

定义 4-10　面向对象扩展着色赋时 Petri 网（OECTPN）由八元组 $(P,T,F,C,I_-,I_+,\tau,M_0)$ 构成。其中：

（1）$P = \{p_1,p_2,\cdots,p_m;p_{d1},p_{d2},\cdots,p_{dk}\} = \{P_T,P_D\}$ 为库所的集合。$p_i \in P_T(i=1,2,\cdots,m)$ 为普通库所集，m 表示普通库所的数量；$p_{dl} \in P_D(l=1,2,\cdots,k)$ 为决策库所集，k 为决策库所的数量。在 OECTPN 模型的图形表示中，可以圆圈（○）表示普通库所，以双圆圈（◎）表示决策库所。

（2）$T = \{t_1,t_2,\cdots,t_n\}$ 为变迁的集合，n 表示变迁数量。变迁与面向对象中对象的"方法"以及对象之间联系的"消息"相对应。

（3）$C = C(P) \cup C(T)$ 是库所集和变迁集中颜色的集合，表示库所及变迁的特征。其中：$C(p_i) = \{a_{i1},a_{i2},\cdots,a_{ii}\}$，$i = 1,2,\cdots,m$；$C(t_j) = \{b_{j1},b_{j2},\cdots,b_{jj}\}$，$j = 1,2,\cdots,n$。Petri 网中库所和变迁的令牌"颜色"与面向对象中"属性"相似。因此，我们可以用面向对象中的属性表示 Petri 网中"颜色"。

（4）I_-，I_+ 分别为 $P \times T$ 上的负函数和正函数，使得对所有 $(p,t) \in P \times T$。含义与定义 4-8 中相同。

（5）$F = I(p,t) \cup O(t,p)$ 为输入及输出函数的集合。$P \cup T \neq \varnothing$，$P \cap T = \varnothing$，$I(p,t)$：$C(p) \times C(t) \to N$ 为输入函数；$O(p,t)$：$C(t) \times C(p) \to N$ 为输出函数，N 为自然数。

（6）τ：$C(t) \to \{0\} \cup \mathbf{R}_+$ 为 OECTPN 模型中变迁时延函数集合，$\mathbf{R}_+$ 表示正实数集。如果变迁满足 $\tau(t_j) = 0$，则为即时变迁；如果 $\tau(t_j) > 0$，则为赋时变迁。赋时变迁受到激发后，将立即从输入库所移走相应令牌，但是经过时间 $\tau(t_j)$ 才向输出库所发送令牌。例如："切削加工"过程就是一个赋时变迁。实际上，制造系统中大多数变迁都属于赋时变迁。

（7）M_0 为 OECTPN 模型的初始标识。它表示开始加工时库所中令牌的数量，是 $(n \times 1)$ 维自然数矢量。

OECTPN 是 Petri 网的扩展形式，在着色赋时 Petri 网基础上增加决策库所，用于控制进程流向，并将面向对象的概念及方法嵌入到 Petri 网中。它可以描述制造系统动态运行和决策过程。以 OECTPN 模型为基础可以开发制造系统仿真、调度和控制软件，对调度运行策略和系统性能做出分析、预测。

7. 故障 Petri 网（FPN）

为扩展基本 Petri 网的建模能力，下面定义一种具有基本输入输出函数失效概率的故障 Petri 网（Failure Petri Nets，FPN）。

定义 4-11　故障 Petri 网（FPN）由七元组 $(P,T,I,O,f(I),f(O),\mu)$ 构成。其中：P 为库所集，表示部件或系统的故障状态；T 为变迁集，表示故障状态的传递过程；I 和 O 分别为输入函数和输出函数；$f(I)$ 为输入函数的失效概率集；$f(O)$ 是输出函数的失效概率集，它由输入函数的失效概率决定；μ 为标识的集合。

FPN 与基本 Petri 网存在以下区别：①FPN 某一时刻的标识表示所描述系统的故障状态，变迁激发引起模型标识的变化，表示系统故障信息的流动。②模型中，变迁激发后其前集库所中令牌数目不发生变化，即底层故障在向上层传递的过程中并未消失。③库所和变迁之间的有向弧表示故障的传播关系，用以描述故障事件之间一因一果、一因多果、竞争等逻辑关系。如果标识处于故障逻辑关系的顶位置，则表示系统发生故障。

与故障树分析法（Fault Tree Analysis, FTA）相比，故障 Petri 网仅以库所、变迁以及库所 – 变迁之间的有向弧来表示故障事件之间的逻辑关系及其演化过程，故障模型简洁、故障传播关系明确。另外，通过赋予变迁以时间特性，故障 Petri 网还能够精确地描述系统运行及故障演化的全部过程，并为系统故障率以及可靠性指标的定量计算创造了条件。

图 4-5 所示为某润滑系统故障分析的故障树模型。故障事件依次为：p_1 表示油质不合格；p_2 表示过载；p_3 表示冷却装置故障；p_4 表示环境温度高于 45℃；p_5 表示无预热装置；p_6 表示环境温度低于 0℃；p_7 表示油路堵塞；p_8 表示元件故障；p_9 表示漏油；p_{10} 表示缺油；p_{11} 表示油温过高；p_{12} 表示油凝冻；p_{13} 表示润滑系统故障。

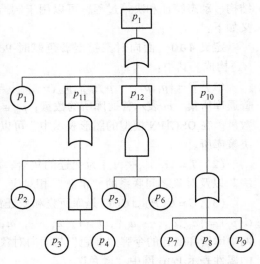

图 4-5 某润滑系统故障分析的故障树模型

利用故障 Petri 网（FPN）的定义，可以将图 4-5 所示的故障树模型等价地转化为图 4-6 所示的故障 Petri 网模型。

由图 4-6 可知，故障 Petri 网模型将故障树的各种逻辑连接关系简化为只有库所、变迁以及有向弧的网络，使得事件关系和故障的传播关系更加简洁、更容易理解。此外，根据 Petri 网模型中令牌的分布情况还可以判断系统在某时刻的故障状态。

在故障 Petri 网中，输入函数 $I(t_j) = p_i$ 表示从输入库所 p_i 到输出变迁 t_j 之间存在有向弧，输入函数 $I(t_j) = p_i$ 的故障概率 $f(p_i)$，它表示由库所 p_i 到变迁 t_j 的故障概率；输出函数 $O(t_j) = p_i$ 表示从变迁 t_j 到输出库所 p_i 存在有向弧，$O(t_j) = p_i$ 的故障概率为 $f(p_i)$，它表示由变迁 t_j 到库所 p_i 的故障概率。

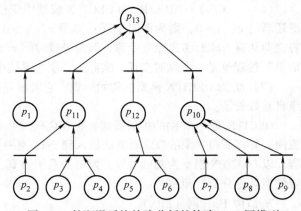

图 4-6 某润滑系统故障分析的故障 Petri 网模型

当一个变迁激发时，该变迁从输入库所中的令牌移走并置于输出库所中。当变迁激发时，其他输入函数均无效。定义转移 t_j 的引发率如下：

$$R(t_j) = \prod_{i=1}^{n}(1 - f(p_i, I(t_j))), I(t_j) = \{p_1, p_2, \cdots, p_n\} \tag{4-12}$$

输出函数的故障概率就是变迁的不激发率。假定一个变迁所有输出函数的故障概率都是相等的，则有

$$f(p_1,O(t_j)) = f(p_2,O(t_j)) = \cdots = f(p_n,O(t_j)) = 1 - R(t_j) \tag{4-13}$$

式中，$O(t_j) = \{p_1,p_2,\cdots,p_n\}$。

例如：已知 $P = \{p_1,p_2,p_3,p_4,p_5\}$，$T = \{t_1,t_2,t_3,t_4\}$，$\mu = \{1,0,0,0,0\}$，$I(t_1) = \{p_1,p_5\}$，$I(t_2) = \{p_2,p_3,p_5\}$，$I(t_3) = \{p_3\}$，$I(t_4) = \{p_4\}$，$O(t_1) = \{p_2,p_3,p_5\}$，$O(t_3) = \{p_4\}$，$O(t_4) = \{p_2,p_3\}$，$f(p_1,I(t_1)) = 0.01$，$f(p_2,I(t_2)) = 0.01$，$f(p_3,I(t_2)) = 0.01$，$f(p_5,I(t_2)) = 0.01$，$f(p_3,I(t_3)) = 0.01$，$f(p_4,I(t_4)) = 0.01$，$f(p_5,I(t_1)) = 0.01$。假设所有输入函数的故障概率均已知，于是可以度量所有变迁的激发率。

例如：变迁 t_1 的输入函数 $f(p_5,I(t_1))$ 和 $f(p_1,I(t_1))$ 均为 0.01，由式（4-12）可知变迁 t_1 的激发率为 0.98。此外，还可以计算其他变迁的激发率。此外，根据已知的激发率，由式（4-13）可以求出所有输出函数的故障概率。表 4-1 为变迁的激发率和输出函数的故障概率。

表 4-1　变迁的激发率和输出函数的故障概率

变　　迁	激　发　率	输 出 函 数	故 障 概 率
t_1	0.98	$f(p_2,O(t_1))$	0.02
t_2	0.97	$f(p_3,O(t_1))$	0.02
t_3	0.99	$f(p_5,O(t_1))$	0.02
t_4	0.99	$f(p_5,O(t_2))$	0.03
		$f(p_4,O(t_3))$	0.01
		$f(p_2,O(t_4))$	0.01
		$f(p_3,O(t_4))$	0.01

在故障分析中，Petri 网的库所常用来表示系统内可能出现的元件故障、环境影响、软件缺陷、人为失误等故障事件。库所和变迁通过有向弧连接，有向弧表示故障的传播方向，通过变迁下一级事件向上一级传播。

根据故障的逻辑关系，变迁有单输入单输出（Single-input Single-output）变迁、单输入多输出（Single-input Multi-output）变迁、多输入单输出（Multi-input Single-output）变迁和多输入多输出（Multi-input Multi-output）变迁。

图 4-7 所示为一个已标识的故障 Petri 网模型。其中，库所集 $P = \{p_1,p_2,p_3,p_4,p_5,p_6,p_7\}$，变迁集 $T = \{t_1,t_2,t_3,t_4,t_5,t_6\}$。从 p_3 到 t_3 有一个有向弧，库所 p_3 称为变迁 t_3 的输入；从 t_3 到 p_5 有一个有向弧，库所 p_5 称为变迁 t_3 的输出。库所 p_i 中的令牌数可以用 $M(p_i)$ 或 m_i 表示。在图 4-7 中，设 $m_1 = m_3 = 1$，$m_6 = 2$，$m_2 = m_4 = m_5 = m_7 = 0$。因此，网的标识 $M = (1,0,1,0,0,2,0)$。

某一时刻的令牌分布不仅决定了故障 Petri 网的当前状态，也决定了故障 Petri 网所描述系统的故障状态。在系统故障逻辑分析中，有标记的库所表示有发生故障的可能；如果有两个令牌，则表示有两个诱发因素。如果

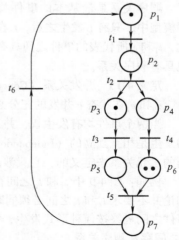

图 4-7　一个已标识的 Petri 网模型

令牌处于故障逻辑关系的顶库所，则表示系统故障。状态的演变对应于令牌的变化，而令牌的变化是由各变迁的激发所引起的。一个变迁，如果它的每一个输入库所都包含至少一个令牌，则此变迁有可能激发。一个变迁的激发，将导致输入库所令牌的减少和输入库所令牌的增加。值得指出的是，一个变迁使能并不意味它立即被激发，只是说明它有被激发的可能性。

与故障树模型相似，故障 Petri 网模型能有效地描述事件发生的原因及其影响关系，侧重于表达各级故障的传播关系，通常忽略时间因素。

定义 4-1～定义 4-11 给出了基本 Petri 网及其扩展形式的静态结构、元素组成以及元素之间的关系描述。系统建模的重要目的是认识系统。形式化定义具有概括性、严密性、抽象性和通用性等特点。但是，对于具体的制造系统，这种抽象的定义不利于对系统的理解。因此，在实际应用时 Petri 网多与具体实例相对应，并且多以图形化形式来表达系统模型。

Petri 网作为逻辑层次模型，可以在多个方面进行扩展，以加强其描述能力。例如：通过引入禁止弧或增加令牌结构与内涵等方式，以便更加精炼地描述复杂问题，提高建模效率；通过赋予时变变量和随机时间变量等方法，以描述时间层次或统计性能层次的问题，使得 Petri 网在多层次集成建模中具有特殊的优越性。Petri 网具有较多的分析工具、易于编程、可以与面向对象技术结合等特点，在离散事件动态系统（DEDS）研究中得到广泛应用。

4.3.3　Petri 网中的事件关系

事件是离散事件系统的基本构成要素。事件的发生会引起系统状态的改变，而系统状态的改变又可能引发新的事件。在 Petri 网中，以库所来描述系统的局部状态（条件或状况），用变迁来描述改变系统状态的事件，用有向弧描述局部状态和事件之间的关系。Petri 网可以方便地表示事件之间的各种关系，为系统行为分析奠定了基础。

下面给出网系统中事件之间基本关系的定义。其中，$c \in C$ 为系统的任一状态，e_1、$e_2 \in E$ 为系统中任意的两个基本事件，在 Petri 网中分别以 t_1、t_2 表示 e_1、e_2。

定义 4-12　顺序关系（Sequential Relation）

如果 $c[e_1>$，但 $\neg c[e_2>$，而 $c'[e_2>$，其中 c' 是 c 的后续：$c[e_1>c'$，则称 e_1 和 e_2 在 c 中具有顺序关系。

顺序关系是最基本的事件关系。例如：图 4-8 所示的 Petri 网模型中，只有 t_1 发生之后，t_2 在其后续状态下才有发生权。因此，t_1 和 t_2 所代表的事件之间具有顺序关系。图 4-3 中 t_1 和 t_2 之间也具有顺序关系。

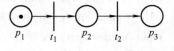

图 4-8　顺序事件关系示例

定义 4-13　并发关系（Concurrent Relation）

e_1 和 e_2 在状态 c 并发的充分必要条件是 ${}^*e_1 \cap {}^*e_2 = \varnothing \land {}^*e_1 \cup {}^*e_2 = c$。

当两个事件均有发生权，并且它们各自的发生均不影响对方的发生权时，也就是说它们的发生是相互独立的（Independent），则称两个事件之间具有并发关系。并发是以事件发生之间的二元关系来定义的，它只涉及两个事件，并且是在没有冲突的假设下给定的。

例如：图 4-9 中 t_1 和 t_2 之间存在并发关系，表示 t_1 和 t_2 之间存在并发的基本条件。但是，网论并不要求 t_1 和 t_2 之间必须同时发生，甚至不保证有了发生权的事件一定会发生。实际上，事件之间最终按何种形式发生，完全视实际系统的资源状况而定。此外，在图 4-9a 中，t_2 和 t_3 之间存在顺序关系。

值得指出的是，并发关系不具备传递性。

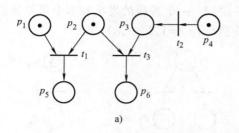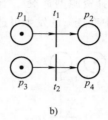

图 4-9　并发事件关系示例

a）并发事件关系示例之一　b）并发事件关系示例之二

定义 4-14　冲突关系（Conflict Relation）

若 $c[e_1 > \wedge c[e_2 >$，但 $\neg c[\{e_1, e_2\} >$，则称 e_1 和 e_2 在 c 相互冲突。

冲突指的就是这种两者都有发生权，但在同一时刻只能有一个发生的关系。冲突的实质是对资源使用或活动开展优先权的竞争。

例如：图 4-3 中，p_0（螺钉旋具）为 t_1 和 t_2 共用，在使用时将会发生冲突关系；图 4-9a 中，由于只有一个资源 p_2 可供利用，在同一时刻 t_1 和 t_3 只有一个能够发生。因此，t_1 和 t_3 之间竞争使用共享资源 p_2，具有冲突关系。

图 4-10 所示为两种冲突关系。图 4-10a 中，t_1 和 t_2 竞争使用 p_1 中的资源，t_1 和 t_2 只有一个能发生。图 4-10b 中，当 p_1 的容量为 1 时，则在同一时刻 t_1 和 t_2 两个变迁中只有一个变迁能够发生。

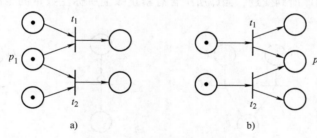

图 4-10　冲突事件关系示例

a）冲突事件关系示例之一　b）冲突事件关系示例之二

冲突也称为选择（Choice）或不确定（Uncertainty）。冲突双方谁先发生由运行环境和系统状态决定。就系统本身而言，谁有优先权是不确定的，它需要从环境中输入一个用于决策（Decision）的信息，以便解决冲突。

在各种事件关系中，冲突关系对系统性能的影响最大。因此，有必要进一步分析 Petri 网模型中的冲突现象。总体上，产生冲突的主要原因包括：①两个或多个进程在同一时刻竞争使用同一资源。②一个进程的发生具有多个可供选择的路径或资源。为此，可以将 Petri 模型中的冲突分为三种类型（见图 4-11）：

（1）共享资源型冲突　指一个资源在同一时刻被多个进程所共享而产生的冲突。图 4-11a 中的 p_3 为变迁 t_1 和 t_2 所共享资源，该模型的执行过程中有可能发生共享资源型冲突。

（2）可选择活动型冲突　指一个库所中的实体在同一个时刻有两个或多个可能被激发的变迁。图 4-11b 中的 p_1 在同一时刻可能同时激发变迁 t_1 和 t_2。

（3）可选择资源型冲突　指在同一时刻，一个进程的发生有多个可替换的资源可供选择。图4-11c中变迁t_1的发生可选择p_1中资源$r_i(i=1,2,\cdots,n)$。

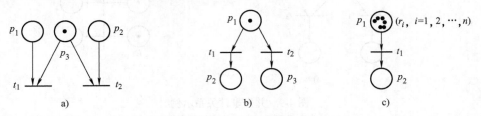

图4-11　Petri网模型中的冲突分类
a）共享资源型冲突　b）可选择活动型冲突　c）可选择资源型冲突

在同一Petri网模型中，上述几种类型的冲突有可能同时发生。在工程实际中，系统中出现冲突之处正是决策者可以对系统进行调度和控制之处。如果能够对可能发生的冲突加以判断、分析和控制，并使之消失，就可以优化系统性能；相反地，如果不能预先判断冲突或不能合理地解决冲突，就会给系统性能带来负面影响。

此外，Petri网还能方便地表示各种逻辑关系，如与、或、非、禁止、补、与非、或非等。图4-12所示为常用逻辑关系的Petri网模型。其中，图4-12a表示"与"关系，表示只有当p_1和p_2中都有相应的令牌时，变迁t_1才能发生，p_3中才会有令牌；图4-12b表示"或"关系，表示只要p_1或p_2中有相应的令牌，变迁t_1或t_2就会发生，p_3中就会产生令牌；图4-12c表示"禁止"关系，禁止弧由库所到变迁，当库所中含有禁止弧上所标注数量的令牌时，该变迁将被禁止实施。

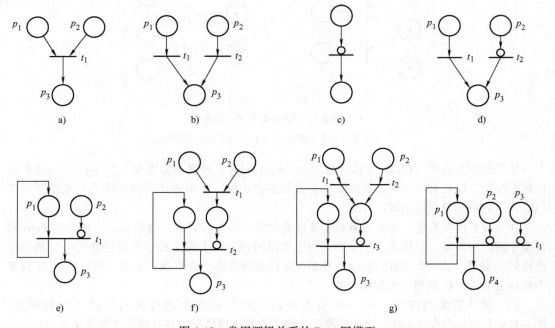

图4-12　常用逻辑关系的Petri网模型
a）"与"关系　b）"或"关系　c）"非"关系　d）"禁止"关系
e）"补"关系　f）"与非"关系　g）"或非"关系（两种形式）

4.3.4 基于 Petri 网的系统性能分析

与其他建模方法相比，Petri 网除具有强的建模能力外，还具有很强的系统性能分析能力。在上节中，我们介绍了基于 Petri 网的顺序、并发和冲突等事件关系分析，此外 Petri 网还具有一些专门的工具，可以用来分析系统的性能特征。总体上，可以将这些特征分为两类：一类特征与系统的初始标识有关，用来反映 Petri 网运行时的动态特性；另一类特征与系统的初始标识无关，用来反映 Petri 网的结构特性。这些特性主要包括：

（1）可达性（Reachability） 若从初始标识 M_0 开始，由变迁激发产生序列标识 M_r，则称 M_r 是从 M_0 可达的。所有从 M_0 可达的标识集合为可达集，记为 $R(M_0)$。变迁序列 s_r 代表系统运行的轨迹，激发向量 u_r 代表所有变迁在变迁序列中出现的次数。

可达性分析理论包括可达树（Reachability Tree）、可达图（Reachability Graph）等形式。利用可达树理论也可以分析系统有界性、安全性等特性。

（2）有界性（Boundedness）与安全性（Security） 如果某个库所或网模型是有界的，则称该库所或网模型是安全的。安全性是指按照一定的规则分配资源，使得系统的进程都能顺利完成。安全性要求所有可能的状态均具有一定的性质、所有的变化均服从给定的规律。

（3）活性（Liveness） 一般地，对于任一变迁 $t \in T$，若对于任何可达标识 $M \in [M_0 >$，总有从 M 可以到达的标识 $M' \in [M_0 >$，使得 $M'[t>$，则认为 t 是活的，否则认为 t 是死的。对于任一标识 $M \in R$，若存在某一变迁序列 S_r，它的激发可以使变迁 t 使能，则称该变迁是活的。若一个网模型的所有变迁都是活的，则该网模型是活的。

（4）死锁（Deadlock） 死锁是由于多个进程竞争使用资源而造成的一种僵局现象，此时系统或局部将会处于停滞状态，无法继续工作。若无外力作用或采取一定的规则加以调度的话，就会造成系统的全面瘫痪。对制造系统而言，在运行过程中应尽早发现可能存在的死锁现象，并制定相应的规则以化解死锁。

（5）可逆性（Reversibility） 从 $R(M_0)$ 中的任一标识 M_r 都可以通过变迁返回 M_0，则此网模型是可逆的，可以自身初始化。

值得指出的是，有界性、安全性、活性以及可逆性之间彼此独立，而活性和死锁之间密切相关。人们常采用不变量理论（Invariant theory）分析系统的活性（Liveness）、死锁（Deadlock）等问题。不变量是网模型的结构特性，它与初始标识无关，又可以分为 P 不变量（P-invariant）和 T 不变量（T-invariant）两种类型。其中，P 不变量是满足以下条件的一个库所集合：在任何一个可达树标识 M 下，集合中所有库所的令牌总数均为常数，即等于初始标识 M_0 下库所中的令牌总数；T 不变量是满足以下条件的一个变迁集合：集合内的变迁在不断激发后会使标识恢复到初始标识状态。本书重点介绍可达性分析理论。

定义 4-15 P/T 网系统 $\Sigma = (P, T, F, K, W, M_0)$ 的可达标识集 $[M_0 >$ 是满足以下条件的最小集合：

（1）$M_0 \in [M_0 >$。

（2）若有 $M' \in [M_0 >$，$t \in T$，使 $M'[t > M$，则 $M \in [M_0 >$。

显然，满足条件（1）和条件（2）的标识集有很多，其中包括所有标识构成的集合。其中，将最小的一个只包含 M_0 及由 M_0 出发经有限步变迁发生可以到达的标识的集合称为 $[M_0 >$。该定义中限制每次只考虑一个变迁的发生，但是根据有关若干个变迁同时发生的并行步的定义和公理，并行步可以到达的标识均可以由每步一个变迁的顺序发生到达，因而并行到达的标识也包含在$[M_0 >$ 中。

由可达标识集可以定义 P/T 网系统的若干重要特性。

定义 4-16

(1) 若对于所有 $M \in [M_0 >$，存在正整数 k，使得对所有 $s \in S$，$M(s) \leqslant k$，则称 Σ 为有界 P/T 网系统或以 k 为界的 P/T 网系统。当 $k = 1$ 时，也称 Σ 为安全系统。以 k 为界的系统也称为 k 安全系统，k 为该系统的界。

(2) 对于 $t \in T$，若对于任一可达标识 $M \in [M_0 >$，均有从 M 可达的标识 $M'[M >$，使得 $M'[t >$，则称变迁 t 是活的。

(3) 若所有 $t \in T$ 都是活的，则称网系统 Σ 是活的。

对于一些系统而言，它的界有时并不容易确定或无法确定，但是可以证明它的界是存在的，也称该系统是有界的。

上述定义中的 $[M >$ 为从 M 出发有限步可以到达的标识，也就是以 M 为初始标识时的可达标识集。$M'[t >$ 标识 t 在 M' 有发生权。T 的活性要求它在任何标识 $M \in [M_0 >$ 均有潜在的发生权，即通过有限步即可获得的发生权。

Petri 网不仅关注系统的运行结果，还关注系统的中间状态以及引起中间状态变化的事件。因此，网系统中的活性不针对某些特定的结果或目标，而是针对具体事件，以判定它们发生的可能性。

实际上，P/T 系统是否有界、系统中是否有"死"变迁等问题都可以归结为标识覆盖问题，即当给定一个标识 M 时，要确定是否有某个或某些可到达标识能覆盖 M。为此，下面先定义覆盖（Coverability）的概念。

定义 4-17　设 M 和 M' 为 P/T 网系统 Σ 基网 (P, T, F) 上的两个标识。

(1) 若 $\forall s \in S$：$M(s) \leqslant M'(s)$，则称 M 被 M' 覆盖，记作 $M \leqslant M'$。

(2) 若 $M \leqslant M'$，且 $M \neq M'$，则称 M 小于 M'，记作 $M < M'$。

(3) 若 $M < M'$，且 $M(s) < M'(s)$，则称 $M < M'$ 在库所 $s < S$ 中成立。

假设在有限的库所集 $S = \{s_1, s_2, \cdots, s_n\}$ 上，网系统 $(P, T; F)$ 的标识映射为 $M: S = \{0, 1, 2, \cdots\}$，则该映射可以由它的值 $M(s_1)$、$M(s_1)$、$\cdots$、$M(s_n)$ 唯一确定。因此，可以将标识作为 n 维向量 $(M(s_1), M(s_1), \cdots, M(s_n))$ 来使用或处理。例如：P/T 系统以 k 为界可以记作 $\forall M \in [M_0 >$：$M \leqslant (k, k, \cdots, k)$，其中 $(k, k, \cdots, k)$ 是以常数 k 为分量的 n 维向量。

要讨论 P/T 系统 Σ 的覆盖问题，首先要知道它的可达标识集 $[M_0 >$。对于简单系统，可以采用手工仿真方法，从初始标识 M_0 开始，寻找下一个有发生权的变迁，并计算它的后继 M；再确定一个在 M 下有发生权的变迁，并计算它的后继；直到找到所有的可达标识。但是，对于大规模系统或复杂系统的 Petri 网模型，采用手工仿真方法的计算量较大，甚至不可行。

1981 年，美国人 Molly 提出随机 Petri 网（Stochastic Petri Nets, SPN）的概念，将每一个变迁与随机的指数分布实施延时联系起来，使得随机 Petri 网与某个连续时间马尔可夫链同构。SPN 中每一个标识映射成 MC 的一个状态，SPN 的可达图同构于相应 MC 的状态。其中，变迁引发速率的指数分布所导致的无记忆性和标识的可数性是允许构造 SPN 可达图和 MC 之间同构的关键。当系统各状态之间的转移率均服从指数分布时，只要适当定义系统的状态，就可以用马尔可夫过程来描述。随机 Petri 网为系统性能模型提供良好的描述手段，马尔可夫过程理论为模型的评价提供了数学基础。

基于 SPN 和马尔可夫过程的系统可达性分析步骤如下：①分析系统范围、运行过程以及每种状态的含义，基于 Petri 网理论建立系统 SPN 模型。②构造与系统 SPN 模型同构的马尔可夫链。③基于马尔可夫链求解系统在各个状态下的稳态概率。

下面以可修复系统为例，基于 SPN 完成系统可靠性建模，采用马尔可夫理论求解系统可靠性指标。在分析时做如下假设：①系统中部件的寿命分布和故障后的维修时间分布均服从指数分布，随机变量之间相互独立。②部件故障后立即进行维修，故障部件修复如新。③在 SPN 中，若几个变迁同时能被引发，则在任意时刻被引发的变迁只有一个。④在 SPN 中，库所 P 表示部件或子系统状态，变迁 T 的激发表示系统状态的变化，它与时间参数相联系。

1. 串联可修复系统的 GSPN 建模与分析

以由 n 个部件构成串联系统为例，假设维修设备充足、部件故障后立即维修，故障部件修复如新，建立系统动态可靠性 GSPN 模型如图 4-13 所示。其中，$p_i \cdot up$、$p_i \cdot dn$ 分别表示部件 i（$i = 1,2,\cdots,n$）处于正常或故障状态，$p_s \cdot up$、$p_s \cdot dn$ 分别表示系统处于正常状态和故障状态。变迁 t_{2i-1}、t_{2i} 分别表示引起部件状态改变的"故障发生"和"修复"事件，为赋时变迁；变迁 t_0、t_{2n+1}、i_{2n+2}、$\cdots$、t_{3n}、t_{3n+1} 为引起系统状态改变的事件，为瞬时变迁。$p_s \cdot dn$ 至 t_1、t_3、t_{2n-1}、t_{2n+1}、i_{2n+2}、$\cdots$、t_{3n} 之间，以及 $p_s \cdot up$ 至 t_0 之间为禁止弧。

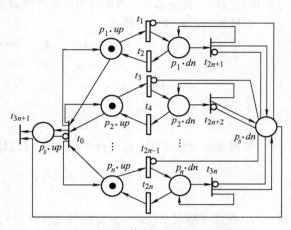

图 4-13　串联可修复系统的 GSPN 模型

系统动态运行过程为：开始时部件正常，up 库所存在令牌，变迁 t_0、t_1、t_3、$\cdots$、t_{2n-1} 使能，t_0 为瞬时变迁立即激发，从部件 up 库所中移出令牌，并向 $p_s \cdot up$ 和部件的 up 库所中分别移入一个令牌。此时 $p_s \cdot up$ 中存在令牌，t_0 被禁止。系统运行后，假设部件 1 先发生故障，t_1 激发，部件 1 的 up 库所中的令牌被移入 dn 库所中，此时变迁 t_2、t_{2n+1} 使能。t_{2n+1} 为瞬时变迁，激发后 $p_s \cdot dn$ 中出现令牌，此时 t_{3n+1} 满足激发条件，库所 $p_s \cdot up$ 和 $p_s \cdot dn$ 的令牌被移走。变迁 t_{2n+1} 再次激发，$p_s \cdot dn$ 中移入令牌。由于禁止弧的存在，变迁 t_{2n+1}、t_{2n+2}、$\cdots$、t_{3n} 以及 t_1、t_3、$\cdots$、t_{2n-1} 此时都被禁止。经过维修，部件 1 恢复正常，t_2 激发，部件 1 的 up 库所出现令牌，t_0 激发，$p_s \cdot up$ 库所出现令牌并将 $p_s \cdot dn$ 中的令牌移走，系统恢复正常。图 4-13 所示的 GSPN 模型清晰地表示出串联系统的动态运行过程。

设第 i 个部件的寿命 X_i 服从指数分布 $1 - e^{-\lambda_i t}$，$t \geq 0$；故障后修理时间 Y_i 服从指数分布 $1 - e^{-\mu_i t}$，$t \geq 0$；λ_i、μ_i 分别为部件 i 的失效率和维修率，λ_i、$\mu_i > 0$（$i = 1,2,\cdots,n$）。因此，该模型与马尔可夫链同构。由图 4-13 所示的系统 GSPN 模型，可得到系统在 Δt 时间内的状态转移图如图 4-14 所示。表 4-2 所示为模型的状态标识空间。

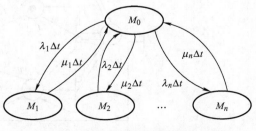

图 4-14　串联可修复系统状态转移图

表 4-2 串联可修复系统 GSPN 模型的状态标识

标 识	库 所							
	$p_1 \cdot up$	$p_1 \cdot dn$	$p_2 \cdot up$	$p_2 \cdot dn$	$\cdots$	$p_n \cdot up$	$p_n \cdot dn$	$p_s \cdot dn$
M_0	1	0	1	0	$\cdots$	1	0	0
M_1	0	1	1	0	$\cdots$	1	0	1
M_2	1	0	0	1	$\cdots$	1	0	1
$\vdots$	$\vdots$	$\vdots$	$\vdots$	$\vdots$		$\vdots$	$\vdots$	$\vdots$
M_n	1	0	1	0	$\cdots$	0	1	1

其中，状态的定义如下：M_0 为初始状态，此时 n 个部件均正常，系统正常；M_i 表示因第 i 个部件故障、其余部件正常而导致的系统故障状态，其中 $i = 1, 2, \cdots, n$。

系统的状态转移率矩阵为

$$A = \begin{pmatrix} -\Lambda & \lambda_1 & \lambda_2 & \cdots & \lambda_n \\ \mu_1 & -\mu_1 & 0 & \cdots & 0 \\ \mu_2 & 0 & -\mu_2 & \cdots & 0 \\ \vdots & \vdots & \vdots & & \vdots \\ \mu_n & 0 & 0 & \cdots & -\mu_n \end{pmatrix}, \quad 其中 \Lambda = \sum_{i=1}^{n} \lambda_i$$

若模型中参数已知，由转移率矩阵 A，可以求得系统正常工作的稳态概率为

$$P_0(\infty) = \frac{1}{1 + \sum_{i=1}^{n} \dfrac{\lambda_i}{u_i}}$$

2. 并联可修复系统的 GSPN 建模与分析

系统由 n 部件并联而成，假设维修设备充足、不存在维修资源冲突，第 i 个部件寿命 X_i 服从指数分布 $1 - e^{-\lambda_i t}$，$t \geq 0$；故障后修理时间 Y_i 服从指数分布 $1 - e^{-\mu_i t}$，$t \geq 0$；λ_i、μ_i 分别为部件 i 的失效率和维修率，$\lambda_i, \mu_i > 0 (i = 1, 2, \cdots, n)$。

建立系统 GSPN 模型如图 4-15 所示。开始运行时，所有部件及系统正常工作，变迁 t_{2n+1}、t_{2n+2}、$\cdots$、t_{3n} 以及 t_1、t_3、$\cdots$、t_{2n-1} 使能。t_{2n+1}、t_{2n+2}、$\cdots$、t_{3n} 满足变迁条件，激发后 $p_s \cdot up$ 存在令牌，同时 t_{2n+1}、t_{2n+2}、$\cdots$、t_{3n} 被禁止。假设系统运行一段时间后部件 1 首先失效，即 t_1 被

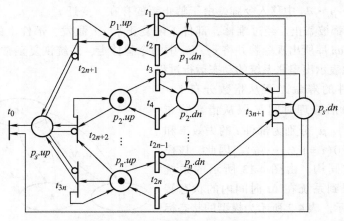

图 4-15 并联可修复系统的 GSPN 模型

激发，部件 1 的 $p_1 \cdot up$ 库所中的令牌被移入 $p_1 \cdot dn$ 库所中。此时 t_2 使能，维修活动开始。由于为"与"变迁，不满足使能条件，此时系统正常。经过一段时间的维修，部件 1 正常，t_2 激发，令牌从 $p_1 \cdot dn$ 移入 $p_1 \cdot up$ 中。因此，只有当 n 个部件同时处于故障状态，t_{3n+1} 才满足激发条件，$p_s \cdot dn$ 中存在令牌，并将 $p_s \cdot up$ 中的令牌移走。当任何一个部件维修好之后，$p_s \cdot up$ 中将出现令牌，并将 $p_s \cdot dn$ 中的令牌移走。

若以 M_0 表示 n 个同型部件均正常，以 $M_j(j=1,2,\cdots,n)$ 表示因第 j 个部件故障导致的系统状态，由 GSPN 模型可得到系统在 Δt 时间内的状态转移图如图 4-16 所示，表 4-3 为该模型的状态标识空间。

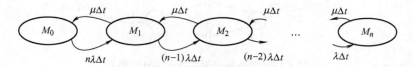

图 4-16 并联可修复系统的状态转移图

表 4-3 并联可修复系统 GSPN 模型的状态标识

标 识	库 所							
	$p_1 \cdot up$	$p_1 \cdot dn$	$p_2 \cdot up$	$p_2 \cdot dn$	$\cdots$	$p_n \cdot up$	$p_n \cdot dn$	$p_s \cdot dn$
M_0	1	0	1	0	$\cdots$	1	0	0
M_1	0	1	1	0	$\cdots$	1	0	0
M_2	0	1	0	1	$\cdots$	1	0	0
$\vdots$	$\vdots$	$\vdots$	$\vdots$	$\vdots$		$\vdots$	$\vdots$	$\vdots$
M_n	0	1	0	1	$\cdots$	0	1	1

系统的状态转移率矩阵为

$$A = \begin{pmatrix} -n\lambda & n\lambda & 0 & \cdots & 0 \\ \mu & -(n-1)\lambda-\mu & (n-1)\mu & \cdots & 0 \\ \vdots & \vdots & \vdots & & \vdots \\ 0 & \mu & -\lambda-\mu & \cdots & \lambda \\ 0 & 0 & \mu & \cdots & -\mu \end{pmatrix}$$

根据此矩阵，可以求出系统的稳态数值特征。

3. 串并联可修复系统的 GSPN 建模与分析

在上述串联和并联可修复系统的可靠性建模时，将修理资源看成是无限的，任意部件只要发生故障就能得到修理。然而，在很多情况下维修资源并不是无限的。因此，部件发生故障时不一定能得到及时维修。下面考虑在维修资源冲突情况下的系统建模问题。

设一个系统由部件 1、2 并联后与部件 3 串联而成，且三个部件共享一个维修设备 R。假设第 i ($i=1,2,3$) 个部件寿命 X_i 的分布为 $1-e^{-\lambda t}(t \geqslant 0)$，故障后修理时间 Y_i 的分布为 $1-e^{-\mu t}(t \geqslant 0)$，其中 $\lambda_i, \mu_i > 0(i=1,2,\cdots,n)$。$p_i \cdot up$ 表示部件正常，$p_i \cdot down$ 表示部件故障；$p_s \cdot up$ 表示系统正常，$p_s \cdot dn$ 表示系统故障；$t_j(j=1,2,\cdots,12)$ 表示变迁的激发。建立系统可靠性和维修模型如图 4-17 所示。

此系统共有七种不同状态：M_0 为初始状态，部件 1、2、3 及系统均正常工作；M_1 表示部件 2、3 正常工作，部件 1 故障；M_2 表示部件 1、3 正常工作，部件 2 故障；M_3 表示部件 1、2

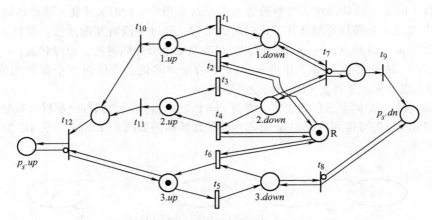

图 4-17　混联可修复系统的 GSPN 模型

正常工作，部件 3 故障，系统故障；M_4 表示部件 1 在维修，部件 2 待修，系统故障；M_5 表示部件 1 在修理，部件 3 待修，系统故障；M_6 表示部件 2 在维修，部件 1 待修，系统故障；M_7 表示部件 2 在维修，部件 3 待修，系统故障。根据 GSPN 模型建立混联可修复系统的状态转移图如图 4-18 所示。

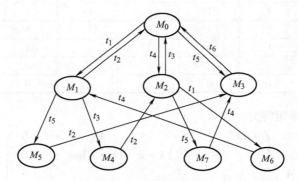

图 4-18　混联可修复系统的状态可达图

求得系统的转移率矩阵为

$$
A = \begin{pmatrix}
-\lambda_1 - \lambda_2 - \lambda_3 & \lambda_1 & \lambda_2 & \lambda_3 & 0 & 0 & 0 & 0 \\
\mu_1 & -\mu_1 - \lambda_2 - \lambda_3 & 0 & 0 & \lambda_2 & \lambda_3 & 0 & 0 \\
\mu_2 & 0 & -\mu_0 - \lambda_1 - \lambda_3 & 0 & 0 & 0 & \lambda_1 & \lambda_3 \\
\mu_3 & 0 & 0 & -\mu_3 & 0 & 0 & 0 & 0 \\
0 & \mu_2 & 0 & 0 & -\mu_2 & 0 & 0 & 0 \\
0 & \mu_3 & 0 & 0 & 0 & -\mu_3 & 0 & 0 \\
0 & 0 & \mu_1 & 0 & 0 & 0 & -\mu_1 & 0 \\
0 & 0 & \mu_3 & 0 & 0 & 0 & 0 & -\mu_3
\end{pmatrix}
$$

4. 表决系统

由可修复部件构成的表决系统的 GSPN 模型较为复杂。在此考虑一个 2/3 表决系统，它的 GSPN 模型如图 4-19 所示。

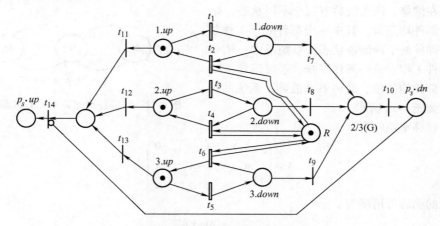

图 4-19　表决系统的 GSPN 模型

其中，部件 i（$i=1$，2，3）的寿命分布为 $1-e^{-\lambda_i t}$，$t \geq 0$，λ_i，$\mu_i > 0$。$i.up$ 表示部件 i 正常，$i.down$ 表示部件 i 故障；$p_s \cdot up$ 表示正常工作，$p_s \cdot dn$ 表示系统故障。假设系统开始运行时三个部件均正常。当其中一个部件故障时，由图中可以看出，瞬时变迁 t_7、t_8、t_9 都不满足激发条件；如果两个部件同时故障，如 1 和 2 相继故障，那么瞬时变迁 t_7 就满足激发条件；瞬间激发后，$p_s \cdot dn$ 中有令牌移入，系统故障。相应的动态变化过程可参见串联系统及并联系统。

该系统共有十种不同状态：M_0 表示部件 1、2、3 均正常，为初始状态；M_1 表示部件 2、3 正常，部件 1 故障；M_2 表示部件 1、3 正常，部件 2 故障；M_3 表示部件 1、2 正常，部件 3 故障；M_4 表示部件 1 在修理，部件 2 待修，系统故障；M_5 表示部件 1 在维修，部件 3 待修，系统故障；M_6 表示部件 2 在维修，部件 1 待修，系统故障；M_7 表示部件 2 在维修，部件 3 待修，系统故障；M_8 表示部件 3 在维修，部件 1 待修，系统故障；M_9 表示部件 3 在维修，部件 2 待修，系统故障。系统的状态可达图如图 4-20 所示。

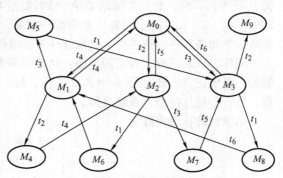

图 4-20　表决系统的状态可达图

5. 储备系统的 GSPN 模型的建模与分析

（1）冷储备系统的建模与分析　一般地，储备系统的部件通常是由同型部件构成的，在此考虑同型部件的情况。假定系统由两个同型部件和一个维修设备组成。当两个部件都正常时，一个部件工作，另一个作为冷储备；当工作部件发生故障时，储备部件立即将其替换而转为工作部件。此时，修理设备对故障部件进行维修，修好的部件进入冷储备状态。部件寿命分布为 $1-e^{-\lambda t}$，$t \geq 0$，故障后的修理时间分布为 $1-e^{-\mu t}$，$t \geq 0$。建立冷储备系统的 GSPN 模型如图 4-21 所示。

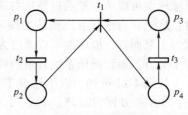

图 4-21　冷储备系统的 GSPN 模型

其中，p_1、p_2、p_3、p_4 分别表示工作部件正常工作、工作部件故障、冷储备部件等待以及维修部件在维修。该系统共有三个不同状态：M_0 表示两个部件均正常，其中一个部件处于工作状态，另一部件处于冷储备状态，系统正常；M_1 表示一个部件工作，另一部件维修，系统正常；M_2 表示两个部件均故障，此时系统故障。系统的状态可达图如图 4-22 所示。

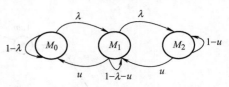

图 4-22 两部件冷储备系统的状态转移图

由此可得转移率矩阵为

$$A = \begin{pmatrix} -\lambda & \lambda & 0 \\ \mu & -\mu-\lambda & \lambda \\ 0 & \mu & -\mu \end{pmatrix}$$

求得系统的稳态可用度为

$$A(\infty) = \frac{\lambda u + u^2}{\lambda^2 + \lambda u + u^2}$$

（2）热储备系统的建模与分析　为降低系统建模和分析的复杂程度，假定系统由两个同型部件和一个维修设备组成，工作部件与储备部件有相同的维修时间。工作部件的寿命分布为 $1 - e^{-\lambda t}(t \geq 0)$，储备部件的寿命分布为 $1 - e^{-\nu t}(t \geq 0)$，工作部件和储备部件的维修时间均为 $1 - e^{-\mu t}(t \geq 0)$。建立系统的 GSPN 模型如图 4-23 所示。图中，p_1、p_2、p_3、p_4 分别表示工作部件正常、工作部件故障、热储备部件等待工作、维修部件等待维修。

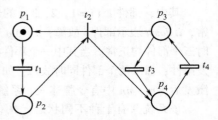

图 4-23 热储备系统的 GSPN 模型

同样，该系统有三种不同状态：M_0 表示两部件均正常，其中一个部件工作，另一个部件储备，系统正常；M_1 表示一个部件工作，另一部件维修，系统正常；M_2 表示一个部件在维修，另一个部件待修，系统故障。

系统的转移率矩阵为

$$A = \begin{pmatrix} -\lambda-\nu & \lambda+\nu & 0 \\ \mu & -\lambda-\mu & \lambda \\ 0 & \mu & -\mu \end{pmatrix}$$

4.3.5　案例研究：基于 Petri 网的液压系统可靠性建模与评估

1. 基于 Petri 网的液压系统可靠性分析

某液压系统结构如图 4-24 所示，其中包括 X、Y、Z、A、B 等 5 个泵。系统功能如下：如果液压油可以从左端通过泵从右端流出时，则系统功能正常；反之，当没有液压油从右端流出时则系统发生故障。就每个泵而言，液压油可以通过为正常，反之为故障。为便于分析，假设液压系统管道的可靠度为 100%。

从图 4-24 可知，以下情况下液压系统将处于故障状态：①A 和 B 同时故障；②X、Y 和 Z 同时故障；③X、Y 和 B 同时故障；④Y、Z 和 A 同时故障。因此，该液压系

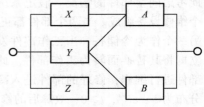

图 4-24 某液压系统结构框图

统故障的最小割集为 $\{A,B\}$、$\{X,Y,Z\}$、$\{X,Y,B\}$、$\{Y,Z,A\}$。

此外，为便于分析系统可靠性特征，做出以下假定：①系统中的元件（泵）及液压系统都只有正常或故障两种状态。②不同元件之间的状态相互独立，即不考虑元件之间的相关性。③元件故障后立即维修，并假定有足够的维修设备和维修人员。④系统故障时，未故障的元件将停止工作，在停止工作期间不会发生故障。

由系统结构及功能定义，建立该液压系统的 GSPN 模型如图 4-25 所示。为使图形清晰，图中只标注了部分禁止弧。

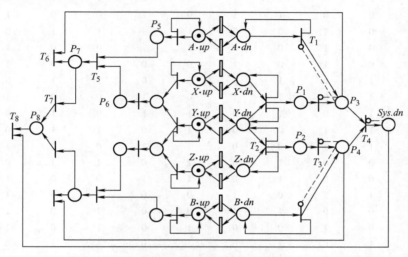

图 4-25　液压系统的 GSPN 模型

下面以 A、Y、Z 三个元件为例，分析 GSPN 模型及系统状态的变化。当 A 故障后，$A.up$ 中的令牌转移到 $A.dn$ 中，T_1 为瞬时变迁，被瞬间激发。由于 $A.dn$ 同时为 T_1 的输入库所和输出库所，$A.dn$ 中依然有令牌（表示维修开始），P_4 中同时出现令牌。对于 Y 和 Z 有同样的分析，其中 T_2 有两个关系为与的输入弧，表示 Y 和 Z 都故障，T_2 才会被激发，在 P_4 和 P_5 中都出现令牌后，T_4 满足激发条件，库所 $Sys.dn$ 中出现令牌，表示系统故障。当 A 完成维修后，P_8 中有令牌，T_8 满足激发条件，将 P_8 和 $Sys.dn$ 中令牌移出，系统开始正常工作。

由上述分析可知，通过 Petri 网可以分析液压系统的动态行为。该液压系统的所有状态标识见表 4-4。

表 4-4　液压系统 GSPN 模型的状态标识

标识	库　所										
	$X.up$	$X.dn$	$Y.up$	$Y.dn$	$Z.up$	$Z.dn$	$A.up$	$A.dn$	$B.up$	$B.dn$	$Sys.dn$
M_0	1	0	1	0	1	0	1	0	1	0	0
M_1	0	1	1	0	1	0	1	0	1	0	0
M_2	1	0	0	1	1	0	1	0	1	0	0
M_3	1	0	1	0	0	1	1	0	1	0	0
M_4	1	0	1	0	1	0	0	1	1	0	0
M_5	1	0	1	0	1	0	1	0	1	0	0
M_6	0	1	0	1	1	0	1	0	1	0	0

（续）

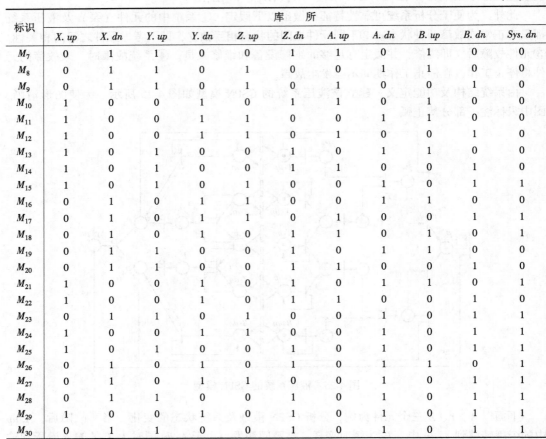

标识	库 所										
	X. up	X. dn	Y. up	Y. dn	Z. up	Z. dn	A. up	A. dn	B. up	B. dn	Sys. dn
M_7	0	1	1	0	0	1	1	0	1	0	0
M_8	0	1	1	0	1	0	0	1	1	0	0
M_9	0	1	1	0	1	0	1	0	0	1	0
M_{10}	1	0	0	1	0	1	1	0	1	0	0
M_{11}	1	0	0	1	1	0	0	1	1	0	0
M_{12}	1	0	0	1	1	0	1	0	0	1	0
M_{13}	1	0	1	0	0	1	0	1	1	0	0
M_{14}	1	0	1	0	1	0	0	1	0	1	0
M_{15}	1	0	1	0	1	0	0	1	0	1	1
M_{16}	0	1	0	1	1	0	0	1	1	0	0
M_{17}	0	1	0	1	1	0	1	0	0	1	1
M_{18}	0	1	0	1	0	1	1	0	1	0	1
M_{19}	0	1	0	1	1	0	1	0	1	0	0
M_{20}	0	1	1	0	1	0	1	0	0	0	0
M_{21}	1	0	0	1	0	1	0	1	1	0	1
M_{22}	1	0	0	1	0	1	1	0	0	1	0
M_{23}	0	1	1	0	1	0	0	1	0	1	1
M_{24}	1	0	0	1	1	0	0	1	0	1	1
M_{25}	1	0	1	0	0	1	0	1	0	1	1
M_{26}	0	1	0	1	0	1	0	1	1	0	1
M_{27}	0	1	0	1	1	0	0	1	0	1	1
M_{28}	0	1	1	0	0	1	0	1	0	1	1
M_{29}	1	0	0	1	0	1	0	1	0	1	1
M_{30}	0	1	1	0	0	1	0	1	0	1	1

其中，Sys. dn 为 1 表示系统发生故障。系统出现故障的状态（Sys. dn = 1）共有 12 种情况，系统故障状态标识见表 4-5。

表 4-5 液压系统故障的状态标识

标识	库 所										
	X. up	X. dn	Y. up	Y. dn	Z. up	Z. dn	A. up	A. dn	B. up	B. dn	Sys. dn
M_{15}	1	0	1	0	1	0	0	1	0	1	1
M_{17}	0	1	0	1	1	0	1	0	0	1	1
M_{18}	0	1	0	1	0	1	1	0	1	0	1
M_{21}	1	0	0	1	0	1	0	1	1	0	1
M_{23}	0	1	1	0	1	0	0	1	0	1	1
M_{24}	1	0	0	1	1	0	0	1	0	1	1
M_{25}	1	0	1	0	0	1	0	1	0	1	1
M_{26}	0	1	0	1	0	1	0	1	1	0	1
M_{27}	0	1	0	1	1	0	0	1	0	1	1
M_{28}	0	1	1	0	0	1	0	1	0	1	1
M_{29}	1	0	0	1	0	1	0	1	0	1	1
M_{30}	0	1	1	0	0	1	0	1	0	1	1

此外，根据表中的状态标识图和系统的动态变化过程，可以绘制出系统的可达树。在此只给出从状态 M_1 出发的部分可达树，如图 4-26 所示。

利用上述模型可以分析系统的可靠性特征。但是随着系统中元件数目的增加，系统的状态空间将急剧增加。以图 4-24 所示由 5 个部件构成的系统为例，即使不严格区分部件状态改变的顺序，系统的状态空间也达到 31。此时，利用马尔可夫过程求解就会出现大规模矩阵，给求解带来困难。此外，液压元件的可靠性和维修参数并不严格服从指数分布，马尔可夫过程要求单元故障率和维修率为常数，即故障时

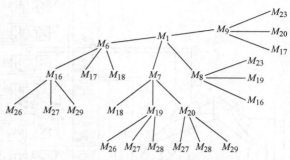

图 4-26　GSPN 模型的部分可达树

间间隔和维修时间间隔服从指数分布。因此，需要采用仿真方法求解上述液压系统的可靠性指标，求解方法将在 5.5.2 节中介绍。

2. 基于故障 Petri 网的单斗挖掘机液压系统建模与分析

单斗液压挖掘机是常用的工程机械。除挖掘土石方之外，通过更换工作装置，它还可以完成起重、装载、抓取、打桩、破碎钻孔等类型的作业。液压系统是实现上述功能的重要基础。由于工作环境恶劣、工况复杂多变，挖掘机液压系统故障分析和可靠性评估是此类产品研发、使用和维护中的薄弱环节。

如图 4-27 所示，单斗液压挖掘机主要由工作装置、回转机构及行走机构等三部分组成。其中，工作装置包括动臂、斗杆及铲斗等。上述机构的动作均由液压驱动，每一个工作循环主要包括：①挖掘：通常借助斗杆液压缸 2 及铲斗液压缸 3 的伸缩驱动斗杆和铲斗进行挖掘。有时还需借助动臂液压缸 1 的伸缩，配合斗液压杆缸、铲斗液压缸的动作，以保证铲斗按特定的轨迹运动。②满斗提升及回转：挖掘结束时，动臂液压缸伸出使动臂提升。同时，回转液压马达转动，驱动回转平台 4 向卸载方向回转。③卸载：当转台回转到卸载处时，回转停止。通过动臂液压缸和铲斗液压缸配合动作，使铲斗对准卸载位置。之后，铲斗液压缸内缩、铲斗向上翻转卸荷。④返回：卸载结束以后，转台反转，配以动臂液压缸，斗杆液压缸及铲斗液压缸的复合动作，将空斗返回到新的挖掘位置，开始第二个工作循环。为调整挖掘点，还要借助行走机构驱动整机行进。

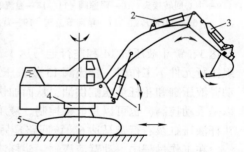

图 4-27　履带式单斗液压挖掘机简图
1—动臂液压缸　2—斗杆液压缸　3—铲斗液压缸
4—回转平台　5—行走履带

某单斗挖掘机液压系统简图如图 4-28 所示。液压系统由两个独立回路组成，可分为上车和下车两部分。其中，上车部分位于回转平台以上，包括 3 个液压缸、液压泵、回转液压马达及控制阀等元件；下车部分位于行走履带底盘上，设有两个行走液压马达，由上车液压泵提供的压力油通过中心回转接头 9 进入下车液压系统，驱动行走马达 5、6 旋转，使挖掘机完成行驶功能。

该液压系统由两个独立的回路组成。液压泵 1 输出的液压油经多路控制阀块 A 驱动回转

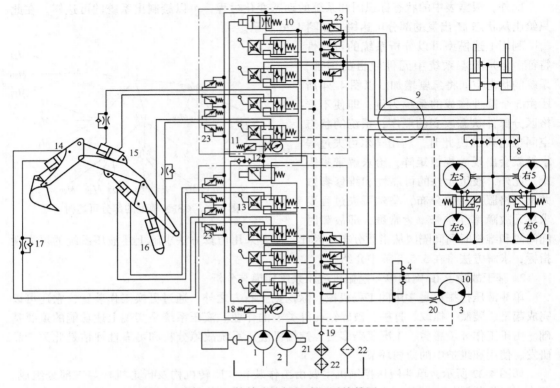

图4-28　某单斗挖掘机液压系统简图

1、2—液压泵　3—回转马达　4—缓冲补油阀组　5、6—左、右履带行走马达　7—行走马达双速阀　8—补油单向阀
9—中心回转接头　10—限速阀　11、18—溢流阀　12—梭阀　13—合流阀　14—铲斗液压缸　15—斗杆液压缸
16—动臂液压缸　17—单向节流阀　19—背压阀　20—节流阀　21—冷却器　22—过滤器　23—缓冲阀

马达3、铲斗液压缸14和左行走马达5。该回路为一个独立的多液压缸串联控制回路。当该组执行元件不工作时，合流阀13使液压泵1的供油进入液压泵2的供油回路，两个泵共同向动臂液压缸和斗杆液压缸供油，从而加快动臂及斗杆的工作速度，提高工作效率。合流阀可以是手动控制，也可以是电磁控制。液压泵2输出的液压油经多路控制阀B驱动动臂液压缸、斗杆液压缸及右行走马达6。该回路是另一个独立的多液压缸串联控制回路。

在工作过程中，动臂液压缸、斗杆液压缸和铲斗液压缸都有可能发生重力超速现象，故在回路中采用单向节流阀17作为限速措施。行走液压马达在下坡时也会产生重力超速现象，因此该液压系统在回油路中设置了限速阀10，用来控制其行驶速度，防止下坡时的超速溜坡。限速阀的控制油压通过梭阀12引入。仅当两条履带驱动液压马达均超速时，限速阀才会起防止超速的作用。在马达超速时，通过补油单向阀8向马达补油，防止马达吸空。

下面基于Petri网理论完成该液压系统的故障分析以及可靠度定量计算。首先，确定系统故障的顶事件。在挖掘机液压系统中，最不希望发生的事件为液压系统不能正常工作，因此将其确定为故障Petri网模型的顶事件。在确定了顶事件之后，就可以逐步分析、找出造成这一故障的原因。

经过分析可知，该液压系统有三种不能正常工作（即故障）的状态：①回转平台的速度低于额定值。②挖掘力达不到额定值。③挖掘机的行走速度低于额定值。只要符合其中一项判据，即可认为液压系统的可靠性维护提供依据。只要其中任一事故发生便可造成顶事件的发生，因此上述三个事件构成故障 Petri 网模型的第一级关系。

按照上述方法，再对第一级中间事件进行分析，分别找出使它们发生的直接原因，并确定与这些原因之间的逻辑关系，直到所有的直接原因都达到分解极限为止，从而建立起挖掘机液压系统的故障 Petri 网模型，如图 4-29 所示。

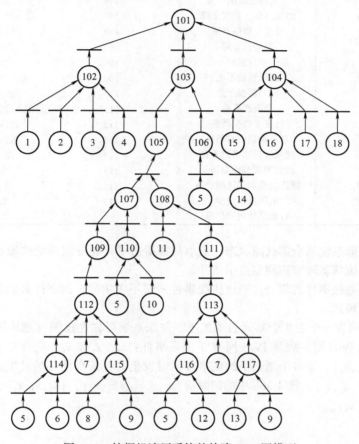

图 4-29　挖掘机液压系统的故障 Petri 网模型

图 4-29 中各库所的定义见表 4-6。根据对某单斗液压挖掘机的使用统计，该型挖掘机的大修周期为 5000h，在寿命周期内各底事件的发生概率列于序号后括号内。

建立液压系统故障 Petri 网的目的包括定性分析和定量计算两个方面。其中，定量分析的任务是：寻找导致顶事件（通常为系统故障）发生所有可能的失效模式，或找出使系统成功的部件或状态的组合。换言之，就是找出故障 Petri 网全部的最小割集（Cut Set）或全部的最小路集（Path Set）。

割集是能使顶事件发生的一些底事件的集合。如果割集中的任一底事件不发生时顶事件也不发生，则称这样的割集为最小割集。它是一种包含最小数量的、必要的底事件的割集。故障 Petri 网的一个割集，代表了该系统发生故障的一种可能性，即一种故障模式。最小割集发生时，顶事件必然发生。因此，故障 Petri 网的全部最小割集的完整集合代表了顶事件发生

表 4-6　液压系统故障 Petri 网模型中库所含义及其故障率

底事件库所	库 所 含 义	中间事件库所	库 所 含 义
1 (0.02)	溢流阀调节压力偏低	101	液压系统故障
2 (0.0005)	液压泵供油少	102	回转速度缓慢
3 (0.01)	回转马达泄漏严重	103	挖掘力小
4 (0.01)	行走马达泄漏严重	104	行走速度缓慢
5 (0.0005)	油温过高，黏度下降	105	进入液压缸油液压力不足
6 (0.01)	柱塞1磨损严重	106	液压缸内泄漏严重
7 (0.05)	发动机故障	107	换向阀系统故障
8 (0.015)	泵进油口密封不良	108	合流阀系统故障
9 (0.0005)	油液流量不足	109	进入换向油液压力不足
10 (0.01)	阀芯磨损严重	110	换向阀泄漏严重
11 (0.06)	合流阀不良	111	进入合流阀油液压力不足
12 (0.01)	柱塞2磨损严重	112	液压泵1性能失效
13 (0.015)	泵进油口密封不良	113	液压泵2性能失效
14 (0.005)	液压缸活塞密封不良	114	泵1内泄漏严重
15 (0.02)	溢流阀调节压力偏低	115	泵1吸入空气
16 (0.007)	液压缸控制阀泄漏严重	116	泵2内泄漏严重
17 (0.0005)	液压泵供油少	117	泵2吸入空气
18 (0.01)	行走马达内漏严重		

的所有可能性，即系统的全部故障状态。最小割集指出了可能导致系统故障状态的各种基本故障组合，为系统薄弱环节识别创造了条件。

路集也是一些底事件的集合。当这些底事件同时不发生时，顶事件必然不发生。它代表系统的一种正常模式。

图 4-30a 所示为一个由 3 个单元组成的串、并联系统可靠性框图（逻辑图）；4-30b 所示是该系统的故障 Petri 网。故障 Petri 网有 3 个底事件：x_1、x_2 和 x_3。它有三个割集：$\{x_1\}$，$\{x_2, x_3\}$，$\{x_1, x_2, x_3\}$。当各个割集中的底事件同时发生时，顶事件必然发生。其中最小割集有两个：$\{x_1\}$，$\{x_2, x_3\}$。图 4-30b 中的路集有 $\{x_1, x_2\}$，$\{x_1, x_3\}$，$\{x_1, x_2, x_3\}$，它的最小路集为 $\{x_1, x_2\}$，$\{x_1, x_3\}$。

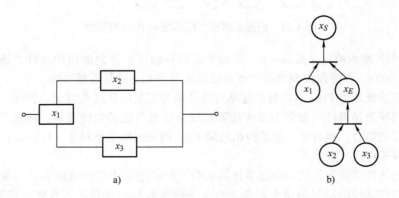

a)　　　　　　　　　　　　　　　　b)

图 4-30　串、并联系统的割集与路集分析

a）系统可靠性框图　b）系统的故障 Petri 网模型

由此可见，故障 Petri 网中的最小割集可能不止一个。找出最小割集或最小路集具有重要意义，从而可以有针对性地改进系统设计和制定维修策略，实现系统可靠性增长。

在对 Petri 网表达系统故障的研究中，Liu 和 Chiou 等人提出了不交化最小割集矩阵算法，并且证明这种方法比故障树中的上行下行法更加快捷、准确。使用该方法寻找最小割集的步骤如下：

1）在所有库所中，如果多条弧线与库所相连，以水平排列方式记下输入库所的编号。

2）在所有库所中，如果单条弧线与库所相连，以垂直排列方式记下输入库所的编号。

3）所有中间库所都以下一级库所代替，此时就建立了一个阵列。如果在行和列之间存在着公共编号，这些数字将被行和列共享，阵列的列向量则代表割集，行向量则代表路集。

4）除去超集，就可以得到最小割集及最小路集。

按上述方法，得到挖掘机液压系统故障 Petri 网模型所有的最小割集为 {1}；{2}；{3}；{4}；{5}；{6,12}；{6,13}；{6,11}；{7}；{8,12}；{8,13}；{8,11}；{9}；{10,11}；{10,12}；{10,13}；{14}；{15}；{16}；{17}；{18}。

故障分析的重要任务是计算系统发生故障（即顶事件）的概率。如前所示，故障 Petri 网中 $f(I)_i$ 表示输入集、$f(O)_i$ 表示输出集。经过变迁后，下级故障事件向上级传播。

工程机械液压系统的故障逻辑关系多表现为"与""或"关系，变迁主要为多输入单输出变迁和单输入单输出变迁。对于一个多输入库所的变迁，只有当所有库所的条件都满足时变迁才会发生。因此，变迁的发生概率为

$$P(t_j) = \prod_{i=1}^{n} f(I)_i \tag{4-14}$$

对于一个多输入变迁的库所，任意一个变迁发生，库所代表的事件便会发生。因此，库所的发生概率为

$$P(p_j) = 1 - \prod_{i=1}^{n} (1 - f(O)_i) \tag{4-15}$$

对实际系统而言，在建立系统的故障 Petri 模型后，如果已知所有底事件的发生概率，利用式（4-14）和式（4-15），即可求解故障 Petri 网模型中任意节点的故障率。

由表 4-6 中底事件的故障率可求出：当挖掘机运行 5000h 时，系统顶事件（即液压系统不能正常工作）发生的概率为 0.156。因此，此时该挖掘机的可靠度估计值为 0.844。

 ## 4.4　排队系统模型

4.4.1　排队系统概述

排队是生活中常见的现象，如在商店购物时顾客排队付款、在理发店理发时的排队等待、公共汽车到站时乘客排队上车等。造成排队现象的根本原因是：等待服务的顾客（Customer）数量超过了服务台（Server）当前的服务能力，顾客得不到及时的服务。

排队现象不仅出现在服务系统中，在制造系统和物流系统中也普遍存在，如等待加工的订单、按交货期先后配送商品等。本书第 1 章 1.5 节汽车发动机连杆生产线中就存在较为严重的排队现象，导致系统生产效率低下。实际上，多数制造、服务及物流系统都可视为某种类型的排队系统。因此，排队系统模型在制造系统运行中具有重要价值。

要完全解决在工程实际中的排队现象也并非易事。若设备或服务员数量偏少，将会产生严重的排队现象，造成顾客长时间等待，影响服务质量和系统声誉，给系统带来损失；而盲目地添加设备或服务员，会增加投资和生产成本，还可能造成设备或服务员的大量闲置，难以实现预期的投资回报，影响系统的经济收益。因此，有必要在服务员数量与服务质量之间取得某种平衡，以便在一定服务质量的前提下，提升系统的运行效率和经济效益。

1918 年，丹麦数学家及统计学家 Agner Krarup Erlang（1878—1929）采用概率方法研究电话的通话过程，之后逐渐形成排队理论（Queuing Theory），简称排队论。20 世纪 50 年代，英国统计学家和数学家 David George Kendall（1918—2007）系统地阐述了排队问题。20 世纪 60 年代以后，排队论开始在生产系统、交通运输等领域得到应用。20 世纪 70 年代以后排队论在计算机网络、通信等领域得到应用。目前，排队论在生产计划与调度、运输、仓储、城市交通规划、商业、医疗等领域得到广泛应用。

由于顾客到达（Arrival）和服务时间（Service Time）等参数均具有随机性，排队论也称随机服务系统（Random Service System）理论。随机服务系统理论是研究服务系统中排队现象统计规律的一门学科。它通过分析服务对象达到系统的规律和服务时间，得到系统性能指标的统计规律，如平均等待时间、平均排队长度、忙期长短等。在此基础上，通过改进系统结构或重组被服务对象，使系统满足服务需求且服务费用最优。随机服务系统理论是运筹学的一个分支，广泛应用于计算机网络、制造生产、物流运输、仓储、服务业等领域。

1. 排队系统的一般模型

排队论是为解决排队问题而发展起来的一门学科。它建立在排队模型的基础上，通过分析此类系统内在的运行规律，优化系统性能。排队系统的通用模型如图 4-31 所示。

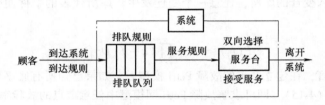

图 4-31　排队系统模型

由图 4-31 可知，排队系统的运行过程如下：①顾客按照一定规律到达并进入系统。如果服务台忙，则顾客按一定的排队规则进入排队队列、等待服务。②当服务台空闲时，将按照一定的服务规则从排队队列中选择顾客，并为顾客提供服务。此外，顾客也可以拥有选择不同服务台的权力。③顾客接受完所需的服务，并在所有服务活动结束后离开系统。图 4-31 中，点画线框为系统的边界，它是排队系统研究的主要对象。

值得指出的是，对排队系统中的"顾客""服务台"和"排队队列"等要做广义理解。其中，顾客可以是人，也可以是毛坯、零件，或其他等待服务的对象；服务台可以是服务人员，也可以是为零件提供加工服务的机床设备、自动取款机（ATM）、物流装备等；排队队列既可以是有形的，也可以是无形的，如 114 查号台中要求查号的通话者等。另外，排队论通常并不关心顾客是如何进入系统或如何离开系统的。例如：多数超市往往并不关心顾客是步行而来，还是乘车而去，而是关心顾客到达超市后的活动规律和购物方式。表 4-7 分析了常见的排队系统以及其中的顾客、服务台。

表 4-7　常见的排队系统

排队系统	顾　　客	服　务　台	服务内容
生产车间	毛坯、零件	机床、工人、工具、夹具、检具、物流设备	加工、装配、检验等
汽车装配线	零部件	装配设备、工具、工人、物流设备	装配、检测、包装等
汽车 4S 店	顾客、车辆	工人、维修设备、检测设施	销售、检测、维修等
高速公路收费站	车辆	收费员、收费通道	收费、开票
加油站	汽车、摩托车、驾驶员	加油机、工人、通道	加油、付费等
医院	病人	医生、护士、治疗设备、检测设备、病床	诊断、化验、缴费、取药、住院等
银行	客户	自动取款机、职员、经理	开户、销户、存款、取款、汇款、查询等
114 查号台	用户	接线员、通信设备	查询电话号码、地址等
长途车站	旅客	售票处、售票员、班车、候车室、班车线路	售票、等待、上车等
机场	客机、货机	机场跑道、停机坪、登机口、机场摆渡车	起飞、降落、加油、维护等
理发店	男、女顾客	等待区、理发员、收银员	等待、理发、付款等
商店	顾客	导购员、理货员、收银台	购物、付款等

2. 排队系统构成及其特征

由上述分析可知，排队系统主要包括以下元素：

（1）顾客（Customer）　等待服务的对象，如等待理发的顾客、等待加工的毛坯或零件、查号台的咨询电话、等待运送或存储的物品等。

（2）到达规则（Rules for Arrival）　顾客进入系统的规律和方式，如随机方式、按某种分布、按一定比例等。另外，到达规则还包括顾客到达的时间、批次、总数等。

（3）服务台或服务员（Server）　提供服务的机构、设备、人员或程序等。

（4）排队规则（Rules for Queuing）　顾客排队等待服务的次序和方式，如按到达的先后、按优先级高低等。

（5）排队队列（Queue）　按照一定的排队规则排列的顾客群。

（6）服务规则（Rules for Serving）　服务台为顾客提供服务的规则，如先到先服务、所需服务时间最短的先服务、优先级最高的顾客先服务等。服务可以是每次一名顾客，也可能是每次针对一批顾客，如以托盘运送待加工板料、高铁到站时乘客上下车就是采用成批服务方式。

（7）服务时间（Service Time）　顾客占用服务台的时间。根据顾客类型和服务内容（项目）不同，服务时间存在多种变化规律。

根据系统功能和服务对象不同，顾客有多种到达模式，主要包括：①进入系统的顾客数量可能是有限的，也可能是无限的。②顾客可能单个（Single）进入系统，也可能是以成批（Batch）方式到达。③顾客到达系统的时间间隔可能是确定的，也可能是随机的或服从某种分布。④顾客到达之间可能是独立的（Independent），也可能是相互关联的（Interdependent）。

若以前的到达情况对后来顾客的到来没有任何影响，则称到达之间相互独立；否则，即为相互关联。⑤顾客到达过程可能是平稳的，也可能是非平稳的。其中，平稳是指到达的间隔分布及其参数（如数学期望、方差等）与时间无关；否则，称之为非平稳。

对于理发店、商店、银行、医院、交通路口流量等服务系统，顾客到达多是随机的，它们有可能是单个的，也有可能是成批的，并且多为相互独立的。但是，对于汽车装配线、机场航班、定期班车、旅客列车、物流配送等系统，顾客到达通常存在一定的内在规律或符合一定的管理规范。

排队规则决定了系统选取服务对象的方法。当顾客到达时，若所有服务台都被占用，这时顾客可以有以下选择：①损失制（Loss System）：也称即时制。若服务台被占用，则到达的顾客随即自动离去。当服务能力不足时，这种方法会失去很多顾客。②等待制（Waiting System）：当服务台被占用时，到达的顾客随即进入队列、等待服务。对于等待制，可以采用以下规则确定顾客等待服务的次序，如先到先服务（First Come First Served，FCFS）、后到先服务（Last Come First Served，LCFS）、随机服务（Random Service）以及按优先级（Priority）确定服务次序等。③混合制（Mixed System）：上述两种方法的结合，如根据队列长度、服务时间等，由顾客做出决定。多数排队系统采用等待制。

先到先服务（FCFS）规则也称为先进先出（First In First Out，FIFO），即按照顾客到达系统的先后依次接受服务，该规则的应用最为普遍。后到先服务（LCFS）也称后进先出（Last In First Out，LIFO），在一些系统中也常有应用，如计算机堆栈系统是后进先出、电梯中的顾客常是后入先出、托盘上的板料在加工时通常也是放在上面的先加工。随机服务是指当服务台空闲时，从等待的顾客中随机选取顾客进行服务，而不论到达的先后次序，如体育彩票中以生成的随机数作为开奖号码，而不是根据购买彩票的先后次序。按优先级提供服务应用于很多排队系统中，如购买车票或乘车时军人优先、上车时老年人优先、医院中对病情危急的病人给予优先治疗、制造系统中对紧急或重要的订单优先安排生产等。另外，优先级规则可以与其他规则一起使用，如先进先出（FIFO）规则与优先级规则的混合使用等。

排队规则是排队系统中十分重要的概念。科学、灵活地应用排队规则可以有效提升系统的服务效率、提高顾客的满意度，改善系统的经济效益。反之，若排队规则设置不合理，会增加顾客的等待时间，使顾客满意度下降，最终导致系统效率和效益的降低。

顾客在系统中某个地方排队后，就会形成队列。队列可以是具体的位置，如银行中的等待区、医院中的候诊室、制造车间中的缓冲区（Buffer）、机场中的候机室、等待进站的车辆等；也可以是抽象的，如查号台中等待服务的电话、等待抽奖的彩票号码等。由于空间限制或其他原因，多数系统对队列长度都有一定限制，即要规定队列的容量（Capacity），对同时进入系统的顾客数做出限制，超出容量范围的顾客将按损失制处理。在某些系统中，对队列的容量不做限制或假设容量足够大，则认为容量是无限的（Infinite）。

在不同系统中，顾客既可以排成一个队列（单列），也可以排成多个队列（多列）。此外，在多列情况下，一些队列中的顾客可以相互转移、以便动态地调整队列长度，有些则不可以相互转移。

根据服务台数量，可以分为以下几种情况：没有服务台、单服务台以及多个服务台（或服务通道、服务窗口等）。例如：在大型超市中，顾客挑选商品是超市提供的一种服务，但系统并没有安排专门的服务台，在付款时则可能有多个服务通道（多个服务员）。在有多个服务台的系统中，服务台之间既可以并行排列，也可以串行排列，或者是混合排列方法。另外，对于制造系统，不同服务台的功能通常各不相同，即使是功能相同的服务台，它们的性能特征（如制造效率、加工质量、生产成本等）也有可能存在差异。因此，工程实际中的排队系统具有丰富的内涵。

如果将队列数量、服务台数量以及服务台的排列方式进行组合，就可以构成多种排队模型。图 4-32 给出了常见的排队系统结构形式。

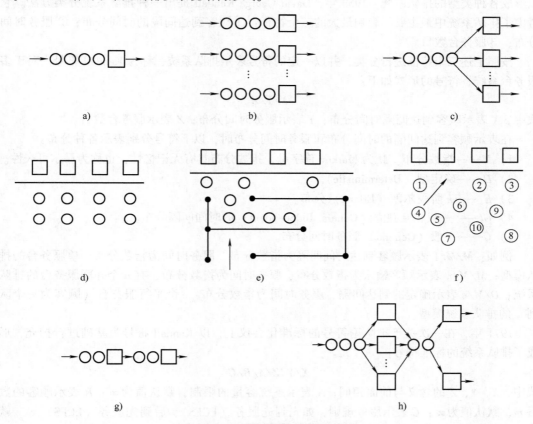

图 4-32　常见的排队系统结构形式

a）单队列—单服务台　b）多队列—多服务台　c）单队列—多服务台　d）多队列—多服务台

e）单队列—多服务台　f）领号—单队列—多服务台　g）多服务台串联　h）多服务台串并联混合

与顾客到达系统的间隔时间相似，服务时间可能是确定的，也可能是随机的。例如：银行系统中的顾客，他们所要求的服务内容（如汇款/存款/取款项目类型、数额、次数等）不尽相同，不同顾客在银行柜面所需的时间存在很大差别。如果在此类系统的管理或仿真中认定为每位顾客服务的时间是相同的，就会形成较大的误差。对于采用机器人操作的摩托车车架自动焊接线，同类型车架焊接时间是确定的且数值完全相同。采用数控（NC）方式加工同类型、同工序零件所需的工时通常也是相同的。在工程实际中，多数服务时间都是随机的，此时就需要通过统计得到服务时间的概率分布类型及其参数。具体方法可以参见本书第 3 章的相关内容。

在排队系统中，如果顾客到达时间间隔和服务时间都是确定的，那么往往通过手算就可以分析系统的性能特征，而无须采用计算机仿真方法。实际上，排队理论以及仿真技术所研究的问题中两者至少有一个是随机变量。

4.4.2 排队系统的分类符号

在上节中，我们讨论了排队系统的模型、特征以及性能指标。由这些特征进行组合，可以形成各种类型的排队系统。1953 年，David George Kendall 提出一种排队系统分类方法。它考虑了排队系统中最主要、影响最大的三个特征：①顾客到达间隔的时间分布；②服务时间分布；③服务台数目。

按照上述三个特征进行分类，并以一定的符号表示排队系统，称为 Kendall 符号。对于多服务台系统，符号的形式如下：

$$X/Y/Z$$

式中，X 表示顾客到达间隔时间分布；Y 表示服务时间分布；Z 表示服务台数目。

在表示顾客到达间隔的时间分布和服务时间分布时，以下符号分别表示各种分布：

1）M——指数分布。M 为 Markov 首字母，指数分布具有无记忆性，也称为马尔可夫性。

2）D——确定型（Deterministic）。

3）E_k——k 阶爱尔朗（Erlang）分布。

4）GI——一般相互独立（General Independent）的时间间隔分布。

5）G——一般（General）服务时间分布。

例如：$M/M/1$ 表示顾客到达时间间隔为指数分布、服务时间为指数分布、单服务台的排队模型；$M/M/n$ 表示顾客输入为指数分布、服务时间为指数分布、有 n 个并联服务台的排队系统；$D/M/c$ 表示确定的到达间隔、服务时间为指数分布、c 个平行服务台（顾客为一个队列）的排队系统模型。

1971 年，在一次关于排队论符号的标准化会议上，以 Kendall 符号为基础进行扩充，形成了排队系统的标准符号：

$$X/Y/Z/A/B/C$$

式中，X、Y、Z 的含义与前面相同；A 表示系统容量的限制，默认值为 ∞；B 表示顾客的数目 m，默认值为 ∞；C 表示服务规则，如先到先服务（FCFS）、后到先服务（LCFS）等，默认值为 FCFS。

例如：$M/D/2/N$ 表示顾客到达时间间隔为指数分布、服务时间确定、2 个并联服务台且系统容量为 N 的排队系统；$D/G/1$ 表示顾客到达时间间隔确定、一般服务时间、单服务台的排队系统；$M/M/1/\infty/\infty/FCFS$ 表示一个顾客到达时间间隔服从指数分布、服务时间服从指数分布、单个服务台、系统容量为无限（等待制）、顾客源无限、排队规则为先到先服务的排队系统；$GI/E_3/c/10/10/LIFO$ 表示相互独立的到达间隔时间、三阶爱尔朗分布的服务时间、c 个并联服务台、系统容量为 10、顾客总量为 10 且按照"后到先服务"规则的排队系统。在排队系统中，一般约定：如果 Kendall 记号中略去后三项时，即是指 $X/Y/Z/\infty/\infty/FCFS$ 的情形，因此，$M/M/1/\infty/\infty/FCFS$ 排队系统也可简记为 $M/M/1$。

4.4.3 排队系统的性能指标

研究排队系统的目的包括：计算排队系统的运行效率，评估系统的服务质量，确定系统参数（如服务台数量）的最优值，判断系统结构是否合理，提出改进措施等。排队系统的性能指标主要包括：

（1）增值时间（Value-added Time）　增值时间是指顾客接受有价值服务的总时间。对顾客而言，有价值即意味着愿意支付相应的费用。从作业的角度，增值时间等价于为顾客提供有效加工或服务的时间，如改变零件的结构、形状或尺寸，使零部件发生必要的物理变化或化学变化（如热处理等），改变产品的外在形象（如涂装、包装等）。通常，零件在机床上的安装时间、检测时间、等待时间，以及零件在仓库中的存储时间等均不认为是增值时间，因为上述时间既未改变零件的状态，也未形成增值。

（2）平均等待时间（Average Waiting Time）　平均等待时间是指统计范围内的顾客在系统中等待时间的平均值。顾客进入系统的目的是为了得到某种服务。因此，对顾客而言，等待是一种非增值的过程。顾客总是希望等待时间越短越好，最好是无须等待、立刻得到服务。等待时间长，说明系统服务能力不足，顾客满意程度就会降低，可能会造成顾客的流失、抱怨和投诉等后果，最终给系统带来损失。因此，顾客的平均等待时间反映了系统的服务能力。通过简化服务流程、合理安排服务顺序、增加服务员数量等方式，可以有效减少顾客的等待时间。需要注意的是，通过增加资源方式有助于减少顾客的等待时间，但是还需要从系统总体效益的角度综合评估。

（3）平均流动时间（Average Flow Time）　流动时间也称为停留时间。平均流动时间是指顾客在系统中平均花费的时间。对于制造系统，该指标有时也称为生产节拍（Cycle Time）、吞吐时间（Throughput Time）或前置期（Lead Time）等。在制造系统中，与该指标相近的一个指标是总运行时间（Makespan），它是指处理一批作业所需的总时间。

流动时间包括顾客在排队系统中的等待时间和服务时间，它们之间存在以下关系：

$$流动时间 = 等待时间 + 服务时间$$

通过减少等待时间、准备时间（Setup Time）、移动时间、作业时间和检测时间等，可以有效缩短流动时间。此外，减少在制品数量（Work In Process，WIP）和系统中实体的数量也有助于缩短流动时间。

据统计，在多数制造系统中一个零件约有 95% 时间是处于等待、移动、存储或准备状态，即非增值状态，而处于增值（如加工、热处理、装配、包装等）状态的时间只占到 5%。因此，减少排队、等待等非增值时间对缩短流动时间具有重要作用。此外，增加资源数量也是一种解决方案，但是该方法可能需要付出高昂的代价。

（4）服务台利用率（Utilization Ratio）　在给定的统计区间内，服务台有效服务时间与可服务时间之比。服务台利用率是评价服务台数量设置合理与否的重要依据，也是评价系统效率的重要指标。服务台平均利用率过低意味着服务台处于空闲状态的比例过高，原因可能是服务台数量过多或服务需求不足；利用率过高通常意味着系统中服务台数量不足、系统资源配置不合理或调度规则不够优化。

空闲（Idle）、等待（Waiting）、被堵塞（Blocked）和故障停机（Down）都会导致服务台未被有效利用。进一步分析可以发现：顾客数量偏少、服务台数量过多、顾客到达间隔时间过长、上下游服务台能力不匹配等，是造成系统中服务台平均利用率过低的主要原因。

通过改变服务台的使用规则、减少服务台数量，可以有效提高服务台利用率。但是，对于服务需求存在较大变化的系统，要始终保持资源的高效利用并非易事。以制造系统为例，由于待加工对象的数量、加工时间等存在很大的可变性，与流水生产方式相比，作业车间（Job Shop）中设备的利用率通常都比较低。

需要指出的是，增加非瓶颈资源的数量或提高非瓶颈资源的利用率，并不能从根本上提高系统的产量，只会增加系统中在制品（WIP）的数量及库存，降低系统的运行效率。

（5）平均队列长度（Average Queue Length） 平均队列长度是指系统中服务台前在排队等候和正在接受服务的顾客的平均数目。系统中的顾客数可由下式计算：

系统中的顾客数 = 在队列中等待服务的顾客数 + 正在被服务的顾客数

将系统中的顾客数除以服务台数量，就可以得到平均队列长度。显然，队列长度越长，意味着后面的顾客需要等待的时间越长。在制造系统中，通常以在制品数（WIP）表示系统中正在加工、尚未完工的产品数量。需要指出的是，WIP 包括正在服务台上加工的零件以及在不同服务台之间等待加工的零件。

如何有效缩短队列长度，是排队系统设计和运作时需要考虑的问题之一。对于大多数排队系统，通常希望将队列长度控制在一定的区间内。此外，系统产量、响应顾客需求的时间长度，也是此类系统追求的目标。对制造系统而言，通过调节各车间、工作地、工序的生产能力和生产节拍，可以有效控制在制品数量，达到减少和避免积压、节约流动资金、缩短生产周期等目的。

为适应多品种、小批量和个性化的顾客需求，20 世纪 60 年代日本丰田汽车公司提出准时制生产（Just In Time，JIT）。JIT 也称作无库存生产（Stockless Production）、零库存（Zero Inventories）生产或一个流生产（One Stream Production）。均衡化生产是 JIT 的基础，它追求零部件及产品在各作业之间、工序之间、生产线之间以及工厂之间均衡地流动，使得各工序生产节拍尽可能相同或相近。通过实施 JIT，可以不断发现制造系统的瓶颈环节，实现资源配置和管理的优化，提高系统的生产效率。JIT 的基本思想是：在合适的时间、按所需的数量、生产所需要的产品，追求零库存或使库存最小化，以减少因生产过剩所引起的设备、人员、库存成本等浪费现象，使企业灵活地适应市场需求、提高竞争力。JIT 生产方式为日本汽车工业的腾飞插上了翅膀，也受到全球工业界的广泛关注。

"一个流生产"由日本丰田公司于 20 世纪 70 年代提出。它建立在 JIT 的基础上，是对传统生产观念的根本变革。传统生产方式依靠大量的在制品和零部件储备来维持表面上的生产均衡，而大量的备件储备不仅掩盖了生产线中存在的问题，也造成资源浪费和生产成本上升。一个流生产要求各道工序有且只有一个工件在流动，使得从毛坯到成品的加工过程始终处于不停滞、不堆积、不超越的流动状态。通过追求一个流生产，可以及时暴露生产系统中的各种问题、浪费和矛盾，迫使企业主动解决现场存在的问题，以达到人尽其才、物尽其用、货畅其流的目的。一个流生产的实质是以减少资源浪费为目的，对生产过程中的相关要素进行优化组合，以最少的人员与设备需求、物料消耗、资金和时间占用完成相关加工任务。

（6）忙期（Busy Period）和闲期（Idle Period） 忙期是指服务台连续繁忙的时间长度，即从顾客到达空闲服务台开始，到服务台再次变为空闲为止的时间间隔。忙期关系到服务员的工作强度。忙期和一个忙期内平均完成服务的顾客数量，也是衡量服务机构效率和设置服务台数量的重要依据。

与忙期相对应的是闲期，即服务机构连续保持空闲的时间。在服务系统中，忙期和闲期总是交替出现的。

（7）流动率（Flow Rate） 流动率是指单位时间内所生产产品的数量或所服务的顾客数目，如每小时服务多少个顾客或加工多少个零件等。流动率的同义词包括生产率（Production Rate）、处理速度（Processing Rate）和吞吐率（Throughput Rate）等。通过良好的管理和有效地利用资源，可以提高流动率。此外，改善瓶颈资源状况，如保证瓶颈资源不空闲、不堵塞、减少瓶颈资源故障停机时间等，对提高系统的流动率也有重要作用。由于存在瓶颈工位，系统的流动率通常都存在一定极限。此时，可以通过增加瓶颈环节的资源数量、提高瓶颈环节的作业效率、减轻瓶颈环节负荷、减少停机时间和准备时间等方法，可以有效改善系统的流动率。

此外，排队系统常用的性能指标还包括顾客损失率、服务强度等。

一般地，排队系统主要数量指标的记号如下：

1）$N(t)$：t 时刻时系统中的顾客数，即队长。

2）$N_q(t)$：t 时刻时系统中排队的顾客数，即队列长度。

3）$T(t)$：t 时刻时到达系统的顾客在系统中的停留时间。

4）$T_q(t)$：t 时刻时到达系统的顾客在系统中的等待时间。

当系统达到平稳状态（Steady State）时，队长的分布、等待时间的分布和忙期的分布等特性都将与系统所处的时刻无关，系统初始状态的影响也会消失。因此，排队系统通常讨论与系统所处时刻无关的性质，也称统计平衡（Statistical Equilibrium）特性。

设 $p_n(t)$ 为 t 时刻时系统处于状态 n 的概率，即系统的瞬时分布；以 p_n 表示当系统达到统计平衡时处于状态 n 的概率，则有：

1）N：系统处于平稳状态时的队长（系统中的顾客数），其均值为 L_s，即平均队列长度。

2）N_q：系统处于平稳状态时系统中排队等待服务的顾客数，其均值为 L_q，称为平均排队长度。

3）T：系统处于平稳状态时顾客在系统中的停留时间，其均值为 W，称为平均停留时间。

4）T_q：系统处于平稳状态时顾客的等待时间，其均值为 W_q，称为平均等待时间。

5）λ_n：当系统处于状态 n 时，新进顾客的平均到达率，即单位时间内到达系统的平均顾客数。

6）μ_n：当系统处于状态 n 时，系统的平均服务率，即单位时间内可以服务的顾客数。

当 λ_n 为常数时，简记为 λ；当每个服务台平均服务率为常数时，记每个服务台的服务率为 μ，则当 $n \geqslant s$ 时，有 $\mu_n = s\mu$，其中 s 为系统中并行的服务台数量。因此，顾客相继到达的平均时间间隔为 $1/\lambda$，平均服务时间为 $1/\mu$。令 $\rho = \lambda/(s\mu)$，称 ρ 为系统的服务强度。

另外，一般以 B 表示忙期，以 I 表示闲期，以 $\bar{B}$ 和 $\bar{I}$ 分别表示平均忙期和平均闲期。

4.4.4 顾客到达时间间隔和服务时间分布

1. 排队系统中的时间分布概述

排队系统要解决的首要问题是求解排队系统性能指标的统计规律，研究排队系统的整体性质。在此基础上，再研究排队系统的统计推断和优化问题。基本步骤是：

1）建立合适的排队系统模型，检验系统是否达到平稳状态；检验顾客相继到达的时间间隔是否相互独立，确定服务时间分布及其参数等。

2）通过研究排队系统性能指标在瞬时或平稳状态下的概率分布及其数字特征，了解系统运行的基本特性。

3）排队系统优化。系统优化也称为系统控制或系统运营，它的基本目标是使系统处于最优或最合理的状态，优化目标包括成本最低、服务率最高、最佳的服务策略、顾客的优先权排序等。其中，顾客到达间隔时间分布、服务时间分布是排队系统模型运行的基础数据。排队系统模型中常见的理论分布包括确定性分布、指数分布、正态分布、爱尔朗分布以及均匀分布等。

2. 生灭过程

在排队系统中，如果用 $N(t)$ 表示 t 时刻系统中的顾客数，那么 $\{N(t),t \geq 0\}$ 就构成了一个随机过程。如果用"生（Birth）"表示顾客的到达，用"灭（Death）"表示顾客的离开，则排队系统中的 $\{N(t),t \geq 0\}$ 就构成一类特殊的随机过程——生灭过程（Birth and Death Process）。

定义 4-18 设 $\{N(t),t \geq 0\}$ 为一个随机过程。若 $N(t)$ 的概率分布具有以下性质：

（1）假设 $N(t) = n$，则从 t 时刻起到下一个顾客到达时刻止的时间服从参数为 λ_n 的指数分布，$n = 1$，2，…。

（2）假设 $N(t) = n$，则从 t 时刻起到下一个顾客离开时刻止的时间服从参数为 μ_n 的指数分布，$n = 1$，2，…。

（3）同一时刻只有一个顾客到达或离开，则称 $\{N(t),t \geq 0\}$ 为一个"生灭过程"。

一般地，要得到 $N(t)$ 的分布 $p_n(t) = P\{N(t) = n\}$（$n = 1,2,\cdots$）是比较困难的。通常要求当系统达到平稳状态后的状态分布，并记为 p_n（$n = 1,2,\cdots$）。当系统运行相当长时间并达到平稳状态后，对于任一状态 n 而言，单位时间内进入该状态的平均次数和单位时间内离开该状态的平均次数应该相等，即系统在统计平衡下"流入 = 流出"。

根据该原理，可以得到任一状态下的平衡方程：

$$\begin{cases} 0: \mu_1 p_1 = \lambda_0 p_0 \\ 1: \lambda_0 p_0 + \mu_2 p_2 = (\lambda_1 + \mu_1) p_1 \\ 2: \lambda_1 p_1 + \mu_3 p_3 = (\lambda_2 + \mu_2) p_2 \\ \vdots \\ n-1: \lambda_{n-2} p_{n-2} + \mu_n p_n = (\lambda_{n-1} + \mu_{n-1}) p_{n-1} \\ n: \lambda_{n-1} p_{n-1} + \mu_{n+1} p_{n+1} = (\lambda_n + \mu_n) p_n \end{cases} \tag{4-16}$$

解上述平衡方程，可得到

$$\begin{cases} 0: p_1 = \dfrac{\lambda_0}{\mu_1} p_0 \\[2mm] 1: p_2 = \dfrac{\lambda_1 \lambda_0}{\mu_2 \mu_1} p_0 \\[2mm] 2: p_3 = \dfrac{\lambda_2 \lambda_1 \lambda_0}{\mu_3 \mu_2 \mu_1} p_0 \\[2mm] \vdots \\ n-1: p_n = \dfrac{\lambda_{n-1} \lambda_{n-2} \cdots \lambda_0}{\mu_n \mu_{n-1} \cdots \mu_1} p_0 \\[2mm] n: p_{n+1} = \dfrac{\lambda_n \lambda_{n-1} \cdots \lambda_0}{\mu_{n+1} \mu_n \cdots \mu_1} p_0 \end{cases} \tag{4-17}$$

记

$$C_n = \frac{\lambda_{n-1} \lambda_{n-2} \cdots \lambda_0}{\mu_n \mu_{n-1} \cdots \mu_1} \quad (n = 1,2,\cdots) \tag{4-18}$$

则平稳状态的分布为

$$p_n = C_n p_0 \quad (n = 1, 2, \cdots) \tag{4-19}$$

由概率分布的要求：

$$\sum_{n=0}^{\infty} p_n = 1 \tag{4-20}$$

有

$$\left(1 + \sum_{n=1}^{\infty} C_n\right) p_0 = 1$$

于是得

$$p_0 = \frac{1}{\left(1 + \sum_{n=1}^{\infty} C_n\right)} \tag{4-21}$$

3. 泊松过程

泊松过程（Poisson Process）也称泊松流（Poisson Flow）。它是排队论中一种描述顾客到达规律的特殊随机过程，与概率论中的泊松分布和指数分布有着密切联系。泊松过程的定义为：

定义 4-19　设 $N(t)$ 为时间 $[0, t]$ 内到达系统的顾客数，如果满足下面三个条件：

（1）平稳性：在 $[t, t + \Delta t]$ 内有一个顾客到达的概率为 $\lambda t + o(\Delta t)$；

（2）独立性：在任意两个不相交区间内顾客的到达情况相互独立；

（3）普遍性：在 $[t, t + \Delta t]$ 内多于一个顾客到达的概率为 $o(\Delta t)$，

则称 $\{N(t), t \geq 0\}$ 为泊松过程。

下面的定理给出了泊松过程与泊松分布之间的关系。

定理 4-1　设 $N(t)$ 为时间 $[0, t]$ 内到达排队系统的顾客数，则 $\{N(t), t \geq 0\}$ 为泊松过程的充分必要条件是

$$P\{N(t) = n\} = \frac{(\lambda t)^n}{n!} e^{-\lambda t} \quad (n = 1, 2, \cdots) \tag{4-22}$$

由该定理可知，如果顾客到达过程为泊松过程，则达到顾客数的分布为泊松分布。在实际问题中，顾客到达系统的时刻或相继到达的时间间隔往往容易得到。

定理 4-2　设 $N(t)$ 为时间 $[0, t]$ 内到达排队系统的顾客数，则 $\{N(t), t \geq 0\}$ 为参数为 λ 的泊松过程的充分必要条件是：顾客到达的时间间隔服从相互独立的参数为 λ 的指数分布。

定理 2 说明，当顾客到达的时间间隔服从相互独立的参数为 λ 的指数分布时，与到达过程参数为 λ 的泊松过程是等价的。

4. 由先验数据获取时间分布的方法

在工程实际中，受到多种因素影响，排队系统中顾客到达时间分布和服务时间分布往往不严格服从已有的理论分布。为此，需要从先验数据中获取统计数据，并通过统计推断获取概率分布及其参数。总体上，可以采用以下三种方法将数据输入到排队系统模型中。

1）直接以观察到的数据驱动模型。但是，当样本量有限时，需要考虑输入数据的代表性和置信度等问题。采用这种数据驱动模型，结果只能反映系统的历史状况，因此该方法常用来验证模型和逻辑的正确性。

2）根据样本数据定义经验分布函数（Empirical Distribution Function）。经验分布函数根据观察到的数据点定义"函数"，具体方法可参照 3.1 节。该方法的缺点是：当数据量小时，误差较大。

3）根据统计学方法，由观察到的数据拟合理论分布，以便平滑地生成符合指定分布的随

机数，确定理论分布的类型及其参数，验证分布的有效性。

一般地，应先根据观察的原始数据确定经验分布，再确定理论分布、估计分布的参数值，并拟合、检验概率分布，以保证分析结果的正确性。不合理的分布假设会形成错误的输出结果、导致错误的决策。

下面通过案例，说明确定到达时间间隔分布和服务时间分布的步骤和方法。

例4-1 某大学新校区超市设有3个收银台，超市的营业时间从早晨7:00至晚上23:00，每天营业16h。观察记录顾客到达超市和购物等数据，并采用统计软件SPSS得到顾客到达超市的时间间隔分布见表4-8。

表4-8 某超市顾客到达时间间隔的统计

时 间	到达间隔时间/min
7:00 到 9:00	5.0
9:00 到 11:00	3.5
11:00 到 13:00	1.5
13:00 到 15:00	2.2
15:00 到 17:00	3.0
17:00 到 19:00	1.5
19:00 到 21:00	1.2
21:00 到 23:00	2.0

表中，"到达间隔时间"中的数值表示指数分布的均值。另外，统计分析表明：顾客在超市中选择物品的时间符合均值为20min、标准差为8min的正态分布，即$N(20,8^2)$；收银员的服务时间符合均值为0.5~3.5min的均匀分布。此外，通过对顾客群人数的统计分析，顾客成组到达超市的概率分别为$P\{x=1\}=0.4$，$P\{x=2\}=0.32$，$P\{x=3\}=0.18$，$P\{x=4\}=0.06$，$P\{x=5\}=0.04$。其中，$P\{x=1\}=0.4$表示顾客每次到达超市的人数为1人的概率为0.4，依此类推。

例4-2 图书馆是高校学生借阅图书、自习和信息交流的重要场所。在某大学新校区图书馆建设中，为确定图书馆的建设规模和优化布局，需要对图书馆功能需求做出评估。学生到图书馆的目的包括自习、借书、上机和还书等四种类型。考虑到大学学习和图书馆服务的特点，假定学生到达服从指数分布，服务时间服从均匀分布，以非考试阶段的需求为基本依据。对该校区同学发放调查问卷，样本容量是600人，统计分析后得到如下数据：

（1）学生每周去图书馆的次数平均为3.6次。

（2）自习人群、借书人群、上机人群和还书人群在图书馆总顾客数中所占比例分别为32%、45%、15%和8%。

（3）学生在图书馆自习室、阅览室、电子阅览室和休息区所耗费平均时间分别为4.23h、1.90h、2.94h和0.85h。

（4）该校区现有男生人数9534人、女生人数4249人，学生总数为13783人。因此，每天到图书馆的学生人数均值为$N=\dfrac{13783\times3.6}{7}=7088$人，其中自习人数、借书人数、上机人数和还书人数分别为2268人、3190人、1063人和567人。

（5）图书馆每天的服务时间为早晨8点至晚上10点，共14h（840min）。因此，图书馆各功能区顾客到达时间间隔的计算公式如下：

$$顾客到达的时间间隔 = \frac{图书馆工作时间（840min）}{7088 \times 各功能区人群比例}$$

根据上式，计算自习、借书、上机以及还书功能区顾客到达的时间间隔分别为0.37min、0.26min、0.79min和1.48min。

上述数据为图书馆规模、服务台设置和布局优化提供了基本数据。

4.4.5 案例研究：基于排队论的制造系统建模与手工仿真

从系统建模的角度，制造系统是由一系列实体（Entity）、活动（Activity）、资源（Resource）以及控制变量（Control Variable）等要素构成的，如图4-33所示。实际上，服务系统或物流系统也可以抽象成此类模型。

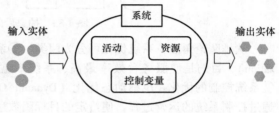

图4-33 制造系统的抽象模型

1）实体是系统加工或服务的对象。根据系统功能不同，实体包括零件、产品、顾客、电话、邮件或货物等类型。实体具有各种特性，如成本、形状、重量、体积、优先级、质量、性能、状态等。

2）活动是指系统所完成的任务，它通常与实体直接相关或间接相关。在制造系统中，典型的活动包括在机床上安装零件、加工零件、运送或存储物品、质量检测、设备维修、包装等。一般地，活动需要花费一定的时间和成本，并且常需要使用资源。

3）资源是开展活动所依赖的手段、方法或条件，如相关的设备、设施、工具、存储空间、电力、信息、人力、成本等。充足的资源配置有利于活动的开展；反之，当资源不足时活动的开展就会受到一定限制或影响。一般地，资源具有容量、速度、循环时间、作业效率、可靠性、使用成本等属性。此外，根据特性不同，资源又可以分为专用的（Dedicated）或共享的（Shared）、永久的（Permanent）或可消耗的（Consumable）、固定的（Stationary）或可移动的（Mobile）等类型。

4）控制变量决定怎样（How）、何时（When）、何地（Where）以及由谁（Who）来完成相关活动。在制造系统中，行业政策及相关标准、公司管理规定、技术规范、生产计划、调度策略、操作流程、工艺规程、机床控制逻辑、指令表、数控加工代码、物流设备行驶路线等都属于不同层次的控制变量。控制变量提供的信息和决策逻辑决定了系统如何运行，在很大程度上影响系统的运行过程及其性能。

对机电产品来说，从原材料采购到合格的产品出厂，通常需要经过原材料采购、设计、加工、装配、涂装和配送等多道工序，有的工序中还有并行的设备（服务台）。上述工序有机衔接构成完整的制造系统，如图4-34所示。显然，此类系统属于多队列、多服务台排队系统。此外，由于原材料质量及其到达规律、零部件类型及其数量、工序数量及其所需工时、

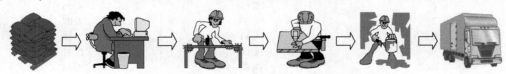

图4-34 由多道工序构成的制造系统

设备状态、各工序生产成本、工艺路线等具有随机性，制造系统的运行过程和性能具有柔性和可变性，增加了资源配置优化的难度。

从系统仿真的角度，图4-34所示的制造系统可以抽象为图4-35所示的排队模型，其中A表示实体到达（Arrival）系统，L表示每一个加工或服务工位（Location），E表示实体退出（Exit）系统。在每个工位处都有相应的活动，也需要占用特定的资源，并涉及必要的控制变量。在仿真建模时还需要根据工程实际，定义实体的到达规律、在系统中的动态运行过程及其退出机制。这就是系统建模阶段要完成的工作。

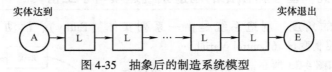

实体达到   实体退出

图4-35 抽象后的制造系统模型

从排队论角度，系统优化可分为两类：①系统设计的优化：也称静态优化（Static Optimization），目的是使服务台效率最高、系统效益最佳或者以最小投资满足顾客的服务要求。②系统控制的优化：也称动态优化（Dynamic Optimization），它是指对一个给定的排队系统，通过控制系统的运营过程，使给定的目标函数达到最优。

下面以单工序钻孔加工系统为例，分析排队系统的运行过程，手工计算排队系统动态性能。如图4-36所示，系统中有一台钻床可以提供钻孔操作；待钻孔毛坯按编号依次进入系统；当钻床忙时，毛坯按先进先出（FIFO）原则进入等待队列；当钻床空闲时，钻床选择排在队列最前面的毛坯进行钻孔操作；完成钻孔操作的零件依次退出系统。

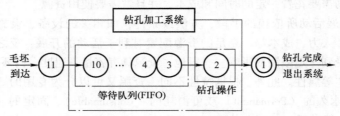

图4-36 单工序钻孔加工系统排队模型

该排队系统中顾客（毛坯）到达系统的时刻和服务（钻孔）时间参数如表4-9所示。本例中，时间单位均为min。现采用手工方法，求15min时该排队系统的性能指标。

表4-9 单工序钻孔加工系统的输入参数

顾 客 号	到达系统时刻	服务时间
1	0.00	2.90
2	1.73	1.76
3	3.08	3.39
4	3.79	4.52
5	4.41	4.46
6	18.69	4.36
7	19.39	2.07
8	34.91	3.36
9	38.06	2.37
10	39.82	5.38
11	40.82	...

要计算系统在任意时刻的性能指标，需要以动态的视角去观测系统，跟踪系统中事件（Event）的发生规律，如实体何时到达系统、服务何时开始、服务何时结束、实体何时离开系统等。在此基础上实时更新系统状态、计算系统性能特征。为跟踪系统中的事件，建立该系统的事件日历（Event Calendar）见表4-10。

表4-10 单工序钻孔加工系统的事件日历

时 间	顾 客 号	活 动
0.00		系统启动
0.00	1	顾客1到达，开始接受服务
1.73	2	顾客2到达并等待
2.90	1	顾客1服务结束，退出系统；顾客2接受服务
3.08	3	顾客3到达并等待
3.79	4	顾客4到达并等待
4.41	5	顾客5到达并等待
4.46	2	顾客2服务结束，退出系统；顾客3接受服务
8.05	3	顾客3服务结束，退出系统；顾客4接受服务
12.57	4	顾客4服务结束，退出系统；顾客5接受服务
15.00		本次观测期结束

此外，也可以从顾客的角度逐个分析每位顾客在排队系统中的进程。顾客（毛坯）在系统中的活动规律见表4-11。

表4-11 单工序钻孔加工系统中顾客的进程分析

顾 客 号	到达时刻	接受服务时刻	等 待 时 间	离开系统时刻
1	0.00	0.00	0.00	2.90
2	1.73	2.90	2.90 − 1.73 = 1.17	4.66
3	3.08	4.66	4.66 − 3.08 = 1.58	8.05
4	3.79	8.05	8.05 − 3.79 = 4.26	12.57
5	4.41	12.57	12.57 − 4.41 = 8.16	…
6	…	…	…	…

根据上述原始数据和中间数据，可以计算该排队系统的性能。例如，15min时该系统的性能如下：

1）完成服务的顾客（零件数）。由表4-10可知，在15min时系统共完成4个零件的钻孔操作。若以该段时间内的作业效率作为该系统流动率（生产率）的估计值，可知每小时该系统可以完成约16个零件的钻孔操作。显然，统计时间越长，所得到的估计值就越准确。

2）顾客在系统中的平均流动时间为

$$W = [(2.90 - 0.00) + (4.66 - 1.73) + (8.05 - 3.08) + (12.57 - 3.79)] / 4 = 4.90(\text{min})$$

3）顾客总的等待时间。由于顾客到达规律和服务时间各不相同，在不同时刻系统中处于等待状态的顾客数不尽相同。因此，顾客总的等待时间等于不同时段内处于等待状态的顾客数与时段长度的乘积之和。

$$T_{\text{等,总}} = 1 \times [(2.90 - 1.73) + (3.79 - 3.08) + (12.57 - 8.05)] + 2 \times [(4.41 - 3.79) + (8.05 - 4.66)] +$$
$$3 \times (4.66 - 4.41) = 15.17(\text{min})$$

另一种计算总等待时间的方法是：顾客的总等待时间等于系统中每个顾客等待时间的和。

$$T_{等,总} = 0 + (2.90 - 1.73) + (4.66 - 3.08) + (8.05 - 3.79) + (12.57 - 4.41) = 15.17(min)$$

4）等待队列的平均长度为

$$L_q = 15.17/15.00 = 1.01(人)$$

5）顾客的平均等待时间为

$$W_q = T_{等,总}/顾客数 = 15.17/5 = 3.03(min)$$

6）平均队列长度（L_s）是指系统中服务台前在排队等候和正在接受服务的顾客的平均数目，即平均在制品数（WIP）。因此，$L_s = 1.01 + 1 = 2.01$人。

7）服务台平均利用率。由题可知，在15min内服务台（钻床）始终处于工作状态。因此，该服务台利用率为

$$UR = 15.00/15.00 = 100\%$$

此外，还可以计算队列中顾客最长等待时间、顾客在系统中的最长停留时间、队列中等待服务最大顾客数等性能指标，为全面评价该排队系统提供理论依据。

显然，当系统的输入参数发生改变，或求解时段不同，排队系统的性能指标将发生变化。此外，对于结构和运作机理复杂的排队系统，如多服务台、多队列、多排队规则、多服务模式、到达时间和服务时间服从随机分布、工艺路线具有柔性等，采用手工方法分析排队系统就会变得异常烦琐，甚至不可行。此时，就需要借助于计算机仿真技术来模拟排队系统的运行过程，并求解任意时段内排队系统的性能。

4.5 库存系统模型

4.5.1 库存及库存系统的定义与功能

在日常生活以及生产活动中，物资的供应量与需求量之间、供需时段与需求时段之间、供应价格与需求价格之间并不总能很好地衔接。为此，人们在供应和需求之间增加了库存环节，将所需要的物资预先储存起来，以备将来之需、缓解供应和需求之间的矛盾。库存（Inventory）就是为了满足现在和将来要求而存储的资源。

库存系统（Inventory System）是指以存储的方式，解决供应与需求、生产与消费之间不协调性的一种措施。狭义的库存系统包括制造企业原材料和在制品库存、商店的商品库存、水库蓄水、银行的现金储备、国家石油战略储备等；广义的库存系统还包括人力资源储备、在教育和科研方面的投入等。库存系统也是离散事件系统的重要类型之一。

库存系统管理对企业和区域经济发展具有重要意义。例如：制造企业原材料库存太少时，会造成企业停工待料和开工不足，给企业带来经济损失，影响企业的服务水平；但是，当库存量过大、远超出生产需要时，又会造成资源积压、占用企业的流动资金，积压商品还存在质量下降、贬值、滞销和过期等风险。再如：雨季来临前水库的蓄水量也是值得研究的问题；若蓄水过少，当雨季降雨量偏少时就会造成水库存水不足，影响发电、农田灌溉以及下游生产、生活；若蓄水量过大，当遭遇突发洪水时又会造成水库水位迅速上涨，导致因泄洪不及时使水坝垮塌，或因下泄流量过大而淹没下游工农业设施等后果，造成重大的经济损失。

对于制造企业而言，库存的作用主要包括：

1）为预期的用户需求提供存货。

2）将生产和销售过程分开。例如：在夏季生产冬季畅销的产品，从而避免冬季时因产品

缺货和脱销带来的经济损失。与此相类似，若公司原材料供应不稳定，为保证产品的正常生产及市场供应，那么就需要额外预订或提前组织原材料。

3）从数量折扣中获益。当大批量采购原材料或零部件时，通常可以得到比较大的折扣，有利于降低采购成本。

4）套购保值。当原材料预期要涨价时，通过提前存储物品可以减少价格上涨或通货膨胀带来的损失。

5）一定的安全库存可防止或减少由于恶劣天气、供货短缺、质量问题或运输失误等带来的损失。

6）考虑到订货和进货需要一定时间，库存可以保证生产过程的顺利进行。

制造企业的库存主要包括四种类型：原材料库存、在制品库存、维护-维修-作业用品库存以及产成品库存。其中，原材料库存（Raw Material Inventory）是已经购买的，但还未投入生产的物品存货。通过原材料库存可以将供应商从生产过程中分离出来。在制品库存（Work-In-Process Inventory）是指已经做过一些加工，但加工尚未完成的产品。由于生产产品需要一定时间，由此形成在制品（WIP）。通过减少循环时间，可以减少在制品库存。由于设备维护、维修需求以及所花费的时间具有不确定性，维护-维修-作业（Maintenance-Repair-Operating，MRO）用品库存的制定充满挑战。实际上，MRO 存货也是维护计划的组成部分，需要根据产品质量特性和使用过程的历史数据做出预测。产成品库存（Finished Goods Inventory）是指已经完成制造、正等待装运的存货。由于用户和市场需求难以准确预测，相当数量的产成品会以存货的形式存在。

根据需求和补充中是否包含随机性因素，可以将库存系统模型分为确定型和随机型两类：①确定性模型：模型中的数据均为确定的数值。②随机性模型：模型中含有随机变量。在确定库存策略时，一般先要对复杂的问题或条件进行简化，将实际问题抽象成数学模型，以便反映问题的本质特征；再用数学方法求解模型，得出定量的结论。

库存管理研究可追溯到 20 世纪初，它始于确定型库存研究。20 世纪 30 年代，人们提出"订货点法（Ordering Point Method）"。订货点法以"库存补充"为原则，目的是使库存量不低于安全库存，以保证生产活动的正常进行，避免因库存不足而影响生产。订货点法适合于均衡消耗的场合，它未考虑工程实际中物料需求的波动性和不确定性，容易造成库存积压。20 世纪 60 年代，美国 IBM 公司约瑟夫·奥列基（Joseph A. Orlicky）在分析产品结构和制造工艺的基础上，提出物料独立需求（Independent Demand）和相关需求（Dependent Demand）的概念，建立了上下层物料的从属关系和数量关系，并在此基础上提出新的库存管理理论——物料需求计划（Material Requirements Planning，MRP）。MRP 基于市场需求、产品结构、制造过程中的时间坐标和库存信息等来制订生产计划和采购计划。

但是，MRP 在制订生产计划时没有考虑生产能力约束，缺少必要的可行性分析。为此，人们又提出了闭环 MRP（Closed-Loop MRP）理论。闭环 MRP 采用约束理论（Theory Of Constraints，TOC）分析生产能力、作业负荷、瓶颈（Bottleneck）工序或关键工作中心（Critical Work Center），它具有自上而下的计划可行性分析和自下而上的执行反馈功能，使得生产计划具有一定的实时应变性，保证了生产计划的可靠性。闭环 MRP 主要考虑生产计划中的物流过程，但缺少必要的资金流动及财务成本分析，没有考虑计划执行结果与企业效益之间的关系，也未分析生产计划是否符合企业的发展目标。1977 年，美国生产管理专家奥利佛·怀特（Oliver W. Wight）提出制造资源计划（Manufacturing Resources Planning Ⅱ，MRP

Ⅱ）的概念。MRPⅡ以闭环MRP为基础，以生产计划为主线，从企业的经营目标和整体效益出发，增加了财务与成本控制功能，通过对企业各种制造资源的计划和控制，实现物流、信息流和资金流的集成管理，达到以资金流控制企业生产活动和物流活动的目的。

20世纪90年代以后，在经济全球化和以Internet为代表的信息化技术的推动下，企业之间的竞争不断加剧，企业运作出现跨行业、跨地区和多业务融合等特征，它不仅要求企业对内部的制造资源进行管理，还要对供需链中的人、财、物、产、供、销等信息进行集成管理，以适应全球化市场竞争。MRPⅡ是以面向企业内部业务为主的管理系统，已不能适应全球化竞争、供需链集成管理的需求。1990年，美国加特纳集团公司（Gartner Group Inc.）提出了企业资源计划（Enterprise Resources Planning，ERP）的思想。ERP建立在信息技术基础上，它面向全球市场和供需链管理，全面集成企业内外的相关资源和信息，实现资源的综合平衡和优化，是一种全方位和系统化的企业决策、计划、控制、经营管理平台。

4.5.2 库存系统模型

1. 库存系统模型的构成要素

库存系统模型应能反映库存问题的基本特征。库存系统模型包括需求、补充、库存、库存策略以及成本等要素。

（1）需求（Demand） 需求是库存的输出，库存的目的是为了满足需求。需求反映生产经营活动对资源的需要，即要从库存中提取的资源量。此外，需求的发生也意味着库存将不断减少。

根据需求的时间特征，可以将需求分为连续性需求（Continuous Demand）和间断性需求（Intermittent Demand）。其中，连续性需求是指随时间连续发生变化的需求，相应地库存也将随时间变化而连续减少；间断性需求是指发生时间很短、可以视为瞬时发生的需求。与此相对应，库存也呈跳跃式减少。

此外，根据需求的数量特征，可以将需求分为确定性需求（Deterministic Demand）和随机性需求（Stochastic Demand）。在确定性需求中，需求发生的时间和数量是确定的，如根据合同规定的数量和有计划的生产安排。随机性需求是指需求的时间或数量是不确定的，如因突发事件或自然灾害产生的物资需求等。在工程实际中，需求量往往是不均匀的，存在很大的波动性，难以准确地预测。

（2）补充（Replenishment） 补充是库存的输入。随着生产经营活动的进行，原有的库存不断减少。为保证生产经营活动不间断，必须及时地补充库存。没有补充，或补充不足、不及时，都将会导致库存物资消耗完毕，影响正常的生产活动。

补充可以是从企业外采购，也可能是企业内部生产。如果是从企业外采购，从订货到货物进入库存往往需要一定的时间，称为采购时间（Purchase Time）。因此，由于存在一定的采购时间，为保证库存得到及时补充，必须提前订货，需要提前的时间称为订货提前期（Lead Time for Ordering）。

（3）库存（Inventory） 企业的生产经营活动总要消耗一定资源。考虑到资源供给与需求在时间、空间以及成本等方面存在矛盾，通常通过预先存储一定数量的资源来协调供需关系。这种为满足后续生产经营的需要而存储的资源就是库存。

需求、补充和库存等是库存系统的三个基本要素。它们之间的关系如图4-37所示。

图4-37 库存系统的基本要素

（4）成本（cost） 在库存理论中，常以成本（费用）作为评价和衡量存储策略优劣的依据。一般地，与库存系统相关的成本包括存储成本、采购成本、缺货成本和生产成本等。

1）存储成本（Holding Cost）是指物资存放在仓库一定时期内所发生的全部成本，即为保持存货而发生的成本。存储成本通常包括两个部分：一是因保管实物而发生的支出，如仓库折旧费、保险费、修理费、冷暖气费、通风照明费以及仓库内部的装卸搬运费、仓库管理费等；二是因存储货物占用资金而产生的费用，如支付利息或占用费、物资老化变质、损坏、损耗所产生的损失等。此外，还可能存在因存储占用资金，错失其他投资而造成的机会损失。

另外，存储成本也可分为固定成本（Fixed Cost）和可变成本（Variable Cost）。其中，固定成本与存货数量的多少无关，如仓库折旧、仓库职工的固定工资等；可变成本与存货的数量有关，如存货资金的应计利息、存货的破损和变质损失、存货的保险费用等。

2）采购成本（Ordering Cost）也称订货成本，它的构成包括订购成本（如手续费、电信费、差旅费）和物资进货成本（如货款、运费等）两部分。其中，订购成本与订货次数有关、与订货数量无关，物资进货成本与订货数量有关。

3）缺货成本（Stockout Cost）是指当库存物资不能满足需求时所造成的损失，如机会损失、停工待料损失、延期交货的额外支出以及不能履行合同而缴纳的罚款等。实际上，长期缺货或经常性缺货会造成顾客不满意，影响产品和企业的信誉，给企业造成长远的伤害。

4）生产成本（Production Cost）是指自行生产所需物资的成本，包括原材料和零部件成本、加工成本、装配成本以及生产组织成本等。

（5）库存策略（Inventory Strategy） 库存策略就是指决定在什么情况下对库存进行补充、什么时间补充库存以及每次补充多少等的相关规则或方法。常用的库存策略包括：

1）t-循环策略：不论实际库存状况如何，总是每隔一个固定的时间 t，就补充固定的库存量 Q。显然，该策略只适用于需求恒定的情况。

2）(t,S) 策略：每隔一个固定的时间 t 补充一次，补充数量以补充到一个固定的最大库存量 S 为标准。因此，每次补充的数量是不固定的，需要根据实际库存量而定。当库存余额为 I 时，补充的数量为 $Q = S - I$。

3）(s,S) 策略：设库存余额为 I，若 $I > s$，则不对库存进行补充；若 $I \leqslant s$，则对库存进行补充，补充的数量为 $Q = S - I$。补充后达到最大库存量 S，s 称为订货点。

4）(t,s,S) 策略：在一些情况下，需要通过盘点才能得知实际库存。若每隔一个固定的时间 t 盘点一次，得知当时库存为 I，再根据 I 是否超过订货点 s，决定是否订货、订货多少等。这种库存策略称为 (t,s,S) 策略。

在库存系统中，库存量因需求而减少、因补充而增加。若以时间 t 为横轴，以实际存储量 Q 为纵轴，就可以绘制出库存量随时间的动态变化规律，称为库存状态图（见图 4-38）。

由图 4-38 可知，当已知单位时间内的物资需求量、订货提前期 T（采购时间）、订货批量和安全库存量（Safety Inventory）等参数时，就可以计算出订货点。在订货点处下订单，当所采购的物资到达仓库时就可以使物资恢复到最大库存。在订货提前期不变的前提下，若物资需求频率增加，为保证生产经营活动的正常进行，需要将订货点升高，即提前订货；反之，若物资需求减少，则订货点可以适当降低。此外，由图 4-38 还可以系统地分析订货提前期、安全库存、采购批量、最大库存以及订货点等参数之间的相互关系。

库存状态图是研究库存系统的重要工具。值得指出的是，同一个库存问题，采用不同的

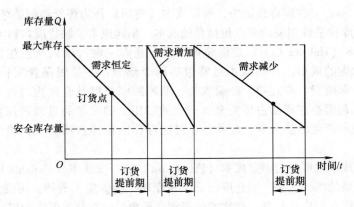

图 4-38　库存状态图

存储策略，将会得到不同的库存状态图。

在制定库存策略时，既要考虑减少物资的存储量，以减少存储成本；又要尽量减少库存的补充次数，以减少采购成本。当物资需求量一定时，存储量越少则补充次数就越多，而补充次数越少则意味着存储量越大。因此，两者之间经常是相互矛盾的。如何在两者之间寻求平衡与统一，是库存决策时需要解决的重要问题。实际上，平均成本最低或盈利期望值最大是衡量库存策略优劣与否的最主要标准。

2. 库存管理方法

1879 年，意大利经济学家维尔弗雷多·帕累托（Vilfredo Pareto，1848—1923）在研究财富分布时发现：20% 的人拥有约 80% 的全部财富，而其他 80% 的人只拥有剩余 20% 的财富。他将这一关系用图表示出来，后被称为帕累托图（Pareto Chart），也称为 80/20 法则、排列图、主次因分析法等。

在此基础上，人们进一步将管理的对象分为 A、B、C 三类。1951 年，管理学家戴克（Dickie）将其应用于库存管理，命名为 ABC 分析法。ABC 分析法的核心思想是：识别占少数，但对事物起决定作用的主要因素以及占多数，但对事物影响较小的次要因素。1951—1956 年，质量管理专家约瑟夫·朱兰（Joseph M. Juran，1904—2008）将 ABC 分析法引入质量管理领域，用于分析质量问题，称之为排列图。1963 年，现代管理学大师彼得·德鲁克（Peter F Drucker，1909—2005）将该方法推广到其他社会问题，使 ABC 分析法成为企业提高效益而普遍应用的管理方法。

同样，在库存管理中的物料也存在重要的"少数"和不太重要的"多数"。如图 4-39 所示，在多数企业中，库存的物料大致可以分为三种类型：A 类物料种类约占品种数的 10%～20%，但价值却占物料总价值的 60%～80%；B 类物料约占品种数的 15%～25%，价值约为物料总价值的 15%～30%；剩余 55%～75% 种类的物料为 C 类物料，具有品种多、数量大、价值低等特点，仅占物料总价值的 5%～10%。

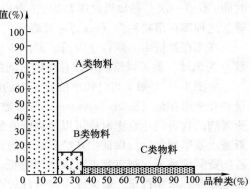

图 4-39　库存管理中的 ABC 分类

根据 ABC 分析法，A 类物料种类虽少，但却是库存管理关注的主要对象；B 类物料是次重要物料，也是库存管理需要关注的对象，而 C 类物料则是不太重要的"多数"。

利用 ABC 分析法，可以找出库存管理中的主要矛盾和次要矛盾，有针对性地采取对策。例如：对于 A 类重点物料，要尽可能降低订购量以减少库存量，可以采用定期库存控制等方法进行管理；对于 B 类物资可采用选择补充库存制度；对于 C 类物料，可以加大订购批量、提高储备量、采用定量库存控制等方法进行管理，以减少日常管理工作。对于价值很低的物料，必要时甚至可以一次投料完成半年或一年的计划用量。运用 ABC 分析法可以更有效地完成库存预测和存量控制，减少安全库存和库存投资风险。

需要指出的是，A、B、C 分类是相对的概念，其划分标准和比例需要根据具体的研究对象确定。实际上，行业不同，库存管理模式也不尽相同。此外，根据对象特点和管理需要，也可以将物料分为三种以上类型。

例如：4S 店是汽车生产厂家主导下的一种销售和服务模式，生产厂家对汽车 4S 店备件的订购与销售实行严格管理。以南京市某品牌汽车 4S 店为例，该 4S 店的订货制度主要包括以下内容：

1）每周只允许订货一次，每月只有一次紧急订货。若出现缺货并且当前的订货权已经用完，则只有等到下次订货时才可以订货。生产厂家对常用备件的供货率为 80%～90% 左右。因此，当生产厂家的库存备件缺货时，会出现本次订购的备件到货不及时的现象。另外，汽车备件的三大总成件（发动机、变速箱、车身）不受订货次数影响。

2）新车型上市时，生产厂家通常会一次性将大量需求很少的备件供应给 4S 店，其中部分备件会一直在仓库放到不能使用为止。

3）4S 店备件的订货价格与销售价格由生产厂家确定，所有备件的订货价格与销售价格均不受订货量的影响。

4）4S 店只能向订货中心订货；具体由哪个中转站发货，由订货中心安排。通常，4S 店无法得知制造厂商库存备件的具体库存量。

5）4S 店不允许从国内其他汽车备件供应商处采购备件，生产厂家会定期盘查其备件使用与销售记录，一旦发现有外购情况将予以重罚。

以上规定使得汽车 4S 店在建立服务备件库存时存在一定难度和限制。2005—2007 年，某品牌汽车 4S 店出库备件总数为 2715884 件。根据该行业管理规范和物料特点，在分析商品品种及出货量的基础上，对出库备件进行 ABC 分类，制定分类规则如下：①按备件出库数量从大到小排序。②占备件出库数量总数 70% 的备件为 A 类，70%～95% 的备件为 B 类，A、B两类合计占 95%。③平均 3 个月备件需求数量大于 1 的备件列为 C 类。④车身/发动机/变速箱为非建储备件，不参与排序，作为 D 类备件特别处理。⑤特殊需求备件不参与排序，作为 E 类备件处理，如底盘备件等。根据上述规则得到备件 ABC 分类见表 4-12。

表 4-12　某汽车 4S 店备件出库 ABC 分类表

分　　类	分 类 标 准	品　　种	出　库　量	出 库 比 例
A	70%	115	1893989	69.73%
B	95%	1317	678803	25.00%
C	99%	10381	135477	4.99%
D	特别处理备件	8100	405	0.01%
E	特殊需求备件	78	7210	0.27%

考虑到行业的特殊性和实际可操作性，通过确定库存标准、订货点及订货量等订货指标，在满足一定服务水平和符合生产厂商订货要求的基础上，制定该汽车4S店备件库存标准及订货原则见表4-13。

表4-13　某汽车4S店备件库存标准及订货原则表

分　　类	分类标准	库存标准	订货点	订货量	到货后库存量
A	70%	4周需求	小于3周需求	3周用量	小于5周用量
B	95%	5周需求	小于4周需求	3周用量	小于6周用量
C	99%	1周需求	为0时	1周用量	小于3月用量
D	特别处理备件	不建库存	有需求时	按需要	
E	特殊需求备件	依情况定	有需求时	按需要	

4.5.3　案例研究：汽车4S店库存系统建模与仿真

1. 汽车4S店备件库存管理概述

进入21世纪以来，我国汽车制造业发展迅速，汽车产销量和保有量持续快速增加，已连续多年位居世界第一。汽车产品结构复杂、零件种类众多，此外国内的汽车产品还具有品牌/型号众多、车型更新快等特点，给汽车备件管理带来挑战。

备件管理是汽车4S店经营活动中的重要内容。良好的备件管理能够有效缓解供给和需求之间的不确定性。备件库存合理与否，直接影响4S店的销售收入、经营成本和企业利润。汽车备件管理现存的问题主要包括：①备件库存积压多，库存资金占用大，"死库存"现象严重。②备件缺货现象经常发生，备件响应速度较慢，客户服务水平低。因此，研究汽车4S店备件库存问题具有重要意义。

下面以某汽车4S店备件库存管理为对象，应用系统建模和仿真技术分析并优化备件库存。在分析系统结构组成和功能的基础上，采用Flex-Sim软件建立备件库存系统仿真模型；通过对模型运行结果的分析，寻找现有备件库存管理存在的问题；采用ABC分析法提出备件库存管理改善方案，并通过仿真加以验证。

某汽车4S店原先的备件管理流程如下：在备件入库之前，先根据订货单核对数量，并检验备件是否合格；合格品直接入库，不合格品则退回给供应商。当有备件需求时，直接进库房取出备件；备件出库时，先检验备件是否合格，合格品直接出库，不合格品放入废品区。图4-40所示为备件出入库原先的管理流程。

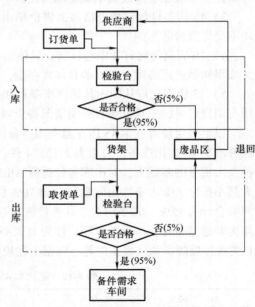

图4-40　某汽车4S店备件出入库管理的原先流程

经分析可知，原备件出入库流程存在以下问题：①备件入库检验时没有进行分类管理，只是按照入库顺序随机放置。②货架管理混乱，库存中各种备件供需状况没有明显区分。③常出现某些备件库存积压、某些备件经常缺货的情况，成为库存管理中的瓶颈。

2. 原备件库存系统的建模与仿真

某汽车 4S 店备件管理工作的主要内容包括：①备件采购，根据仓储部门提出的申请或客户的特殊需求进行采购以补充库存。②备件存储，包括库存管理（如收货、发货、盘点等）、备件质量信息的收集与反馈、提出订货请求、定期分析库存现状等。

已知备件到达速率为平均每 10min 到达一个产品；仓库的最大容量为 1000 件；每次备件入库的检验时间为 5min；备件的合格率为 95%；维修车间对备件的需求服从 0.5～1.5h 的均匀分布；仓库货架的列数为 10 列，列宽为 2m，层数为 5，层高为 0.5，m。采用 FlexSim 软件分析系统及其模型元素见表 4-14。

表 4-14　某 4S 汽车店库存系统实体元素

系 统 元 素	模 型 元 素	系 统 元 素	模 型 元 素
产品	FlowItem	货架	Rack7
发生产品	Source4	暂存区	Queue9
供应商	Processor5	备件需求车间	Processor10
检验台	Processor6	废品区	Queue11
检验台	Processor8	产品收集装置	Sink12

采用 FlexSim 软件建立该库存系统模型的基本步骤如下：

1) 在模型中生成实体：从实体库中拖出 1 个 Source（发生器）实体，作为备件始发处；建立 4 个 Processor 实体，分别对应于 1 个供应商、2 个检验台和 1 个备件需求车间；建立 2 个 Queue 实体，对应于系统中的暂存区与废品区；建立 1 个 Sink 实体，对应于库房。

2) 连接端口：根据实体的流动路径，连接不同固定实体的端口，将一个实体的输出端口与另一个实体的输入端口相连接。

3) 通过设置发生器 Source4 的备件到达间隔时间，来模拟备件的到达频率。

4) 设置供应商 Processor5 的处理时间，以模拟产品的发货时间。

5) 设置 Processor6、Processor8 两个检验台的处理时间，以模拟备件的检验时间。

6) 设置货架。

7) 设置废品区。

8) 设置车间需求备件的时间分布。

设置仿真时间为 7 天，即 7×24×60 = 10080min。由仿真结果可知，按照原有备件库存管理方案，货架当前的库存量为 683 件，平均库存量为 299.91 件，备件库存积压现象比较严重。

3. 基于 ABC 分类法的备件库存改善及其仿真研究

对该汽车 4S 店备件进行 ABC 分类，分类标准见表 4-15。其中，A 类备件占库存资金总数 70%，是该店销售收入的主要来源，需要重点管理；C 类备件占 5%，采取一般管理；B 类备件的比例在 A 类与 C 类之间，采用次要管理。

表 4-15　某 4S 汽车店库存备件 ABC 分类标准

分　类	占品种（%）	占资金额（%）	管 理 模 式
A 类	15	70	重点管理
B 类	20	25	次要管理
C 类	65	5	一般管理

以该 4S 店 10 种常用件为例,备件占用资金情况见表 4-16。根据资金占用情况进行 ABC 分类,结果见表 4-17。

表 4-16 某 4S 汽车店库存备件资金占用情况

备件编号	年均占用资金/万元	占库存资金(%)
3	16.841	52.98
7	6.619	20.82
8	4.024	12.66
2	1.948	6.13
1	1.353	4.26
4	0.469	1.48
6	0.257	0.81
9	0.189	0.59
5	0.062	0.20
10	0.023	0.07
合计	31.785	100

表 4-17 某 4S 汽车店库存备件 ABC 分类结果

分类	备件编号	年均占用资金/万元	占总库存资金(%)
A 类	3, 7	23.460	73.80
B 类	8, 2, 1	7.325	23.05
C 类	4, 6, 9, 5, 10	1.000	3.15

基于 ABC 分类法,建立改善后的备件出入库管理流程,如图 4-41 所示。根据改善方案建

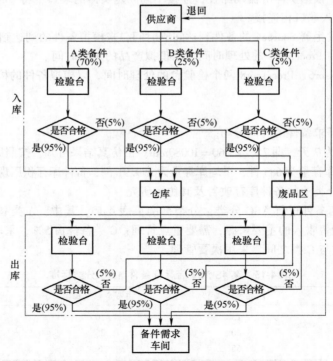

图 4-41 改善后的备件出入库管理流程

立相应的 Flexsim 仿真模型。在模型中加入 1 个 Source、7 个 Processor、3 个 Rack、3 个 Queue 和 1 个 Sink 到操作区中，再将各个实体连接起来。对模型进行编译和仿真，仿真时间 168h。结果如图 4-42 所示。

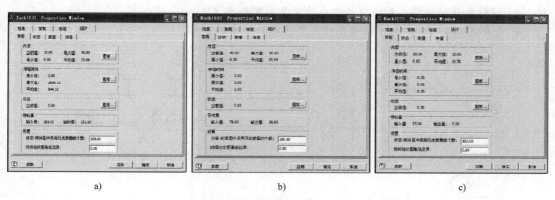

图 4-42　改善后不同类型备件的统计数据

a）A 类备件　b）B 类备件　c）C 类备件

由仿真结果可知：改善后 A 类备件的当前库存为 12，平均库存为 23.69；B 类备件的当前库存为 40，平均库存为 13.94；C 类备件的当前库存为 30，平均库存为 10.58。仿真结束后，仓库当前的总库存为 12 + 40 + 30 = 82，平均库存为 23.69 + 13.94 + 10.58 = 48.21。改善前后库存量的仿真数据对比见表 4-18。

表 4-18　改善前后库存量的仿真数据对比

对比参数	改善前	改善后	库存量降幅（%）
当前库存/件	683	82	88
平均库存/件	299.91	48.21	84

由表 4-18 可知：改善后该汽车 4S 店的库存当前值降低了 601 件，降幅为 88%；平均库存降低 251.7 件，降幅为 84%。显然，在采用 ABC 分类和改善仿真流程的基础上，利用仿真技术验证新方案，能有效降低该汽车 4S 店的库存积压，解决资金占用等问题。此外，通过采用 ABC 分类和改进出入库管理流程，还能有效减小库存备件所需的仓库面积，为企业带来明显的经济效益。

 思考题及习题

1. 结合具体的制造系统或服务系统，分析离散事件动态系统的基本特征。

2. 什么叫作"状态空间爆炸"？产生状态空间爆炸的原因是什么？它给系统性能分析带来哪些挑战？

3. 常用的离散事件系统建模方法有哪些？它们是如何分类的？

4. 什么是马尔可夫特性？它在离散事件系统建模与分析中有什么作用？

5. Petri 网理论中建模的基本元素有哪些？它们分别有什么含义？

6. Petri 网理论有哪些扩展形式？它们分别在哪些方面做了扩展？分析扩展模型的主要特

点和应用领域。

7. 离散事件系统模型中有哪些事件关系？以 Petri 网模型如何描述这些事件关系？给出冲突的定义和分类，制造系统中产生冲突的原因可能有哪些？解决冲突的基本途径是什么？利用 Petri 网模型分析和解决系统中的潜在冲突具有哪些意义？

8. 分析图 4-43 所示 Petri 网模型中各变迁之间的事件关系。

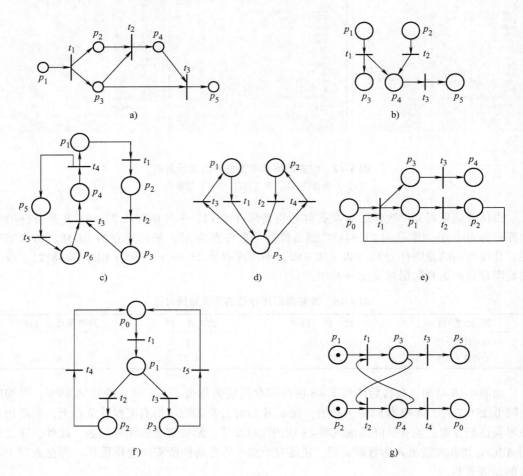

图 4-43

9. 某产品装配线共有三道装配工序 t_1、t_2 和 t_3。其中，工序 t_1 将 2 个零件 p_1 和 1 个零件 p_2 用四个螺钉 p_3 装配起来，形成半成品 p_4；工序 t_2 将 p_4 和 3 个零件 p_5 用 6 个螺钉 p_6 装配起来，形成半成品 p_7；工序 t_3 将 p_7 和零件 p_8 装配起来，形成成品 p_9。工序 t_1 和 t_2 都要用到工具 p_{10}。零件 p_2 的存储容量为 50 个，p_5 的最大存储容量均为 100 件，螺钉 p_3 和 p_6 的存储容量分别为 500 个，装配线上半成品 p_4 和 p_7 的存储容量为 5 件，成品 p_9 的容量为 800 个。以 Petri 网的图形化建模工具，完成上述装配系统的建模。

10. 某车间有一个工人和两台车床（机床甲和机床乙），该工人负责机床甲和机床乙的操作。其中，工人具有待命（p_0）和休息（p_9）两种状态，每台机床分别具有等待加工（p_1、

p_2）、正在加工（p_3、p_4）和处于等待三种状态（p_7、p_8），在机床上完成加工的零件处于装配状态（p_5、p_6），并在装配后形成装配件。分别以 t_1、t_2 表示工人开动机床甲和机床乙，以 t_3、t_4 表示机床甲和机床乙结束加工，t_5、t_6 表示机床甲和机床乙开始等待，t_7 表示加工后的两个零件的装配操作。试以上述符号以及 Petri 网相关的图形化工具，建立该制造系统的 Petri 网模型。

11. 某加工车间有三台不同的机器 M_1、M_2 和 M_3，有两个工人 L_1、L_2。工人 L_1 可以操作机器 M_1 和 M_2，工人 L_2 可以操作机器 M_1 和 M_3。工件分为两个阶段加工，第 1 阶段必须用机器 M_1 加工，第 2 阶段可以用 M_2 或 M_3 加工。当 M_2 或 M_3 均处于空闲状态时，工件在 M_2 上加工；否则，哪台机器空闲就在哪台机器上加工。在分析系统结构、功能和要素状态的基础上，定义系统中的库所和变迁，采用 Petri 网理论建立该系统的模型。

12. 某可修复系统由三个部件串联而成，在分析系统结构和功能的基础上，建立系统的 GSPN 模型，并建立系统的状态可达图。

13. 以一个工作部件、一个备份部件的储备系统为例，在分析系统结构和功能的基础上，分别建立冷储备和热储备系统的 GSPN 模型，并绘制系统的状态转移图和状态可达图。

14. 在分析 "4.4.5 案例研究：基于排队论的制造系统建模与手工仿真" 和 "4.5.3 案例研究：汽车 4S 店库存系统建模与仿真" 节中案例结构、功能及性能分析要求的基础上，采用 Petri 网理论分别建立系统的 Petri 网分析模型，给出系统建模元素列表，分析建模元素具有的属性、需要用到 Petri 网理论的哪些扩展形式。

15. 某单队列、单服务台系统，第一位顾客在 0 时刻到达系统，随后 9 位顾客的到达间隔为 1min、1min、6min、3min、7min、5min、2min、4min、1min；前 10 位顾客的服务时间分别为 4min、2min、5min、4min、1min、5min、4min、1min、4min、3min。求：

（1）截至第 20min 时，系统完成服务的顾客数、服务台的平均利用率、队列的平均长度、顾客的平均等待时间、顾客的最长等待时间。

（2）当第 10 位顾客离开系统时，该排队系统的主要性能指标。

16. 以 "4.4.5 节案例研究：基于排队论的制造系统建模与手工仿真" 中的单工序钻孔系统为对象，采用手工方式模拟系统运行过程，计算 30min 时该排队系统下列的性能指标：

（1）完成钻孔的零件数量；

（2）队列中零件的平均等待时间；

（3）队列中零件的最长等待时间；

（4）等待加工队列中零件的平均数量；

（5）等待加工队列中零件的最大数量；

（6）零件在系统中的平均时间；

（7）零件在系统中的最大时间；

（8）钻床的利用率。

17. 某理发店只有 1 名理发员，顾客到达服从泊松过程，平均到达间隔为 20min，理发时间服从指数分布，平均时间为 15min。求：

（1）顾客理发不必等待的概率；

（2）理发店内顾客的平均数量；

（3）顾客在理发店内的平均停留时间；

（4）若顾客在店内平均停留时间超过 60min 时，将考虑增加理发设备和理发员，求当顾客平均到达率为多少时才需要考虑此事。

18. 某工人负责6台机器的维修，已知每台机器平均每2h损坏一次，工人修复一台机器平均用时为20min，上述时间均服从指数分布。求：

(1) 所有机器均能正常工作的概率；

(2) 等待维修的机器的平均数；

(3) 机器在维修车间中平均花费的时间；

(4) 机器平均等待的时间；

(5) 如果要保证50%的时间里所有机器都正常工作，该工人最多能负责几台机器的维修。

19. 对于制造系统而言，库存有哪些作用和功能？

20. 在制造企业中，库存大致可以分成四种类型。简要论述四种库存的名称和功能。

21. 什么是安全库存、订货提前期？确定安全库存和订货提前期时分别需要考虑哪些因素？

22. 什么叫作"订货点法"？要确定订货点，需要哪些条件？订货点法适合于怎样的库存系统？为什么？

23. 绘制库存状态图。分析库存状态图中的主要元素和变量，分析订货点的确定与安全库存、订货提前期、需求速率、采购批量、最大库存等参数之间的关系。

24. 库存管理理论大致经历了哪些发展阶段？简要分析不同的理论模型分别做了哪些方面的扩展、增加了哪些功能。

25. 库存系统模型有哪些构成要素？简要论述每个要素的定义、功能及其细分类型。

26. 常用的库存策略有哪些？简要分析每种策略的特点及其适用范围。

27. 什么是经济采购批量（EOQ）模型？该模型基于哪些假设条件？需求、成本等因素是如何影响经济采购批量的？

28. 什么是确定型库存模型？什么是随机型库存模型？

29. 什么是ABC分析法？对于库存管理系统来说，采用ABC分析法的目的是什么？应用ABC分析法的步骤是什么？

30. 某公司仓库存储有10种物资，货物的年需求量及单位成本见表4-19。现该公司拟采取ABC分析法将物资分为A、B、C，以提高管理的效率和针对性，请给出ABC分类管理方案。

表4-19　货物的年需求量及单位成本

物资代号	年需求量	单位成本/元	物资代号	年需求量	单位成本/元
1	3000	500	6	500	5000
2	4000	120	7	300	15000
3	1500	450	8	600	200
4	6000	100	9	1750	100
5	1000	200	10	2500	50

31. 某零售商店主要经营10种商品，商品编号、年销售量以及单件销售利润见表4-20。采用ABC分析法将上述10种商品分为A、B、C三类。

表 4-20　某零售商店经营的 10 种商品销售信息表

商 品 编 号	年 销 售 量	单件利润/元	商 品 编 号	年 销 售 量	单件利润/元
1	800	40	6	500	60
2	1200	80	7	1200	10
3	700	30	8	800	70
4	1000	20	9	1500	10
5	200	80	10	1500	40

32. 某工厂生产一种零件，年产量为 18000 件，已知该厂每月可生产 3000 件，每生产一批的固定费为 5000 元，每个零件的年度存储费为 18 元，求每次生产的最佳批量。

33. 某种原材料进价为 1000 元，售价为 1500 元，如果采购量过剩，可以以 300 元的价格返回给原材料生产厂。假设需求服从正态分布，期望值为 200，标准差为 250。试确定该原材料的最优进货批量。

34. 某企业拟生产一批产品，根据往年的数据，市场需求服从 $\mu = 200$、$\sigma^2 = 300$ 的正态分布。已知每件产品的售价为 2500 元，生产成本为 1500 元。但是，如果在指定期限内产品不能销售出去，则只能按报废处理，回收价值为 0。回答下述各问题：

（1）如果要使得效益最大，企业应该生产多少件产品？

（2）若该企业生产了 200 件产品，那么利润的期望值是多少？

（3）若该企业按经济批量组织生产，那么未能销售出去产品的期望值是多少？

第5章
制造系统的仿真方法

如前所述，离散事件系统是由实体、资源以及活动等类型的要素构成，各要素之间相互关联、相互影响。因此，在系统仿真时需要有一种机制来定义系统要素之间的逻辑关系、建立系统的行为模型，以便模拟系统的动态运行过程，这种机制称为仿真调度策略（Simulation Scheduling Strategy）。第2章曾指出：事件、活动和进程是仿真时用来描述系统状态变化的三种元素。与此相对应，离散事件系统常用的仿真调度策略包括事件调度法、活动扫描法和进程交互法。此外，随着面向对象程序设计方法的普及，基于消息驱动的仿真调度策略也得到重视。仿真时钟是仿真程序（或仿真软件）中用来记录事件发生时间、统计系统性能的重要参数。仿真时钟的推进机制不仅关系到仿真效率，还与仿真精度密切相关。蒙特卡洛仿真是仿真技术发展最早、研究最为深入的领域，广泛应用于工程、经济、金融以及管理等行业。

本章5.1节介绍常用的仿真调度策略；5.2节简要介绍几种仿真时钟推进机制；5.3节介绍蒙特卡洛仿真的基本原理，给出蒙特卡洛仿真在系统可靠性分析中的应用案例；5.4节介绍系统动力学仿真的基本原理，并以汽车供应链的库存优化为例，介绍系统动力学仿真的应用步骤。

5.1 系统仿真的调度策略

总体上，仿真模型可以分为三个层次：仿真总控程序、模型单元子程序和公共子程序。它们之间的关系如图5-1所示。

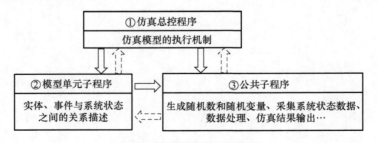

图5-1 仿真模型的总体架构

总控程序处于仿真模型的最高层，它采用一定的调度策略和执行机制，来决定仿真模型的运行过程和动作顺序（如下一个事件的发生时间等），并控制仿真模型第二层（即模型单元子程序）的运行。模型单元子程序主要用于描述实体之间的相互作用、事件与系统状态之间的关系等。调度策略不同，仿真模型第二层的结构也不尽相同。仿真模型第三层是供第一层和第二层调用的公共子程序，如产生服从指定分布的随机变量、系统状态变量更新、仿真报表生成与输出等。值得指出的是，各模型单元子程序之间的交互是由总控程序控制的。

5.1.1　事件调度法

如前所述，事件（Event）是离散事件系统的基本元素，事件的发生会引起系统状态的变化。1963 年，美国兰德公司的 Markowitz 等人在研究 SIMSCPRIPT 仿真语言时提出事件调度法（Event Scheduling Method）的概念。

事件调度法以事件作为分析系统动态运行的基本单元，通过定义系统中的事件以及每个事件发生对系统状态的影响，按照事件发生的时间顺序确定并执行与事件相关的逻辑关系，以驱动仿真模型的运行。

采用事件调度法建立仿真模型时，所有事件均存于事件列表（Event List）中。仿真模型总控程序的事件控制模块负责从事件列表中选择最先发生的事件，将仿真时钟推进到该事件将要发生的时刻，再调用与该事件相对应的事件处理模块，并更新系统状态。当前事件处理结束后，返回总控程序的时间控制模块，选择下一个将要发生的事件。事件选择与处理交替进行，直到满足仿真终止条件。事件调度法的仿真流程为：

（1）初始化。

1）设置仿真开始时间 t_0、仿真结束时间 t_{end} 或其他仿真终止条件。

2）设置系统中实体的初始状态。

3）事件列表初始化。

（2）令仿真时钟 $t = t_0$。

（3）若 $t \geq t_{end}$ 或满足其他仿真终止条件，则转至（4）；否则，从事件列表中取出发生时间最早的事件 E；将仿真时钟推进到该事件发生的时刻，即 $t = t_E$；根据事件类型，调用事件处理模块，即：

```
{case 根据事件 E 的类型：
    E ∈ E₁:执行 E₁ 的事件处理模块；
    E ∈ E₂:执行 E₂ 的事件处理模块；
        ⋮
    E ∈ Eₙ:执行 Eₙ 的事件处理模块；
endcase}
```

更新系统状态；生成新的事件，修改事件列表。

（4）仿真结束。

以上为事件驱动法仿真模型的基本流程，第（3）步中采用了下次事件的仿真时钟推进机制。在实际仿真算法设计时，还要考虑更多的细节问题，如确定发生时间相同事件的处理顺序等。

在面向事件的仿真模型中，总控程序需要完成以下几项工作：

（1）时间扫描（Time Scanning）　确定下一个事件发生的时间；将仿真时钟推进到下一个事件发生的时刻；从事件列表中产生当前事件列表（Current Event List），其中包含所有当前发生事件的事件记录。

（2）事件辨识（Event Identifying）　识别当前要发生的事件。

（3）事件执行（Event Executing）　根据当前事件列表中的事件类型，调用相应的事件程序（模块），处理当前发生的事件。事件一旦发生，就会从当前事件列表中移出。

事件列表是面向事件仿真模型总控程序的核心。它是一个用来记录将要发生事件的动态数据列表。随着仿真的推进，事件不断被列入或移出事件列表。对每一个事件而言，需要记录事件标识、事件发生时间等信息。系统不断地从事件列表中取出具有最早发生时间的事件记录，将仿真时钟推进到该事件发生的时刻，并转向处理该事件的子程序，仿真的执行机制如图5-2所示。

在事件调度法中，事件发生条件的测试需要在该事件处理程序内部进行。如果条件满足，则事件发生；若条件不满足，则推迟或取消该事件的发生权。因此，事件调度法是一种预定事件发生时间的策略，仿真模型中必须预先确定系统中最先发生的事件及其持续时间，以便启动仿真进程。对于活动持续时间确定的系统而言，采用事件调度法较为方便。

但是，当事件的发生不仅与时间有关，还取决于其他条件时，由于无法预定活动的开始或结束时间，事件调度法的缺点就变得

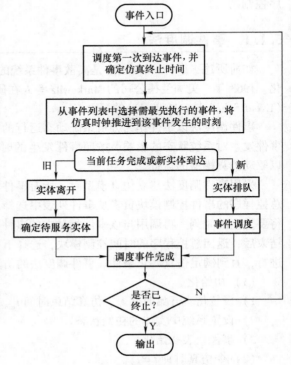

图5-2　事件调度法的仿真执行机制

十分明显。此外，当仿真模型比较复杂时，事件列表会很长。由于总控程序从事件列表中选择事件时需要花费时间，会导致仿真效率下降。

5.1.2　活动扫描法

1962年，Buxton和Laski在CSL语言中提出活动扫描法（Activity Scanning Method）的概念。活动扫描法以活动作为分析系统的基本单元，认为仿真系统在运行的每个时刻都由若干个活动构成。

活动与实体有关，主动实体（Active Entity）可以主动产生活动，如排队系统中的顾客，它的到达将产生排队活动或服务活动；被动实体（Passive Entity）本身不能产生活动，只有在主动实体的作用下它的状态才能发生变化，如排队系统中的服务员。

活动的激发与终止均由事件引起，任一活动都可以由"活动开始"和"活动结束"两个事件表示。一个活动对应于一个活动处理模块，用于处理与活动相关的事件。活动处理能否进行需要满足一定的条件，通常该条件与时间、系统状态等因素有关，并且时间条件应优先予以考虑。若所有条件都满足，则激活相应实体的活动模块。

每一个进入系统的主动实体都处于某种活动状态。在每个事件发生的时刻，活动扫描法

扫描系统，检验哪些活动可以激发、哪些活动需要继续保持、哪些活动可以终止。一个实体可以有几个活动处理模块。协同性活动的处理通常只归属于参与活动的一个实体，一般称之为永久实体（Permanent Entity）。在活动扫描法中，除设计系统全局仿真时钟之外，每一个实体都带有标志自身时钟值的时间元（time-cell）。时间元的取值由所属实体的下一确定时间刷新。

活动扫描法的基本思想是：用各实体时间元的最小值推进仿真时钟，将仿真时钟推进到一个新的时刻点；按优先级顺序执行可激活实体的活动，使满足条件的事件得以发生并改变系统状态，安排相关确定性事件的发生时间。显然，活动处理是活动扫描法的基本模块，它与事件调度法中的事件处理模块相当。

一般地，基于活动扫描法的仿真流程为：

（1）初始化。

1）设置仿真开始时间 t_0 和结束时间 t_{end}。

2）设置各实体的初始状态。

3）设置各个实体时间元 time-cell $[i]$ 的初值（$i = 1, 2, \cdots, m$），m 为实体个数。

（2）令仿真时钟 $t = t_0$。

（3）如果 $t \geqslant t_{\text{end}}$ 转至（4）；否则执行活动处理扫描。假设当前有 n 个活动处理，则有：

```
for j =1 to n(优先级从高到低)
        处理模块 A_j 隶属于实体 En_i;
        if(time-cell[i]≤t)then
            执行活动处理 A_j;
            若 A_j 中安排了 En_i 的下一事件,则刷新 time-cell[i];
        endif
        若处理模块 A_j 的测试条件 D[j]=true,则退出当前循环,重新开始扫描;
endfor
推进仿真时钟 t = min{time-cell[i]|time-cell[i]>t};
重复执行第（3）步。
```

（4）仿真结束。

由上述仿真算法可知：在某一仿真时刻，活动扫描法要对所有当前（time-cell$[i] = t$）可能发生的以及过去（time-cell$[i] < t$）应该发生的事件反复扫描，直到确认已经没有可能发生的事件时才推进仿真时钟。

在活动扫描法的仿真模型中，模型第二层的每个活动处理模块都包括两部分：①探测头（Detecting Head）：测试是否执行活动处理模块中操作的判断条件。②动作序列（Action List）：活动处理模块要完成的具体操作，只有测试条件通过后才被执行。

总控程序的主要任务是时间扫描，以确定仿真时钟的下一个推进时刻。根据活动扫描仿真策略，仿真时钟的下一时刻由下一个最早发生的确定事件所决定。在基于事件调度法的仿真模型中，时间扫描通过对事件列表的扫描来完成。在基于活动扫描法的仿真模型中，时间扫描则是通过时间元完成，也就是各个实体的局部时钟。时间元的取值方法有两种：

（1）绝对时间法　将时间元的时钟值设定为相应实体的确定事件发生时刻。时间扫描算法为：

```
for i =1 to m
```

```
    if(time-cell[i]>t)then
        if(time-cell[i]<MIN)then
            MIN=time-cell[i]
        endif
    endif
endfor
t=MIN
```

（2）相对时间法　将时间元的时钟值设定为相应实体确定事件发生的时间间隔。此时时间扫描算法如下：

```
for i=1 to m
    if(time-cell[i]>0)then
        if(time-cell[i]<MIN)then
            MIN=time-cell[i]
        endif
    endif
endfor
t=t+MIN
fori=1 to m
    time-cell[i]=time-cell[i]-MIN
endfor
```

与事件调度法不同，活动扫描法在进行时间扫描时虽然也可以采用表的方法，但表处理仅仅是求出最小的时间值，而不需确定当前要发生的事件，时间元表中只要存放时间值。因此，与事件表相比，表的结构及处理过程要简单得多。考虑到事件对状态的影响，活动扫描要反复进行。时间元中最新时间值的计算也是在活动处理模块中完成的。

不管采用哪种时间扫描方法，当活动处理模块扫描时间元的取值为小于0的永久实体时，则实体处于等待服务的状态。活动扫描法仿真模型的总控程序算法结构如图5-3所示。

下面以单服务台排队系统为例，说明活动扫描法仿真模型的运行过程。对于单服务台排队系统，在基于事件调度法的仿真模型中，通常只需考虑"顾客到达"和"服务结束"两类事件。在基于活动扫描法的仿真模型中，由系统的活动循环图可知：模型中包括两项活动，即"顾客到达"和"服务"。因此，需要考虑的事件应该有四个，分别为这两项活动的开始事件和结束事件。其中，"顾客到达"活动有一定的特殊性，"顾客开始到达"事件发生时顾客处于系统外部，对系统的状态没有影响，不必建立其活动处理模块。

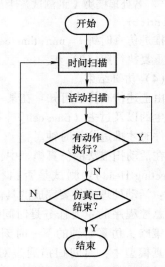

图5-3　活动扫描法的仿真执行机制

因此，单服务台排队系统需考虑三个活动处理模块：①顾客到达。②服务开始。③服务结束。上述三个活动处理模块的流程分别如图5-4～图5-6所示。

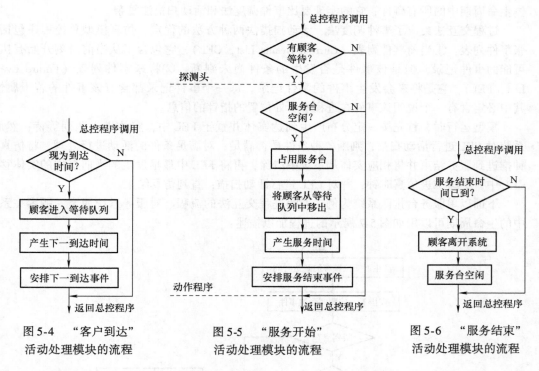

图 5-4 "客户到达"
活动处理模块的流程

图 5-5 "服务开始"
活动处理模块的流程

图 5-6 "服务结束"
活动处理模块的流程

由以上流程图可知，在每一活动处理模块完成后，都要将控制权交还给总控程序。若测试失败，则立即交还控制权而不做任何动作。此外，"顾客到达"和"服务结束"的探测头只含有时间条件，而"服务开始"的探测头由状态条件组成。其中，条件事件具有独立的处理模块，"顾客到达"处理模块的逻辑关系要比"顾客到达"事件的逻辑关系简单，因为后者隐含了对条件事件的判断和处理。对复杂系统而言，活动处理模块的逻辑关系通常要比事件处理模块的逻辑关系简单。

另外，基于活动扫描的仿真模型中还需要确定活动的优先级。总控程序按优先级从大到小的顺序对活动处理模块进行扫描。例如：在服务系统中，按优先级从高到低的顺序活动依次为"服务结束""顾客到达"和"服务开始"。

时间元中最新时间值的计算是在活动处理模块中完成的。例如：服务员实体的时间元取值（即对应于顾客服务的结束时间）在"服务开始"活动处理模块中计算。值得指出的是，并不是所有活动例程都要刷新时间元的当前值。

5.1.3 进程交互法

事件调度法和活动扫描法的基本模型单元是事件处理和活动处理。它们均针对事件而建立，并且在仿真模型运行时，各个处理都是独立存在的。

第三种仿真调度策略是进程交互法（Process Interaction Method）。1961 年，IBM 公司 Gordon 等人在研究 GPSS 仿真语言时，开始采用进程交互法。进程交互法的基本模型单元是进程（Process）。进程针对某类实体的生命周期而建立，它包含若干个有序的事件及活动。进程交互法仿真策略更接近于实际系统，便于用户理解和使用。但是，由于一个进程要处理实体生命周期中的所有事件，它的实现要比事件调度法和活动扫描法复杂。

进程交互法集成了事件调度法、活动扫描法两种方法的优点，仿真模型总控程序包括两张事件列表：①当前事件列表（Current Events List，CEL），它包含了从当前时刻开始有执行可能的事件记录，但是该事件是否发生的条件尚未判断。②将来事件列表（Future Events List，FEL），它是将来会发生事件的事件记录。每一个事件记录都含有该事件的若干属性，其中必定含有一个说明该事件在进程中所处位置的指针的信息。

模型运行时，首先按一定分布产生到达实体并置于 FEL 中，实体进入队列等待；然后，系统对 CEL 进行活动扫描，判断各种条件是否满足；对满足条件的活动进行处理，将仿真时钟推进到服务结束并将相应实体从系统中清除；再将 FEL 中最早发生的当前事件的实体移到 CEL 中，继续推进仿真时钟，并对 CEL 进行活动扫描；直到仿真结束。

下面以单服务台排队系统为例，说明进程交互法的流程。对服务系统而言，顾客在系统中的生命周期可以用如图 5-7 所示的进程加以描述：

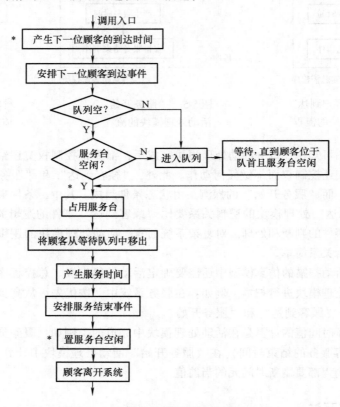

图 5-7　单服务台排队系统的顾客进程

一个顾客进程主要包含以下活动：①顾客到达。②排队等待，直到位于队首。③进入服务通道。④停留于服务通道之中，直到接受服务台服务后离开系统。

如前所述，进程交互法的特点是：为每一个实体建立一个进程，该进程反映一个实体从产生开始到结束为止的全部活动。一般地，进程中的实体是指临时实体（如顾客），也包括与临时实体有交互作用的其他实体（如服务员）。此外，临时实体不会仅包含在一个进程中，它可以为多个进程所共享。

由于顾客到达时间和服务台服务时间具有随机性，系统运行时会出现多个进程并存的情况。图 5-8 所示为单队列、两个服务台排队系统中顾客排队进程的运行时间示意图。图中，符号"△"表示顾客产生的时刻，也是相应进程开始运行的时刻；符号"□"表示顾客离去的时刻，也是相应进程撤销的时刻；符号"×"表示排队的顾客开始接受服务的时刻（含排队时间为 0 的情况）；虚线为顾客的排队等待时间；波浪线表示顾客接受服务的时间。

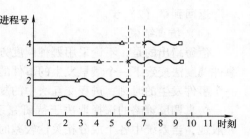

图 5-8　单队列、两服务台系统进程
运行时间示意图

进程交互法中，实体的进程不断推进，直到发生某些延迟时才暂时停止。延迟主要包括：①无条件延迟：实体停留在进程中的某一点上，直到预先确定的延迟期满。例如：顾客停留在服务通道中直到服务完成。②条件延迟：延迟期的长短与系统状态有关，事先无法确定。当条件延迟发生时，实体停留在进程中的某一点，直到满足某些条件后才能继续向前移动。例如：处于排队队列中的顾客，需要处于队首且服务台空闲时才能离开队列接受服务。

进程中以复活点（图 5-7 中标有 * 号的地方）表示延迟结束后实体所到达的位置，即进程继续推进的起点。在单服务台排队系统中，顾客进程的复活点与事件存在对应关系。在使用进程交互仿真策略时，不一定需要对所有各类实体都进行进程描述。

进程交互法的基本思想是：以所有进程中时间值最小的无条件延迟复活点来推进仿真时钟；当时钟推进到一个新的时刻后，如果某一实体在进程中解锁，就将该实体从当前复活点一直推进到下一次延迟发生为止。该仿真策略的基本流程为：

（1）初始化。

1）设置仿真的开始时间 t_0 和结束时间 t_{end}。

2）设置各进程中每一实体的初始复活点及相应的时间值 $T[i,j]$。其中，$i = 1,2,\cdots,m$；$j = 1,2,\cdots,n[i]$；m 为进程数；$n[i]$ 是第 i 个进程中实体的个数。

（2）推进仿真时钟 $t = \min\{T[i,j]\,|\,j$ 处于无条件延迟$\}$。

（3）如果 $t \geq t_{end}$，则转至（4）；否则执行如下过程：

```
for i =1 to m (优先序从高到低)
  for j =1 to n[i]
    if(T[i,j] =t)then
        从当前复活点开始推进实体 j 的进程 i,直至下一次延迟发生为止;
        如果下一延迟是无条件延迟,则设置实体 j 在进程 i 中复活时间 T[i,j];
    endif
    if(T[i,j] <t)then
        如果实体 j 在进程 i 中的延迟结束条件满足,则
        {从当前复活点开始推进实体 j 的进程 i,直至下一延迟发生为止;
            如果下一延迟是无条件延迟,则
            {设置 j 在 i 中的复活时间 T[i,j]};
        退出当前循环,重新开始扫描};
    endif
  endfor
endfor
```

返回到第（2）步。

（4）仿真结束。

值得指出的是，不论采用哪种调度方法，系统状态发生变化的时刻都是事件发生的时刻。事件调度法搜索下一个最早发生的事件的时刻；活动扫描法中实体的时间元是指向该实体下一个事件发生的时刻；进程交互法中的复活点也对应于事件发生的时刻。

仿真调度策略的选择取决于待研究系统的特点。事件调度法建模灵活，应用范围广泛。一般地，当系统中各个成分相关性较差时，宜采用事件调度法。对于相关性强的系统，活动扫描法的仿真模型执行效率较高。进程交互法的模型表示接近实际系统，适用于活动较规则、事件顺序确定的系统。有时候，也可以将几种仿真调度策略结合起来使用。

5.1.4 消息驱动法

消息驱动法（Message-Driving Method）建立在面向对象的程序设计方法和并行计算的基础上。与前述三种仿真调度方法相比，消息驱动法能够反映现实世界，提供了一个更加贴近实际系统的仿真环境，使用也更加灵活。

消息（Message）是消息驱动法中最重要的概念，它是指具有某种特定含义的一维或多维数据的集合。在仿真系统中，根据性质不同，消息可以分为四种类型：事件消息、统计消息、属性消息和状态消息。

（1）事件消息　这类信息能引起系统状态的变化，如一个实体的产生或消失、系统中实体属性值的改变以及一项活动的开始或结束等。事件消息一般包括事件的发生时间和事件类别两个元素。事件消息类的数据结构中含有实体链、消息类型、时间标记和事件执行函数等信息。其中，实体链由参加事件的所有实体连接而成，每个实体都有自己的名称和编号。

（2）统计消息　指带有统计数值的信息。这类消息主要用于统计分析。在仿真系统中，仿真结果建立在统计分析的基础上。根据统计信息，可以判断系统性能。统计消息类数据结构中含有统计值、时间标记以及用于计算统计值的函数等信息。

（3）属性消息　指有关实体特性的信息，这类消息用于标记实体所携带的各类属性及特征。属性消息类的数据结构中含有实体、属性名称、属性值、时间标记和属性操作函数等信息。

（4）状态信息　用于表示系统状态。这类消息用于描述系统在某一时刻的特性，包括某时刻系统中所有实体、属性、活动及系统内各要素之间逻辑关系的描述等。状态消息类的数据结构中含有旧信息状态向量、新信息状态向量、时间标记以及状态更新函数等信息。

上述四类消息的特性各不相同。事件信息是仿真模型中的最重要消息，它是推动整个系统仿真运行的主要驱动信息。状态信息是对整个系统状态的描述，系统状态往往影响仿真模型的运行，因此状态信息也是重要的模型驱动信息。统计消息主要用于统计分析；属性消息用于描述实体的特性。统计消息一般需要通过各个实体的属性值计算得出，因而统计消息通常是属性消息的函数。统计消息和属性消息对系统状态的变化影响不大，在设计系统仿真算法时，主要考虑事件消息和状态消息的驱动作用。

下面以排队服务系统为例加以说明。顾客到达是一个事件消息，该消息包含顾客到达时间、顾客号以及事件类型等信息。平均服务时间、系统内的顾客数、顾客在系统内的平均停留时间等都是统计消息。对顾客实体的特性的描述属于属性消息，它包含实体的时间标记、实体名称、实体编号、实体到达时间和服务时间等。状态消息是一个多维向量，它包括服务台状态、顾客状态、当前的队列长度、当前系统内的顾客总数等内容。

　　与传统的仿真调度策略相比，消息驱动法不主动地查询系统中是否有事件或活动发生，而是被动地等待消息，只有在接收到信息后才做出反应。仿真模型运行时会不断地产生各种类型的新消息，根据各自的性质与特点，这些消息以特定的方式汇集到系统的消息池（Message Pool）中。在消息池中，消息根据它们被产生的先后顺序排列起来，形成消息队列。消息队列与系统的执行模块之间存在一条通道，形成一个单队列排队系统。在该排队系统中，执行模块作为服务台静止地等待接收从消息池中传来的消息。如果消息池中存在信息，则排在最前面的消息将前往执行模块，此时若执行模块处于"闲"状态，则接收前来的消息，并开始处理消息；否则，排在队前的消息处于等待状态，直到执行模块从"忙"状态改为"闲"状态。如果消息池中无消息，则执行模块或者将当前的消息处理完毕后转为"闲"状态，或者保持"闲"状态。

　　执行模块在接收到消息后，首先识别消息类型，以便采取相应的处理措施。消息识别有两种途径：一种途径是在前面定义的消息类中增加消息类别（Message Type）元素，以便在消息产生时，将消息类型标注在消息类元素上，执行模块通过检查该元素区分接收到的消息的类型；另一种途径是通过设立消息类型的识别规则，如具有实体链的消息为事件消息、具有多维状态元素的消息为状态消息、具有属性值的消息为属性消息、其余消息为统计消息。

　　不同类型的消息对仿真系统有不同的驱动作用。系统识别出消息类型以后，需要根据消息类型不同做出相应的反应。

　　事件消息的驱动作用在于促使执行模块根据事件类型及系统所处的状态，调用相应的事件子程序对事件消息进行处理。事件消息的处理将产生新的消息，从而引起实体状态和属性的变化，并最终导致系统状态的变化。事件消息还可能引起某些统计数值的变化，产生新的统计消息。

　　状态消息的驱动作用是执行模块根据该消息分析现有的系统状态是否要发生变化。当系统某个状态发生改变时，可能会改变系统的其他状态，也有可能会改变系统的某些统计属性，此时就应更新原来的系统状态与统计数值，并产生出新的状态消息与统计消息。另外，系统某些状态的改变，有可能使原来条件不满足的事件因条件得到满足而引起新的事件，产生新的事件消息。

　　属性消息的驱动作用是使得执行模块更新或修改实体的属性记录，并进行必要的统计计算。实体属性的变化，也可能产生新的事件消息和状态消息。

　　通常，统计消息对系统状态没有太大的影响。但是，当某些统计数值满足特定条件时，系统也会产生新的事件，使系统状态发生改变。

　　图 5-9 所示为消息驱动法的仿真执行机制示意图。其中，"获取消息"是指当执行模块处于"空闲"状态时，消息池中排在最前面的消息通过消息池与执行模块之间的通道，到达执行模块；"识别消息"是指执行模块对到达的消息类型进行识别，以便对消息做出处理；"处理消息"是指根据消息类型将消息发送到相应的执行子程序中，对到达的消息做出相应处理；通过"清除消息"对处理后的消息予以清除。不断重复上述过程，直到一个有效的结束消息到

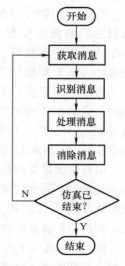

图 5-9　消息驱动法的仿真执行机制

达，执行模块终止运行。

5.2　仿真时钟推进机制

第2章曾指出：仿真时钟用来显示仿真时间的当前值，它是仿真模型运行时序的控制机构。时间推进机制（Time Advance Mechanism）则是指在仿真程序或仿真软件中将仿真时间从一个时刻推进到另一个时刻的方法，以便模拟系统的动态运行过程。

制造系统中事件发生的时刻具有随机性，活动持续的时间也具有随机性。显然，对于同一个系统，仿真时钟推进机制、单位仿真时间所对应的实际时间量的长短，都会影响仿真的效率和精度。

仿真时钟在推进时可以按固定的长度向前推进，也可以按变化的节拍向前推进。常用的仿真时钟推进机制有以下三种：固定步长时间推进机制（Fixed-Increment Time Advance Mechanism）、下次事件时间推进机制（Next Event Time Advance Mechanism）和混合时间推进机制（Mixed Time Advance Mechanism）等。

固定步长时间推进机制是指在仿真过程中仿真时钟每次向前推进的长度保持不变，总是递增一个固定的步长（Step Length）。在仿真开始之前，需要根据模型特点事先确定步长。每次向前推进时需要扫描所有活动，检查在此时间区间内是否有事件发生。若有事件发生则记录该事件的发生区间，得到相关事件的时间参数。因此，这种推进方式要求每次推进时都要扫描所有正在执行的活动。

若 t 表示仿真时钟，Δt 表示固定步长，得到固定步长时间推进机制原理如图5-10所示。

下面以排队系统为例，分析固定步长时间推进机制的特点。某单服务台排队系统，设系统中顾客按泊松流到达，到达间隔时间分别为 A_1、A_2、A_3、…，每个顾客的服务时间服从指数分布，相应的服务时间分别为 S_1、S_2、S_3、…。其中，A_i 和 S_i 均是在仿真过程中根据它们的概率分布产生的随机数。显然，该排队系统中存在两类随机事件，即顾客到达事件（E_A）和服务结束后离开系统（E_D）。

若采用固定步长时间推进机制，仿真开始时，先由顾客到达过程随机产生第一个顾客的到达时间 T_{A1}，仿真时钟按照事先设定的固定步长 Δt 不断地向前推进，每推进一个 Δt，仿真系统都要扫描所有正在执行的活动，如到达活动、服务活动等，观察在该时间段内有无事件发生。如果在 Δt 内没有事件发

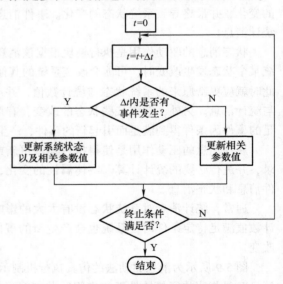

图5-10　固定步长时间推进机制原理框图

生，则再将仿真时钟推进 Δt；如果在第 n 个 Δt 时间间隔内有 E_{A1} 事件（第一个顾客到达）发生，则置 $t = n\Delta t \approx T_{A1}$，其中 n 为首次发生事件时时钟已经推进 Δt 的次数。由于事件 E_{A1} 将引起第一个顾客离开事件 E_{D1} 和第二个顾客到达事件 E_{A2} 等新的事件，仿真时钟将不断地按步长 Δt 向前推进，并不断地扫描每一个 Δt 中有无事件发生。当有事件发生时，将 t 更新到与该事

件发生相对应的时间点上。重复上述过程，仿真模型就能够动态地模拟系统的运行过程。具体过程参见图 5-11a。

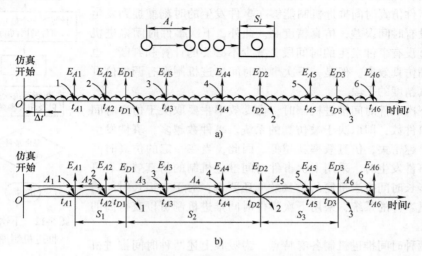

图 5-11　固定步长时间推进与下次事件时间推进的比较

a）固定步长时间推进机制　b）下次事件时间推进机制

由上述过程，分析固定步长时间推进机制的特点如下：

1）当步长确定后，不论在某时间段内是否有事件发生，仿真时钟都只能一个步长、一个步长地向前推进，并在每个时间段内检查有无事件发生。由于计算和判断都需要时间，影响了仿真的效率。一般地，步长 Δt 越小，所需的计算和判断次数越多，效率越低；步长 Δt 越大，则仿真的效率越高。

2）固定步长时间推进机制将发生在同一个步长区间内的事件都视为在该步长结束的时刻发生，并认为这些事件是同时发生的。由此会导致计算误差，影响仿真精度。显然，步长 Δt 越大，则误差越大，仿真精度越低。当 Δt 取值过大，误差超出某个范围时，仿真结果将失去参考价值。

3）固定步长时间推进机制可以利用步长作为手段，来调整仿真效率和仿真精度。

因此，从提高仿真精度的角度出发，步长 Δt 越小越好。但是，从提高仿真效率的角度，步长 Δt 则越大越好。也就是说，仿真精度和仿真效率之间存在矛盾。应用表明：只有对事件发生的平均时间间隔短、事件发生的概率在时间轴上呈均匀分布的系统，固定步长时间推进机制才能在保证一定仿真精度的同时，获得较高的仿真效率。

与固定步长时间推进机制不同，下次事件时间推进机制中的仿真时钟不是连续地推进，而是按照下一个事件预计发生的时刻，以不等间距、跳跃的方式将仿真时钟推进到下一个事件发生的时刻。仍以上述排队系统为例，仿真时钟的推进过程如图 5-11b 所示。

显然，根据事件发生间隔的不同，仿真时钟的增量可长可短，完全取决于实际系统。仿真时，需要将事件按发生时间的先后顺序进行排列，仿真时钟则按照事件发生的时刻向前推进。当某个事件发生时，需要计算出下一个事件发生的时刻，以便推进仿真时钟。重复上述过程，直到满足规定的仿真终止条件。通过对有关事件发生时间的统计分析，可以得到系统的性能特征。

若以 t 表示仿真时钟，以变量 $\text{min}t$ 表示每次计算得到的下次事件发生时间，得到下次事件时间推进机制的原理如图 5-12 所示。

下次事件仿真时间推进机制能够在事件发生的时刻捕捉到发生的事件，没有时间误差，仿真精度高。此外，下次事件时间推进机制还能跳过没有事件发生的时间段，减少不必要的计算和判断，也有利于提高仿真效率。但是，下次事件时间推进机制没有调整仿真效率和仿真精度的手段。

采用下次事件时间推进机制时，仿真效率主要取决于仿真时间内发生的事件数，即取决于被仿真的系统。事件数越多，事件发生得越频繁、越密集，仿真效率就越低。因此，当在一定的仿真时间内有大量事件发生时，采用下次事件时间推进机制的仿真效率有可能比固定步长时间推进机制的仿真效率还要低；对于在很长时间内只发生少量事件的系统，采用下次事件时间推进机制可以获得高的仿真效率。

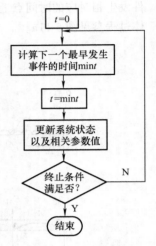

图 5-12 下次事件时间
推进机制原理框图

上述两种时间推进机制各有特点。为吸收上述两种时间推进机制的优点，人们提出了混合时间推进机制。

在混合时间推进机制中，仿真时钟每次推进一个固定时间步长的整数倍（$n\Delta t$，$n \geqslant 1$）。步长 Δt 可以在仿真前确定，并且能逐步调整以获得必要的仿真精度和仿真效率。仿真时，仿真时钟每次到底推进几个步长取决于下次事件的发生时间，即取决于仿真系统或所建立的仿真模型。因此，混合时间推进机制可以跳过大段没有事件发生的时间，避免多余的计算和判断。

混合时间推进机制的原理为：初始化仿真时钟，计算仿真系统在当前状态下所有未知事件的发生时间与仿真时钟当前值之间的差，并取步长 Δt 的整数倍，方法如下：若某一未来事件的发生时间与仿真时钟当前值的差为 T_i，步长为 Δt，则取事件的发生时间与仿真时钟当前值的差为步长的 $\lceil T_i / \Delta t \rceil$ 倍，即为 $\lceil T_i / \Delta t \rceil \Delta t$。其中，$\lceil T_i / \Delta t \rceil$ 表示不小于 $T_i / \Delta t$ 的最小整数倍，如 $\lceil 3.0 \rceil = 3$、$\lceil 3.2 \rceil = 4$、$\lceil 3.8 \rceil = 4$ 等。由于 T_i 不可能为零，按这种方法求得的倍数至少为 1。经过上述处理，将最小间隔时间（设为 $m\Delta t$）作为下次事件发生时间与当前仿真时钟的差，将仿真时钟推进 $m\Delta t$，根据 $m\Delta t$ 与之相对应的下次事件更新系统状态和有关参数；进入下一个循环，直到满足仿真终止条件。

在仿真模型中，混合时间推进机制的操作步骤为：

1）初始化：设置仿真时钟初值、系统的初始状态以及有关参数的初值，确定仿真终止的条件，确定步长 Δt。

2）根据系统当前的状态和有关参数，计算所有可能发生的未来事件以及事件发生时间与仿真时钟当前值的差，并按前述方法计算步长 Δt 的整数倍。

3）以 $m\Delta t$ 表示下次事件发生时间与仿真时钟当前值的差。将所有发生时间与仿真时钟当前值的差小于 $m\Delta t$ 的事件均作为"下次事件集"。显然，下次事件集的发生时间包含在区间 $[t + (m-1)\Delta t, t + m\Delta t]$ 中，其中 t 为仿真时钟的当前值。

4）仿真时钟递增 $m\Delta t$。

5）根据所采用的仿真调度策略，更新系统的当前状态及有关参数。

6）判断是否满足仿真结束条件。若不满足，则转至第（2）步；若满足，则终止仿真，输出仿真结果。

仍以前述的排队系统为例，采用混合时间推进机制的时间推进过程如图 5-13 所示。

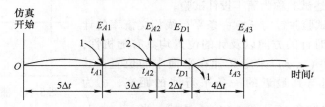

图 5-13　混合时间推进机制的时间推进过程

下面讨论仿真效率和仿真精度问题。仿真效率（Simulation Efficiency）是指在相同环境下，对同一个系统、同一段时间的行为进行仿真时，所花费的计算机机时的多少。花费机时越少，仿真效率越高；反之，所需机时越多，则仿真效率越低。仿真精度（Simulation Accuracy）是指仿真结果与实际系统的接近程度。仿真结果与实际越接近，则仿真精度越高。

对同一个系统而言，仿真效率和仿真精度与仿真模型、仿真算法、仿真时钟的推进机制等因素有关。一般地，仿真模型总要做出一些假设和简化，难以百分之百地反映系统的实际特性。通常，人们只要求仿真模型及仿真结果到达一个可以接受的精度范围即可，而将低于一定精度要求的仿真模型和仿真结果视为无效。

对于相同的仿真模型，当仿真时间长度相同时，在三种时间推进机制中，下次事件时间推进机制因能精确地捕捉事件的发生时刻，仿真精度最高。下次事件时间推进机制的效率完全取决于在仿真时间内发生的事件数，用户无法改变仿真效率。

固定步长时间推进机制和混合时间推进机制则因在确定事件发生时刻时存在误差，影响仿真精度，并且步长 Δt 越大，仿真的精度就越低。此外，对固定步长时间推进机制而言，仿真效率完全取决于步长，步长越长则效率越高，步长越短则效率越低。若要完全消除因步长而造成的误差，则步长趋于 0，此时仿真时间将趋于无穷大，仿真效率会急剧下降。

混合时间推进机制的仿真效率不仅与步长有关，而且与事件持续时间的分布有关。步长越长，事件在时间轴上的分布越不均匀，效率就越高；反之，则仿真效率越低。

综上所述，可以得出以下结论：对同一实际系统进行仿真时，采用混合时间推进机制的效率不低于采用下次事件时间推进机制的效率；在同样的仿真精度下，采用混合时间推进机制的效率不低于采用固定步长时间推进机制的效率。

 ## 5.3　蒙特卡洛仿真

5.3.1　蒙特卡洛仿真的基本概念

早在 17 世纪，人们就开始用事件发生的频率（Frequency）来估计事件发生的概率（Probability）。1777 年，法国科学家蒲丰（Buffon，1707—1788）采用随机投针试验方法来估计圆周率 π 的数值。投针试验的过程如下：在平面上有一组等距离的平行线，设平行线之间的距离为 a，将一根长度为 l（$l \leqslant a$）的针随机地投在平行线覆盖的区域内（见图 5-14）；现需要确定：针与任意一条平行线相交的概率。经过推导，蒲丰发现：针与任意一条平行线相交的概率为 $p = 2l/(\pi a)$，其中 π 是圆周率。上述试验称为蒲丰投针试验。

下面介绍投针试验时针与任意一条平行线相交概率的计算方法。每次投针时针的方向以及针的位置均具有随机性，可以采用二维变量 (x, φ) 来定义针在平面中的位置，其中 x 为针的中点到与其最近的一条平行线的距离，φ 为针与平行线之间的夹角（见图5-14）。显然，当 $\dfrac{x}{\sin\varphi} \le \dfrac{l}{2}$

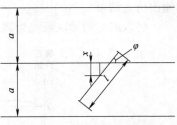

图5-14　蒲丰投针试验示意图

$\left(\text{即 } x \le \dfrac{l}{2}\sin\varphi\right)$ 时，针将与其中的一条平行线相交。由于每次投针是随机的，用来确定针在平面中位置的 (x, φ) 是二维随机变量，x 在 $[0, a/2]$ 上服从均匀分布，φ 在 $[0, \pi/2]$ 上服从均匀分布，且 x 与 φ 相互独立。由此，得到 (x, φ) 的联合概率密度函数为

$$f(x, \varphi) = \begin{cases} \dfrac{4}{\pi a}, & 0 < x < \dfrac{a}{2}, 0 < \varphi < \dfrac{\pi}{2} \\ 0, & \text{其他} \end{cases} \tag{5-1}$$

因此，可以求得针与任意一条平行线相交的概率为

$$P\left\{x < \dfrac{l}{2}\sin\varphi\right\} = \iint\limits_{x < \frac{l}{2}\sin\varphi} f(x, \varphi)\,\mathrm{d}x\mathrm{d}\varphi = \int_0^{\frac{\pi}{2}} \int_0^{\frac{1}{2}\sin\varphi} \dfrac{4}{\pi a}\,\mathrm{d}x\mathrm{d}\varphi = \dfrac{2l}{\pi a} \tag{5-2}$$

由于投针试验中针和平行线相交的概率与 π 有关，人们自然地想到利用投针试验来估计圆周率的值。方法如下：按照上述参数向平面内共投针 n 次，其中针与平行线相交的次数为 k 次，则针与平行线相交的频率为 k/n；若以频率代替概率，则有 $k/n = 2l/(\pi a)$。因此，$\pi = 2nl/(ak)$。

通过试验，蒲丰还发现：投针试验的次数越多，得到的 π 值往往就越精确。在蒲丰之后，有不少学者也做过随机投针试验。表5-1给出部分投针试验结果及其圆周率 π 的估计值。

表5-1　部分投针试验以及 π 估计值（a 折算为1）

试　验　者	时　　间	投针次数	相交次数	π 的估计值
Wolf	1850 年	5000	2532	3.1596
Smith	1855 年	3204	1218.5	3.1554
De Morgan	1860 年	600	382.5	3.137
Fox	1884 年	1030	489	3.1595
Lazzerini	1901 年	3408	1808	3.1415929
Reina	1925 年	2520	859	3.1795

表5-1中的投针试验是通过人工来完成的，需要花费大量的时间和精力。为提高随机抽样（Stochastic Sampling）试验的效率，人们开始研究如何利用机器（计算机）来完成随机抽样和仿真试验。

第二次世界大战期间，为开发新型火炮和导弹，美国陆军军械部在马里兰州的阿伯丁建立了"弹道研究实验室"，要求该实验室每天为部队提供6张火力表。每张火力表要计算几百条弹道，而每条弹道的数学模型都是一组复杂的非线性方程组。这些方程组只能用数值方法进行近似计算，利用当时的计算工具，即使是200多名雇员加班加点工作，也需要两个多

月时间才能算出一张火力表。这显然难以满足美国军方的要求。

1942 年，美国宾夕法尼亚大学的约翰·莫希利（John Mauchly，1907—1980）提出试制"高速电子管计算装置的使用"的设想，利用电子管代替继电器以提高计算速度。该设想得到美国军方支持，于是成立了以莫希利以及他的学生约翰·埃克特（John P. Eckert，1919—1995）为首的研制小组。在研制过程中，时任弹道研究实验室顾问、正在参加美国第一颗原子弹研制的数学家冯·诺依曼（J. Von Neumann，1903—1957）带着原子弹研制中的计算问题，加入研制小组。在冯·诺依曼的帮助下，1946 年 2 月 15 日世界上第一台计算机——电子数字积分器与计算器（Electronic Numerical Integrator And Calculator，ENIAC）诞生。它的计算速度达到每秒钟 5000 次加法运算或 500 次乘法运算，比当时最快的继电器式计算装置的运算速度快 1000 多倍，极大地提高了弹道的计算速度。ENIAC 的发明标志着信息时代（Information age）的来临。

冯·诺依曼为计算机发展做出了重要贡献。针对 ENIAC 结构设计中存在的问题，1945 年冯·诺依曼等发表名为《电子离散变量自动计算机》（Electronic Discrete Variable Automatic Computer，EDVAC）的报告。该报告明确定义了计算机的五大部件，即运算器（Arithmetic Logic Unit）、逻辑控制器（Logic Control Unit）、存储器（Memory）、输入设备（Input Equipment）和输出设备（Output Equipment），并定义它们之间的相互关系（见图5-15）。其中，运算器和逻辑控制器也合称为中央处理器（Central Processing Unit，CPU）。CPU 是计算机的核心部件，被称为计算机的心脏。报告还提出：计算机中的数据和指令均采用由"0"和"1"组成的二进制，以简化系统结构和逻辑设计，发挥电子器件的特性；采用存储器存储程序、指令和数据，以提高计算速度。该报告奠定了现代计算机的基本架构，成为计算机发展史上里程碑式的文献。此外，冯·诺依曼还提出"存储程序"和"程序控制"的计算机工作原理，极大地推动了计算机的发展。冯·诺依曼也被称为"计算机之父"。

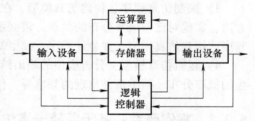

图 5-15　冯·诺依曼的计算机体系架构

在美国研制原子弹的"曼哈顿计划"中，通常需要完成数十亿次的数学运算和逻辑指令。尽管对最终结果没有十分精确的要求，但是所有中间运算过程必不可少并且要尽可能保持准确。冯·诺依曼发现，单靠解析方法已经难以满足工程需求，需要辅之以数值计算方法，为此冯·诺依曼提出随机模拟（Stochastic Simulation）的概念，并制订了以概率论和数理统计为基础、利用计算机处理确定性数学问题的有效方法，将要求解的问题表示为一定的概率模型，利用计算机完成抽样（Sampling）和统计分析，获得问题的近似解，得到性能指标的概率统计特性。1947 年，冯·诺依曼以世界著名的赌城——位于摩纳哥的蒙特卡洛（Monte Carlo）来命名这种随机模拟方法。此后，蒙特卡洛仿真（Monte Carlo Simulation）成为随机模拟、随机抽样或统计试验方法的代名词。

借助于计算机程序开展大量的重复性试验，蒙特卡洛仿真可以在较短的时间内得到足够精确的参数估计值。此外，蒙特卡洛仿真还具有以下特点：对问题的维数不敏感，不存在状态空间爆炸问题，不受任何假设的约束，适用性强。目前，蒙特卡洛仿真已经广泛应用于物理学、金融投资、项目风险评估、方案评价、机电系统性能评估、工程项目论证以及生产管理等领域。

利用蒙特卡洛仿真求解问题时，首先需要建立问题的概率模型或随机过程模型；再通过对随机模型（或过程）的观察及其抽样试验来求得随机参数的统计特征，作为相应问题的近似解。蒙特卡洛仿真的应用步骤如下：

1）系统建模。根据系统结构、功能和研究目标，确定系统构成、状态变量及相关参数，分析各要素之间的数学和逻辑关系，建立拟研究系统的数学逻辑模型。根据具体对象和研究目标，所建立的模型与系统要素之间不一定要完全一一对应。以系统可靠性蒙特卡洛仿真为例，同一个系统可以有多种可靠性模型，如根据系统逻辑结构建立的可靠性框图（Reliability Block Diagram，RBD）、根据系统故障的逻辑关系建立的故障树（Fault Tree Analysis，FTA）模型等。

此外，蒙特卡洛仿真既可以求解随机性问题，也可以求解确定性问题。随机性问题具有统计特性，构造模型时主要考虑如何用概率模型正确地描述它。对于确定性问题，则需要根据问题特点构造概率模型，将其转化为具有概率特征的问题。

2）收集数据，确定所需变量及其分布。在蒙特卡洛仿真中，需要输入大量数据，包括随机变量的定义及其分布参数等。输入数据的正确与否直接影响仿真结果。因此，收集和整理数据是蒙特卡洛仿真重要的组成部分。

以系统可靠性蒙特卡洛仿真为例，要评估系统可靠性和可用性指标，首先需要确定系统中零部件之间的连接关系、零部件寿命分布及其参数、维修时间分布及其参数等。

3）编制仿真程序、构建仿真模型。在确定随机变量的分布后，选择适当的随机变量抽样方法，实现对已知概率分布的抽样。根据系统运行机理和各要素之间的逻辑关系，编制仿真程序或构建仿真模型，并验证程序、模型的准确性和有效性。

4）运行仿真模型，分析模型的输出结果，获得系统及其部件的各种数值特征，如事件发生的概率分布、某类事件出现的频率等，作为待求问题的近似解。

5.3.2　案例研究：基于蒙特卡洛仿真的系统动态可靠性评估

可靠性是产品质量的时间性度量。在全球化背景和日趋激烈的买方市场下，可靠性已经成为产品和制造企业竞争的重要因素，未来市场将由具有高性能、高可靠性产品的企业所主导。

随着技术的交叉、融合和集成，机械产品已不再是单纯的机械结构，而是由机械、电子、液压等部件有机集成的复杂系统。此外，机械产品的结构参数具有随机性、运行过程具有动态性。传统可靠性建模方法（如可靠性框图、故障树分析等）着眼于系统的静态结构，缺乏描述系统中状态相依性、功能相关性等动态事件关系的能力，难以准确刻画系统的动态可靠性。马尔可夫（Markov）模型虽然能描述系统的状态转移过程，但建模过程烦琐，还存在状态空间爆炸等问题，导致模型求解困难。

蒙特卡洛仿真以概率统计为基础，以特定的随机变量表示零部件状态及其持续时间，可以模拟系统状态的动态变化过程，为系统动态可靠性研究提供了良好工具。

下面以机械系统动态可靠性评估为目标，在分析蒙特卡洛仿真若干关键技术的基础上，分别介绍基于可靠性框图（RBD）模型和基于随机Petri网（SPN）模型的系统可靠性蒙特卡洛仿真方法，并给出应用案例。

1. 系统可靠性蒙特卡洛仿真的关键技术

（1）随机数的生成　为反映所研究系统的本质特征，产生符合特定类型分布的随机数及其抽样是系统可靠性蒙特卡洛仿真的基础。随机数和随机变量的生成原理参见本书第 3 章相关内容。

下面介绍采用反变换法抽样产生服从指数分布、正态分布等随机数序列的方法。

1）产生服从均匀分布的伪随机数。该子程序的功能为均匀随机数发生器，它可以返回一个随机数，并改变引用这个随机数的函数的种子值，使之自动变换到下一个随机数。

```
double ran_gen()
{
  double rand;
  int a, b15, b16;
  long int p,xhi, xalo, leftlo, fhi, k;
  long int ix;
  ix = x0;
  a = 16807;
  b15 = 32768;
  b16 = 65536;
  p = 2147483647;
  xhi = ix/b16;
  xalo = (ix - xhi * b16) * a;
  leftlo = (ix - xhi * b16) * a;
  fhi = xhi * a + leftlo;
  k = fhi/b15;
  ix = (((xalo - leftlo * b16) - p) + (fhi - k * b15) * b16) + k;
  if (ix < 0)ix = ix + p;
  rand = (float)ix * 4.656612875e - 10;
  x0 = ix;
  return(rand);
}
```

2）产生服从指数分布的伪随机数序列。由反变换法抽样可得，具体过程为：①抽样产生均匀分布随机数 $r \sim U(0,1)$；②令 $X = -\frac{1}{\lambda}\ln(1-r)$，则 X 服从参数为 λ 的指数分布。

采用 Visual C ++ 语言产生服从指数分布伪随机数序列的程序为：

```
double * LamtaRandArray;  /* 存放指数分布随机数的数组 */
intLamtaRandLength;  /* 存放指数分布随机数的数组的长度 */
const double lamta;  /* 指数分布的 λ 值 */
double rand;  /* 0 ~ 1 的均匀分布的伪随机数 */
  for(int i = 0; i < LamtaRandLength; i ++)
  {
      Rand = ran_gen();  /* ran_gen() 为产生均匀随机数的函数 */
      LamtaRandArray[i] = - lamta * log(rand);
  }
```

3）产生服从正态分布的伪随机数序列

采用 Visual C ++ 语言产生服从正态分布伪随机数序列的程序为：

```
double *NormalRandArray;    /*存放正态分布随机数的数组*/
intNormalRandLength;    /*存放正态分布随机数的数组1/2的长度*/
const double parameter1;/*正态分布参数,均指u*/
const double parameter2;    /*正态分布参数,方差σ*/
double rand0;    /*0~1的均匀分布的伪随机数*/
double rand1;    /*0~1的均匀分布的伪随机数*/
for(int i=0; i<NormalRandLength/2; i=+2)
{
    Rand0=ran_gen();    /*ran_gen()为产生均匀随机数的函数*/
    Rand1=ran_gen();
    NormalRandArray[i]=sqrt(-2*log(rand0))*sin(6.28318*rand1);
    NormalRandArray[i+1]=sqrt(-2*log(rand0))*cos(6.28318*rand1);
}
```

（2）仿真时钟推进机制　如前所述，仿真时钟推进机制有固定步长时间推进机制、下次事件时间推进机制以及混合时间推进机制等形式。在系统可靠性蒙特卡洛仿真中，多采用下次事件时间推进机制。

（3）仿真时间截尾方式　时间截尾方式（Time Expiration Method）是蒙特卡洛仿真中另一个重要问题。通常，当系统运行到最大仿真时间时，系统当前的状态还要持续一段时间。如图5-16所示，其中包括两条进程，当到达仿真结束时间（T_{max}）时，两个进程分别处于"正常"状态和"故障"状态，在T_{max}结束一段时间之后进程的状态才分别由"正常"转为"故障"和由"故障"转为"正常"。

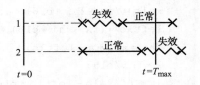

图5-16　仿真运行时间的截尾方式

为准确计算系统在仿真周期内的状态特征，一般采用定时截尾方式（Fixed Time Expiration Method），即当某状态持续时间超过最大仿真时间时，该状态持续时间的计算将始于状态开始时刻、止于仿真最大时间，对超出部分不予考虑。

（4）时间区间统计方法　利用蒙特卡洛方法模拟系统动态可靠性演变过程时，需要记录及统计大量数据。其中，固定时间区间内的故障次数以及故障状态的持续时间是最重要的基础数据，它们也是计算系统其他可靠性指标的基础。为此，可以采用投影法（Projection Method）统计故障次数和故障状态的持续时间。

由图5-17可知，若确定了故障时间段的起点和终点属于哪一个时间区间，就可以确定时间区间内的故障次数以及故障状态的持续时间。图中，第一次故障时间段完全属于区间i；第二次故障部分属于区间i，部分属于区间$i+1$；第三次故障则完全属于区间$i+1$。因此，区间i内故障持续时间就是第一次故障的时间长度段加上第二次故障时间长度的一部分。这就是投影法的基本原理。

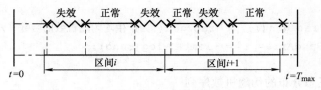

图5-17　区间统计法示意图

下面给出投影法确定故障次数、故障持续时间的推导过程和计算公式。投影法中涉及的符号的含义如下：

T_{max}——每次仿真结束时间；

t——仿真运行的当前时间；

m——仿真结束时间内相等时间区间的个数；

K_j——第 j 次仿真中总的故障次数；

$f_{i,j}$——第 j 次仿真中，第 i 次故障的开始发生时刻，$1 \leqslant i \leqslant K_j$；

$r_{i,j}$——第 j 次仿真中，第 i 次故障对应的维修结束时刻，$1 \leqslant i \leqslant K_j$；

p——某次维修起点所对应的离散单元，$1 \leqslant p \leqslant m$；

q——某次维修终点所对应的离散单元，$1 \leqslant q \leqslant m$。

其中，$f_{i,j}$ 和 $r_{i,j}$ 在仿真运行过程中作为时间点记录下来，p 和 q 可由下式决定：

$$\begin{cases} p = \left[\dfrac{f_{i,j}}{\dfrac{T_{max}}{m}}\right] + 1 \\[4mm] q = \left[\dfrac{r_{i,j}}{\dfrac{T_{max}}{m}}\right] + 1 \end{cases} \qquad (5\text{-}3)$$

1）如果 $p = q$，则系统的第 i 次故障完全处于区间 p，它在区间 i 所占比例为

$$(r_{i,j} - f_{i,j}) \bigg/ \left(\frac{T_{max}}{m}\right) \qquad (5\text{-}4)$$

2）如果 $p = q - 1$，则第 i 次故障部分位于区间 p，部分位于区间 q。其中，在区间 p 所占的比例为

$$\left(p \times \frac{T_{max}}{m} - f_{i,j}\right) \bigg/ \left(\frac{T_{max}}{m}\right) \qquad (5\text{-}5)$$

在 q 单元所占据的比例为

$$\left(r_{i,j} - p \times \frac{T_{max}}{m}\right) \bigg/ \left(\frac{T_{max}}{m}\right) \qquad (5\text{-}6)$$

3）如果 $p < q - 1$，则第 i 次故障在 p、q 单元所占比例与 $p = q - 1$ 的情况相同，而在单元 $q - 1$、$q - 2$、$\cdots$ 所占比例为 1。

（5）剩余分布抽样　机械系统多属于可修复（Repairable）系统，蒙特卡洛仿真时需要确定零部件维修后故障率的变化。通常，有两种修复假设：

1）修旧如新（As Good As New，AGAN），也称完全修复。修复后零部件的故障率与新品的相同。对于修旧如新的部件，按原寿命分布进行抽样。

2）修旧如旧（As Bad As Old，ABAO），也称基本修复。修复后部件的故障率与故障发生时的故障率相当。对于修旧如旧部件的寿命抽样需采用剩余分布抽样方法，基本原理如下：

假定部件工作到 t 时刻仍然正常，用 $F_t(x)$ 表示单元的剩余寿命分布，于是有

$$F_t(x) = P\{X - t \leqslant x \,|\, X > t\} = \begin{cases} \dfrac{F(x+t) - F(t)}{1 - F(t)}, & x \geqslant 0 \\[3mm] 0, & x < 0 \end{cases} \qquad (5\text{-}7)$$

对于固定的时间 t，维修后部件的寿命分布是维修前寿命分布的截尾分布。部件的平均剩余寿命为

$$m(t) = E\{X - t \mid X > t\} = \int_0^\infty x \mathrm{d}F_t(x) = \frac{1}{1 - F(t)}\left\{u - \int_0^t [1 - F(x)]\mathrm{d}x\right\} \quad (5\text{-}8)$$

式中，u 为部件的平均寿命。

以服从两参数威布尔分布的部件为例，部件剩余分布抽样的方法如下：

将威布尔分布的表达式 ［式（3-51）］ 代入式（5-8），可以得到

$$F_t(x + t) = 1 - \exp\left[-\left(\frac{x + t}{\beta}\right)^\alpha\right] \quad (5\text{-}9)$$

式中，t 为元件累计工作时间；$F_t(x + t)$ 为元件不可靠度。$F_t(x + t)$ 可以由均匀分布随机数抽样获得（设为 r），则可以求出剩余分布时间的一个抽样值为

$$x = [t^\alpha - \beta^\alpha \ln(1 - r)]^{1/\alpha} - t \quad (5\text{-}10)$$

产生双参数威布尔分布剩余分布抽样序列的程序如下：

```
double *WeibullRandArray;    /*存放威布尔分布剩余分布抽样值的数组*/
int WeibullRandLength;    /*存放威布尔分布剩余分布抽样值的数组的长度*/
double AccumulateTime;    /*存放单元累计工作时间*/
const double WeibullParameter1;    /*α为威布尔分布参数的形状参数*/
const double WeibullParameter2;    /*β为威布尔分布参数的比例参数*/
double rand;    /*0~1的均匀分布的伪随机数*/
for(int i = 0; i < NormalRandLength/2; i = +2)
{
    Rand = ran_gen();    /*ran_gen()为产生均匀随机数的函数*/
    double temp1 = pow(AccumulateTime, WeibullParameter1);
    double temp2 = (log(1 - rand)) * (pow(WeibullParameter2, WeibullParameter1));
    double temp3 = pow(temp1 - temp2, (double)1 / WeibullParameter1);
    WeibullRandArray[i] = temp3 - AccumulateTime;
    AccumulateTime = AccumulateTime + WeibullRandArray[i];
}
```

2. 基于可靠性框图的系统动态可靠性蒙特卡洛仿真

（1）基于可靠性框图的蒙特卡洛仿真流程分析　首先给出蒙特卡洛仿真模型中的符号及其含义：

i——零部件的编号（$i = 1, 2, \cdots, I$）；

N——仿真循环的总次数；

n——实际仿真次数；

T——每次仿真结束时间；

t——仿真运行时间；

$n_{t,j}$——第 j 次仿真系统运行到时刻 t 时的故障次数；

K_j——第 j 次仿真中总的故障次数；

Δt_i——零部件 i 的运行时间间隔；

C_i——仿真过程中零部件 i 的运行时间；

$t_{\min}$——仿真过程中下一个事件发生的时间。

基于可靠性框图模型的蒙特卡洛仿真基本步骤为：

1）仿真初始化，设定仿真总次数 N、每次仿真的结束时间 T，令 $n = 0$。

2）仿真开始时设所有零部件均正常，运行时间 $t=0$；$n=n+1$，判断 $n \geqslant N$，如成立则转 8）；

3）抽样所有零部件的运行时间 C_i，生成零部件运行时间列表，对零部件运行时间 C_i 进行排序，得到最小运行时间 Δt 及其对应的零部件 i，将系统运行时间向前推进 Δt，$t=t+\Delta t$。

4）判断系统状态，对状态参数进行更新。判断零部件 i 的状态，抽样零部件 i 的下一个运行时间间隔 Δt_i，更新零部件运行时间列表，使零部件 i 对应的 $C_i = C_i + \Delta t_i$。

5）对各零部件的运行时间进行排序，得到最小运行时间 t_{min} 及其对应的零部件 i，将系统运行时间向前推进 t_{min}。判断 $t + t_{min} > T$ 是否成立。若成立则转 2），不成立转 4）。

6）对状态数据进行统计和处理，包括时间截尾方式处理、投影法时间区间处理等。

7）计算系统可靠性指标。

8）仿真结束。

综上，基于可靠性框图（RBD）的动态可靠性蒙特卡洛仿真流程如图 5-18 所示。

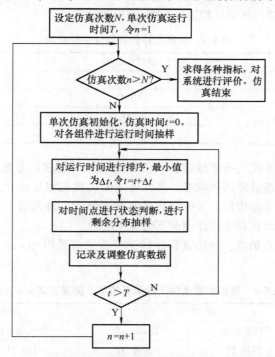

图 5-18 基于 RBD 模型的动态可靠性蒙特卡洛仿真流程

仿真结束后，可以计算系统可靠性指标。以平均故障间隔时间（Mean Time Between Failures，MTBF）和可用度（Availability，A）为例，计算公式如下：

$$\text{MTBF} = \frac{1}{\sum\limits_{j=1}^{N} K_j} \sum\limits_{j=1}^{N} \left[T - \sum\limits_{i=1}^{K_j} (f_{i,j} - r_{i,j}) \right] \tag{5-11}$$

$$A(t) = 1 - \frac{\sum\limits_{j=1}^{N} \sum\limits_{i=1}^{K_j} (f_{i,j} - r_{i,j})}{N \times T} \tag{5-12}$$

（2）基于可靠性框图的动态可靠性蒙特卡洛仿真案例　某液压系统由阀 V 和 P_1、P_2、P_3、P_4、P_5 等五个泵组成，结构如图 5-19 所示。系统功能如下：当液压油可以从左端通过阀、

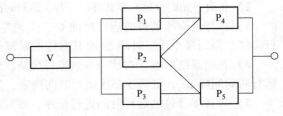

泵从右端流出时，表示系统功能正常；若没有液压油从右端流出则表示系统故障。就每个元件而言，液压油可以通过为正常，反之为故障。为便于分析，假设液压系统管道的可靠度为100%。由图5-19可知，在下述条件下液压系统将处于故障状态：①P_4和P_5同时故障。②P_1、P_2和P_3同时故障。③P_1、P_2和P_5同时故障。④P_2、P_3和P_4同时故障。⑤阀V故障。因此，上述五种组合构成该系统的最小割集。

图5-19 某液压系统结构简图

各液压元件的可靠性特征参数见表5-2。其中，当元件故障间隔服从指数分布时，故障分布参数代表元件的平均故障间隔时间；当元件故障服从威布尔分布时，分布参数代表威布尔分布的比例参数β。维修时间服从均值为100h的指数分布。

表5-2　液压元件的可靠性特征参数

液压元件	故障分布/h	维修分布/h
V	2000	100
P_1，P_3	1000	100
P_2	500	100
P_4，P_5	1200	100

此外，为便于分析系统的可靠性指标，仿真时做如下假定：①系统中的元件（泵、阀）及液压系统都只有正常或故障两种状态。②元件之间的状态相互独立，即不考虑元件之间的相关性。③元件故障后立即维修，并假定有足够的维修设备及人员。④当系统故障时，未故障的元件将停止工作，且在停止工作期间不会发生故障。

为验证仿真程序的正确性，将仿真程序的运行结果与采用 Blocksim® 软件得到的运行结果进行比较，见表5-3。

表5-3　修旧如新条件下的仿真结果，仿真次数 $n = 5000$

可靠性指标	指数分布		威布尔分布（$\beta = 2$）	
	仿真程序	Blocksim®	仿真程序	Blocksim®
MTBF/h	1374.91	1409.32	1175.21	1201.53
故障次数	68.52	67.01	79.58	77.95
可用度（A）	0.9424	0.9443	0.9356	0.9366

由表5-3可知：①仿真结果和采用 Blocksim® 软件得到的计算结果接近，验证了仿真程序和仿真逻辑的正确性。②在修旧如新条件下，元件故障间隔时间服从指数分布和威布尔分布时，系统可靠性指标（如MTBF、故障次数、可用度）存在一定差别。

仍以图5-19所示的液压系统为例，在修旧如旧条件下对系统进行仿真。与修旧如新仿真所不同的是，修旧如旧条件下仿真时需要对元件寿命进行剩余分布抽样，抽样方法如前所述。

对于修旧如旧假设，威布尔分布的形状参数 α 分别取1、1.25、1.5、1.75、2、2.25、2.5、2.75、3等9个点，分别计算系统可用度，仿真结果见表5-4。其中，$\alpha = 1$ 时即为指数分布，由于故障率恒定，修旧如新假设和修旧如旧假设所得结果相同。

表 5-4　修旧如旧假设下不同形状参数的可用度仿真结果

α	1	1.25	1.5	1.75	2	2.25	2.5	2.75	3
可用度（A）	0.9424	0.9097	0.8141	0.6186	0.4040	0.2537	0.1677	0.1188	0.0894

由表 5-4 可知，在修旧如旧条件下，系统可用度随着 α 的增加呈下降趋势，形状参数 α 对系统可用性有着显著影响。下面对 α 取值分别为 1、1.5、2、2.5 等四种情况，按照投影法进行统计，分析系统可用度和瞬时故障率的变化，求出系统 MTBF、故障次数以及可用度，结果见表 5-5，并绘制系统可用度和故障率变化曲线分别如图 5-20 和图 5-21 所示。

表 5-5　修旧如旧时系统可靠性仿真结果（仿真次数 $n = 5000$）

可靠性指标	$\alpha = 1$	$\alpha = 1.5$	$\alpha = 2$	$\alpha = 2.5$
MTBF/h	1374.91	261.81	37.81	11.26
故障次数	68.52	313.41	1067.5	1494.05
可用度（A）	0.9424	0.8141	0.4042	0.1677

由图 5-20 和图 5-21 可知：①$\alpha = 1$ 时，元件故障分布为指数分布，系统可用度和瞬时故障率保持不变。②随着 α 的增大，故障率和可用度变化显著，α 较小（如 $\alpha = 1.5$）时，可用度和故障率基本呈线性变化；当 α 较大时（如 $\alpha = 2.5$），可用度先是快速减小，之后平稳减小，而故障率则先呈快速增加趋势，之后缓慢增加。

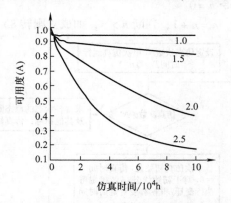

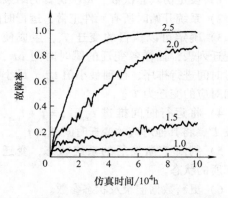

图 5-20　修旧如旧时、不同参数下系统可用度曲线　图 5-21　修旧如旧时、不同参数下系统故障率曲线

由上述仿真结果可以看出：零部件可靠性、维修性参数以及不同的维修假设对系统可靠性指标有着显著影响。在修旧如新条件下，分布类型的选择对系统可靠性指标影响较小，选用指数分布是合理的；在修旧如旧假设条件下，对于威布尔分布，α 取值不同将会直接影响系统可靠性指标，此时选用指数分布往往是不合理的。

此外，零部件故障维修之后故障率的变化取决于多种因素。一般地，修复后零部件通常介于初始故障率和故障发生前故障率之间，既不是修旧如新（AGAN），也不是修旧如旧（ABAO）。对于修复后零件的故障率，可以通过役龄回退因子等加以描述。

3. 基于随机 Petri 网模型的系统可靠性蒙特卡洛仿真

（1）基于 SPN 模型的蒙特卡洛仿真流程分析　第 4 章曾指出：通过同构马尔可夫链可以计算 SPN 模型的稳定状态概率，得到系统的性能指标。但是随着元件数目的增加，由马尔可夫链直接求解将变得困难。此外，马尔可夫方法要求单元故障率和维修率为常数，即故障间隔时间和维修时间都服从指数分布，难以满足实际系统要求。因此，复杂系统可靠性指标的求解需要采用仿真方法。

基于 SPN 模型的蒙特卡洛仿真着眼于 SPN 系统中变迁和库所的变化。下面先说明仿真中所用到的符号：

i——组件编号，$i = 1, 2, \cdots, I$；

N——仿真循环总次数；

n——已完成的仿真次数；

T——每次仿真运行结束时间；

t——仿真运行时间；

k——赋时变迁编号，$k = 1, 2, \cdots, K$；

T_k——赋时变迁；

Δt——赋时变迁抽样时间最小值；

M_j——系统故障状态的编号，$j = 1, 2, \cdots, J$；

$t(M_j)$——状态 M_j 的总持续时间；

$P(M_j)$——状态 M_j 的稳态概率；

$S(M_j)$——总的仿真时间内，因 M_j 导致系统故障的总次数。

基于 SPN 模型的蒙特卡洛仿真步骤为：

1）设定仿真总次数、每次仿真的结束时间，令 $n = 0$。

2）系统开始时所有元件正常，运行时间 $t = 0$，$n = n + 1$，判断 $n > N$，如成立则转 8）。

3）确定可以执行的变迁 T_k，生成使能变迁列表，抽样各变迁的赋时时间 Δt_k，并对时间进行排序，得到最小值 $t_{\min}$，最小时间对应的变迁为 T'。

4）将运行时间推进 $t_{\min}$，$t = t + t_{\min}$，激发 T'，将其他对应的变迁时间减去 $t_{\min}$。

5）判断 T' 激发后的系统状态，变迁和库所的状态。

6）更新数据记录及状态参数。

7）判断 $t > T$，如成立则转 2），否则转 3）。

8）根据公式计算各种可靠性指标。

综上所述，基于 SPN 模型的蒙特卡洛仿真流程如图 5-22 所示。

仿真结束后，可以求得系统的平均故障间隔时间及可用度，计算公式为

$$P(M_j) = \frac{t(M_j)}{NT} \tag{5-13}$$

$$\text{MTBF} = \frac{\left(1 - \sum_{j=1}^{J} P(M_j)\right) NT}{\sum_{j=0}^{J} S(M_j)} \tag{5-14}$$

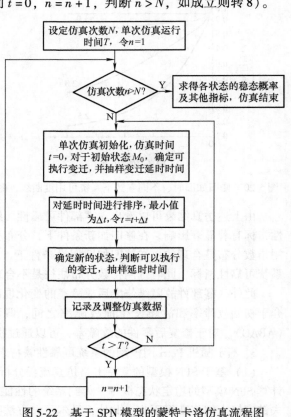

图 5-22 基于 SPN 模型的蒙特卡洛仿真流程图

$$A = 1 - \sum_{j=1}^{J} P(M_j) \tag{5-15}$$

对系统的故障事件进行时间区间统计，可以得到系统瞬时故障率和瞬时可用度。对 N 次仿真中每个固定时间间隔内的故障时间取平均值，再除以时间间隔值，就可得到系统在每个固定时间间隔内的故障率，即瞬时故障率。

（2）基于随机 Petri 网的蒙特卡洛仿真案例　以本书第 4 章 4.3.5 节图 4-24 所示的液压系统为例，通过建立系统可靠性分析的随机 Petri 网模型、分析系统状态演变过程以及建立系统状态可达树，为系统可靠性仿真提供了条件。设泵平均故障间隔时间和平均维修时间服从指数分布，见表 5-6。

表 5-6　指数分布时泵的可靠性参数

泵	MTBF/h	MTTR/h
X，Z	1000	100
Y	500	100
A，B	1200	100

考虑到该液压系统需常年连续工作，为求解系统稳态可靠性指标，仿真时间设为 $T = 87600\text{h}$。通过仿真可以得到各状态的稳态概率。通过蒙特卡洛仿真，得到系统各故障状态的稳态概率见表 5-7。

表 5-7　指数分布时系统故障状态稳态概率仿真结果

状　　态	M_{15}	M_{17}	M_{18}	M_{21}	M_{23}	M_{24}	M_{25}	M_{26}	M_{27}	M_{28}	M_{29}	M_{30}
稳态概率 p（%）	0.644	0.148	0.199	0.147	0.057	0.128	0.408	0.014	0.009	0.009	0.017	0.011

根据稳态概率，求得计算液压系统的可靠性指标：平均无故障工作时间 MTBF = 4495h、可用度（A）= 0.9855。由仿真结果可知：状态 M_{15}、M_{25} 出现的概率很高，主要由泵 A、B 同时故障所导致，这也是导致系统故障的主要原因。此外，M_{17}、M_{18}、M_{21} 引起系统故障的概率也较大，而由三个以上元件同时故障引起系统故障的概率很小。

此外，将仿真时间等分为 100 个时间区间，通过统计计算，拟合得到系统瞬时故障率、可用度变化曲线如图 5-23 和图 5-24 所示。由图可知，经初期剧烈变化后，可用度及故障率随系统运行周期的延长而趋于平稳。该结论与由指数分布元件组成系统的特点相符。

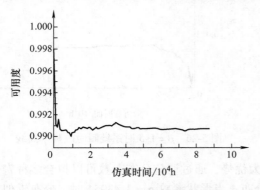

图 5-23　指数分布条件下系统可用度曲线

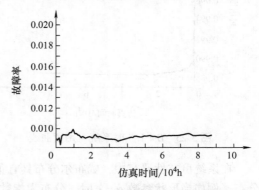

图 5-24　指数分布条件下系统故障率曲线

蒙特卡洛仿真并不要求元件可靠性参数服从指数分布，对系统规模也没有过多限制。因此，该方法可用于分析和计算不同规模、元件服从不同分布（如寿命服从威布尔分布、维修时间为正态分布等）的系统动态可靠性指标。

利用蒙特卡洛仿真求解 SPN 模型的可靠性指标，并不严格要求元件的分布服从指数分布，对于其他类型的参数同样可以进行仿真。下面讨论当元件寿命服从威布尔分布、维修时间服从正态分布时系统的可靠性指标，系统中元件的分布参数见表5-8。表中，寿命参数为威布尔分布的比例参数 β；维修服从为正态分布，均值为100h，标准差为20h。

表 5-8　泵的可靠性参数（非指数分布）

泵	寿命分布威布尔比例参数/h	维修分布 $N(\mu,\sigma)$/h
X，Z	1000	(100,20)
Y	500	(100,20)
A，B	1200	(100,20)

假定元件故障后修旧如新，选取不同的威布尔分布形状参数 α，得到不同仿真结果见表5-9。

表 5-9　不同参数下系统可靠性指标的仿真结果（非指数分布）

可靠性指标	$\alpha=1$	$\alpha=1.5$	$\alpha=2$	$\alpha=2.5$	$\alpha=3$	$\alpha=4$
MTBF/h	4424	3610	3493	3564	3528	3715
故障次数	196	240	247	243	245	233
可用度（A）	0.9904	0.9884	0.9881	0.9882	0.9880	0.9887

以 $\alpha=1.5$ 的情况为例，将总仿真时间分为100个区间，对仿真中固定时间间隔内的故障次数和故障持续时间进行统计，可以求得固定时间间隔内系统的可用度和故障率，利用 Origin 软件绘制系统可用度和故障率的变化曲线如图5-25和图5-26所示。

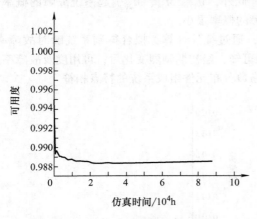

图 5-25　$\beta=1.5$ 时系统可用度曲线

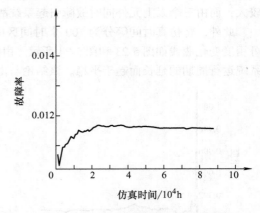

图 5-26　$\beta=1.5$ 时系统瞬时故障率曲线

在系统可靠性研究中，威布尔分布具有很大优势，通过调整分布参数可以拟合多种寿命分布。例如当形状参数 $\alpha=1$ 时，分布为指数分布；当形状参数 $\alpha=3.43954$ 时，分布近似于正态分布。通过蒙特卡洛仿真可以分析，在不同修复假设、不同分布类型及其分布参数对系统可靠性的影响，为系统可靠性的优化和改进提供依据。

4. 基于蒙特卡洛仿真和遗传算法的设备维修优化

据统计，因设备故障维修和停机造成的损失已占企业生产成本的 30% ~ 40%。维修是保持设备功能、保障设备正常使用的重要手段。维修经历了事后维修（Corrective Maintenance）、预防性维修（Preventive Maintenance）和以可靠性为中心的维修（Reliability Centered Maintenance，RCM）等阶段。但是，事后维修和盲目的预防性维修不仅难以实现维修活动的优化，甚至还会给设备运行带来风险，影响企业的市场竞争力。近年来，有关 RCM 的研究受到重视。

（1）维修成本优化模型 机械设备维修属于多目标优化问题，优化目标包括维修周期、维修工具配置、设备利用率以及维修成本等。作为可修复设备，维修优化时还需考虑以下问题：

1）维修假设：修旧如新或修旧如旧。实际上，修复后零部件的故障率多介于修旧如新与修旧如旧之间，可通过役龄回退因子等加以描述。

2）维修周期：维修周期过短，设备维修频繁，既增加了维修成本，也降低了设备利用率；维修周期太长，在工作循环的后期设备故障率将持续上升，会导致设备利用率急剧下降。

3）马尔可夫型维修过程假设：马尔可夫过程要求部件相互独立，且特征参数（如寿命、维修时间等）服从独立的指数分布，以便利用指数分布的无记忆性求解模型。但是，机械零部件的寿命及维修时间并不局限于指数分布，维修多属于非马尔可夫过程。

可用度（Availability，A）是衡量可修复设备利用率的重要指标，它表示设备在任意时刻能正常工作的概率：

$$A = \frac{\text{MTBF}}{\text{MTBF} + \text{MTTR}}$$

式中，MTBF 为平均故障间隔时间，表示设备平均有效工作时间；MTTR 为平均修复时间（Mean Time To Repair），指设备从发生故障到恢复功能所需的平均时间。

下面以多部件混联设备为对象，以设备许用可用度（A_0）为约束条件，以维修周期（T_m）为决策变量，以总维修成本（C_g）最低为优化目标，建立如下的设备维修成本优化模型：

$$\min C_g = C_{rep} + C_d + C_s + C_p + C_{pl}$$
$$\text{s. t. } A_s \geqslant \lim A_0$$

式中，C_g 为设备总维修成本；C_{rep} 为事后维修成本，$C_{rep} = \sum_{i=1}^{N} n_i C_{rep}(i)$，$C_{rep}(i)$ 为第 i 个部件的一次维修成本，n_i 为第 i 个部件的维修次数，N 为设备中零部件的数量；C_d 为因设备停机造成的损失，$C_d = \beta_d \int_0^{T_{max}} [1 - A(t)] dt$，$\beta_d$ 为设备停工单位时间的损失，T_{max} 为设备总的运行时间；C_s 为因部件故障产生的损失，$C_s = \sum_{i=1}^{N} n_i C_s(i)$；$C_p$ 为系统预防性维修成本，$C_p = \sum_{i=1}^{N} n_i C_p(i)$；$C_{pl}$ 为零部件更换成本，$C_{pl} = \sum_{i=1}^{N} n_i C_{pl}(i)$；$A_s$ 为设备可用度；A_0 为设备许用的最低可用度。

（2）基于蒙特卡洛仿真和遗传算法的模型求解 上述模型属于非线性、多目标、动态随机优化问题，模型的搜索空间随零部件数量呈指数级增加。当设备为单部件系统时，利用上述公式可以得到维修周期 T_m 及广义维护成本 C_g 的解析解。但是，当设备为多部件混联等复杂系统时，解析方法就难以得到 T_m 的优化解及 C_g 的极小值。

蒙特卡洛仿真能模拟系统运行过程，且对系统规模、组成、结构等没有严格限制，可以模拟设备运行及维护过程，求解系统可用度及成本等参数，为维修策略的制定提供依据。此外，由于维修优化属于多约束条件、多优化目标的优化问题，优化解一般为 Pareto 最优解集合。

遗传算法（Genetic Algorithm，GA）是一种仿生算法，它通过遗传操作（如复制、交叉、变异等）来模拟生物的进化过程，通过优胜劣汰的更新法则推动仿真群体逼进搜索空间的最优解区域。遗传算法具有全局寻优能力和自学习性，在多变量、大搜索空间优化模型求解方面具有优势。为此，可以将遗传算法的适应度函数（Fitness）与维修策略优化目标函数联系起来，利用遗传算法对维修策略进行搜索优化，在遗传算法中嵌套蒙特卡洛仿真模块以解决个体适应度计算问题，维修策略的优化流程如图 5-27 所示。

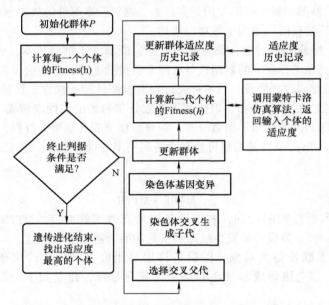

图 5-27　基于遗传算法和蒙特卡洛仿真的维修优化流程

当遗传算法的上层搜索算法更新群体需要计算个体适应度时，将目标个体的基因编码传入适应度函数，并解码为优化模型的目标函数，利用蒙特卡洛仿真求解，再返回给遗传算法的上层搜索算法，从而以个体进化搜索实现维修方案的寻优。遗传算法与仿真程序的接口框架如图 5-28 所示。

为提高计算效率，在仿真计算时通过建立个体仿真历史记录，以寻找适应度高的基因个

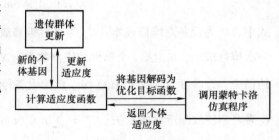

图 5-28　遗传算法与蒙特卡洛仿真的接口设计

体。当记录空间达到限额时，优先删除适应度低的个体记录。对基因编码好的个体而言，蒙特卡洛仿真的次数要远多于基因编码差的个体，从而在获得优良的基因个体及满意的仿真精度的前提下，有效地减少对基因差个体的计算开销。

（3）基于事件排序的仿真时钟推进机制　如前所述，蒙特卡洛仿真的时间推进机制有固定步长法、可变步长法等。在设备维修仿真时采用基于事件排序原理的可变步长法，在对未来可能发生事件排序的基础上，由最先发生的事件推进仿真时钟。

（4）基于路集的故障判断与部件故障屏蔽法　通常，设备故障维修时，状态正常的部件将停止运行且在维修期间不会发生故障，其剩余寿命自然顺延。仿真时需要考虑以下情况：①对于串联系统，任一零部件故障都将导致系统故障，此时系统中非故障部件应停止运行，以免出现过度故障现象，影响仿真精度。②对于并联或表决等系统，一个零部件的故障未必会引起系统故障，此时需根据系统状态判定其他零部件的工作状态。

采用路集判断故障和解决零部件过度故障问题，具体方法是：利用最小路集判断系统故障通路；当系统故障时，搜索状态正常且应暂停运行的部件，屏蔽其故障行为，并对其累计工作时间予以补偿。

图 5-29a 所示为某设备可靠性框图，由可靠性框图求得该设备的最小路集为 $\{1,3,4\}$、$\{1,2\}$。已知零部件状态变化与时间 T 的关系如图 5-29b 所示，图中虚线表示零部件或设备故障、处于维修状态；实线表示部件或设备正常。分析设备故障及其故障屏蔽情况如下：

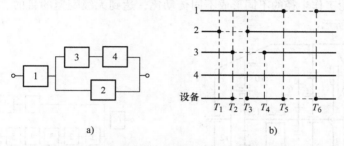

图 5-29　基于最小路集法的系统故障及其故障屏蔽分析

a）设备可靠性框图　b）系统状态及故障屏蔽分析

1）T_1 时刻部件 2 故障，路集 $\{1,2\}$ 出现故障，由于路集 $\{1,2\}$ 中部件 1 也包含在路集 $\{1,3,4\}$ 中，不进行故障屏蔽。

2）T_2 时刻部件 3 发生故障，此时部件 2 还没有修复，路集 $\{1,3,4\}$ 置为故障，设备故障，部件 1、4 均需进行故障屏蔽。

3）T_3 时刻部件 2 修复，路集 $\{1,2\}$ 置为运行，部件 1 解除故障屏蔽、投入工作，设备恢复工作。

4）T_4 时刻部件 3 修复，路集 $\{1,3,4\}$ 置为运行，部件 4 解除故障屏蔽、投入工作。

5）T_5 时刻部件 1 故障，路集 $\{1,2\}$ 和 $\{1,3,4\}$ 被置为故障，部件 2、3、4 均被故障屏蔽，设备故障。

6）T_6 时刻部件 1 修复，路集 $\{1,2\}$ 和 $\{1,3,4\}$ 故障解除，部件 2、3、4 恢复工作，设备恢复正常。

（5）遗传算法的详细设计　遗传算法可以表示为下述表达式：

$$\mathrm{GA}(X(x_1,\cdots,x_n),\mathrm{Fitness}(h_i),\mathrm{threshold},p,r,m)$$

式中，$X(x_1,\cdots,x_n)$ 为 n 位染色体基因编码；$\mathrm{Fitness}(h_i)$ 为第 i 个个体的适应度；threshold 为指定终止判据的阈值；p 为种群数量；r 为每一代进化中交叉操作个体比例；m 为变异率。

GA 的父代选择有轮盘赌选择、锦标赛选择、排序选择等方法。其中，轮盘赌根据个体适

应度的比例确定个体的选择概率，可以实现合理的进化速率。子代生成采用两点交叉方法，
算法构造过程如图 5-30 所示。

染色体基因变异采用点变异方法。更新群体的
方法为：在两个双亲和两个后代中挑选出适应度较
高的两个个体并更新到群体中去，剩余两个适应度
较低的个体被淘汰，以维持种群大小不变。

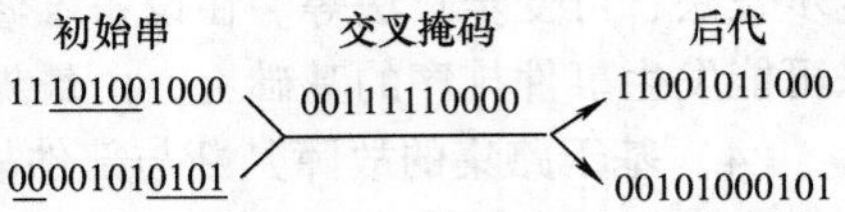

初始串	交叉掩码	后代
11101001000	00111110000	11001011000
00001010101		00101000101

图 5-30　遗传算法子代生成的两点交叉方法

染色体基因编解码规则：种群的基因空间为 T_m 的优化区间 $[T_1, T_2]$，染色体 $X = (T_m - T_1)/(T_2 - T_1) \times 2^n$，解码规则为 $T_m = X/2^n \times (T_2 - T_1) + T_1$。终止判据 threshold 为进化代数。

（6）应用案例　图 5-31 所示为由齿链无级变速器和行星齿轮组成的齿链复合传动系统。
动力由输入轴 14 输入，部分功率由行星齿轮机构输出，路径为：输入轴 14—齿轮 8—太阳轮
9—行星轮 10、11—行星架 12—输出轴 15，其余功率经齿链无级变速器传递，路径为：输入
轴 14—链轮锥盘 3—齿链 2—链轮锥盘 4—齿轮 5、6、7—中心轮 13—行星轮 10、11—行星架
12—输出轴 15。齿链无级变速器起调速作用，调速原理为：调节调速丝杠 1 使主、从动链轮
各自做相向或相背的轴向移动，使链条与两链轮的接触半径（工作半径）分别变大或变小，
根据主、从动链轮工作半径的不同形成不同传动比，达到无级变速的目的。该传动系统可靠
性框图如图 5-32 所示。

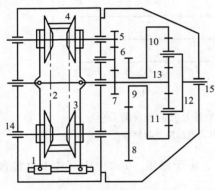

图 5-31　齿链复合传动系统

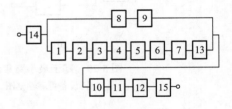

图 5-32　传动系统可靠性框图

传动系统主要零部件可靠性参数见表 5-10，其中 $W(\alpha, \beta, \gamma)$ 为威布尔分布，$N(\mu, \sigma)$ 为正
态分布。轴、轴承、箱体等的故障率较低，仿真时假设上述部件不发生故障。设零部件预防
维修时间服从 $N(\mu = 60, \sigma = 10)$ 分布，故障小修时间服从 $N(\mu = 30, \sigma = 15)$ 分布。零部件成本
参数见表 5-11，其中 $\beta_d = 8 \times 10^{-2}$ 元/h，役龄回退因子 α_i 取 0.95。

表 5-10　复合传动系统零部件的寿命参数

零部件	分布 寿命分布/h
1、2	$W(\alpha = 2, \beta = 2000, \gamma = 0)$
3、4	$W(\alpha = 2, \beta = 1000, \gamma = 0)$
5、6、7、8、10、11、13	$W(\alpha = 3.13, \beta = 1000, \gamma = 0)$
9、12	$W(\alpha = 2, \beta = 1200, \gamma = 0)$

表 5-11　复合传动系统零部件的维修成本参数

零部件	维修成本/10^3 元			
	$C_{rep}(i)$	$C_p(i)$	$C_s(i)$	$C_{pl}(i)$
1、2	3	1	$N(\mu = 10, \sigma = 1)$	30
5、6、7、8、10、11、13	2	1	$N(\mu = 6, \sigma = 1)$	20
9、12	2	1	$N(\mu = 12, \sigma = 1)$	20
3、4	5	2	$N(\mu = 10, \sigma = 1)$	50

基于蒙特卡洛仿真和遗传算法对此齿链复合传动系统的维修进行优化，优化目标为设备的维修成本，约束条件为传动系统的可用度（本例中系统最低许用可用度为 0.9），优化变量为系统的预防性维修周期 T_m。仿真运行时间为 10000h，结果如图 5-32 所示。

图 5-33a 所示为考虑维修行为后系统可用度 A 与预防性维修周期 T_m 的关系曲线，图中点 1（$T_m = 623$h）和点 3（$T_m = 1190$h）确定了满足系统最低可用度的 T_m 取值区间。由图可知，在点 2（$T_m = 799$h）处，系统可用度最大达到 0.923。与此相对应，系统的最佳维修周期为 800h。

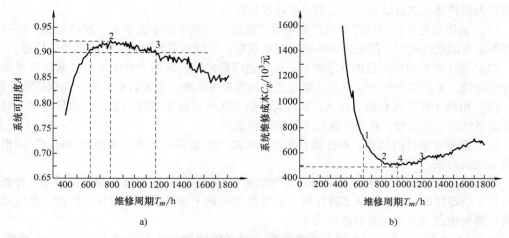

图 5-33　齿链复合传动系统维修优化结果
a）系统可用度与维修周期的关系　b）系统维修成本与维修周期的关系

图 5-33b 所示为系统总维修成本 C_g 与预防性维修周期 T_m 的关系曲线，其中 1、2、3 三点对应于图 5-33a 中 1、2、3 点，相应的维修成本分别为 7.05×10^5 元、5.28×10^5 元和 5.25×10^5 元。当维修周期取 $T_m = 955$h（即点 4）时，系统总维修成本最低，为 4.91×105 元。与点 2 相比，在满足许用可用度的前提下，系统总维修成本降低 7.01%。

 ## 5.4　系统动力学仿真

5.4.1　系统动力学仿真的基本概念

如前所述，系统由多个要素构成，系统与环境之间存在输入、输出、反馈以及各种约束条件。20 世纪 60 年代，美国麻省理工学院（MIT）的 Jay W. Forrester（1918—2016）教授创立了系统动力学（System Dynamics，SD）理论。系统动力学是一门认识与解决系统问题、沟通自然科学与社会科学的学科，已经广泛应用于企业内部、企业之间、区域内部乃至跨越国界的战略决策中，被誉为"战略与决策实验室"。

系统动力学的理论基础是经典流体力学和反馈控制理论。流体力学研究流体处于平衡和运动时的力学规律，以及如何将这些规律应用于工程实际中。流体流动时具有流、流速、积累、压力、延迟等现象。为此，系统动力学也采用流、流速、积累、压力、延迟等概念来描绘系统中物质和信息的流动。

在系统动力学中，将用来描述系统动态特性的数学方程称为动力学方程。根据是以连续时间还是以离散时间来观察系统行为，分别可以采用微分方程或差分方程加以描述。其中，微分方程将状态变量的导数与当前值联系起来，差分方程则将某一时刻的变量值与其相邻时刻的变量值联系起来。

系统动力学并不追求运筹学的最优解，而是分析系统行为的动态变化趋势，从多种方案中选择理想方案，寻求改善系统的机会和途径。在求解思路上，它不依赖于数学逻辑的推演，而是通过对实际系统观测所获得的信息建立动态仿真模型，并通过计算机实验来获得对系统未来行为的描述。系统动力学方法的主要特点包括：

（1）适用于处理长期性和周期性的问题。例如：自然界的生态平衡、经济危机、库存系统等都呈现周期性规律，需通过较长的时间来观察，可以利用系统动力学模型加以描述。

（2）适用于对数据不足的问题进行研究。系统建模时，常遇到数据不足或某些数据难于量化等问题，系统动力学可以根据各要素之间的因果关系和一定的数据结构，完成推算分析。

（3）借助于计算机和仿真技术，系统动力学方法可以模拟高阶、非线性和具有动态特性的复杂系统的运行过程，获得系统的主要特征信息。

（4）强调有条件的预测。系统动力学方法强调产生结果的条件，采用"what-if"的形式预测系统的未来。

系统动力学可以从定性（Qualitative）和定量（Quantitative）角度构建系统模型，分析系统特性。当定量地分析系统动态特性时，通常需要借助于相关的仿真软件。因此，系统动力学与计算机仿真技术之间有着密切关系。

20世纪60年代，Forrester等人开发出第一代系统动力学仿真软件 Dynam™；20世纪80年代中后期，基于PC平台的系统动力学仿真软件相继问世，主要包括 Vensim™、STELLA/Ithink™、Powersim™、Professional DYNAMO™、Simcity™等。此外，还有一些供研究用的原型仿真软件（如 Lohhausen™、Tanaland™）。

5.4.2　系统动力学仿真的应用步骤

1. 确定模型的边界

根据建模目的和实际问题内含的反馈机制来确定系统的边界。当系统边界确定后，就可以确定系统的内生变量和外生变量。其中，内生变量是由系统内部的反馈结构决定的变量，而外生变量随时间变化的规律是由模型外部因素给定的。外生变量对内生变量存在影响，而内生变量对外生变量没有影响。另外，在某些情况下，内生变量可作外生变量处理。

2. 确定系统动力学模型的因果反馈关系

在确定系统模型的边界和变量之后，需要找出系统中的因果关系环图（Causal Loop Diagrams）和栈-流图（Stock and Flow Diagrams）。反馈环的多少是系统复杂程度的标志。根据因果关系不同，系统变量之间可以是正关系、负关系、无关系或者复杂关系。正关系是指一个变量的增加会引起相关联的另一个变量增加，反之则称为负关系。不论是线性的还是非线性的，正关系曲线都具有正的斜率；负关系曲线则总具有负的斜率；无关系曲线具有零斜率；复杂关系曲线具有时正时负的斜率。正负关系是对因果关系性质的规定。

在因果关系图中，正负关系分别用带"＋""－"号的箭头表示。当这种关系从某一变量出发经过一个闭合回路的传递，最后导致该变量本身增加时，这样的回路就称为正反馈环，反之则称为负反馈环。实际的复杂系统都是由许多相互联系的非线性反馈回路组成。

值得指出的是，虽然因果反馈回路有正负区别，但系统行为本身并无正负之分，而是正负反馈回路相互结合。在这种结合中，自我增强变动与自我调整变动的力量并不完全相等，一部分的变动会相互抵消，但就整个系统而言，会产生"稳定"与"增长"的相互变化。当正反馈回路自我调整变动的力量较强时，系统就显示出趋向"稳定"的状态，而当正反馈回路自我增强变化力量较强时，系统就显示出"增长"或"衰退"的状态。

3. 确定系统动力学模型的流位与流率

确定系统结构的第三步是找出反馈环的流位（Level）与流率（Rate）。每一个反馈环中至少包含流位与流率两种基本变量。流位与流率是性质完全不同的量，流位是系统内流量的积累，它是系统的状态变量。根据建模目的，分析收集到的信息资料，从各种要素中抽象出能描述系统的恰当流位变量。流率从物理概念上将流位变化定量化，根据对流位的关系分成入流率和出流率。它是单位时间内流入或流出流位的流量。

决定流率的结构是建模的核心，流率方程表述了流率对系统状态的依赖关系和对系统状态的控制策略，也描述了系统流位动态变化的内在规律。流率方程通常没有规定的形式，要决定流率的结构，需要知道系统的运行机制。当流率表达式过于复杂时，可以引入辅助变量加以简化，此时辅助变量将出现在流图的信息通道中。辅助变量往往具有独立的物理意义或经济意义。根据因果关系图和流图，可以分析系统中各要素之间的关联关系。例如：两个变量之间的关联是正的还是负的、是直接的还是间接的、是即时的还是延迟的等。但是，流图具有定性的性质，它还不是数学模型。不能根据流图直接写出一组完整的数学方程。

4. 绘制系统动力学系统流图

反馈系统的结构通常比较复杂，仅以文字叙述方式难以完全表达系统的真实特性。此外，在没有完全掌握系统结构和特性之前，直接采用方程又会造成遗漏。也就是说，文字叙述方式无法表示出反馈回路系统的特性，而方程又过于抽象，不够直观。为此，系统动力学理论在文字叙述的基础上，采用流图描述系统结构关系，分析动态特性。

根据流图，可以判断系统中各要素是如何关联的，分析系统中变量之间的关联关系。流图能够表示存量、速率和辅助等各类型系统动力学元素之间的关系。但是，流图本身只具有定性的特征，它还不是数学模型。根据流程图可以写出方程，以建立系统动力学模型。

图 5-34 所示是一个简单的系统动力学仿真流图，它由存量、速率、实物流、辅助变量和云图组成。长方形代表存量，存量也被称为水平、积累量、流位，它显示系统的状态，也是系统的指标值；速率代表系统中流量的控制，如同水流管路中的阀门一样，控制着水流量的大小，速率以阀门形式来表示，也称为决策函数、速度、速率、流率等；实线称为实物流，实线连接存量和速率，模仿控制的通路，它要贯穿存量和速率，像是水流在其中穿行；云图称为源（Sources）或汇（Sinks）；"源"指实物的来源，"汇"指实物的去向，好比水的源泉和去向，它是系统外的元素。

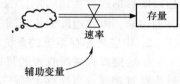

图 5-34　系统动力学仿真流图

5.4.3　案例研究：基于系统动力学仿真的供应链库存优化

1. 供应链库存系统概述

供应链（Supply Chain）是指围绕核心企业，通过对物流、信息流和资金流的控制，由供应商、制造商、分销商、零售商以及最终用户构成的有机整体和网络结构。各类不确定性因素使得供应链管理（Supply Chain Management，SCM）面临严峻挑战，如客户需求波动、供应商交货延迟、生产延迟、设备故障等。它们不仅会对供应链绩效产生重要影响，还会导致需求信息失真、扭曲、库存增加以及客户服务水平降低等结果。

在竞争激烈、快速变化的市场环境下，保持供应链的高效性和灵活性，有效处理供应链中的不确定性因素，对企业而言至关重要。供应链管理的目标就是在克服不确定性的基础上，以正确的方式（Right Way）将原材料制成合适的产品（Right Product），并在合适的时间（Right Time）将其运送到合适的地方（Right Place），以满足客户的需求。

本节采用系统动力学仿真方法研究供应链库存决策问题，以一个汽车生产 – 分销库存系统为例，采用系统动力学仿真软件 Vensim™ 对不同参数下系统的绩效进行仿真分析，建立供应链库存成本与服务水平间的平衡关系，为汽车制造企业的供应链绩效评价提供量化依据。基于下述原因，本节采用系统动力学仿真研究供应链库存问题：

1）供应链中存在时间滞后性因素。物流在供应链各节点之间传递时，需要考虑各种前置期（Lead Time），如采购申请、原材料发送、原材料检验等。系统动力学模型具有延迟机制，允许变量在一段时间之后再进行反馈，因而可以更接近于所描述的实际系统。

2）供应链中存在不连续性因素。当供应链运作时，各种相互依存的业务（如零售、分配、仓储、生产、采购等）要按照各自的规律完成相关操作，从而导致供应链运作层相关业务之间存在时间间隔。系统动力学仿真适用于处理周期性和不连续性问题，可以通过较长时间的统计，分析供应链系统的运营机制。

3）系统动力学仿真适用于处理较为复杂且精度要求不高的系统，供应链系统就属于此类系统。它可以借助于各要素之间的因果关系和有限的数据，分析供应链的结构和性能。

系统动力学仿真软件 Vensim™ 由 Ventana Systems 公司开发。它是一个基于 Windows 平台的系统动力学建模工具，具有良好的图形编辑环境。在构建包含水平变量、辅助变量、常量、箭头等要素在内的因果反馈环之后，通过使用软件提供的公式编辑器，生成完整的仿真模型。仿真模型经校核、验证和确认后，可以利用软件提供的分析工具对模拟系统的动态行为，分析系统的运作特征。Vensim 具有即时显示、保存到文件和复制至剪贴板等数据处理方法。它提供的分析工具可以分为两类：一类是结构分析工具，如 Cause tree 功能可以将所有工作变量之间的因果关系用树状图形的形式表示出来，Loops 功能可以将模型中所有反馈环以列表的形式列示出来；另一类是数据集分析工具，如 Graph 功能可以将各变量在整个仿真周期内的数值以图形形式直观地实现，Cause strip graph 功能将仿真周期内有直接因果关系的变量的数值并列出来，以便追踪变量之间的影响关系。

2. 供应链库存系统的系统动力学仿真模型

供应链库存系统管理的目标是满足顾客需求、降低库存成本，以增加企业的利润。供应链库存管理要求当库存量低于安全存量时发出订单，当库存将用尽时采购订单能适时地补充存货量。为此，可以利用系统动力学仿真方法确定供应链库存的订货点和订货量。

二阶供应链库存系统动力学仿真模型主要由制造商与零售商两个节点组成，它可以描述制造商向零售商直接供货的过程。通过建立该供应链子系统的平衡计分卡（Balanced Scorecard），确定供应链的绩效指标，并界定系统模型的边界。根据平衡计分卡对系统的定性分析可知，除了制造商的生产率对补货率有影响外，补货时间也是供应链的重要绩效指标。在最初 l_1 时间内，零售商的销售率为每天 v_1 个，而到第 l_2 天的时候，零售商的销售率突增到每天 v_2 个，并一直保持到仿真结束。该模型的设计目标是在满足顾客需求的前提下，通过调整补货时间，压缩供应链成本，得到优化的补货策略。

一般地，顾客需求可分成静态和动态两大类。静态需求稳定易测，每天的销售量在某一区间内变化，如销售量介于 $w_1 \sim w_2$ 件之间等。在模型中，采用 Vensim 的 $D(t)$、$RAMP(t)$ 及 $SINWAVE(t)$ 等函数来模拟销售中的静态需求。动态需求是指期间销售需求变化量不定且难以预测，此处采用 $STEP(t)$ 及 $RANDOM(t)$ 等函数来仿真动态需求变化。

服务水平（Service Level）是指在指定的日期交货满足顾客需求的能力，也就是在承诺的日期或之前完成交货的百分比。库存满足顾客需求的程度，也就是订单达标率。根据美国生产与库存控制学会（American Production and Inventory Control Society，APICS）的定义，顾客服务是一种能符合顾客的需求、询问与要求的能力，即根据顾客所要求的时间将产品交到顾客手中。一般地，降低需求的不确定性有利于提高服务水平；降低前置时间的不确定性有利于控制库存水平。

根据平衡计分卡所确定的供应链绩效指标，分析各指标间的因果关系，并采用 Vensim 提供的图形编辑工具，构建供应链绩效评价的系统动力学仿真流图如图 5-35 所示。系统动力学仿真流图清晰地描述供应链系统的工作流程。

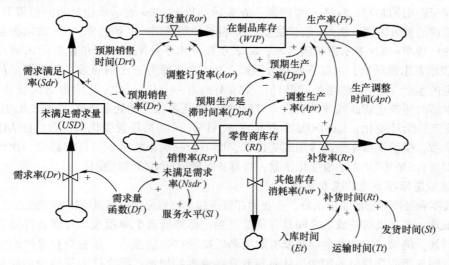

图 5-35　二级供应链系统系统动力学仿真流图

其中，在制品数量和零售商库存量都是关于时间的变量。设制造商在制品数量的初始值为 r 个，本模型中没有设置制造商库存，产品直接向零售商的仓库补货。因此，在制品数量（WIP）是关于订单率和生产率之差的积分，如式（5-16）所示。零售商库存（RI）初始值为 k 个，产品除因销售而引起的消耗外，还有因为运输、搬运和折旧等引起的消耗。零售商库存量是关于补货率与销售率和意外库存消耗率之差的积分 [式（5-17）]。未满足需求量（USD）为需求率和需求满足率之差的积分如式（5-18）所示：

$$WIP = t + \int_0^T (t_{pr} - t'_{ror}) \, \mathrm{d}t \tag{5-16}$$

$$RI = u + \int_0^T (t_{ri} - t'_{rsr} - t''_{iwr}) \, \mathrm{d}t \tag{5-17}$$

$$USD = \int_0^T (t_{dr} - t'_{sdr}) \, \mathrm{d}t \tag{5-18}$$

在构建系统动力学仿真流图后，根据企业实际和物流资料数据，利用 Vensim 提供的公式编辑器建立供应链的绩效评价仿真模型，二级供应链系统的系统动力学方程如下：

$$Dpr = WIP/Dpd \qquad \text{（单位：个/天）} \tag{5-19}$$

$$Pr = smooth(Dpr + Apr, Apt) \qquad \text{（单位：个/天）} \tag{5-20}$$

$$Rt = Et + Tt + St \qquad \text{（单位：天）} \tag{5-21}$$

$$Rr = DELAY \quad FIXED(Pr, Rt, Pr) \qquad \text{（单位：个/天）} \tag{5-22}$$

$$Rr = SMOOTH(Rsr, Drt) \qquad \text{（单位：个/天）} \tag{5-23}$$

$$Ror = Dr + Aor \qquad \text{（单位：个/天）} \tag{5-24}$$

$$Sdr = Rsr \qquad \text{（单位：个/天）} \tag{5-25}$$

$$S1 = 1 - Nsdr \tag{5-26}$$

$$Df = INT(RAMP(p,q) + SINWAVE(m,n) + STEP(e,f) + RANDOM(w_1, w_2)) \qquad \text{（单位：个/天）} \tag{5-27}$$

在上述方程中，变量含义分别为：Dpr 表示预期生产率；Pr 表示生产率；Dpr 表示计划预期中生产率；Apr 表示根据零售商库存所调整的生产率；Apt 表示生产率进行调整所需要的时间，Rt 表示补货总共消耗的时间；Et 表示入库延滞时间；Tt 表示运输所需要的时间；St 表示发货过程所耗用的时间；Pr 表示生产率；Rr 表示补货率；Rsr 表示单位时间的销售率；Drt 表示计划预期的销售时间；Ror 表示订货量；Dr 表示计划预期中的销售率；Aor 表示根据实时反馈调整的订货率；Sdr 表示需求满足率；Sl 表示服务水平；$Nsdr$ 表示单位时间未满足的需求量；Df 表示需求量函数，由以下四部分组成：$RAMP$ 函数为正比例函数，是指需求从 p 开始按照一定的速率（q）持续增加或降低，$SINWAVE$ 为一个从 m 到 n 范围内正弦波动的函数，表示需求随时间按正弦曲线波动变化，$STEP$ 为一阶跃函数，此处是指需求在仿真时间内从 e 到 f 不确定的跃迁变化，$RANDOM$ 为变量在 w_1 到 w_2 区间里任意变化的函数；$DELAY\ FIXED$ 是延迟函数，模型模拟零售商常用到货模式，即不管一次采购多少，订货都是一次到货，并无分批到货；$SMOOTH$ 为平滑变化函数，指订货量随时间有规律的变化。

3. 供应链库存系统的成本模型

从成本和经济效益的角度来看，企业库存管理的主要目标是使得供应链库存的总成本最低。

一般地，各项供应链成本之间具有背反关系，即降低某个单项成本可能会导致其他单项成本的增加。例如：增加安全存量能有效地降低缺货产生的成本，但安全存量的增加又意味着企业订购期间库存数量的增加，从而导致库存成本的增加；批次订购量的增加能有效降低订购及运输的次数和成本，增加购买价格的折扣，但也会增加库存的成本和风险。

下面利用系统动力学方法，构建物流各项成本的系统动力学模型和成本之间的系统动力学流图，并通过对各项决策参数的敏感度仿真，分析在需求不确定条件下物流成本的变化，给出物流成本的优化决策。

（1）供应链库存总成本系统动力学模型　一般地，供应链库存总成本主要包括采购成本、订货成本、存储成本和缺货成本等。其中，采购成本与货物采购数量有关，当采购数量达到一定数量时，其采购单价会随采购量的增加而有所折扣；订货成本指发出订单，拣货以及入库相关成本，订货成本与订购次数有关，因此不管采购数量有多少，每次订货成本的金额是固定的；存储成本包括货物仓储成本及保险费、设施折旧费等；缺货成本是指存货数量不能满足需求时所产生的损失。缺货成本通常分为有形缺货成本和无形缺货成本，前者包括延期交货惩罚成本和销售损失机会成本，后者则包括信誉损失与失去顾客的成本。由此得到供应链成本的目标函数为

$$S_{it} = \min\left(\sum_{t=1}^{T}\sum_{i=1}^{N}c_{it}X_{it} + \sum_{t=1}^{T}\sum_{i=1}^{N}p_{it}X_{it} + \sum_{t=1}^{T}\sum_{i=1}^{N}s_{it}I_{it}^{-} + \sum_{t=1}^{T}\sum_{i=1}^{N}h_{it}I_{it}^{+}\right) \tag{5-28}$$

式中，S_{it} 为 t 时间内 i 种产品的供应链总成本；c_{it} 为 t 时间内 i 种产品的购买成本；p_{it} 为 t 时间内 i 种产品的采购成本；X_{it} 为 t 时间内 i 种产品的产品总数；s_{it} 为 t 时间内 i 种产品的缺货成本；I_{it}^{-} 为 t 时间内 i 种产品的库存缺货量；h_{it} 为 t 时间内 i 种产品的库存成本；I_{it}^{+} 为 t 时间内 i 种产品的存货余量。供应链库存系统总成本的系统动力学流图如图 5-36 所示。

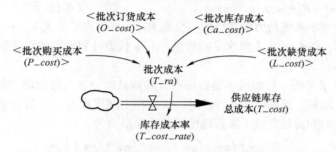

图 5-36　供应链库存系统总成本的系统动力学流图

供应链服务水平是指在规定时间内满足顾客需求的能力，在仿真模型中可以定义为在承诺时间内或之前的需求满足百分比。由于物品的需求可区分为持续性需求、季节性需求与不规则需求三种类型，因此模型中在需求类型分为步阶函数、周期函数和随机函数，以代表对应的持续性需求、季节性需求与不规则需求类型。

供应链库存总成本模型的系统动力学方程如下：

$$T\_cost = Tle + \int_{0}^{T}(T\_cost\_rate)\,dt \qquad （单位:元） \tag{5-29}$$

$$T\_cost\_rate = P\_cost + O\_cost + Ca\_cost + L\_cost \qquad （单位:元） \tag{5-30}$$

在供应链总成本系统动力学方程中，变量 T_cost 代表供应链库存的总成本，Tle 代表初始库存成本，T_cost_rate 代表单位时间内的库存成本，并且是由批次购买成本（P_cost）、批次订货成本（O_cost）、批次库存成本（Ca_cost）和批次缺货成本（L_cost）组成。

（2）采购成本子系统　采购成本是指由产品本身价值所产生的成本，也就是取得商品所需支付的直接成本。每采购一单位商品就必须支付一单位的商品价值成本。采购活动中普遍存在着数量折扣（Quantity Discount）的情况，因此采购成本也会随着购买数量的不同而有着不同的折扣，而降低或增加商品的采购成本。图 5-37 所示为所建立的采购成本子系统的系统

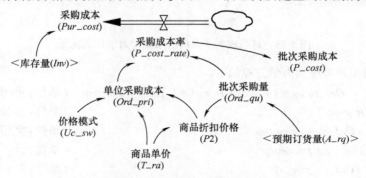

图 5-37　采购成本子系统的系统动力学仿真流图

动力学仿真流图。

采购成本模型的系统动力学方程如下：

$$Pur\_cost = \int_0^T (P\_cost\_rate)\,\mathrm{d}t \qquad （单位：元）\qquad (5-31)$$

$$Ord\_qu = A\_rq \qquad （单位：件）\qquad (5-32)$$

$$P\_cost\_rate = (Ord\_pri \times Ord\_qu)/timestep \qquad （单位：元/天）\qquad (5-33)$$

$$P\_cost = P\_cost\_rate \times timestep \qquad （单位：元）\qquad (5-34)$$

在供应链采购成本系统动力学方程中，变量 Pur_cost 代表采购成本，P_cost_rate 代表单位时间内的采购成本，Ord_qu 代表批次采购数量，A_rq 代表计划预期的订货量，Ord_pri 代表单位商品的采购成本。

（3）订购成本子系统　订购成本是指每次订购商品时，各项订购活动须支出的成本。订购活动包括订货、取货、运输、拣货、搬运、入库和上架等作业。订货提前期是指自发起订货开始，一直到订购的商品完成上架。提前期的数学模型为

$$T = t_{订货} + t_{取货} + t_{运输} + t_{拣货} + t_{搬运} + t_{入库} + t_{上架} \qquad (5-35)$$

假设订购量决策期的总需求维持固定水平，总订购成本和批次订购的数量成反比关系。若将总订购成本设为决策期间每次订购成本的累加值，则决策期间订购次数增加将会增加总订购成本。一般地，订购成本和存储成本之间有着背反关系，为此可以利用批次订购量作为决策变量，来探讨各种销售情境下订购成本、存置成本及总存货成本间的动态关系。图5-38所示为本研究中建立的订购成本子系统流程图。

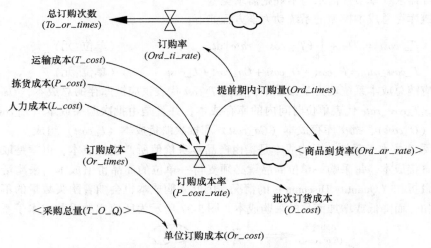

图 5-38　订购成本子系统的系统动力学仿真流图

订货成本模型的系统动力学方程如下：

$$O\_cost\_rate = [Ord\_times \times (T\_cost + P\_cost + L\_cost)]/timestep \qquad （单位：元/天）\qquad (5-36)$$

$$Unit\_ord = Or\_cost/T\_O\_Q \qquad （单位：元/件）\qquad (5-37)$$

$$Ord\_ti\_rate = Ord\_times/timestep \qquad （单位：次/天）\qquad (5-38)$$

$$O\_cost = O\_cost\_rate \times timestep \qquad （单位：元）\qquad (5-39)$$

$$Ord\_times = \begin{cases} Ord\_ar\_rate > 0 & （单位：次）\\ Ord\_ar\_rate \leqslant 0 & （单位：次） \end{cases} \qquad (5-40)$$

在供应链订货成本系统动力学方程中，变量 Or_cost 代表单位商品的订货成本，O_cost_rate 代表批次订货成本，T_cost、P_cost 和 L_cost 分别代表运输成本、拣货成本和人力成本，To_or_times 代表总订货次数，Ord_ti_rate 代表订购率，Ord_times 代表提前期内订购量，T_O_Q 代表采购总量，$timestep$ 代表仿真时间间隔。

每次订货成本包括运输成本、拣货成本和人力成本等，是一个可调节的敏感度参数。

（4）存储成本子系统　存储成本是指商品未销售出去之前，保管这些商品所支付的成本，商品销售出去之后该项成本随即消失。通常，企业会于提前期后取得商品并放置于仓库内储存，并采取适当的保护措施。存储成本一般包括下列各项成本：①储存空间成本：仓库成本及卖场所占空间分担租金成本。②管理费用：人员薪水、保险、税金、租金、盘存及行政作业相关费用。③折旧及保养成本：各项软硬件设施的保养维修、测试及折旧费用。④损耗成本：窃盗、商品损坏、过时及相关保养不当所造成的损失。⑤资金积压带来的机会成本。

根据统计，存储成本的结构构成中，资金积压费用所占的比例通常为最大。以汽车零部件采购为例，约占存储成本80%以上。存储成本子系统系统动力学模型的成本计算采用每单位每日成本，以商品单位售价的百分比来计算。单位成本被设为敏感度参数，可进行敏感度仿真分析。图5-39所示为库存成本子系统的系统动力学仿真流图。

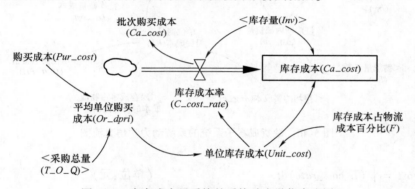

图 5-39　库存成本子系统的系统动力学仿真流图

存储成本模型的系统动力学方程如下：

$$Ca\_cost = Inv \times Unit\_cost + \int_0^T (C\_cost\_rate)\,\mathrm{d}t \qquad （单位：元） \tag{5-41}$$

$$C\_cost\_rate = (Unit\_cost \times Inv)/timestep \qquad （单位：元/天） \tag{5-42}$$

$$Unit\_cost = Pur\_cost/T\_O\_Q \qquad （单位：元/件） \tag{5-43}$$

$$Ca\_cost = C\_cost\_rate \times timestep \qquad （单位：元/天） \tag{5-44}$$

在供应链存储成本系统动力学方程中，变量 Ca_cost 代表批次购买成本，Inv 代表库存量，$Unit\_cost$ 代表单位库存成本，C_cost_rate 代表单位时间内供应链因库存占用的成本。F 为库存成本占物流成本的百分比。

（5）缺货成本子系统　缺货成本（Stockout Cost）是指当存货数量不能满足需求时，会出现因商品缺货而产生的损失，即零售商在指定的时间和地点无法满足顾客对商品需求所产生的成本。缺货成本通常分为"有形缺货成本"与"无形缺货成本"。前者包括：延期交货的订购成本与销售损失的机会成本，而后者包括信誉损失与失去顾客的成本。

零售商提供的商品除非是特殊或独卖商品，此时顾客才可能允许企业缺货而采取先订货、等到货时交货即延时购买模式（Backorder），此时企业会出现延期交货的订购成本，但是在零售业中顾客往往不允许企业缺货，缺货时顾客将去别处购买所需商品。

因此，企业一旦出现缺货，将面临以下三种可能情形：①顾客虽不满意，但仍愿意等待下一批货。②顾客不愿意等待而转往竞争者购买，但是下次还会到该企业购买。③顾客不愿意等待且相当不满意企业的服务水平，造成顾客流失。

本研究将零售业的缺货成本分为下面两种情形：①销售损失的机会成本。②失去顾客的成本。

在这里，仅对销售损失的机会成本建立系统动力学模型，销售损失的缺货成本系统动力学仿真流图如图5-40所示。缺货成本模型的系统动力学方程如下：

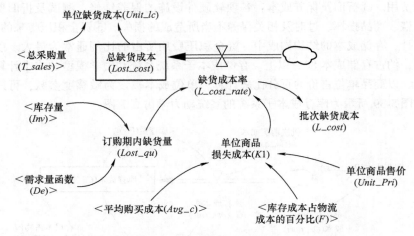

图5-40　缺货成本子系统的系统动力学仿真流图

$$Lost\_cost = \int_0^T (L\_cost\_rate)\, dt \qquad （单位：元） \tag{5-45}$$

$$L\_cost\_rate = (Lost\_qu \times K1)/timestep \qquad （单位：元/天） \tag{5-46}$$

$$K1 = Unit\_Pri - Avg\_c - Avg\_c \times F \qquad （单位：元/件） \tag{5-47}$$

$$Unit\_lc = \max(0, (Lost\_cost/T\_sales)) \qquad （单位：元） \tag{5-48}$$

$$L\_cost = L\_cost\_rate \times timestep \qquad （单位：元） \tag{5-49}$$

$$Lost\_qu = \begin{cases} De - Inv, & De > Inv \\ 0, & De \leq Inv \end{cases} \qquad （单位：件） \tag{5-50}$$

在供应链缺货成本系统动力学方程中，变量 $Lost\_cost$ 代表总的缺货成本，L_cost_rate 代表单位时间内的缺货成本，$Lost\_qu$ 代表订购期内的缺货量，$K1$ 代表单位商品的损失成本，$Unit\_Pri$ 代表单位商品的售价，Avg_c 代表平均购买成本，$Unit\_lc$ 代表单位缺货成本，T_sales 代表总采购量，$Lost\_qu$ 代表订购期内的缺货量。

4. 仿真结果分析

系统动力学仿真的目的是分析比较不同状态下系统的性能，以便对系统进行优化。仿真结果可以由仿真软件计算得出，但是在多数情况下，计算机输出的数据并不能直接反映系统的性能，需要经过分析和处理，得出不同方案下系统的性能。

使用 Vensim 软件中 SyntheSim 的仿真功能，通过移动发货时间、运输时间和补货时间的参数滑块改变时间参数的取值：设定方案 1 的补货时间为 4 天，方案 2 的补货时间为 11 天。观察零售商库存量曲线变化，得到补货时间的合适参数，选取合适的补货方案。

零售商的订货量随着需求预测变化而变化，当零售商销售率增加时，预期销售率呈上升趋势，订购率也会随之加大；当零售商销售率下降时，预期销售率降低，订购率会随之降低。图 5-41 所示为零售商库存量随时间变化的仿真结果曲线，补货前置时间为 11 天，虽然订货成本较低，却会使零售商经常出现缺货现象，无法满足市场需求量的变化。而当补货前置时间为 4 天时，零售商在整个仿真时间内一直维持一定的库存量，能满足需求量的变化。

图 5-42 所示是对两种方案服务水平的量化比较。对零售商而言，缺货即表示销售机会损失，除了损失的销售利润外，还会使顾客对缺货产生不满，认为零售商的服务水平较低，造成顾客流失，导致缺货成本的增加。由图 5-42 可以看出，方案 2 只能满足 50% 左右的顾客需求，而在调整补货时间后，方案 1 的服务水平接近于 100%。

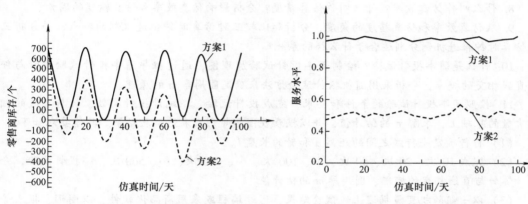

图 5-41　零售商库存量的仿真分析　　　　图 5-42　服务水平的仿真分析

通过对该供应链子系统的系统动力学仿真，得知制造商向零售商的补货时间应控制在 4 天之内，否则零售商会出现缺货情况，导致供应链服务水平的降低和缺货成本的增加。另外，仿真结果表明：在保证零售商库存量、满足市场需求的基础上，通过调整补货前置时间参数，如将补货时间控制在 4 天以内，就可以用低的供应链总成本满足市场需求、提供高水平服务，实现供应链服务水平与成本的平衡。

仿真结果还显示：在原提前期内，供应链会产生缺货现象，不能满足需求，导致服务水平低下；通过调整敏感度参数，选取合适的供应链库存运作方案，可以优化不确定环境下供应链的库存。

思考题及习题

1. 根据功能不同，仿真模型（程序）可以分为哪三个层次？分析三个层次之间的关系。

2. 分析事件调度法、活动循环法、进程交互法和消息驱动法等仿真调度方法的特点，在分析每种调度方法基本原理的基础上，阐述几种仿真调度方法之间的区别与联系，并绘制每种仿真调度方法的流程图。

3. 结合具体的离散事件系统，如银行、理发店、餐厅、超市、医院、作业车间等，采用事件调度法、活动循环法或进程交互法分析建立此类系统的仿真模型，试分析仿真模型中的建模元素以及仿真调度流程。

4. 以 4.5.3 节"案例研究：基于排队论的制造系统建模与手工仿真"中的单工序钻孔系统为例，在定义系统变量及事件逻辑关系的基础上，分别采用事件调度法、活动循环法、进程交互法描述系统的仿真过程。

5. 从系统描述、建模要点、仿真时钟推进机制等层面，比较事件调度法、活动循环法和进程交互法的异同之处。

6. 什么叫作仿真时钟，它在系统仿真中有什么作用？什么叫作仿真时钟推进机制？常用的仿真时钟推进机制有哪些？它们的主要特点是什么，分别适合于怎样的系统？

7. 结合具体的离散事件系统，分析若采用固定步长时间推进机制、下次事件时间推进机制或混合时间推进机制时，分别具有哪些优点和缺点，以图形或文字等形式分析时钟推进流程。

8. 什么叫作仿真效率？什么叫作仿真精度？分析影响仿真效率和仿真精度的因素。

9. 从仿真效率和仿真精度的角度，分析和比较三种仿真时钟推进机制的特点，并分析三种仿真时钟推进机制分别适合于什么样的系统？

10. 什么是蒲丰投针试验？绘制蒲丰投针试验原理图，通过推导蒲丰投针试验中针与任一直线相交的概率，分析采用随机投针试验方法来确定圆周率 π 的原理。

11. 按照蒲丰投针试验的条件和要求，完成投针试验，在统计投针次数、针与直线的相交次数的基础上，求解 π 的估计值，并以报表或图形等形式表达试验结果。具体要求如下：

(1) 自行确定平行线之间的距离 a 和针的长度 l。

(2) 完成 10 次、20 次、50 次、…、100 次、…、200 次、…、500 次、…投针试验，分别计算针与直线相交的概率、圆周率 π 的估计值。

(3) 以一组随机变量描述上述试验结果，通过编程或采用商品化软件，以图形、报表等形式表示投针试验结果，分析试验结果的变化规律，并给出结论。

(4) 编制投针试验仿真程序，利用计算机完成投针试验，并完成大规模投针试验，分析圆周率 π 估计值的变化规律。

(5) 对比手工投针、计算机投针的试验过程与参数估计结果，分析计算机仿真技术的优点。

(6) 撰写投针试验报告。

12. 什么是蒙特卡洛仿真？它有什么特点，蒙特卡洛仿真应用的基本步骤是什么？

13. 试分析蒙特卡洛仿真的误差与哪些因素有关，并分析误差与这些因素之间的关系。

14. 采用 C 或 C++ 等语言，分别编写产生均匀分布、正态分布、指数分布以及威布尔分布的伪随机数序列，通过改变每种分布中参数的数值，分析不同参数数值对随机数值的影响；通过对所产生的伪随机数分布区间的统计、分析和绘图，检验伪随机数的特性及其数值特征。

15. 什么是时间截尾方式？查阅资料，除定时截尾方式外，仿真模型还有哪些截尾方式？它们分别有什么特点、适合于什么场合？

16. 什么是系统动力学仿真？它有什么特点、具有哪些建模元素，简要描述系统动力学仿真的应用步骤。

第 6 章
系统建模与仿真的校核、 验证与确认

 6.1 校核、 验证与确认概述

如前所述，系统建模与仿真技术的作用可以归结为"设计决策"和"运行决策"两种类型。但是，若没有一定的置信度作为保证，所建立的仿真模型与仿真结果不仅没有任何参考价值，还可能导致错误的决策，对实际系统造成损害。因此，系统模型与仿真逻辑的正确与否将直接关系到决策的科学性。

系统模型、仿真程序的创建者及其最终用户应当高度关注模型的置信度问题，并采取必要措施保证模型的可信性。校核、验证与确认（Verification, Validation & Accreditation, VV&A）是保证系统模型与仿真置信度的有效途径，也是系统建模和仿真中至关重要、最为困难的任务之一。

在系统建模与仿真中，校核、验证与确认（VV&A）技术的主要功用包括：

1）有利于尽早发现系统模型与仿真程序中存在的缺陷和错误，以便设计开发人员及时采取措施修改模型设计和程序结构，避免或减小给实际系统带来的风险和损失。

2）有利于降低仿真系统开发的费用。通过校核与验证工作，可以及早发现系统设计、开发中存在的错误，减少因模型不准确、仿真逻辑不正确或仿真结果错误给系统带来的损失，降低系统建模与仿真的成本。

3）校核与验证工作贯穿于仿真系统设计、开发、测试和应用的全生命周期。良好的工作计划和详细的执行记录有利于保留详尽的历史文档，为未来的仿真系统开发提供重要的数据资料。

4）保证所建立的模型具有足够精度，能够替代真实系统进行试验、分析系统动态行为和预测系统性能。

5）为系统模型与仿真程序的可信度评估提供依据，增强系统模型与仿真程序创建者、用户对应用仿真系统解决工程实际问题的信心，促使决策者利用模型完成相关决策。

系统建模与仿真的校核、验证研究早已得到重视。1968 年，Fishman 和 Kiviat 给出仿真模型校核与验证（V&V）的定义。20 世纪 70 年代，一些学者和学术组织将 V&V 纳入到仿真模型的可信度研究中。20 世纪 80 年代以后，VV&A 研究进一步受到重视，研究范围不断扩大。1996 年 4 月，美国国防部公布了"国防部建模与仿真的校核、验证与确认"指南，要求所属的建模与仿真研究机构建立相应的 VV&A 政策和规范，提高建模与仿真的可信度。同时，美国国防部建模与仿真办公室还发起并资助大量的有关仿真可信度的研究计划，有力地推动了

VV&A 的研究与应用。在我国，系统建模与仿真的 VV&A 工作也受到重视，在校核与验证方法、文档管理、可信性评估、仿真结果分析等方面开展一系列研究工作。

6.1.1 校核、验证与确认的基本概念

VV&A 并不是一些孤立的方法或步骤，它贯穿于系统建模与仿真全过程。校核、验证与确认虽然字面的意思较为接近，但在系统建模与仿真中的含义还是存在一些区别的。

（1）校核（Verification） 它是确定仿真系统是否准确地反映了开发者的概念描述和设计的过程。校核关心的是"是否正确地建立模型及仿真系统（Building the Model Correctly）"的问题。具体地说，校核关心的是设计人员是否将问题的陈述转化为模型阐述，是否按照仿真系统的应用目标和功能需求正确地实现了模型，输入的参数和模型的逻辑结构是否正确。

（2）验证（Validation） 它是从仿真系统应用的目的出发，确定仿真系统代表真实世界的正确程度的过程。验证关心的是"所建立的模型和仿真系统是否正确（Building the Correct Model）"。具体来说，验证关心的是：仿真系统在具体应用中多大程度地反映了真实世界的情况。一般地，验证建立在对模型运行结果与实际系统反复比较的基础上，直到模型精度（Model Accuracy）可以接受（Acceptable）为止。

（3）确认（Accreditation） 它是指官方或权威机构是否接受仿真系统的预期应用的过程，即官方认证（Official Certification）。确认建立在校核和验证的基础上，通常由仿真系统主管部门和用户组成的验收小组完成。它是对仿真系统的可接受性和有效性做出的正式验收。

校核、验证与确认之间关系密切。其中，校核侧重于对建模过程的检验，为系统验收提供依据；验证侧重于对仿真结果的检验，为系统有效性评估提供依据；确认建立在校核与验证的基础上，它用来确定仿真系统对某一特定的应用对象是否可以接受。校核与验证技术主要用于保证、提高建模与仿真的正确性，而确认主要用来确定建模与仿真的置信度水平。三者相辅相成，贯穿于系统建模与仿真的全过程中。

对于建模与仿真系统的设计开发人员，需要直接参与的是校核与验证（V&V）工作。表6-1 中列出了校核与验证工作的主要内容。

表 6-1 校核与验证的工作内容

校　　核	验　　证
文本评价（Document Assessment）	灵敏度分析（Sensitivity Analysis）
需求跟踪（Requirement Trace）	表象验证（Face Validation）
方法论审查（Methodology Review）	校准（Benchmarking）
代码审查（Code Walkthrough）	仿真/实测数据对比（Test/Field Data Comparison）
数据证实（Data Certification）	同事间互评（Peer/Red Review）

另外，常用的与 VV&A 相关的概念还包括：

（1）模型测试（Model Testing）检验模型中是否存在错误或者不精确、不准确的情况。可以通过对给定某些数据和案例，来判断仿真结果与实际系统是否吻合。显然，模型测试首先要保证测试方法和手段正确，之后才能根据测试结果判断模型的错误与否。

（2）仿真精度（Simulation Accuracy）仿真系统能够达到的静、动态技术指标与规定或期望的静、动态性能指标之间的误差。影响仿真精度的因素包括软硬件环境、人的因素等。其中，硬件引起的误差包括仿真设备误差、设备接口误差等，软件引起的误差包括原始数据误

差、建模误差、算法误差等。

（3）仿真置信度（Simulation Fidelity）　在特定的建模/仿真的目的和条件下，模型逼近原型的程度。

6.1.2　校核、验证与确认的基本原则

对模型和仿真系统的校核、验证与确认需要遵照一定的原则。这些原则不但有利于相关人员更好地理解 VV&A，也有助于提高 VV&A 的实施效率。Osman Balci 等提出仿真模型校核、验证与测试的十五条原则。美国国防部在 VV&A 指南中总结出具有普适性的十二条 VV&A 原则。一般地，系统建模与仿真的 VV&A 应遵循如下原则：

（1）相对正确原则　模型的可信性有其特定的范围。只有在某些特定条件下，并在特定条件下经过 VV&A 的模型与仿真程序，才能认为它是可信的。建模与仿真的正确性是针对其应用目标和采用的实验环境而言的。因此，没有绝对正确的模型，只有相对正确、符合和满足研究目标的模型；没有绝对正确的仿真系统，仿真系统的正确性只是相对于应用目的而言的。其中，"绝对正确"是指模型或仿真系统完全、彻底地表征被仿真系统所有特性和功能。

（2）全生命周期原则　VV&A 贯穿于系统建模与仿真的全生命周期中，它不是一个孤立的过程或活动。在仿真系统生命周期的每个阶段都应有相应的 VV&A 活动，以便及时发现可能存在的问题和错误。

（3）有限目标原则　VV&A 的实施应围绕仿真系统的应用目标和功能需求。对于与应用目标无关的项目，可以不实施 VV&A 活动，以缩短系统的开发周期，减少开发成本。在接受和确认建模与仿真结果之前，需要完整地、系统性地阐述问题，它直接关系到建模与仿真的可信性和验收结果。

（4）必要而不充分原则　VV&A 是必要的，但不是充分的，它不能完全保证仿真系统应用结果的正确性和可接受性。此外，过程中还要尽量避免以下三类错误：①仿真系统是正确的，但却没有被接受。②仿真系统是不正确的，但却被接受。③仿真系统解决了错误的问题。

（5）全局性原则　对仿真系统某个局部的校核与验证并不能保证整个仿真系统的正确性。系统的正确与否必须从系统的整体出发进行校核与验证。

（6）局部性原则　如果某仿真模型只专注于系统建模与仿真中的部分内容，那么在评价该模型时也应该将它局限在该部分内加以评价。此外，即使是所有子模型均通过测试，也不意味着整体模型能通过测试。也就是说，对子模型的校核与验证并不能推断整个仿真模型的可信性，反之亦然。

（7）程度性原则　对建模与仿真的验收，不只是"接受"或"拒绝"的二值选择问题。一般地，不能仅根据 VV&A 的结果，武断地判断某仿真模型是"完全正确"或者是"完全不正确"，通常需要根据仿真系统的应用目标，判断模型与仿真系统可以接受的程度。

（8）创造性原则　仿真是一门具有很强创造性的学科。模型与仿真系统的 VV&A 要求相关人员具有足够的洞察力和创造力。

（9）良好计划和记录原则　VV&A 的实施应有计划性，并且要有文档记录。良好的计划性对提高仿真系统的正确性和仿真结果的可信性具有重要价值。此外，计划性和文档记录还可以优化 VV&A 的实施过程，以便尽可能地发现问题，提高仿真质量。对每个实施步骤及其结果做出记录，可以为后续的 VV&A 工作提供必要的信息。

（10）分析性原则　VV&A 不仅要利用系统测试所获得的数据，更依赖于系统分析人员的

知识和经验。对于一些难以通过测试来检验的问题，需要进行细致、深入的分析。

（11）相对独立性原则　VV&A 的开展要求满足"独立无偏好"的要求。要防止根据开发者的偏好来判断结果，使评估工作具有一定的独立性。此外，VV&A 的实施要与系统开发人员相互配合，建立在对系统深入理解的基础上。

（12）数据正确性原则　成功的 VV&A 要求所使用的数据/数据库必须先经过校核和验证，以保证 VV& 的正确性和充分性。

6.1.3　校核、验证与确认的实施过程

VV&A 不是一个独立的步骤或过程，它贯穿于系统建模与仿真的全生命周期（参见图 1-14）。一般地，VV&A 的实施可以分为以下几个阶段：

（1）确定 VV&A 需求　VV&A 的实施始于确定 VV&A 需求。根据系统建模与仿真需要，确定 VV&A 的范围和应达到的程度，选择合适的 VV&A 技术，确定 VV&A 所需的软硬件条件，估计所需的期限和费用等要素。

（2）制订 VV&A 计划　根据建模与仿真应用需求和开发方案，确定 VV&A 的各项任务，制订 VV&A 计划，确定应用对象、技术方法、所需的资源和工作进度安排等。

（3）概念模型的 V&V　概念模型的校核侧重于考察概念模型是否符合建模与仿真的功能需求；概念模型的验证则侧重于考察概念模型是否符合建模于仿真的逼进程度。对概念模型的校核与验证应该在建模与仿真进一步开发之前进行，以便尽早地发现概念模型中可能存在的错误。

（4）模型设计的 V&V　检验依照概念模型建立的仿真模型设计，确保建模与仿真设计正确反映了概念模型和设计需求。

（5）仿真模型实现的 V&V　当设计以软硬件等方式实现之后，还要对仿真模型的实现进行校核与验证，检查仿真算法和软件代码的正确性。它的核心内容是：将仿真模型的输出与已知期望的模型（原型系统）的特性进行比较，以确定建模与仿真的结果与预期应用需求之间是否足够精确。

（6）仿真模型应用的 V&V　在仿真系统运行前，需要校核和验证应用环境，确保所使用的软硬平台合适、操作过程正确。

（7）可接受性评估　在完成上述每一阶段的校核和验证工作的过程中，都应有阶段性校核和验证报告。在开展可接受性评估之前，需要将以上校核和验证结果汇总成一个综合性校核与验证报告，此外还要收集有关系统模型与仿真的配置管理、文档、开发标准、应用状况等信息，作为仿真系统可接受性评估的依据。可接受性评估就是根据可接受性判据，评估系统模型与仿真的性能和预期应用结果是否可以接受。

（8）确认　在可接受性评估结束后，由确认代理方和系统应用负责人对所提交的可接受性评估报告进行审核，综合考虑校核与验证结果、系统建模与仿真的开发和使用记录、系统运行环境、配置和文档等信息，做出系统模型与仿真针对预期应用是否可用的结论。

最终的确认结论包括以下几种情况：①当前的模型与仿真对于预期应用完全可用。②当前的模型与仿真对于预期应用基本可行，但是需要注意有关的限制和约束条件。③当前的模型与仿真在使用之前，应当进行修改、完善。④当前的模型与仿真，需要进行附加的校核和验证工作。⑤当前的模型与仿真对于预期应用不具有可用性。

在上述结论中，前两种结论表示模型与仿真符合要求，后三种是不符合要求的结论。其

中最后一种结论最为严重，它表示系统建模与仿真开发完全失败，需要重新开发或提出替代性方案。

6.2 建模与仿真校核、验证的基本方法

6.2.1 建模与仿真的校核与验证技术

前述的 VV&A 的原则是 VV&A 工作的指导方针和灵魂。V&V 技术就是指导 VV&A 工作的具体工具和方法。在校核与验证的每个阶段，需要使用不同的 V&V 技术。另外，建模与仿真方法不同，所采用的 V&V 技术也不相同。下面分别介绍用于传统建模与仿真方法的 V&V 技术和用于面向对象建模与仿真方法的 V&V 技术。

根据复杂程度不同，可以将用于传统建模与仿真方法的 V&V 技术分为四大类：非规范 V&V 技术、静态 V&V 技术、动态 V&V 技术和规范 V&V 技术。它们的数值化、逻辑化程度逐步增加；相应地，复杂程度也逐步增加。

1. 非规范 V&V 技术

非规范 V&V 技术是在 V&V 工作过程中经常使用的技术。这类技术所采用的工具与方法依赖于人工推理和主观判断，没有严格的数学描述和分析推理。多数非规范 V&V 方法易于实施，但是容易受到各种主观因素的影响。此外，由于这类方法理论上不严格，所得出的结论常常缺乏足够的可信性。但是，"非规范"并不意味它们没有指导意义，如果使用得当，这种方法也是有效的。常用的非规范 V&V 技术有：

(1) 审核　评估建模与仿真是否符合现有的计划、规程和标准，并尽量使仿真的开发过程具有可追溯性，以便当建模与仿真出现错误时查找错误的根源。审核一般通过会议、检查等形式进行。

(2) 表面验证　建模与仿真用户或者有关专家根据估计和直觉来判定建模与仿真在某种输入条件下的输出是否合理。表面验证是一种在建模与仿真开发的初期阶段进行验证时经常会用到的技术。

(3) 检查　一般由 4~6 个人组成一个检查小组，对建模与仿真开发各阶段中的需求定义、概念模型设计、详细设计等进行审查。建模与仿真设计人员向检查小组成员以正式文档的形式提交建模与仿真设计，包括问题定义、应用需求、软件设计细节等内容；小组成员各自审查所提交的报告，并记录所发现的错误；由小组组长按照既定的议程来召开会议进行讨论，并在会议报告结束后起草所发现错误的报告；之后，建模与仿真设计人员解决所有在报告中提出的问题。由检查小组组长负责监督这些问题的解决情况，确保所有错误都已改正并且在改正过程中没有出现新的错误。

(4) 图灵测试　在相同的输入条件下，分别得到仿真系统和原型系统的输出数据。请专家对两组数据进行鉴定，比较它们之间的差别，从而确定仿真系统的可信度。

2. 静态 V&V 技术

静态 V&V 技术用于评价静态模型设计和源代码的正确性。使用静态 V&V 技术不需要运行仿真系统，它可以揭示有关模型结构、建模技术应用、模型中的数据流和控制流以及语法等方面的信息。借助某些可用于辅助 V&V 过程的自动化工具，这种技术得到广泛应用。常用的静态 V&V 技术有：

（1）因果关系图　着眼于考察模型中的因果关系是否正确。它根据模型设计说明确定模型中的因果关系及其发生条件，并用因果关系图表示出来。根据因果关系图，可以创建一个决策表，并将其转化为测试案例对模型进行测试。

（2）控制分析　包括调用结构分析、并发过程分析、控制流分析和状态变化分析等技术。调用结构分析通过检查模型中的过程、函数或子模型之间的调用关系来评价模型的正确性；并发过程分析通过分析并行和分布式仿真中的并发操作，可以检查出同步和时间管理等方面存在的问题；控制流分析通过检查每个模型内部的控制逻辑来检查模型描述是否正确；状态变化分析检查模型运行时所经历的各种状态，通过分析触发状态变化的条件来衡量模型的正确性。

（3）数据分析　包括数据相关性分析和数据流分析，用于保证数据对象的正确定义和恰当使用。数据相关性分析用于确定变量之间的依赖关系。数据流分析则从模型变量使用的角度评价模型正确性，可用于检测未定义和定义后未使用的变量，追踪变量的最大值、最小值以及数据的转换，也可用于监测数据结构声明的不一致性。

（4）错误/失效分析　检查模型输入/输出之间的转换关系，以确定模型是否会出现逻辑错误。同时检查模型的设计规范，确定可能会发生逻辑错误的环境和条件。

（5）接口分析　包括模型接口分析和用户接口分析。模型接口分析检查模型中各子模型之间的接口，以确定接口结构是否正确。用户接口分析检查用户和模型之间的接口，以确定人与仿真系统进行交互时是否会发生错误。

（6）语义分析　一般通过编程语言编译器完成语义分析。在编译过程中，编译器可以显示各种编译信息，帮助开发者将自己的真实意图正确转换成可执行过程。

（7）结构化分析　通过建立模型结构的控制流程图，检查模型结构是否符合结构化设计原则。

（8）语法分析　一般通过编程语言编译器来完成语法分析，确保编程语言语法使用的正确性。

（9）可追溯性评估　用于检查在各要素从一种形态转换到另一种形态时，是否还保持着一一对应的匹配关系。没有匹配的要素可能意味着存在未实现的需求，或者是未列入需求的多余的功能设计。

3. 动态 V&V 技术

动态 V&V 技术需要运行仿真系统，并根据仿真运行的表现来评定仿真系统。为达到此目的，一般在模型执行代码中插入若干段用于收集和输出模型执行状态的代码，代码断点应当根据对模型结构静态分析的结果自动或手动地进行设置。动态 V&V 技术在使用时一般包括三个步骤：①在可执行模块中加入作为检测工具的测试结束。②运行可执行模块。③分析仿真输出并做出评价。

（1）可接受性测试　将原型系统的输入数据作为仿真系统的输入并运行，根据输出结果确定仿真系统的所有开发需求是否得到满足。

（2）Alpha 测试　由建模与仿真开发者在仿真系统最初版本完成之后，在实验室中完成的测试。

（3）断点检查　断点是仿真运行时有效的程序语句。断点可以被放置于要执行模块的不同位置，用于检测模块的运行过程中可能会出现的错误。目前大多数编程语言都支持这种测试。

（4）Beta 测试　第一个正式面向用户的仿真系统测试版完成后，在真实的用户使用环境中，由建模与仿真开发者完成的相关测试。

（5）自下而上测试　用于测试自下而上开发的模型。在自下而上开发过程中，模型的建立和测试都是从最底层模块开始，当同一层次的模块测试完毕后，再将它们集成在一起进行测试。这种测试操作比较简单，错误容易在本模块中找到。另外，同一层次的模块常常可以共用这一个测试程序。

（6）一致性测试　将仿真与有关的安全和性能标准进行比较，包括权限测试、性能测试、安全测试和标准测试等，常用于测试分布交互仿真中的子模型。权限测试技术用于测试在建模与仿真中各种访问权限等级的设置是否正确，以及这些权限与有关安全规则和规范的符合程度。性能测试技术用于测试建模与仿真所有的性能特征是否正确，是否满足指定的性能需求。安全测试技术用于测试建模与仿真是否符合有关的标准和规范。

（7）调试　调试过程是一个循环往复的过程，用于查找建模与仿真出错的原因，并修正这些错误，同时确保在改正过程中未引起新的错误。

（8）功能测试　又称黑箱测试（Black-Box Testing），用于评价模型的输入 – 输出变化的正确性，它不考虑模型的内部逻辑结构，目的在于测试模型在某种输入条件下，能否产生所期望的功能输出。测试输入数据不在于多，但是覆盖面要尽量广，能够考虑到系统在实际使用中各种可能的情况。

（9）图形化比较　通过将仿真系统与真实系统的输出变量的时间历程曲线进行比较，以检查曲线之间在变化周期、曲率、曲线转折点、数值、趋势走向等方面的相似程度，对仿真系统进行定性分析。

（10）接口测试　包括数据接口测试、模型接口测试和用户接口测试。与接口分析技术相比，接口测试技术运用更严格。数据接口测试用于测试仿真运行过程中模型输入/输出数据的正确性，适用于输入数据来自于数据库或者是输出数据将要保存到数据库的情况。模型接口测试则用于测试子模型之间是否能够协调、匹配，适用于面向对象的仿真和分布式仿真。

（11）成品测试　它是建模与仿真开发者在所有的子模型成功集成并通过接口测试后所进行的测试，同时也是可接受性测试的前期准备。由建模与仿真开发者组成的质量控制小组必须确保仿真系统在提交给用户进行可接受性测试之前，能够满足合同上列出的所有要求。成品测试和接口测试是保证仿真系统可信度所必需的两种技术。

（12）敏感性分析　在一定范围内改变模型的输入值和参数，观察模型输出的变化情况。通过敏感性分析，可以确定模型输出对哪些输入值和参数敏感。相应地，提高这些输入值和参数的精度，可以有效提高仿真系统输出的正确性。

（13）特殊输入测试　包括边界值测试、等价分解测试、极限输入测试、非法输入测试、实时输入测试和随机输入测试等。边界值测试使用输入条件的边界值作为测试用例完成模型测试。等价分解测试把模型输入数据的可能值划分为若干个"等价类"，每一类中有一组代表性数据。这样只要测试几组代表性输入数据，便可近似获得模型输出的全部信息。极限输入测试使用极限条件下的最大或最小值作为模型输入来测试模型。非法输入测试是通过将不正确的输入数据作为输入来测试模型，根据是否出现不能解释的输出结果来判断模型中是否存在错误。实时输入测试常用于对嵌入式实时仿真系统的正确性评估，就是将从真实系统采集的实时输入数据输入到仿真系统中，根据输出结果来考察系统输入、输出时序关系是否正确。随机输入测试就是应用随机数生成技术，得到符合某种分布规律的伪随机数，作为仿真系统的输入对其进行测试。

（14）统计技术　比较在相同输入条件下仿真系统输出数据与原型系统输出数据之间是否具有相似的统计特性。

（15）结构测试　又称白箱测试（White-Box Testing）。与功能测试不同的是，结构测试要分析模型的内部逻辑结构。它借助于数据流图和控制流图，对组成模型的要素（如变量声明、分支、条件、循环、内部逻辑、内部数据表示、子模型接口以及模型执行路径等）进行测试，并根据结果分析模型结构是否正确。

（16）代码调试　应用调试工具，通过在运行过程中设置断点等手段对模型的源代码进行调试。大多数程序开发环境都支持断点设置、单步执行和查看变量值等代码调试手段，以提高可执行代码的调试效率。

（17）自上而下测试　与前面介绍的自下而上测试相反，这种技术用于测试自上而下开发的模型。从最顶层的整体模型开始测试，逐层往下一直到最底层。

（18）可视化/动画　以图形图像方式显示模型在运行过程中的内部和外部动态行为，将有助于发现错误。但是该技术本身只是一种辅助手段，它并不能保证模型的正确性。

4. 规范的 V&V 技术

规范 V&V 技术的基础是用数学形式证明模型的正确性，它是模型 V&V 最有效的手段。但是，当仿真模型的复杂性增加时，要得到正确的数学证明就变得困难。目前，已有一些技术可以作为规范的 V&V 技术，但是这些技术只能作为非规范 V&V 技术的补充，还缺少可用于直接推证建模与仿真正确性的规范的 V&V 技术。因此，规范的 V&V 技术还有待于进一步研究和发展。

面向对象设计方法有可维护性好、可重用性强等优点。但是，从某种角度来看，面向对象设计方法引入的复杂性也给模型准确度评价带来了不便。对象之间动态、交互，而继承和聚合等也会造成模型框架的分割，使模型规模越来越庞大。这些都增加了 V&V 的复杂性和难度。针对面向对象的建模与仿真的 V&V 技术可分为常规（Conventional）方法、适应性（Adaptive）方法、特别对待（Specific）方法等。

从理论层面，软件工程领域的软件校验方法和软件可靠性设计与分析方法都可用于仿真程序的校验，但是各种方法的实用价值及其实施的难易程度各不相同。一些正规的方法（如符号分析、约束分析、理论证明等）是校验仿真软件的高级手段。上述方法虽然校验效果比较好，但是运用起来较为困难，对于大型复杂系统而言往往不可能得到应用。

统计技术在系统实验结果分析方面具有优势。目前，在数理统计领域积累了大量的实用方法，它们是工程技术人员不可缺少的分析和研究工具。但是，建立在极限定理基础上的统计方法往往对实验数据的特性有一些要求，否则会产生方法误差，造成统计分析结果的失真。实际上，不少仿真实验结果不满足上述要求，需要采取一些预处理措施。

在动态系统的分析和设计过程中，频率及谱值是最能反映系统性能和暴露系统问题的指标之一。平稳随机过程或广义平稳随机过程的频谱集中地反映了过程本身在频域中的统计特性。一般地，若两个随机过程具有相同的概率分布，那么它们也必然具有相同的频谱特性。两个随机过程的差异可通过它们的频谱分布特性敏感地反映出来。因此，可以通过分析仿真输出频谱与实际系统频谱之间的一致性，以验证模型有效性。

谱分析的另一个优点是：通过时域到频域的转换（如 FFT、小波变换等）可以克服假设检验和统计判断中的诸多限制，如观测样本的独立性、大样本等。由于在某一频率点的谱估计基本上不依赖于与之相邻的频率点的谱估计量，常规的统计推断方法就可以方便地用来检验和判断各频率点的谱值分布规律。但是，谱分析也存在一些缺点，主要表现在：①谱分析的对象应为二阶平稳过程，实际系统不一定能够满足。②从时域转化到频域时，不可避免地要丢失部分信息。③谱估计计算量大。

6.2.2　模型验证的常用方法

VV&A 的研究工作主要集中在仿真模型验证方法上，针对仿真模型校核的研究工作比较有限，且主要集中在计算机程序的校核上。表 6-2 总结主要的模型验证方法。

表 6-2　模型验证方法

动态关联分析	数理统计方法			时/频分析法	其 他 方 法
	参数估计法	参数假设检验	非参数假设检验		
灰色关联分析 TIC 方法 回归分析 ⋮	点估计 区间估计 最小二乘法 极大似然法 贝叶斯估计 ⋮	t 检验 F 检验 χ^2 检验 贝叶斯方法 ⋮	符号检验 秩和检验 游程检验 序贯检验 ⋮	时间序列 古典谱分析 现代谱分析 小波分析	经验评估 灵敏度分析 模糊方法 ⋮

总体上，模型验证方法可以分为定性方法和定量方法。定性方法是指通过计算某个性能指标值来考核仿真输出与实际系统输出之间的一致性，它只能给出定性的结论；定量方法可以给出仿真输出与实际系统输出之间的一致性的定量分析结果，具有严格的理论基础，可以得到较为可靠的结果。实际上，每种方法都有一定的适用性和局限性，在应用时对采样数据的性质有严格要求，如平稳性、独立性、样本容量大小、先验信息表达的准确性等。如果所研究问题的行为特性超出模型验证方法的适用域时，分析结果就会产生偏差。

对于复杂系统，在仿真时应该根据具体情况尽可能采用多种方法验证模型，以减少犯各类错误的概率。下面介绍几种常用的模型验证方法。

1. 专家经验评估法

由熟悉原型系统且具有丰富经验和专业知识的专家、工程技术人员以及项目管理人员，检查模型和仿真逻辑流程图，考察模型输入/输出及内部特性，并根据经验把仿真模型输出与实际过程输出进行比较。

如果仿真结果具有足够的精度，则认为仿真模型是可以接受的；否则，需要进一步了解产生输出偏差的原因，收集有价值的反馈信息，直至模型得到认可为止。

该方法使用简便、过程简单，是常用的模型验证方法。但是，由于专家在判断过程中所依据的度量尺度和标准不尽相同，度量尺度和标准的取法不同，会对判断结果产生影响，使得该方法具有明显的主观性和非确定性。一般地，该方法比较适合仿真建模的初期阶段或对精度要求不高的情况下的模型验证。

2. 动态关联分析法

根据先验知识提出关联性能指标，利用该性能指标对仿真输出与原型系统输出进行定性分析、比较，据此给出两者一致性的定性结论。

在某些情况下，可以结合某种性能指标或通过拟合某一指数特性的方法来验证模型输出和原型系统输出之间的动态关联性，其中性能指标的选取具有多样性。1970 年，Theil 等提出不等式系数（Theil's Inequality Coefficient，TIC）方法。1978年，Naim A. Kheir 和 Willard M. Holmes 等将 TIC 方法成功地用于导弹系统仿真模型的验证中。

此外，从模型输出数据与原型系统试验数据相关性的角度考虑，还可以用相关函数（互相关、灰色关联等）来分析两类输出的相关性进而确定其一致性，据此来判断模型输出的有效性。

（1）TIC 方法　TIC 方法具有以下特点：

1）TIC 方法对所考虑的时间序列的要求较低，没有太多的限制条件，不需基于统计分析和推断的方法，对样本序列没有独立性和正态性的要求，应用简便。

2）TIC 公式有明显的几何意义，便于对结果进行解释，形象直观。

3）TIC 方法不服从某一特定的分布规律，难以确定模型验证结果的统计特性。因此，采用 TIC 方法只能对仿真结果进行定性分析，而非定量分析。

4）TIC 方法原理简单，计算量小，便于计算机实现。

5）TIC 方法适合于处理小样本序列。

（2）灰色关联分析　对于任何一个系统而言，建模时的首要工作是分析对系统产生影响的各种因素，弄清各因素之间的关系，抓住影响系统的主要矛盾、主要特征及主要关系，为分析和研究系统提供必要条件。

实际上，构成和影响真实系统的因素是多种多样的，因素之间的关系千差万别。因此，要了解因素之间的全部关系既不可能，也不必要，而是关注那些与研究目的最相关的主要因素。在系统静态分析中常采用数理统计法，如回归分析（包括线性回归、多因素回归、逐步回归、非线性回归等）、方差分析及主分量分析等，这些方法大多适用于因素较少，且因素与参考变量之间的关系为线性或可线性化的情况，对于多因素或者非线性关系的情况则难以处理。此外，回归分析还存在以下不足：

1）要求样本容量大，否则难以找到统计规律，这就要求做大量的重复性试验。

2）要求影响因素与系统参考变量之间的关系为线性的或可化为线性的关系。

3）计算量大。

4）受到数据样本量和计算误差等因素影响，可能会出现计算结果差错较大和反常的情况。

灰色系统理论利用灰色关联分析方法，可以克服上述不足和局限。该方法可以在不完全的信息中通过必要的数据处理完成因素的分析，在随机的因素序列中寻找它们的关联性，找到主要特性和主要的影响因素。灰色关联是指事物之间不确定性联系或系统因子与主行为因子之间的不确定性关系。

关联度分析法实质上是对几何曲线之间几何形态的分析与比较，它认为几何形状越接近，则它们的变化趋势就越接近、关联程度也越高。该方法对样本容量没有太高要求，分析时无须对样本序列进行典型分布检验。一般情况下，灰色关联分析的结果与其他定性分析方法得出的结论吻合，具有较好的实用性。

灰色关联分析法在模型验证中具有以下特点：

1）对样本容量没有限制，不必考虑样本序列的统计分布规律。

2）特别适合于小样本序列的情况。

3）方法原理简单，计算机实现方便。

4）该方法只能定性分析，没有定量结果，在判断时往往有一定的风险性。

5）灰色关联分析法强调两个序列所形成的空间曲线形态的相似程度，即动态形态发展趋势的一致性，而不考虑两条曲线之间距离的大小。

在模型验证时，该方法一般不单独使用，而是与其他方法配合使用。

3. 灵敏度分析

通过考察模型中一组敏感系数（Sensitivity Coefficient）的变化给模型输出造成的影响来分析判断模型的有效性。主要内容包括：

（1）定性分析 在模型参数（如敏感参数或系数）与真实值有误差的情况下，模型输出集合是否为真实系统输出集合具有近似性？是不是输出参数与真实值的误差越小，输出的近似程度就越高？当模型参数在允许值附近变化时，模型输出是否在原型系统输出附近波动？当模型参数接近于原型系统给定值时，两者的输出是否也接近？

设 S 为原型系统的某一给定的敏感系数集合，S_m 为相应的模型参数集，Y 为原型系统输出集，Y_m 为相应的模型输出集。灵敏度分析可以解决以下定性问题：

1）当 $0 < |S_m - S| < \varepsilon$ 时，是否满足：

$$|Y_m - Y| < \delta$$

式中，ε 为给定的允许值；δ 为可接受的允许值。

2）设 R_1、R_2 均是模型敏感系数，与真实系统敏感系统 R 相对应，满足：

$$0 < |R_1 - R| < |R_2 - R| < \varepsilon$$

那么，是否满足：

$$0 < |Y_m(R_1) - Y(R)| < |Y_m(R_2) - Y(R)| < \delta$$

（2）定量分析 若定性关系成立，就可以进一步找出输出的近似程度与输入（敏感系数）近似的定量依赖关系，即给出一种误差的定量分析表达式，以此来判断系统模型是否有效。定量分析的过程如下：

1）建立模型输入/输出关系的回归模型

① 根据模型主要的输入/输出变量和灵敏度分析的实际需要，确定回归分析的输入/输出向量 X 和 Y。

② 确定自变量 x_i 的取值范围 Ω_i：

$$x_i \in \Omega_i, i = 1, 2, \cdots, p$$

Ω_i 一般是输入变量可能取值范围的子集。Ω_i 越小，越可能建立起拟合性良好的回归模型。它反映了分析者所关心的输入变量的变化程度和范围。

③ 输入采样。为建立精度较高的回归模型，输入变量的采样值选取至关重要。基本原则是：使采样值尽可能充分包含自变量变化对因变量影响的信息。

④ 建立回归模型。用逐步回归法建立回归模型。除自变量 x_1、x_2、$\cdots$、x_n 外，回归模型中还应该包括 x_i^2，$x_i x_j (i, j = 1, 2, \cdots, p)$。

2）选择最优回归模型。在逐步回归中，每步可得到一组回归模型，即

$$y_k = \beta_{0k} + \beta_{1k} x_{1k} + \cdots + \beta_{qk} x_{qk} \quad (k = 1, 2, \cdots, K)$$

式中，x_{1k}，x_{2k}，$\cdots$，x_{qk} 是集合 $S = \{x_i, x_i x_j\} (i, j = 1, 2, \cdots, p)$ 的子集。为了得到预测性能优良的回归模型，必须在上述 K 个模型中进行选择，以得到一个最优者。选择过程依据以下指标进行：

① 复相关系数 R。R 越大，回归模型的子变量对因变量的影响越显著。

② 方差估计量 δ^2。δ^2 越小，回归模型对数据源的拟合效果越好。

③ 预测残差二次方和 PRESS。PRESS 越小，回归模型的预测能力越强。

3）检验回归模型的有效性。回归模型的有效性是指回归模型与仿真预测数据的一致性。检验回归模型计算结果与仿真模型结果是否一致，可利用主观比较法。将二者绘制在同

一坐标系中，当两条曲线相距较近时，则回归模型是有效的；否则，模型的有效性值得怀疑。

4）输入/输出变量影响曲线。根据回归模型，有选择地做出输入变量对输出变量的影响关系图。

5）灵敏度分析。设关于输出 y 的回归模型为

$$y = f(x_1, x_2, \cdots, x_k) = \beta_k + \beta_1 x_1 + \cdots + \beta_k x_k$$

式中，x_1，x_2，$\cdots$，$x_k \in S$。不妨假设 x_1，x_2，$\cdots$，$x_t (0 \leqslant t \leqslant K)$ 是通过逐步回归入选到 f 的输入变量（未入选的变量对输出无显著影响），则输入 x_i 影响输出 y 的灵敏度系数为

$$S_i = S_i(x_1, x_2, \cdots, x_k) = f/x_i + \alpha_i \quad (i = 1, 2, \cdots, t)$$

式中，当 $x_i^2 \notin \{x_1, x_2, \cdots, x_k\}$ 时 $\alpha_i = 0$；当 $x_i^2 \in \{x_1, x_2, \cdots, x_k\}$ 时 $\alpha_i = x_i^2$ 的系数。

采用灵敏度分析法对模型进行验证的不足之处有：对于复杂系统而言，难以定量地分析模型结构参数变化对模型输出的影响，难以获得定量的分析结果。

4. 参数估计法

针对系统的某些性能指标，考察其仿真输出是否与相应的参考（期望）输出重合或者落入期望的区间内。

将静态性能记为 Y，其观测值与具体试验有关，而与观测时间无直接关系；将动态性能记为 Y_t，其观测值不仅与具体试验有关，而且是观测时间 t 的函数。因此，有关原型系统的每一次实验观测结果可视为静态性能随机向量 Y 或动态性能随机过程 Y_t 的一次实现，记作 $Y^{(j)}$ 和 $Y_t^{(j)}$，上标 j 表示第 j 次试验。设试验的次数为 m，即试验观测样本的容量为 m。

对仿真试验来说，可以引进相应的记号 x、x_t 及 $x^{(i)}$、$x_t^{(i)} (i = 1, 2, \cdots, n)$。于是，模型验证就转化为以下问题：根据观测样本 $x^{(i)}$ 与 $Y^{(j)}$ 或 $x_t^{(i)}$ 与 $Y_t^{(j)}$，比较判断随机向量 x 与 Y 或随机过程 x_t 与 Y_t 之间的一致性，分别称为静态性能与动态性能的验证，有时也称为相容性检验。

目前，对静态性能的验证的最有效、最常用的方法仍然是传统的数理统计方法，如点估计、区间估计方法等各种假设检验方法。当需要分析仿真系统本身的精度时，则更多地采用蒙特卡洛（Monte Carlo）法和直接统计分析法。

常用的区间估计方法有频率法、矩估计法、最小二乘法以及极大似然法等，主要是针对正态总体参数的估计，包括均值的区间估计、方差的区间估计、双正态总体均值差的区间估计以及双正态总体方差比值的估计等。

将参数估计法用于模型的验证时，需注意以下几点：

1）要求样本观测值相互独立。

2）由于参数估计的理论依据是大数定律和中心极限定理，一般要求样本容量足够大，否则可能产生较大的误差。样本容量究竟取多大，要视具体问题的精度要求而定。

3）参数估计方法有一个致命的弱点，即它对两组矩（如均值、方差等）相同但实际空间分布的几何形态完全不同的两个总体有时分辨不出来。

采用该方法对仿真试验结果与原型系统实验结果之间的一致性进行分析判断时，不宜轻易做出接受仿真模型的肯定性结论，尽可能采取几种方法做进一步分析。

5. 假设检验法

利用假设检验理论来判断仿真结果和参考结果是否在统计意义下一致以及一致性的程度如何。与参数估计法相同，假设检验可用于仿真系统与原型系统之间静态性能特征参数的相容性检验。

假设检验可分为参数假设检验和非参数假设检验。参数假设检验与参数估计之间存在一

种对偶关系，主要讨论总体服从正态分布的情况，所构造的检验统计量服从正态分布、χ^2 分布、t 分布、F 分布等，样本来自含有某个参数或参数向量的分布族，统计推断是对这些参数进行的；非参数假设检验则对总体的分布类型不做任何假设，至多假设是否服从某一指定的分布，两个分布是否一致等。非参数假设检验适用于总体分布未知的任何分布的统计检验，比参数检验的适用范围更广。

对某一研究对象而言，若 x 和 y 分别表示仿真系统和原型系统的相应的静态性能随机变量，则静态性能验证就是要考察 x 和 y 是否来自同一总体。若随机变量 x 和 y 的总体分布函数分别为 $F(x)$ 和 $G(x)$，则静态性能验证问题就转化为下列统计假设检验问题：

原假设 H_0：$F(x) = G(x)$；H_1：$F(x) \neq G(x)$

对于分布函数 $F(x)$ 和 $G(x)$ 来说，存在以下三种情况：

1）已知 $F(x)$ 和 $G(x)$ 是同一随机变量的分布函数，则问题归结为两个总体分布已知的分布参数的假设检验问题。

2）如果已知 $F(x)$ 和 $G(x)$ 中的某一个，而另一个未知，如设 $G(x)$ 已经确定、$F(x)$ 未知，那么问题转化为考察随机变量 x 是否服从已知分布 $G(x)$，属于分布拟合优度检验问题。

3）$F(x)$ 和 $G(x)$ 均未知，属于分布特性未知的两个总体是否相等的非参数假设检验问题。

复杂动态系统模型验证问题中，一般只知道随机变量 x 和 y 的简单随机样本 $(x_1, x_2, \cdots, x_n)$ 和 $(y_1, y_2, \cdots, y_m)$，而对二者的分布函数事先并不明确知道，属于上述第3）种情况。

对以上三种情况下的假设检验问题都已经有了比较成熟的处理方法。例如：对于参数假设检验，有 U 检验法、χ^2 检验法、t 检验法、F 检验法等；对于分布拟合优度检验有 χ^2 拟合优度检验法、K-S（Kotmogorov-Sminov）检验法等；对于两个总体分布特性未知的非参数检验，有符号检验法、秩和检验法、贝叶斯检验法等。

值得指出的是，对信息量要求较少的检验方法适用面较广，但其针对性和可靠性往往较差，因而检验效果也比较差。在对一个具体问题进行研究时，开始阶段可能对实际情况了解很少，一般属于上述第3）种情况；随着试验次数的增加、经验的积累，以及复杂系统的研制和开发具有继承性，有可能得到有关总体分布的一些验前信息，此时就应充分考虑这些有用的信息，尽量使用针对性较强的方法，以提高统计推断可靠性。

不同的验证方法有可能得出不同甚至矛盾的结论。在实际的模型验证工作中，应对同一个问题采用多种方法进行检验，通过多种验证方法可以从多侧面考察模型有效性。通过对导致不同结论的所有原因的综合分析，可以使问题的研究更加透彻。以假设检验为例，可以采用多种假设检验方法对同一个问题进行检验，为了提高检验的功效，减小犯第二类错误的概率，只要有一种检验方法的检验结果是拒绝原假设 H_0，那么就应该否定 H_0。

每种验证方法都有一定局限性，应综合考虑被研究系统的性质、能获取其输出数据多少以及仿真目的等因素，选择一种或几种合适的方法。如果能获取系统输出的一个样本，则较合理的验证方法是区间估计法。但是，这种方法只考虑了问题的随机性，为讨论对区间界限值低到何种程度才能满足仿真目的的要求。当系统输出为随机变量且只有一个样本时，采用区间假设检验法；当系统输出为随机过程且能获得一个时间序列时，采用自相关函数检验法。

6. 时间序列与频谱分析

将仿真输出与相应的参考输出看作时间序列，经处理后、采用时间序列（Time Sequence

Analysis）理论和频谱分析（Spectrum Analysis）方法考察两者在频域内的统计一致性。

在动态系统的分析和设计过程中，频率及谱值是最能反映系统性能和暴露系统问题的指标之一。平稳随机过程或广义平稳随机过程的频谱集中反映了过程本身在频域中的统计特性。因此，若两个随机过程具有相同的概率分布，那么它们也必然有相同的频谱特性；两个随机过程的差异性也可通过它们的频谱分布特性反映出来。

根据上述思想，可以设法将仿真系统动态输出和原型系统的动态输出处理成广义平稳时序，分别估计出它们的谱密度（Spectrum Density）及互谱密度（Cross-spectral Density），通过谱密度的异同来反推输出序列的异同，而不是直接分析仿真输出和原型系统输出序列本身。

谱密度另一个突出的优点是：假设检验和统计判断中所遇到的诸多限制问题（如观测样本独立性、大样本等）已经通过时域到频域的转换（如傅里叶变换等）予以克服。由于在某一频率点的谱估计基本上不依赖于与之相邻的频率点的谱估计量，常用的统计推断方法就可以方便地用来检验和判断各频率点的谱值分布规律。

与其他谱估计方法相比，互谱估计具有以下优点：它不仅能揭示两个平稳随机过程之间在相同频率点上的谱幅度的定量关系，而且能提供它们在相位、相关性、增益等方面的信息。

传统的基于傅里叶变换的谱估计方法，采用对观测数据直接加"窗"处理，导致以下缺陷：①产生频域内的能量泄漏现象，即当一个信号的真实功率谱在一个窄带宽度内时，卷积运算会把功率扩散到相邻的频率区内。②频率分辨率受"窗"的大小的限制，而与"窗"外的观测数据的特征及信噪比无关。③对离散序列只能得到离散的谱线，且只能在基本频点的整倍频点上取值。

因此，传统频谱分析方法用于具有短时序、低信噪比输出特性的动态系统谱估计时，难以获得高精度的估计结果。但是，该方法的理论和算法比较成熟，计算速度快，在要求速度的场合下占优势，可以得到优良的统计结果，在精度要求不高的情况下十分有效。

思考题及习题

1. 解释"校核""验证"和"确认"的含义，指出它们的区别与联系。

2. 对系统建模与仿真而言，校核、验证与确认分别有什么作用？

3. 模型及仿真系统的校核、验证与确认需要遵照哪些原则？简要阐述这些原则的含义。

4. 以文字或框图等方式，描述模型与仿真校核、验证与确认的实施过程。

5. 模型与仿真最终的确认结论可能有哪几种，根据这些结论应分别如何处理？

6. 建模与仿真的校核与验证有哪些实现技术？

7. 模型验证的常用方法有哪些？它们分别有什么特点，适用于什么场合？

8. 利用 K-S 检验法检验下列样本是否服从均值为 0.0、方差服从 2.5 的正态分布，其中检验水平为 $\alpha = 0.05$。

1.549422	2.444344	−1.356287	−1.158468	1.986288	−1.317650
1.203438	−2.405187	−0.983101	−0.942457	2.627202	2.295194
0.253501	0.256372	−1.221426	−2.819277	2.729291	1.374238
−0.028606	0.940219	−1.100076	−2.032944	−1.125679	
1.694956	0.019935				

第 7 章
仿真技术发展与仿真案例研究

7.1 仿真技术起源及其发展现状

如前所述，制造是以满足顾客和市场需求为目标，将物料、能源、信息等输入要素转化成产品的过程。在日趋激烈的竞争环境下，产品功能与结构越来越复杂，顾客需求呈现出个性化和多样化趋势，增加了产品设计和制造的难度。为此，制造企业需要有效解决创新性产品开发、缩短上市周期、降低生产成本等问题。此外，经济全球化（Economic Globalization）和客户化定制（Customization）趋势明显，它要求产品开发全生命周期中各环节（包括设计、工艺计划准备、生产调度、加工、装配等）信息的实时交互和无缝协作。利用仿真技术，可以洞察、预测产品（或制造系统）的动态行为，获取产品（或制造系统）的动态特性，评估作业计划和资源配置的合理与否，协助完成产品和制造系统的优化设计，提升制造企业的竞争力。

早在计算机发明之前，蒲丰等人就通过随机抽样（Stochastic Sampling）方法估计针与一组平行线相交的概率，并以此为基础得到圆周率 π 的估计值。因此，蒲丰投针试验是现代仿真技术重要的源头。1946 年，世界上第一台计算机——电子数字积分器与计算器（ENIAC）诞生，由此开启了计算机时代（Computer Era），为计算机仿真（Computer Simulation）奠定了基础。

仿真语言研究与仿真软件开发始于 20 世纪 50 年代中期。仿真语言和仿真软件大致可以分为三种类型：

1）采用通用编程语言（如 FORTRAN、BASIC、C、C ++ 、Java 等）编写仿真程序、建立仿真模型。在仿真技术发展的早期，这种方法应用最为普遍。目前，在一些特定领域或针对特定对象的系统仿真中，该方法仍有广泛应用。

2）采用面向仿真的程序语言（Simulation Programming Language，SPL）编制仿真程序，如 GPSS™、GASP™、SIMSCRIPT™、SLAM®、SIMAN® 等。其中，GPSS 是第一个进程交互式仿真编程语言。

3）采用商品化仿真软件建立仿真模型，如 AutoMod™、Extend™、Flexsim™、ProModel®、WITNESS™、Arena®、EM-PLANT® 等。这类系统大多运行于 Microsoft Windows 操作系统下，通常具有独立的仿真建模、运行以及仿真结果分析环境。它们内嵌仿真编程语言，并提供图形化用户界面、动画、自动收集输出数据、系统性能分析等功能，是目前制造、物流以及服务系统仿真的主要工具。

在仿真技术发展的早期，仿真模型主要采用 FORTRAN 或其他通用性编程语言编写。由于概念、术语和技术标准等尚未统一，缺乏通用的仿真程序架构，仿真程序的可重用性（Reusability）差。20 世纪 60 年代以后，开始出现基于 FORTRAN、ALGOL 等通用程序语言的仿真编程软件包，如 GPSS、SIMSCPRIPT、GASP 和 SIMULA 等。1961 年，美国 IBM 公司 Geoffery Fordon 等人开发了 GPSS（General Purpose Simulation System）仿真程序语言，它以 ALGOL 语言为基础，采用框图法（Block Diagram Approach）、结构化程序结构和进程交互法的调度策略构建仿真模型，较适合于排队模型。1963 年，美国 RAND 公司在美国空军的资助下开发了 SIMSCRIPT 仿真编程语言。SIMSCRIPT 源于 FORTRAN 语言，它支持事件调度法。1961 年，美国钢铁公司应用研究实验室的 Phillip J Kiviat 开发了 GASP（General Activity Simulation Program）仿真语言。它最早源于通用编程语言 ALGOL，后又改为 FORTRAN 语言开发，通过流程图（Flowchart）方法建立仿真模型。SIMULA 由挪威人开发，它源于 ALGOL 语言，主要采用活动扫描法的仿真调度策略，在欧洲地区有较广泛的应用。

20 世纪 60 年代中期至 70 年代末，随着计算机硬件技术和编程语言的发展，GPSS、SIMSCRIPT、SIMULA 等面向仿真的程序语言不断得到完善和改进，用户界面更加友好，功能更加强大，并开始采用面向对象的编程技术。同时，在上述仿真编程语言的基础上，通过改进和扩充，出现了新版本编程语言，如 GPSS/H、GASP Ⅳ 等。这些新版本编程语言简化了仿真建模过程、提供交互式编程环境，多采取以问题为导向的编程（Programming by Questionnaire）方法。

20 世纪 80 年代以后，随着计算机小型化、个人计算机（Personal Computer，PC）的出现以及计算机软硬件性能的提高，与仿真相关的技术研究以及软件开发发展迅速。在基本结构保持不变的前提下，上述几种仿真编程语言得到扩充以适应微机时代的要求。其中，影响较大的是由 GASP 衍生出的 SLAM Ⅱ 和 SIMAN（SIMulation ANalysis）仿真编程语言。SLAM（Simulation Language for Alternative Modeling）基于事件调度法，它具有多种建模视角和组合式建模能力。SIMAN 仿真语言由 Dennis Pegden 开发，1983 年由 Systems Modeling Corporation 完成商品化运作。它是第一种可以运行于 PC 和 DOS 操作系统的仿真语言。1984 年，该公司推出基于 SIMAN 的 SIMAN/Cinema 动画仿真环境，使仿真更加高效。与 GASP 相似，SIMAN 采用事件调度法编程，基于 FORTRAN 语言并提供 FORTRAN 子程序库。另外，与 SLAM 及 GPSS 相似，也有类似于框图法的建模元件。20 世纪 80 年代后期，PC 机成为仿真建模软件的主要平台。

目前，面向对象的编程技术、图形化用户界面（Graphical User Interface，GUI）、动画（Animation）技术以及可视化工具（Visualization Tools）等成为仿真软件的基本配置。另外，仿真建模软件还提供输入数据分析器（Input Data Analyzer）、输出结果分析器（Output Result Analyzer）等模块，以简化建模过程，为用户提供高效的数据处理功能，使用户能够将主要精力用于系统模型的构建中。

近年来，仿真软件开始由二维动画向三维动画转变，提供虚拟现实的仿真建模与运行环境。此外，智能化建模技术、基于 Web 的仿真（Web-based Simulation）、智能化结果分析与优化技术成为仿真软件开发的重要趋势。

人们在仿真建模的研究和应用中发现，由于不同系统之间存在很大差异，要提供一种具有普适性的仿真平台并不现实，反而会导致仿真软件系统功能、结构和使用过程的复杂化。

因此，开发面向特定应用领域的仿真软件或模块，既是仿真软件开发的必然选择，也是促进仿真技术应用的有效途径。此外，为支持用户对特定类型系统或产品的仿真分析，不少仿真软件还提供二次开发工具和开放性程序接口，以增强软件的适应性。

目前市场上已经有大量的商品化仿真软件，它们面向制造系统、物流系统、服务系统、医疗系统或产品开发的某些特定领域，成为提高产品以及制造系统性能、提升企业竞争力的有效工具。表7-1列举了常用的面向制造系统、物流系统设计以及机电产品开发的仿真软件。

表7-1 面向机械产品和制造系统研发的仿真软件

软件名称	公司名称	主要应用领域
Flexsim	美国 Flexsim Software Products. Inc	物流系统、制造系统仿真
MATLAB	美国 MathWorks. Inc	数值计算、控制及通信系统仿真
SIMPACK	德国 INTEC GmbH	机械系统运动学、动力学仿真系统
WITNESS	英国 Lanner Group	汽车、物流、电子等制造系统仿真
Moldflow	美国 Autodesk 公司	注塑模具成型仿真
DEFORM	美国 Scientific Forming Technologies Corp	金属锻造成型仿真
MSC. Nastran	美国 MSC. Software Corp	结构、噪声、热及机械系统动力学等仿真
MSC. ADAMS	美国 MSC. Software Corp	机构运动学、动力学仿真与虚拟样机分析
ANSYS	美国 ANSYS. Inc	结构、热、电磁、流体、声学等仿真
COSMOS	美国 Structural Research & Analysis Corporation	机械结构、流体及运动仿真
ITI-SIM	德国 ITI GmbH	机械、液压气动、热能、电气等系统仿真
FlowNet	美国 Engineering Design System Technology	管道流体流动仿真
ProModel	美国 PROMODEL Corp	制造系统、物流系统仿真
ServiceModel	美国 PROMODEL Corp	服务系统、物流系统仿真
VisSim	美国 Visual Solutios Inc	控制、通讯、运输、动力等系统仿真
WorkingModel	美国 MSC. Software Corp	机构运动学、动力学仿真
Simul8	美国 Simul8 Corp	物流、资源及商务决策仿真
HSCAE、SC-FLOW	华中科技大学	注塑模具仿真分析
Automod	美国 Brooks Automation 公司	生产及物流系统规划、设计与优化
Teamcenter	美国 UGS 公司	产品全生命周期管理仿真
ABAQUS	法国 DASSAULT 公司	结构强度及应力分析
VERICUT	美国 CGTech 公司	数控编程与仿真
EXTEND	美国 Imagine That. Inc	生产与物流系统仿真
Z-MOLD	郑州大学	塑料成型数值分析与仿真
Arena	美国 Rockwell Software. Inc	制造、物流及服务系统建模与仿真
PAM-STAMP/OPTRIS	法国 ESI Group	冲压成型仿真
PAM-CAST/PROCAST	法国 ESI Group	铸造成型仿真
PAM-SAFE	法国 ESI Group	汽车被动安全性仿真
PAM-CRASH	法国 ESI Group	碰撞、冲击仿真
PAM-FORM	法国 ESI Group	塑料、非金属与复合材料热成形仿真
SYSWELD	法国 ESI Group	热处理、焊接及焊接装配仿真

7.2 常用仿真软件简介

目前，"PC" + "Windows 操作系统"已成为仿真软件通用的运行环境。这些仿真软件具有一些共性特征，如图形化用户界面、仿真模型运行过程的动画显示、仿真结果数据的自动收集、系统性能指标的智能化统计分析等。但是，不同仿真软件在界面风格、建模术语、图形化工具、仿真模型调度方法、仿真结果表示等方面存在差异，主要体现在以下几个方面：

1）建模界面和术语不尽相同。有些仿真软件采用类似框图法的建模方法，但更多的软件采用二维或三维图标建立仿真模型，以提高用户的友好性。

2）仿真调度策略不同，多数仿真软件采用进程交互法完成仿真调度，也有一些软件采用事件驱动法等调度方法。

3）仿真结果的显示方法不同，采用数据列表或图形化方法（如柱状图、饼状图、折线图）以及动画等形式。

下面简要介绍几种常用的面向制造系统和物流系统的仿真软件。

7.2.1　Arena

Arena 是美国 System Modeling Corporation 研发的仿真软件，于 1993 年进入市场，现为美国 Rockwell Software 公司的产品。Arena 软件基于 SIMAN/CINEMA 仿真语言，它提供可视化、通用性和交互式的集成仿真环境，兼具仿真程序语言的柔性和仿真软件的易用性，并可以与通用编程语言（如 Visual Basic、FORTRAN 和 C/C++ 等）编写的程序连接运行。

Arena 软件在仿真领域具有很高声誉。"Introduction to Simulation Using SIMAN" 以及 "Simulation with Arena" 等以 Arena 仿真软件为基础的教材，成为美国制造类及工业工程类专业仿真课程的主要教材之一。Arena 软件的主要特点包括：

（1）输入分析器（Input Analyzer）技术　输入数据质量直接关系到仿真结果，错误的输入数据会使得仿真建模的努力化为乌有，形成所谓的"垃圾进、垃圾出（Garbage In, Garbage Out）"。传统系统仿真中多采用手工方式处理输入数据，费时、费力且效果较差。

Arena 的输入分析器可以帮助用户处理数据。输入分析器能够根据输入数据，拟合概率分布函数，完成参数估计，计算分布的拟合质量，以便从中选择合适的分布函数。采用输入分析器拟合数据的基本步骤为：①生成包含数据的文本文件。②利用输入分析器，将上述数据拟合成一个或多个概率分布。③选择合适的概率分布。④将由输入分析器得到的概率分布嵌入到 Arena 模型的适当位置。

输入分析器可以用来比较同一个概率分布函数随参数变化的影响。在实际仿真中，利用输入分析器分析的典型数据文件包括：随机过程的间隔时间（如实体到达的间隔时间、加工时间分布、服务时间分布等）、实体类型、实体的批次批量等。Arena 软件提供的分布类型包括：指数分布、经验分布、Γ分布、正态分布、泊松分布、三角分布、均匀分布、威布尔分布等。

（2）可视化柔性建模　Arena 采用面向对象的层次建模方法。对象是构成模型的基本元素，对象与对象之间相互作用构成系统模型。对象具有封装和继承等优点，由对象构成的模型具有模块化特征。此外，一个模型可以与其他模块或对象一起构成更为复杂的模型，从而形成层次性模型结构，使得模型层次分明、易于管理。

根据类的不同，Arena 将模块化模型分成不同类的模板，不同模板共用统一的图形用户界面，不同模板之间可以方便地转换，来自不同模板的模块可以共同完成模型的构建。Arena 采用可视化、交互式集成环境，建模与可视化技术有良好的集成性，在建模的同时实现模型的可视化表达，有利于提高建模效率。

（3）输出分析器（Output Analyzer） 仿真输出数据是决策的依据和来源，对仿真输出数据的预加工是决策的前提。输出分析器是 Arena 集成仿真环境的有机组成部分，它提供了易用的用户界面，以帮助用户简便、快捷地查看和分析输出数据。

Arena 提供了七种输出数据文件类型，即 Counter、Cstat、Dstat、Frequency、Tally、Output 及 Batched。其中，Batched 类型的输出文件由输出分析器直接产生，其他类型数据由相应模块产生。借助输出数据分析器，可以对数据进行各种显示和处理。Arena 提供的数据显示形式包括条形图（Barchart）、柱状图（Histogram）、移动平均（Moving Average）、曲线图（Plot）、表（Table）等。此外，Arena 还具有强大的数理统计分析功能，提供分批/截断观察（Batch/Truncate Observations）、相关图（Correlogram）分析、经典置信区间（Classical Confidence Interval）分析、标准化时间序列置信区间（Standardized Time Series Confidence Intervals）分析、标准差置信区间（Confidence Interval on Standard Deviation）分析、均值比较（Compare Means）分析、方差比较（Compare Variances）分析、单因素固定效应模型方差分析（One-way Analysis of Variance Fixed-effects Model）等，为决策提供准确的数据支持。

（4）Arena 的定制与集成 Arena 与 MS Windows 完全兼容。通过采用对象链接与嵌入（Object Linked and Embedded，OLE）技术，Arena 可以使用其他应用程序的文件和函数。例如：将 Word 文件放入 Arena 模型中、建立到 Microsoft Powerpoint 的链接、调入 AutoCAD 图形文件、添加声音文件、标记 Arena 对象作为 VBA 中的标识、增加欢迎窗体等。

Arena 还可以定制用户化的模块和面板。用户可以使用 C++、Visual Basic 或 Java 等编程语言生成控制应用程序的程序。此外，Arena 还提供内嵌的 Visual Basic 编程环境 Visual Basic for Application（VBA），用户只要单击相应的工具按钮就可以进入完整的 Visual Basic 编程环境，利用 Visual Basic Editor 编写 VB 代码，灵活地定制用户的个性化仿真环境。图 7-1 所示为 Arena 仿真软件的界面。

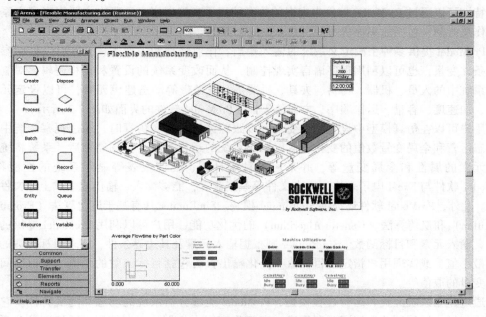

图 7-1 Arena 仿真软件的界面

Arena 在制造系统中的应用领域包括：制造系统的工艺计划、设备布置、工件加工轨迹的可视化仿真与寻优、生产计划、库存管理、生产控制、产品销售预测与分析、制造系统的经济性和风险评价、制造系统改进、企业投资决策、供应链管理、企业流程再造等。

此外，Arena 还可应用于物流、社会和服务系统的仿真。例如：医院医疗设备/医护人员的配备方案、兵力部署、军事后勤系统、社会紧急救援系统、高速公路的交通控制、出租车管理与路线控制、港口运输计划、车辆调度、计算机系统中的数据传输、飞机航线分析、电话报警系统规划等。

7.2.2 ProModel

ProModel（Production Modeler）是由美国 PROMODEL 公司开发的离散事件系统仿真软件，它可以构造多种生产、物流和服务系统模型，是美国和欧洲地区使用最为广泛的系统仿真软件之一。

ProModel 软件基于 Windows 操作系统、采用图形化用户界面，并向用户提供人性化的操作环境。ProModel 提供二维图形化建模和动态仿真环境，并可以构建模拟的三维场景。根据项目需求，用户可以利用键盘或鼠标选择所需的建模元素，建立相应的仿真模型。

ProModel 采用基于规则（Rule）的决策逻辑，并提供丰富的参数化建模元素。ProModel 软件主要的建模元素包括实体（Entity）、位置（Location）、资源（Resource）、到达（Arrivals）、加工处理（Processing）、路由（Routing）、班次（Shift）和路径（Path Network）等。其中，实体在制造系统中可以用来表示零件、毛坯等待加工对象，在服务系统中可以表示等待服务的顾客；位置可以表示机床等加工设备或服务台等；资源用来表示在不同位置之间传递实体的元素，它沿着指定的路径运动，并具有速度、加速度、取货时间和卸货时间等特性；实体按一定的规律到达系统，并且需要指定到达位置、到达时间、批量以及到达频率等参数；路由以及加工处理等用来描述实体在不同位置的操作、与资源的内在关系以及系统状态变化等。上述特性可以通过 ProModel 软件中内嵌的仿真编程语言加以定义。班次主要用来定义系统每天的作息时间，包括故障停机时间（Downtime）等。

ProModel 提供多种手段定义系统的输入输出、作业流程和运行逻辑，既可以借助参数或利用条件变量，也可以利用程序语言实现控制，从而改变系统的设置和运行逻辑。对制造和物流系统中的人员、机器、物料、夹具、机器手、输送带等动态建模元素，可以设定元素的速度、加速度、容量、运作顺序、方向等属性。ProModel 软件的界面如图 7-2 所示。

用户可以在仿真模型中设置全局变量，以跟踪系统状态。仿真时，通过观察系统中资源的动态运营和全局变量数值的变化，可以跟踪系统的运作过程。仿真结束后，系统将统计模型中元素的属性和全局变量等，并采用各种统计图、统计报表等显示系统的性能特征。ProModel 软件与 Excel 电子表格、文本文件等数据兼容，能够读入、输出或修改上述文件中的数据。此外，ProModel 软件还提供 SimRunner 模块。SimRunner 具有基于进化算法（Evolutionary Algorithm）和遗传算法（Genetic Algorithm）的优化功能，用户可以利用 ProModel 提供的宏指令定义输入元素和目标函数。SimRunner 则根据输入元素及其边界条件，寻求目标函数的最大值或最小值，或实现用户指定的目标值。优化输出报告包括目标函数的均值、置信区间以及输入变量的取值等。

通过建立系统配置和运行过程模型，ProModel 能够分析系统的动态和随机特性。它的应用领域包括：评估制造系统资源利用率、车间生产能力规划、库存控制、系统瓶颈分析、车

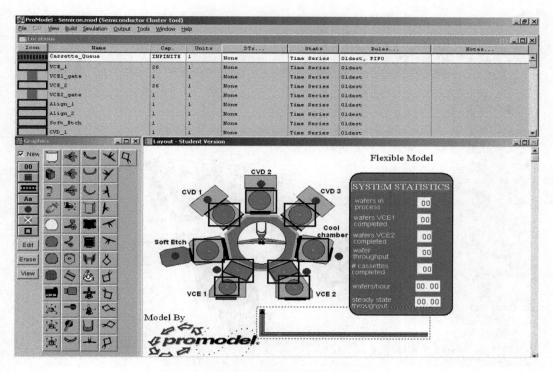

图 7-2　ProModel 仿真软件的界面

间布局规划、产品生产周期分析等。

7.2.3　Flexsim

Flexsim 是美国 Flexsim Software Products 公司的产品，于 1993 年投放市场。它利用 C++语言开发，采用面向对象编程和 Open GL 技术，可以用二维或三维方式提供虚拟现实的建模环境。它提供三维图形化建模环境，并集成了 C++集成开发环境（Integrated Development Environment，IDE）和编译器。

Flexsim 利用对象建立仿真模型，对象代表实际系统中的活动和过程。它提供对象模板库，并利用鼠标的拖放（Drag and Drop）操作来确定对象在模型窗口中的位置。此外，每个对象都具有空间坐标、空间速度、旋转及时间等属性。对象可以创建、删除，也可以嵌套移动。对象具有自身的功能，也可以继承来自其他对象的功能。Flexsim 提供众多的对象类型，如机床、操作员、传送带、叉车、仓库、信号灯、储罐、货格、集装箱等，通过设置对象参数，可以快速、高效地构建制造系统或物料系统的仿真模型。

Flexsim 软件利用面向对象功能和继承关系来构建对象，模型构造具有层次结构。在 Flexsim 软件中，用户可以利用 C++语言创建、定制和修改对象，控制对象的行为活动，并存入库中，以便在其他模型中使用。由于使用了继承方法，可以节省开发时间。Flexsim 中的对象具有开放性，可以在不同用户、库和模型之间进行交换。此外，Flexsim 的界面、按钮条、菜单、图形用户界面等也是由预编译的 C++库来控制的。对象的高度自定义特性提高了建模速度、节省了建模时间，也使得仿真模型具有层次性。图 7-3 所示为 Flexsim 软件的界面。

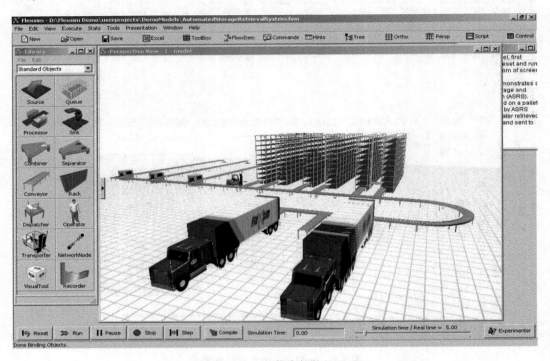

图 7-3　Flexsim 仿真软件的界面

　　Flexsim 中的仿真引擎可自动运行仿真模型，提供可视化模型窗口，并将仿真结果存在报告或图表中。利用预定义和自定义的行为指示器（如产量、周期、费用等）来分析系统性能。此外，Flexsim 软件可以利用开放式数据库连接（ODBC）和动态数据交换连接（DDEC）直接输入仿真数据，也可以将仿真结果导入到 Word、Excel 等应用软件中。

　　利用虚拟现实技术，Flexsim 可以直接导入 3D Studio、VRML、DXF 以及 STL 等图形类型。Flexsim 内置虚拟现实的浏览窗口，允许用户添加光源、雾以及虚拟现实立体技术。此外，Flexsim 软件还提供 AVI 录制器，可以快速生成 AVI 文件。

　　利用 Flexsim 软件可以快速构建系统模型，通过对系统动态运行过程的仿真、试验和优化，以达到提高生产效率、降低运营成本等目的。Flexsim 软件可用于评估系统生产能力、分析生产流程、优化资源配置、确定合理的库存水平、缩短产品上市时间等。

7.2.4　Extend

　　Extend 仿真软件由美国 Imagine That 公司开发，于 1988 年进入市场。它基于 Windows 操作系统，采用 C 语言开发，可以完成离散事件系统和连续系统仿真，具有较高的灵活性和可扩展性。Extend 采用交互式建模方式，具有二维半动画仿真功能，利用可视化工具和可重用的模块组能够快速地构建系统模型。Extend 仿真软件的主要特点包括：

　　1）采用多层次模型结构，模型条理清晰、逻辑分明，使复杂系统模型得以简化。

　　2）提供开放源代码和二次开发引擎，充分利用 Windows 操作系统的资源，可以与 Delphi、C++ Builder、Visual Basic、Visual C++ 等程序语言代码链接，还可以与主流数据库、

Excel 等数据源集成。

3）采用开放式体系结构，用户可以利用自带的编程工具修改已经存在的模块，也可以创建新的模块，使系统具有良好的可扩展性。

4）采用拖拉式建模和"克隆"技术，所有模块都可以重复使用，模块内的任何参数都可以复制和拖拉到仿真模型的任何区域，使建模过程得以简化。

5）采用模块化结构，与第三方公司共同开发模块库。Extend 软件中有 600 多个内嵌函数、200 多个预制模块，模块库涵盖离散事件系统和连续系统，包括制造业、电子电路、业务流程重组（BPR）、图形报表等子模块库，用户也可以自定义模块，所有预制和自定义模块均可以重复使用。模块之间采用基于消息的传递机制，提供多种复杂数据传递方式。模块化有利于提高建模效率。

Extend 软件中的基本模块包括发生器（Generator）、队列（Queue）、活动（Activity）、资源池（Resource Pool）以及退出（Exit）等。

6）提供多用途、多功能的集成仿真环境，适应于连续系统和离散系统的仿真。

7）具有良好的统计功能和图形输出功能，采用拖拉等方式可以快速建立和显示各种图表。Extend 提供多种图表形式，可以与多种统计拟合器相结合（如 Best Fit、Expert Fit、Stat Fit 等），快速建立拟合曲线。

8）采用三维建模和动画技术，增强软件的可视化效果。图 7-4 所示为 Extend 仿真软件的界面。

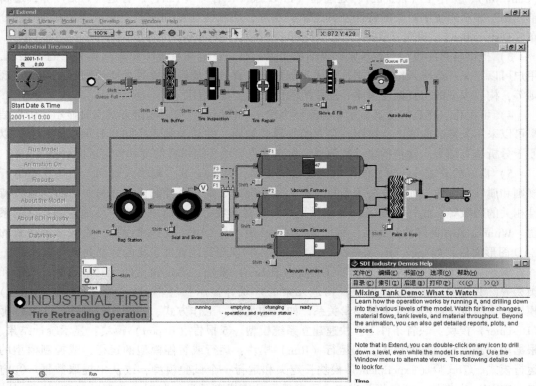

图 7-4　Extend 仿真软件的界面

Extend 软件的应用领域涉及制造业、物流业、银行、金融、交通、军事等，应用对象包括半导体生产系统调度、钢铁企业物流系统规划、供应链管理、港口运输、车辆调度、生产系统性能优化、银行系统流程管理、医疗流程规划、呼叫中心规划等。通过对系统绩效指标的仿真分析，如制造周期、采购周期、配送周期、客服周期、设备利用率、员工利用率、库存水平等，可以直观地评价和改进影响系统性能的因素，以优化系统配置、运行模式或经营策略等。

7. 2. 5　Witness

Witness 是由英国 Lanner 集团开发的仿真软件。它的应用领域包括汽车工业、食品、化学工业、造纸、电子、银行、财务、航空、政府、运输业等，涵盖离散事件系统和连续流体系统。Witness 的主要特点包括：

1）采用面向对象的建模机制。系统模型由对象构成，对象是图形和逻辑关系等的集成体，可以随时定义和修改，具有良好的灵活性和适应性。

2）交互式建模方法，利用鼠标从库中选择二维或三维图形图标并拖放（Drag and Drop）到屏幕中合适的位置，可以快捷地创建系统的流程模型。系统提供多种输入方式，如菜单或以文件形式等。Witness 提供了丰富的模型单元，包括物理单元和逻辑单元。其中，物理单元用于描述系统中的工具、设备等，如工件（Part）、缓存（Buffer）、机器（Machine）、传送带（Conveyor）、操作工（Labour）、处理器（Processor）、容器（Tank）、管道（Pipe）等；逻辑单元用于表示系统中对象的特性及其逻辑关系等，如属性（Attribute）、变量（Variable）、分布（Distribution）、班次（Shift）、文件（File）、函数（Function）等。

3）提供丰富的模型运行规则和灵活的仿真策略。在定义系统中元素及其关系的基础上，用户可以定义基本输入输出规则，如优先级规则、百分比规则、负载平衡规则、物料发送规则等，构成模型的仿真调度策略，使系统的仿真调度具有柔性。

4）可视化、直观的仿真显示和仿真结果输出。模型运行可以动画方式实时显示，仿真结果可以采用表格、曲线图、饼图、直方图等形式输出，并与动画运行同步显示在屏幕上，以便于分析仿真结果。除包括统计数值外，仿真结果模块还提供置信度和置信区间分析。

5）良好的开放性。为方便用户构建系统模型，Witness 软件提供大量用于描述模型运行规则和属性的函数，如系统公用函数、定义元素行为规则与属性的函数、与仿真时间触发特性相关的函数等。此外，Witness 还提供用户自定义函数功能，用户可以方便地定制自己的系统。Witness 具有良好的开放性，可以读写 Excel 表、与 ODBC 数据库连接、输入多种格式的 CAD 图形文件，如 jpg、gif、wmf、dxf、bmp 等，实现与其他软件系统的数据共享和集成。

Witness 软件的主要模块包括：①定义（Define）模块：确定模型的元素的名称、数量和类型等。②显示（Display）模块：构造元素的外观并显示在屏幕上。③详细定义（Detail）模块：详细定义模型中元素的逻辑关系，如结构类型、工作方式、参数、规则等。④设计师（Designer）模块：缺省条件下，快速建立系统模型。⑤报告（Report）模块：显示统计结果、根据用户需要定制查询报告。⑥运行（Run）模块：运行或暂停模型的运行，或控制模型的运行模式。⑦试验（Experiment）模块：定义和运行一个试验模型，或从中提取数据。⑧窗口（Window）模块：开启相关窗口，用于显示仿真模型的运行状况。⑨帮助（Help）模块：提供软件功能及操作的帮助信息。图 7-5 所示为 Witness 软件的界面。

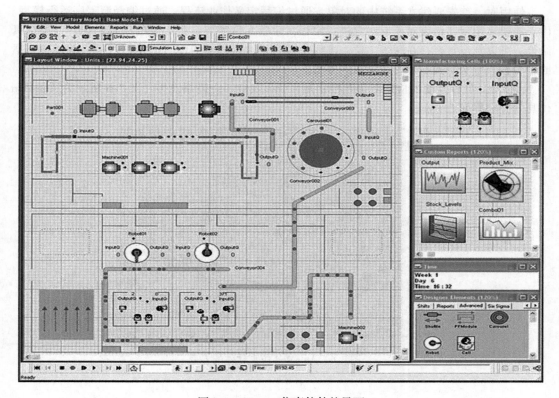

图 7-5 Witness 仿真软件的界面

7.2.6 AutoMod

AutoMod 是美国 Brooks Automation 公司的产品。它由仿真模块 AutoMod、试验及分析模块 AutoStat、三维动画模块 AutoView 等部分组成。它适合于大规模复杂系统的规划、决策及其控制试验。AutoMod 的主要特点包括：

1）采用内置的模板技术，提供物流和制造系统中常见的建模元素，如运载工具（Vehicle）、传送带（Conveyor）、自动化存取系统（Automated Storage and Retrieval System, AS/RS）、桥式起重机（Bridge Crane）、仓库（Warehouse）、堆垛机（Lift Truck）、自动引导小车（Automated Guided Vehicle, AGV）、货车（Truck）、小汽车（Car）等，可以快速构建物流及自动化制造系统的仿真模型。

2）模板中的元素具有参数化属性。例如：传送带模板具有段数（Sections）、货物导入点（Station for Load Induction）、电动机（Motor）等属性，其中段数由长度、宽度、速度、加速度以及类型等参数加以定义。

3）AutoStat 模块具有强大的统计分析工具，由用户定义测量和试验标准，并自动地完成 AutoMod 模型的统计分析，得到车辆速度、产量、成本、设备利用率等统计特性。

4）AutoView 允许用户通过 AutoMod 模型定义场景和摄像机的移动，产生高质量的 AVI 格式的动画。用户可以缩放或者平移视图，或使摄像机跟踪一个物体（如叉车或托盘）的移动等。AutoView 为动态场景的描述提供了灵活的显示方式。

使用时，首先要建立系统中的对象，通过编程定义作业流程，通过编译源程序运行模型。由于需要采用程序语言对所有对象进行编程，建模人员需要具备必要的编程知识。根据仿真结果，可以判定是否存在瓶颈工位、流程是否合理、设备能力能否满足需求等，并调整方案或者参数，直至得到满足实际需求的方案。

AutoMod 软件主要的应用对象包括制造系统以及物料处理系统等。图 7-6 所示为 AutoMod 仿真软件的界面。

图 7-6　AutoMod 仿真软件的界面

7.2.7　SIMUL8

SIMUL8 由美国 SIMUL8 公司开发，于 1995 年推向市场。SIMUL8 软件利用一系列代表系统中的资源和队列的图标和箭头，通过鼠标绘制工作流程，建立系统模型。图标具有缺省的属性值，用户可以根据实际修改和定义图标的属性。

SIMUL8 软件主要关注由人参与其中的制造业和服务业。它提供"模板"和"组件"，其中"模板"着重于特定的重复发生的决策类型，该类型元素可以通过参数化以适应特定对象的研究需求；"组件"是用户定义的图标，该图标可以重用并在仿真中共享，以减少仿真建模的时间。

SIMUL8 软件将仿真模型和数据存为 XML 格式，可以方便地在不同应用软件之间相互转换。它还可以为建模者提供电子数据表格、对话框以及向导表等，以便建立客户化的用户界面。SIMUL8 具有 VBA 界面并支持 ActiveX/COM，可以创建外部应用并控制 SIMUL8 仿真。

此外，该软件还具有以下特性：提供"拖拉式"建模功能，易于使用；具有丰富的数据分析工具；可以与 Excel、Visio、Access、Oracle、Sybase 等数据库及软件集成；通过 VBA、VB、C++、Delphi 以及 ActiveX/COM 技术，可以与外部应用程序或软件进行通信及数据交换；提供优化器 OptQuest 和统计拟合软件 Stat::Fit；具有三维建模功能；支持图形化库文件和定制设备；支持 XML 规范的仿真模型。

SIMUL8 的典型应用包括：生产周期分析、生产线产能分析、布局优化、资源规划、瓶颈分析、流程优化、人机配比、物流路径优化、车辆利用率优化、供应商选择、仓库布局、库存量与订货点优化、就诊流程优化、医疗设备利用率评估、医院布局优化、候诊室管理等。

图 7-7 所示为 SIMUL8 软件的界面。

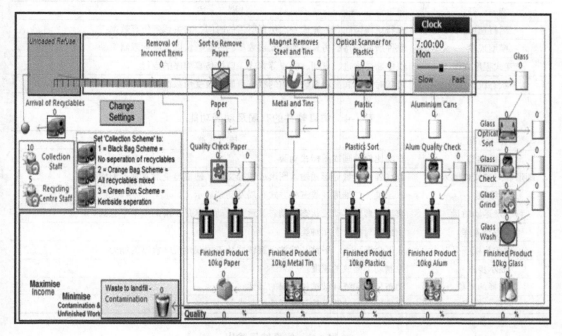

图 7-7　SIMUL8 仿真软件的界面

7.3　系统仿真软件的选用

目前，市场上的系统仿真软件种类众多。选择仿真软件时，需要从功能需求、建模方法、操作便捷性、仿真速度、动画功能、仿真结果输出、开放性、集成性、价格以及售后服务、技术支持等方面进行综合评价。表 7-2 ~ 表 7-5 分别从建模特征、运行环境、布局及动画功能以及结果输出等角度，分析仿真软件特点，供选择仿真软件时参考。

表 7-2　仿真软件的建模特征

特　征	描　述
模型类型	基于进程交互法、事件调度法或活动循环法的建模方法
输入数据的形式	以外部文件、数据库、电子表格等形式输入数据，或交互式输入
输入数据的分析	由未加工的数据给出经验或统计分布
建模能力	采用进程流法（Process-flow）、框图法（Block Diagram）、网络法（Network Approach）等，建模过程是否简捷、功能强大与否
仿真编程语言	具有高级编程语言功能，能定义复杂的仿真逻辑
语法	易于理解，简捷、明了，功能完整
随机数	高效、高质量地生成随机数和常用的随机分布
定制功能	自定义特定的对象、模板或子模型等，增强模型的重用性，提高建模效率
与通用编程语言的接口	与 C、C ++、Java 等通用编程语言有良好的集成性

表7-3　仿真软件的运行环境

特　　征	描　　述
运行速度	对特定模型而言，完成一次仿真所需的时间，它关系到仿真效率
模型规模	软件所能支持的仿真模型的元素数量、变量数量以及属性限制等
交互式程序调试	以中断、步进、直到、断点等方式，监控仿真程序的运行
状态统计	可随时统计和显示系统当前的状态、属性及变量数值等

表7-4　仿真软件的布局及动画功能

特　　征	描　　述
动画类型	真实比例动画或图标式动画
图形和对象文件输入	以点阵或矢量等形式输入图形或图标文件，使模型更加直观、形象
维数	以二维、二维透视或三维方式布局及动画显示
移动及运动质量	模型元素的移动或状态的动态显示，运动显示是平滑的或不平稳的
通用对象库	预置的对象及图库种类
导航与视图	软件全屏显示、平移、缩放、旋转或从不同视角观察模型的能力
显示步进	控制动画播放的速度
可选择的对象	动态显示和统计被选择对象的属性
软硬件要求	软件运行对计算机软硬件系统的要求

表7-5　仿真结果输出

特　　征	描　　述
版本管理	支持多版本输出，以便对多个仿真方案进行比较和分析
结果优化	采用遗传算法、禁忌算法等优化模型参数及配置
定制报告	根据用户需求定制仿真分析报告的内容和形式
成本计算	提供基于活动的模型运行成本测算
统计分析	对仿真结果中的均值、最大值、最小值、置信区间等数据，采用饼状图、柱状图、折线图、散点图等显示
数据库管理	对输出数据的存储与管理方式
文件输出	将仿真结果以文件、数据库、电子表格等形式输出，以便加工和分析

值得指出的是，选购仿真软件是一个系统工程，需要综合考虑各方面因素。除表7-2 ~ 表7-5 中列举的性能指标外，还需考虑软件培训、售后服务、帮助文档是否齐全、技术支持是否可靠、产品升级维护、价格等因素。本书不再一一赘述。

7.4　ProModel 仿真软件及其使用步骤

7.4.1　ProModel 软件的建模元素

仿真软件的模型元素用于表达系统的结构组成及其操作。总体上，ProModel 软件中的模型元素包括两种类型：

（1）系统对象（System Objects）元素　用来定义系统中的对象，主要包括实体（Entities）、位置（Locations）、资源（Resources）、路径（Path Networks）等。

（2）系统操作（System Operation）元素 用来定义对象的参数、系统操作及其操作逻辑等，主要包括处理（Processing）、到达（Arrivals）、停机时间（Downtimes）、班次（Shifts）以及逻辑元素（Logic Elements）等。其中，逻辑元素用来控制模型元素（如位置、处理等）的各种行为，又可分为变量（Variables）、属性（Attributes）、阵列（Arrays）、系统函数（System Functions）、数学函数（Math Functions）、分布（Distributions）、子程序（Subroutines）、宏（Macros）、表达式（Expressions）以及语句（Statements）等。

模型元素的创建可以通过"创建（Build）"菜单来完成。其中，系统对象元素会以图形化方式出现在仿真布局窗口中，并可以利用鼠标和键盘对图形进行编辑。

一个仿真模型中至少要包括实体、位置、到达和处理等几类元素。下面简要介绍 ProModel 软件主要模型元素的定义、功能及其参数设置。

1. 实体（Entities）

"实体（Entities）"是仿真模型要加工、处理或服务的对象。例如：生产车间中的原材料、毛坯、半成品、子装配体、托盘或产品，银行或商店里的客户，医院中就诊的病人，交通运输系统中的车辆等。实体具有自身的属性和操作，如图标（Icon）、名称（Name）、外形尺寸（Dimension）、图形（Graphic）、优先级（Priority）、速度（Speed）、到达逻辑（Arrival Logic）、处理逻辑（Operation Logic）、退出逻辑（Exit Logic）、状态信息等。

执行 ProModel 软件"Build"菜单中的"Entities"命令或按下"Ctrl + E"快捷键，进入实体编辑模块。图 7-8 所示为实体编辑模块的界面。其中，上方为用来定义实体的"实体编辑表"；左下侧为"实体图形（Entity Graphics）编辑窗口"，用来选择、编辑或改变代表实体的图案；右下侧为仿真模型布局窗口，用来显示仿真模型的组成和结构。

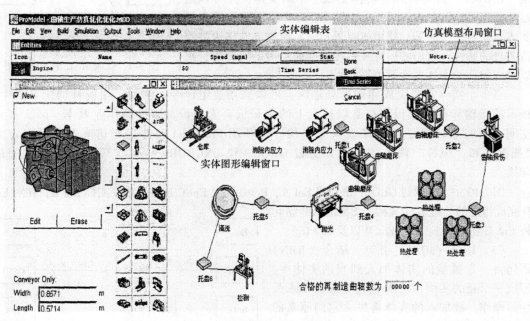

图 7-8 "实体（Entity）"编辑窗口

"实体编辑表"是定义实体的基本工具，它的字段组成及其含义见表 7-6。

表7-6　"实体编辑表"的字段组成及其含义

字　段	含　义
图标（Icon）	仿真运行时用来表示实体的图形。可以给一个实体分配多个图形
名称（Name）	用来标识实体的名字
速度（Speed）	实体通过路径（Path Networks）时的速度，单位为 ft/min（Feet Per Minute）或 m/min（Metres Per Minute）。只有当实体沿着路径行驶时，该参数才有意义。可以输入计算结果为正值的数学表达式，其中位置的属性值、资源及系统的停机时间除外。每次仿真运行和每次移动时，软件系统都要评估该数值，速度数值在仿真进程中可能会发生变化
统计（Stats）	该字段用来设置仿真运行时对当前实体类型进行信息统计的级别，可以分为三种级别：①没有（None）：不进行统计；②基本（Basic）：收集合计信息，如这种零件的总数等；③详细（Detailed）：收集实体达到随时间变化的详细信息，以便进行图示或图解
注释（Notes）	说明语句

此外，以下几种语句可以用来改变实体属性或对实体进行指定的操作：

（1）合并（COMBINE）语句　合并（COMBINE）语句将几个实体永久地合并起来形成一个实体。当多个实体依次合并形成新实体时，新实体将继承最后被合并进来的实体的属性。值得指出的是，合并后的实体将保留原单个实体所拥有的所有资源。

在机械制造中，焊接工序将几个零件连接起来形成新零件。这一过程就可以用 COMBINE 语句来表达。图7-9 所示为 COMBINE 语句示意图。图中 Ent A、Ent B 以及 Ent C 合并形成新实体 Ent D。

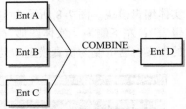

图7-9　COMBINE 语句示意图

（2）成组（GROUP）和取消组（UNGROUP）语句　成组（GROUP）语句将几个实体变成一个新实体，并可以通过取消组（UNGROUP）语句将成组后的实体还原为原来的实体。需要指出的是，使用成组语句时，原先的实体仍将保持各自的属性，它们的属性并不传递到成组后的实体中，可以对成组后的实体属性赋值。

当多个实体需要完成相同的处理时，可以采用成组命令。例如：在板材加工系统中，板料的运输和存储过程往往是以托盘上的多张板料为单位，以提高作业效率、减少占地空间，而加工时则是以单张板料为单位。当利用 ProModel 软件进行仿真时，可以定义"托盘"和"板料"两类实体，并通过 GROUP 和 UNGROUP 命令实现两类实体之间的转换。

图7-10 中，先通过 GROUP 语句将 Ent A、Ent B 以及 Ent C 成组形成新实体 Ent D，在对 Ent D 完成指定的处理后，又利用 UNGROUP 语句将 Ent D 还原成 Ent A、Ent B 以及 Ent C。

（3）结合（JOIN）语句　结合（JOIN）语句将一定数量的实体加入到当前实体中，形成一个新的实体。JOIN 语句完成的是永久性的操作，被加入的实体将失去它们原来的特性，在系统中将不复存在，而新实体将保留当前实体的属性。

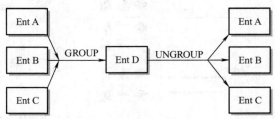

图7-10　GROUP 和 UNGROUP 语句示意图

在机械制造系统中，可以用 JOIN 语句来描述产品的装配过程。如图 7-11 所示，Ent A 与 Ent B 结合，形成新的 Ent B，新 Ent B 将继承原 Ent B 的属性。

（4）加载（LOAD）/卸载（UNLOAD）语句　加载（LOAD）语句将一定数量的实体加载到基实体中。被加载的实体仍保持它们的特性，并可以通过卸载（UNLOAD）语句恢复，加载后形成的实体将继承基实体的属性值。与 JOIN 语句相比，LOAD/UNLOAD 的操作属于临时性操作。

如图 7-12 所示，将几个"框架（Frames）"实体（属性值为 1）加载到基实体"托盘（Pallet）"（属性值为 2）上；加载完成后，被加载的"托盘"变成新实体，并更名为"批量（Batch）"，实体"Batch"继承了"Pallet"的属性值 2。另外，"Batch"的属性值也可以改变。

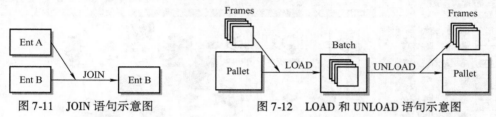

图 7-11　JOIN 语句示意图　　　　图 7-12　LOAD 和 UNLOAD 语句示意图

之后，若需将"Frames"实体从"Pallet"上卸载下来，则可以用卸载（UNLOAD）语句表示。卸载之后的"框架"实体保持原有的属性值，而实体"Batch"也将恢复为原来的实体"Pallet"，并保持原来的属性值。

（5）分离（SPLIT AS）语句　分离（SPLIT AS）语句是将一定数量的实体结合起来构成一个新的实体，并赋之以新的名字。新的实体具有与原来实体相同的属性。例如：将一根水管切割成一定长度的段等。该命令一般只用在对当前位置需要进行附加操作和处理的实体上。

（6）创建（CREATE）语句　创建（CREATE）语句用来从当前实体中选择一定数量实体并定义成一个新的实体，新实体具有与原来实体相同的属性。新实体也可以使用原来实体所拥有的资源。该命令主要用于对需要在当前位置对实体进行附加操作的情况。

（7）重命名（RENAME）语句　通过重命名（RENAME）语句可以将一个实体更名为另一个名称。通常只有当在当前位置中需要对一个新的实体进行附加的处理时才使用该命令。在这种情况下，需要对更名后的实体定义一个新的处理程序。如果没有或不需要做另外的处理，则需要在输出路径中更新实体的名称。一旦使用了 RENAME 命令，有关当前实体的进一步操作及其路由均将被忽略，系统将从头寻找已定义的有关新实体类型的处理语句。

实体在不同位置之间的移动可以根据已定义的路由命令或根据已定义的路径。有时候，实体在位置之间的移动需要借助于资源（Resource），如叉车、堆垛机等。

2. 位置（Locations）

"位置（Locations）"主要用来表示在系统中对实体进行加工处理、排队等待、存储等活动的固定地点或场所。例如：机械制造中加工、检测、分类、装配、缓冲区、清洗、仓储等工位，银行、商店、理发店中的等待区、服务区以及收银台等。输送设备（Conveyors）和队列（Queues）是两类特殊的位置，它们允许实体在运动过程中完成相关处理活动。此外，位置也可用来表示系统中的决策（Decision）场所。

执行 ProModel 软件"Build"菜单中的"Locations"命令或按下"Ctrl + L"快捷键，进入"位置编辑"模块（见图 7-13）。其中，上方为"位置编辑表"，用来设置位置的图标、名称、属性等，具体含义将在下面介绍；左下侧为"位置图形（Graphics）编辑窗口"；右下侧为仿真模型布局图，其中包括已经创建的位置等模型元素。

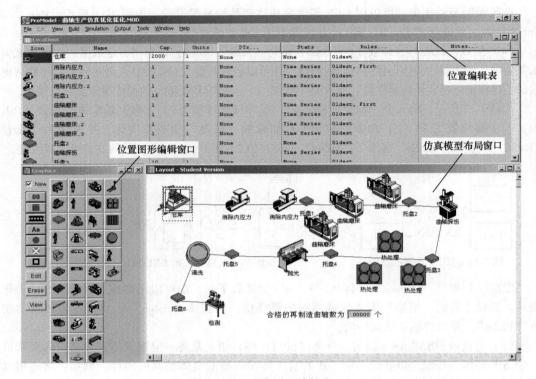

图 7-13 "位置"编辑窗口

"位置编辑表"可以完成位置元素主要特性的定义,包括下列条目:

(1)图标(Icon) 用来表示在系统中的方位和形状等,并在动画中显示位置状态的变化。

(2)名称(Name) 用来区分不同的位置,定义位置时系统会自动给每个位置命名,用户也可以根据位置的具体特性修改位置的名称。对于由多单元组成的位置,每个单元的名称由父位置名称以及随后附加的数字组成。

(3)容量(Capacity) 位置一次可以接受实体的数量。容量的缺省值为1,保留字为无穷大(Infinite)。通过输入数据、表达式等可以定义位置的容量。位置的容量一旦确定,在整个仿真过程中都将保持不变。

(4)单位(Units) 同一个位置包含的单元数,缺省值为1。多单元位置(Multi-Unit Location)由多个功能完全相同的单元组成并作为同一个位置出现在系统模型中,这些单元具有相同的处理和路由功能。多单元位置可以减少多位置的创建和多个位置处理的定义。多单元位置的单位为位置中的单元数。

(5)停机时间(Downtime,DTs) 用来定义位置的停机时间。位置的停机时间有以下设置方式:

1)根据仿真时钟设置停机时间(Clock Downtime):按照仿真时钟设定位置停机的发生频率、首次停机时间、优先级、调度规则、逻辑关系等。

2)根据进入位置的实体数量设置停机时间(Entry Downtime):当一个位置为一定数量的实体提供服务后,需要停机检修、进行维护。例如:打印机打印一定数量的纸后,必须停机、添加墨粉；机床加工一定数量的零件后，也需要进行维护和保养等操作。可以采用数值表达式定义进入实体的数量、首次停机时间、停机逻辑等。

3）根据位置使用时间设置停机时间（Usage Downtime）：当一个位置操作一定时间后，需要停机检修，进行维护操作。例如：机械切削加工中，刀具存在磨损问题，机床加工一定时间后需要停机更换刀具。此外，机械系统中大量存在摩擦、磨损、疲劳等现象，在建模时可以考虑采用按使用时间设置位置的停机时间。参数设置包括频率、首次停机时间、优先级、停机逻辑等。

4）根据进入位置的实体类型设置停机时间（Setup Downtime）：当一个新的实体进入位置时，设置停机时间进行系统设置。例如：机床加工不同的零件时，需要更换夹具、刀具等，因而需要设置停机时间。参数设置包括实体名称、优先级、停机逻辑设置等。

系统建模时，需要区分以下几个概念：多容量位置（Multi-Capacity Locations）、多单元位置（Multi-Unit Locations）以及多个位置（Multiple Locations）。多容量位置是指具有多个容纳实体的空间的位置。例如：一个具有 50 个停车位的停车场就可以当作容量为 50 的位置。多单元位置则是指系统中具有多个相同功能的位置，并作为同一个位置出现在系统模型中。例如：若停车场中的 50 个停车位功能完全相同，也可以将之定义为具有 50 个单元的多单元位置。如果只关心停车场的整体停机特性的话，如利用率等，可以将之定义为多容量位置（Multi-Capacity Locations）；如果对停车场中每一个停车位的统计性能感兴趣，或者希望了解实体在各个单元间的动态运行过程，则可以采用多单元位置（Multi-Unit Locations）。如果希望了解每一个位置的性能指标，可以将每个单元构建成独立的位置，形成多个位置（Multiple Locations）。此外，当实体在每个单元的处理时间不完全不同、每个单元的输入源不完全相同或每个单元的路径不完全相同时，就不能采用多单元位置，必须使用多个位置（Multiple Locations）建模。

（6）统计（Statistics） 用来确定仿真运行时对位置进行数据收集和统计分析的级别，可以分为三个层次：①没有（None）：对该位置不做性能的统计分析。②基本的（Basic）：收集汇总信息，如位置利用率、实体进入位置的平均时间等。③时间连续的（Time Series）：收集基本统计量、标准偏差以及历史利用率等。

（7）规则（Rules） 打开位置规则设置窗口（Location Rules dialog box），用来设置针对位置的规则信息（见图 7-14）。

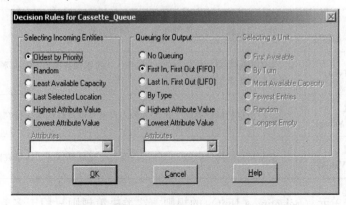

图 7-14 决策规则（Decision Rules）对话框

本书第 2 章中曾指出，规则可以用来描述实体之间的逻辑关系、定义系统的运行策略。显然，采用不同规则对系统性能会有重要影响。ProModel 软件提供基于规则的系统调度方法，并在软件中预定了一些规则，可供系统仿真时选择使用。就 Location 而言，规则包括以下三种类型：

1）选择输入实体（Selecting Incoming Entities）的规则。这类决策规则用来决定如何从若干个等待处理的实体中选择实体。规则的基本含义见表 7-7。

表 7-7　选择输入实体的规则

规　则	含　义
等待时间最长且优先级最高（Oldest by Priority）	从优先级别最高的实体中选择等待时间最长的实体
随机（Random）	以均等的概率从等待的实体中随机地选择实体
可用容量最小（Least Available Capacity）	从具有最小可用容量的位置中选择输入实体
最近选择的位置（Last Selected Location）	从最近被选择过的位置中选择输入实体。如果最近被选择过的位置中没有等待处理的实体的话，则采用"等待时间最常且优先级最高（Oldest by Priority）"规则
属性值最高（Highest Attribute Value）	选择属性值最高的实体或具有最高属性值的位置
属性值最低（Lowest Attribute Value）	选择属性值最低的实体或具有最低属性值的位置

2）实体排队输出（Queuing for output）的规则。这类决策规则用来控制实体在一个位置出口处排队等待及其在路由逻辑中选择次序的方式。规则的基本含义见表 7-8。

表 7-8　实体排队输出的规则

规　则	含　义
没有队列（No Queuing）	已经在当前位置完成操作的实体可以自由地进行自己的路由逻辑，与其他已完成操作的实体无关
先进先出（First In First Out，FIFO）	最先完成操作的实体排在输出队列的最前面
后进先出（Last In First Out，LIFO）	最后完成操作的实体排在输出队列的最前面
根据类型（By Type）	实体根据类型并按先进先出（FIFO）的原则排队输出，每种类型的实体的处理过程与其他类型的实体无关
最高属性值（Highest Attribute Value）	根据指定的属性类型，属性值最高且已完成操作的实体排在队列的最前面
最低属性值（Lowest Attribute Value）	根据指定的属性类型，属性值最低且已完成操作的实体排在队列的最前面

3）选择一个单元（Selecting a Unit）的规则。这类决策规则只用于多单元的位置，它们用来决定如何将一个输入的实体分配到若干个可用的单元中。规则的基本含义见表 7-9。

表 7-9　选择一个单元的规则

规　　则	含　　义
最先可用（First Available）	选择最先可用的单元
轮流（By Turn）	在可用的单元中轮回选择
最大可用容量 （Most Available Capacity）	选择具有最大可用容量的单元（仅用于多容量单元）
最少的实体 （Fewest Entries）	选择一个具有最少实体的单元
随机（Random）	随机地选择一个可用单元，即各个可用单元具有均等的选择机会
空闲时间最长 （Longest Empty）	选择一个已空闲时间最长的单元

值得指出的是，在为一个位置指定选择输入实体规则的同时，实体的活动也与前一个位置的排队输出规则密切相关。

（8）属性（Attributes）　位置属性（Location Attribute）是指与特定位置相关的属性，只有实体和当设定位置的停机时间时才能引导位置属性。属性的设置通过属性模块（Attribute Module）完成，主要包括以下内容：

1）标识符（ID）：用来定义属性的名称；

2）类型（Type）：属性的值域（实数或整数）；

3）分类集（ClassificationSet）：用来区分是实体的属性还是位置的属性；

4）注释（Notes）：对属性的附加说明。

另外，针对位置的操作还包括：创建位置（Creating locations）、为位置添加图形（Adding graphics to a location）、移动位置（Moving locations）、显示位置（Displaying a location）、删除位置（Deleting a location）、清除位置的图形（Removing a location graphic）以及编辑位置的图形（Editing a location graphic）等。

仿真结束后，可以得到各位置的统计数据（Locations Statistics）。每个位置输出信息的字段及其含义见表 7-10。

表 7-10　"位置输出"的统计信息

字　　段	含　　义
名称（Name）	位置的名称
计划时间 （Scheduled Hours）	位置参与系统调度运行的小时数，其中不包括不当班时间和计划停机时间，数值为小数
容量（Capacity）	在位置模块（Locations Module）中为当前位置定义的容量
总输入数 （Total Entries）	进入当前位置的实体的总数量，不包括被结合（Joined）和加载（Loaded）的实体。在一个位置中被从另外实体中分离的（Split）、卸载的（Unloaded）或取消组（Ungrouped）的实体不再额外计入。由几个实体成组构成的实体只记作一次输入。被加载在另外实体上的实体不记作输入，但基实体本身记作一次输入
平均每次输入时间 （Average time Per Entry）	每个实体花费在当前位置上的平均时间
平均容量 （Average Contents）	位置中拥有实体的平均数目

（续）

字　　段	含　　义
最大容量 （Maximum Contents）	整个仿真过程中，占用位置的实体最大数量
当前容量 （Current Contents）	仿真结束时，仍然保留在位置中的实体数量
利用率（% Util）	仿真过程中，位置处于处理实体状态的时间的百分比

3. 到达（Arrivals）

"到达（Arrivals）"用来定义实体进入系统的方式。实体进入系统存在多种方式，如以任意数量或类型到达一个位置，或者按计划时间（周期性时间间隔、以递增或递减的速率重复发生，或者由模型中的事件所触发等）定义到达的发生。其中，由事件触发的到达必须通过ORDER语句或使用ROUTE语句来实现。

执行ProModel软件"Build"菜单中的"Arrivals"命令或按下"Ctrl + A"快捷键，进入"到达编辑"模块。该模块包括用来定义实体到达的"到达编辑表"和一个用来图形化创建到达的"工具（Tools）窗口"。有关到达的主要参数在"到达编辑表"中定义，如图7-15所示。"到达编辑表"的字段组成及其含义见表7-11。

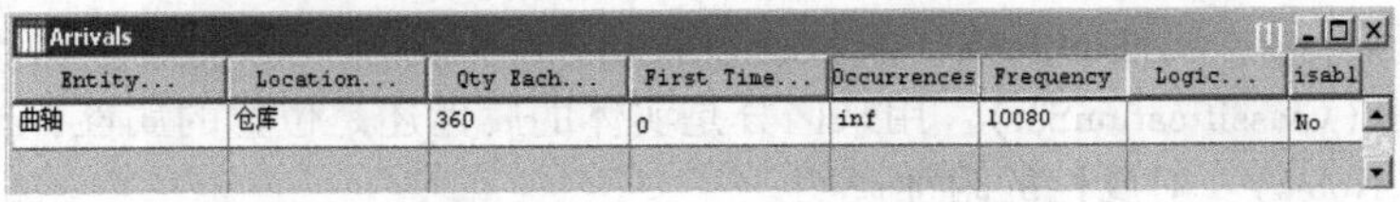

Arrivals							
Entity...	Location...	Qty Each...	First Time...	Occurrences	Frequency	Logic...	isabl
曲轴	仓库	360	0	inf	10080		No

图 7-15　"到达（Arrivals）模块"的界面

表 7-11　"到达编辑表"的字段组成及其含义

字　　段	含　　义
实体（Entity）	到达实体的名称
位置（Location）	实体要到达的位置的名称
每次数量（Qty Each）	每次到达时实体的数量。可以输入数值表达式表达数量，但属性及非通用的系统函数除外。保留字为无限（INFINITE 或 INF）。如果到达的频率随时间变化，则可以先输入数量或因素，后面输入分号，再输入循环的名称。如果按百分比定义到达循环，则输入数量。如果通过数量定义到达循环，则输入因子
首次时间（First time）	实体首次到达的时间。如果按频率定义首次到达时间则此字段为空。可以输入数值表达式，但属性及非通用的系统函数除外
发生次数（Occurrences）	输入到达发生的次数。保留字为无限（INFINITE 或 INF），表示到达的次数不受限制。可以输入数值表达式，但属性及非通用的系统函数除外。到达次数只在仿真开始时用到一次。发生次数为0，表示禁止实体到达
频率（Frequency）	到达之间的时间间隔。可以输入数值表达式，但属性及非通用的系统函数除外
逻辑（Logic）	当有一个或多个到达语句时，选择此字段定义到达逻辑。当前位置上的每个实体都执行该逻辑
禁止（Disable）	如果需要临时禁止一个到达又不希望删除到达的实体，将此字段设置为"YES"

当几种类型实体均在某个位置到达时，实体将按到达编辑表所列的次序到达。为了改变到达次序，在"每次数量（Qty Each）"字段中输入 1，并在"发生次数（Occurrences）"字段中输入总的输入数量。当到达的实体超过到达位置的可用容量时，超出的部分将被丢弃。

另外，也可以通过"文件编辑（File Editor）"生成的外部到达文件定义到达。外部到达文件中的到达将会出现在到达列表中。此时，外部到达文件将是到达的唯一来源，可以不用再填写到达编辑表。

到达循环（Arrival Cycle）是指一定时间内（例如一天）单个实体到达的模式。例如：在开始阶段到达较少，中间具有几次到达的峰值，最后到达又逐渐下降。虽然在一个给定周期内到达的总实体数量可能会发生变化，但每一个循环的波动模式将保持不变。

到达循环也可以表征为数量或百分比。例如：在8点至9点之间到达 20 次，或有 14% 的到达发生在8点至9点之间等。当输入百分比时，需要乘以一个系数，以考虑到达的基数。系数在到达编辑表中指定。例如：每天 200 次到达的 14% 发生在8点至9点之间。

为了更柔性地定义到达，ProModel 还提供首次到达时间窗口（见图 7-16）。作为到达编辑表"首次时间（First time）"选项的一部分，它允许以时间、工作日及时间或日历及时间等方式定义首次到达时间。另外，还可以为到达时间指定分布类型，以体现到达时间的可变性。

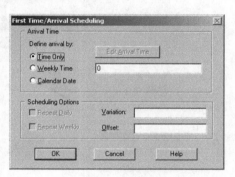

图 7-16　首次到达（First time/Arrival）
时间设置窗口

"到达循环编辑表（Arrival Cycles Edit Table）"用来创建和编辑到达循环。当创建一个到达循环时，需要定义的参数见表 7-12。

表 7-12　"到达循环"的字段组成及其含义

字　　段	含　　义
标识符（ID）	用来识别循环表的名称
数量/百分比［Qty（%）］	按照到达的数量或到达的百分比设置数量或百分比
累积（Cumulative）	根据循环是累积或非累积，将该字段设置为 YES 或 NO
表（Table）	设置该字段，打开编辑表，用来定义分布的百分比和关联的数值

4. 处理（Processing）

"处理（Processing）"用来定义每种实体类型在每个位置发生的操作及其时间等。它定义了仿真模型的运行逻辑，是 ProModel 仿真模型中最关键、最重要的组成部分。

执行 ProModel 软件"Build"菜单中的"Processing"命令或按下"Ctrl + P"快捷键，进入"处理编辑"模块，如图 7-17 所示。其中，右上侧为"处理（Process）编辑表"，用来定义每种实体在每个位置处的操作；左上侧为"路由（Routing）编辑表"，用来定义操作发生后的实体路由；左下侧为"处理工具窗口（Processing Tools Window）"，用来图形化地定义处理的次序；右下侧为仿真模型布局窗口。

在定义了模型中的实体和位置后，就可以通过操作编辑表详细地填写每个实体在每个位置的操作。"操作编辑表"的字段组成及其含义见表 7-13。

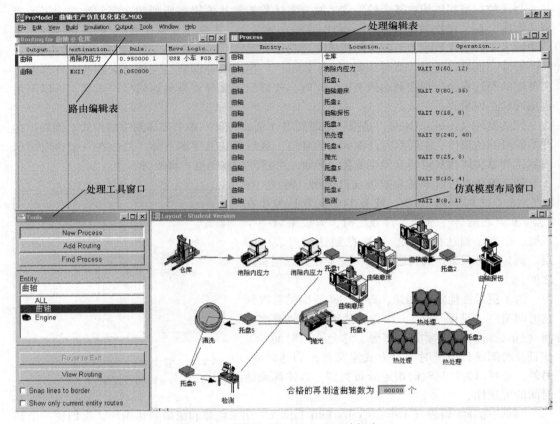

图 7-17 "处理（Processing）"编辑窗口

表 7-13　"操作编辑表"的字段组成及其含义

字　段	含　义
实体（Entity）	当前操作中实体的名称。如果所有的实体都完成相同的操作，并且（或）具有相同的路由或操作，可以输入保留词 ALL
位置（Location）	发生操作的位置的名称。如果几个位置具有相同的操作和输出，可以输入保留词 ALL
操作（Operation）	操作逻辑为可选项，但通常至少包含一个 WAIT 语句以指明操作所需的时间。操作逻辑可以为单一的操作语句（如 WAIT 语句），也可以输入多条语句。实体在一个位置的操作与其他实体在该位置的操作之间相互独立
注释（Note）	操作编辑表中操作的出现次序可以任意次序排列。但是，为便于组织，最好按实体类型或位置类型将操作按组排列。在操作中可以省略路由

其中，"操作（Operations）"字段需要输入逻辑语句，以定义每个"实体"在不同"位置"处发生的操作，表示系统状态的变化等。操作逻辑中至少包含一个 WAIT 语句，以指明操作所需的时间。

"操作（Operations）"字段的定义是仿真建模中的重要工作，它建立在对系统运行规律和统计特性分析的基础之上。单击"Operations"字段，弹出"Operation"窗口（见图 7-18）。

该窗口用来定义实体在某个位置的操作及其逻辑。可以在窗口中手工输入操作的逻辑语句，也可以单击窗口中的 按钮，进入 "逻辑生成器（Logic Builder）" 窗口。利用逻辑生成器可以方便快捷地输入操作逻辑语句，有关逻辑生成器的功能将在本节的最后部分介绍。

图 7-18 "操作（Operations）" 窗口

创建操作逻辑的便捷方法是先采用图形化方式定义路由顺序。它的流程是：①在处理工具（Tool）窗口的实体列表中选择一个实体。被选择的实体将出现在操作编辑表的列表的顶部。②选择编辑模式：New Process 或 Add Routing。③选择实体将要进行操作的第一个位置，将出现一个橡皮带式（Rubber-Banding）路由线。④若要使用其他的输出实体，则从工具（Tool）窗口中选择相应实体。⑤单击目标位置。

处理工具窗口提供了图形化功能，可以用来创建和编辑处理记录和路由记录。当实体在位置之间移动且没有预先定义的路径（Path Network）时，它也可以用来图形化地定义实体的移动路线。处理工具窗口的功能包括：图形化创建处理（Creating Processes Graphically）、添加处理（Adding Processes）、查找处理（Finding a Process）、添加路由（Adding Routing）、查找路由（Finding Routing）、路由至退出（Routing to Exit）、删除处理（Deleting a Process）或删除路由记录（Deleting a Routing Record）等。此外，处理工具窗口还具有显示当前实体（Show Current Entity）、观察路由（View Routing）、路由选项（Path Options）等功能。

路由编辑表用来确定操作编辑表中定义的每个操作记录的输出。路由编辑表中出现的所有路由均对应于操作编辑表中当前加亮的记录。

值得指出的是，并非所有的操作记录都需要定义路由。如果实体的名称发生改变，如在使用了 RENAME AS 语句之后，或者操作的实体被定义为 ALL 而路由需要根据单个的实体进行定义时，随后的操作记录需要定义路由，以便为同一个位置中的实体指定路由。当操作没有定义路由时，操作编辑表会向前搜索，然后再从表的起始位置，寻找当前位置当前实体的另一个操作。也就是说，一个操作的定义可以分为几条记录。对一个实体和位置而言，至少需要一条操作记录，否则就会发生错误。

"路由编辑表" 的字段组成及其含义见表 7-14。

表 7-14 "路由编辑表" 的字段组成及其含义

字　段	含　义
路由编号（Blk）	当前路由块的路由编号。路由块由一个或多个可选择的路线组成，可以根据块规则（Block Rule）进行选择。例如：按照最大可用容量选择等。同一个路由块中的路由使用相同的规则。如果在操作逻辑的 ROUTE 语句中没有选择路由块，则所有的路由块将会在竞争的操作逻辑下按顺序依次执行
输出（Output）	作为操作结果的实体的名称。该名称可能与输入的实体相同，也可能是另外一个实体，或者为多个实体（显示在不同行）。可以使用 RENAME – AS 等语句将实体更名。采用分布在不同行上的多个实体与 SPLIT AS 语句有些相似。区别在于多路由块将按顺序执行而被分离的实体则同时完成操作

（续）

字　段	含　义
目的地（Destination）	根据规则字段的规定，实体完成操作后要去的下一个位置。可以在位置名称的后面添加逗号和路由优先级（0～999）。缺省优先级为0。在这里可以输入 LOC（），允许将位置定义为变量
规则（Rule）	选择该字段，打开路由规则（Routing Rule）对话框，用来选择规则，以确定作为目的地的下一个位置以及输出的数量。打开路由规则对话框的另一种方法是，直接将规则和数量输入到该字段中。其中，只需输入规则的第一个字母，加空格后输入数量
移动逻辑（Move Logic）	选择该字段，定义移动方法以及移动过程中要执行的其他逻辑。若该字段为空，则表示移动过程不需要时间或资源

　　操作语句（Operation Statements）用来定义实体在各位置上完成的操作和要执行的活动。它是仿真建模的重点和难点之一。有关操作语句的格式及功能将在后续内容中介绍。

　　5. 资源（Resources）

　　"资源（Resources）"是指用来运送实体、完成操作或对位置及其他资源进行维护的模型对象。资源可以是人（如操作工人、检验员、维护人员等）、设备（如叉车、堆垛机、卡车、AGV、维护工具等）等。

　　根据资源在系统中是否移动，可以将资源分为静态资源（Static Resources）和动态资源（Dynamic Resources）两种类型。两者的主要区别如下：

　　（1）静态资源　静态资源没有路径，一般不能移动。它们适合于仅在一个位置、完成一种操作的资源的建模，如某一工位的检验员等。虽然静态资源也可以在一个以上的位置上使用或在不同位置之间移动实体，但是在整个仿真过程中它们只出现在同一个地方。当资源移动时间对系统性能影响很小时，采用静态资源可以简化模型。

　　静态资源没有状态指示灯。但是，可以给静态资源指定两个或三个图形，分别用来表示资源处于"忙"或"空闲"等状态。多个图形的指定在资源图形窗口（Resource Graphics Window）中完成。

　　（2）动态资源　动态资源是指在指定路径上移动的资源。它们可以在不同位置之间运送实体，或在多个位置上处理实体。例如：叉车可以将托盘从上料点运送到仓库中，板材加工柔性制造系统（FMS）中的堆垛机可以在原材料出入库站点、立体仓库、加工单元上料点和下料点等位置运送托盘，检验员在多个位置上完成检验等。因此，叉车、堆垛机、检验员等都可以定义为动态资源。

　　资源的定义在资源模块中完成。执行 ProModel 软件"Build"菜单中的"Resources"命令或按下"Ctrl + R"快捷键，进入"资源编辑"模块，如图 7-19 所示。

　　资源编辑模块包括资源（Resources）编辑表和资源图形（Resources Graphics）编辑窗口两个部分。图 7-19 中，上侧为"资源编辑表"，用来定义系统中的资源及其属性；左下侧为"资源图形（Resource Graphics）编辑窗口"，用来选择和编辑表示资源的图形。其中，"资源编辑表"的字段组成及其含义见表 7-15。

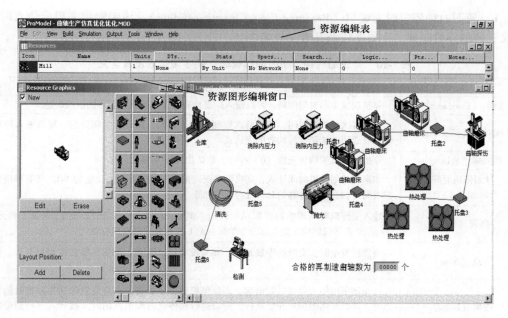

图 7-19 "资源编辑"窗口

表 7-15 "资源编辑表"的字段组成及其含义

字 段	含 义
标识符（Icon）	选择用来表示当前资源的图标
名称（Name）	用来识别资源的名字
单位（Units）	资源的单元数量。可以输入数值表达式，但属性、数组、名称索引数值以及系统函数除外
停机时间 （Downtime，DTs...）	选择该字段，打开"资源时钟停机时间编辑（Resource Clock Downtime Editor）"或"资源使用率停机时间编辑（Resource Usage Downtime Editor）"窗口
统计（Stats...）	按以下级别收集和统计资源信息：①无（No）：没有统计信息；②摘要：资源所有单元的平均利用率和活动时间；③以单元为单位（By Unit）：为每个资源单元收集数据和进行统计分析
规范（Specs）	打开资源规范（Resource Specifications）对话框，定义资源移动的选项
搜寻（Search...）	打开作业搜寻编辑（Work Search Editor）或停放搜寻编辑（Park Search Editor），用来定义作业、停放地搜寻选项
逻辑（Logic...）	用来定义资源语句选项，以确定资源进入或离开特定的路径点时的操作
地点（Pts...）	打开资源点编辑（Resource Point editor），以定义当资源到达一个节点时在屏幕上的位置
注释（Notes...）	打开输入说明语句的窗口

下面就表 7-15 中部分字段的含义做进一步解释和说明。

（1）停机时间（Downtime，DTs...） 有两种定义资源停机时间的方法：时钟停机时间（Resource Clock Downtime）"和"使用率停机时间（Resource Usage Downtime）"。两种停机时间编辑包含的字段分别如下：

1）资源时钟停机时间编辑（Resource Clock Downtime Editor）。该编辑用来根据仿真时钟定义资源的停机时间。主要字段及其含义见表7-16。

表7-16 "资源时钟停机时间编辑表"的字段组成及其含义

字 段	含 义
频率（Frequency）	停机期发生的时间间隔。可以输入除属性和非通用系统函数外的数值表达式
首次时间（First Time）	发生首次停机的时间。如果首次时间与频率相同，则首次时间为空。可以输入除属性和非通用系统函数外的数值表达式
优先级（Priority）	停机时间发生的优先级（0~999）。默认优先级为99
计划停机时间（Scheduled...）	如果将计划停机时间计入，则将该字段设置为YES。否则，设置为NO。所有调度停机时间将会在统计计算的总调度时间中扣除
列表（List）	输入受停机时间影响的资源单元列表。例如：1、3、8表示仅影响1、3及8单元；2~5、7表示仅影响2到5以及8单元；ALL或空表示影响所有单元
节点（Node）	当停机发生时，资源的停放地点。如果没有输入节点，则资源停靠在当前节点。该字段只用于动态资源
逻辑（Logic）	选择该字段输入停机时间语句，以便停机时加以处理。只有当资源到达停机时间节点时，停机时间逻辑才开始执行。资源运行到停机时间节点的时间被计入运行到停靠点的时间
禁止（Disable）	根据是否想要临时禁止停机时间而不删除它，将该字段设置为YES或NO

2）资源使用率停机时间编辑（Resource Usage Downtime Editor）。该编辑用来根据实际的使用时间定义资源的停机时间。实际使用时间包括资源单元连同实体移动的时间、实体在一个位置处使用资源的时间以及资源停机逻辑中的维修时间等。主要字段及其含义见表7-17。

表7-17 "资源使用率停机时间编辑"的字段组成及其含义

字 段	含 义
频率（Frequency）	停机发生之间的使用时间。可以输入除属性和非通用系统函数外的数值表达式
首次时间（First Time）	发生首次停机的时间。如果首次时间与频率相同，则首次时间为空。可以输入除属性和非通用系统函数外的数值表达式
优先级（Priority）	停机时间发生的优先级（0~999）。默认优先级为99
列表（List）	输入受停机时间影响的资源单元列表。例如：1、3、8表示仅影响1、3及8单元；2~5、7表示仅影响2到5以及8单元；ALL或空表示影响所有单元
节点（Node）	当停机时间发生时，资源的停放地点。如果没有输入节点，则资源停靠在当前节点。该字段只用于动态资源
逻辑（Logic）	在该字段输入停机语句，以便停机时加以处理。通常该字段至少包括一个WAIT语句，以反映停机时间长度
禁止（Disable）	根据是否想要临时禁止停机时间而不删除它，将该字段设置为YES或NO

（2）资源规范（Resource Specifications） "资源规范（Resource Specifications）对话框"的界面如图7-20所示。

"资源规范对话框"包括用来定义系统中资源操作特性的信息。其中的很多条目只能用于动态资源。对于静态资源，不少选项将被禁用。资源规范对话框包括以下字段：

1）路径（Path Network）。对于动态资源，输入资源移动时的路径名称。如果是简单的静态资源，则选择（None）。只要选择了"None"，其余的选项都将不可用。

2）出发点（Home）。出发点的名字是指在仿真开始时资源所在的位置。

3）空闲时回到出发点（Return Home If Idle）。选择该选项，当资源空闲并且没有其他等待完成的任务时，资源将回到出发点。否则，资源将停靠在完成任务的位置处。

4）下班（Off Shift）。如果给资源定义了路径和班次，该节点将是资源下班后运行到并停靠的节点。

5）休息（Break）。如果给资源定义了路径和班次，该节点将是资源休息时运行到并停靠的节点。

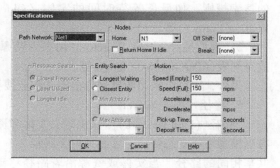

图 7-20　"资源规范"对话框

6）资源搜索（Resource Search）。实体用来从几个可用的资源或资源单元中选择资源的规则，包括使用最近的资源（Closest Resource）、使用利用率最低的资源（Least Utilized Resource）、空闲最长的资源（Longest Idle Resource）等。值得指出的是，对于非穿越型路径，只能采用"使用最近的资源（Closest Resource）"规则，采取其他规则会不可避免地造成网络路径的堵塞。

7）实体搜索（Entity Search）。当资源可用且必须从两个或更多的实体中选择实体时，采用该规则。资源将首先检查在位置处工作搜寻列表中等待的所有实体。如果工作搜寻列表中的定义是唯一的或默认的实体，该规则将无效。实体搜寻规则包括等待时间最长的实体（Longest Waiting Entity）、最近的实体（Closest Entity）、具有最小实体或位置属性值的实体（Entity with minimum value for a specified entity or location attribute）以及具有最大实体或位置属性值的实体（Entity with maximum value for a specified entity or location attribute）等。

8）移动（Motion）。定义资源移动所需的速度和时间等，包括空载时的移动速度（Speed Traveling Empty）、满载时的移动速度（Speed Traveling Full）、加速度（Acceleration Rate）、减速度（Deceleration Rate）、取货时间（Pickup Time）以及存货时间（Deposit Time）等。上述参数值可以是数值表达式。

（3）搜寻（Search...）　该字段包括"作业搜寻编辑（Work Search Editor）"和"停放搜寻编辑（Park Search Editor）"，主要用来定义作业、停放地等搜寻选项。

1）作业搜寻（Work Search）。当资源可用后，作业搜寻可用来为资源从特定节点从一系列位置中搜索作业的顺序。它提供了两个选项：互斥（Exclusive）和非专用（Non-exclusive）。其中，互斥（Exclusive）的作业搜寻采用限制节点的方式从特定节点为资源搜寻作业。搜寻的位置仅限于列表中的位置。如果在所列的位置中没有发现作业，资源将停靠在停靠搜寻中所列的停靠节点处或在当前节点处变为空闲状态，直到互斥作业搜寻列表中的位置有作业为止。非专用（Non-exclusive）作业搜寻可以从特定的节点将资源要搜寻的位置分成不同等级，借助于规范（Specifications）对话框资源搜索（Resource Search）中默认的搜索规则，如最长等待时间的实体（Oldest Waiting Entity）、最近的等待实体（Closest Waiting Entity）等。

2）停放搜寻（Park Search）。用来为资源搜寻停放点。输入选项包括节点（Node）、停放点列表（Parking Node List）等。

另外，也可以采用图形化方法定义作业搜寻和停放搜寻选项。

6. 路径（Path Network）

"路径（Path Network）"用来定义实体和资源在位置之间的行进路线。路径为可选项，只有当模型中有动态资源时才必须定义路径。一个模型可以有多条路径。多个实体和资源可以共享相同的路径。当实体或资源沿着路径移动时，可以以时间（Time）或者速度（Speed）与距离（Distance）来定义路径。

作为选项，路径中可以是由节点连接起来的路径段（Path Segments）组成。路径段也可以有分枝，也可以在某个节点处合并。当在节点之间存在多个分枝路径时，除非明确指定节点之间的路径外，系统默认的行程路径是两点之间的最短路径。

路径段可以是单向的（Unidirectional）或双向的（Bi-directional）、排队的（Queuing）或非排队的（Non-queuing）。

连接路径段的节点需要与所有的路径段连接，也可以不与路径段连接。如果在节点之间没有定义任何路径段，在节点之间的移动将基于"路由移动对话框（Routing Move dialog box）"中输入的时间计算。

除连接路径段之外，路径节点还可以用来定义资源与处理位置之间的接口。通过选项设置，仿真时路径可以设置为可见或不可见。

执行 ProModel 软件 "Build" 菜单中的 "Path Networks" 命令或按下 "Ctrl + N" 快捷键，进入"路径编辑"模块，如图 7-21 所示。其中，上侧为"路径编辑表"，左下侧为"路径编辑窗口"，右下侧布局图中位置之间的连线即为路径。

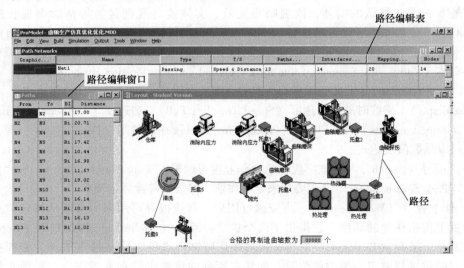

图 7-21 "路径（Path Networks）"编辑窗口

路径编辑表用来定义路径的名称、类型、节点数、段数等信息。它的字段组成及其含义见表 7-18。

表 7-18 "路径编辑表"的字段组成及其含义

字 段	含 义
图形（Graphic）	打开对话框，为当前的路径网络（Path Network）指定颜色，并设置"空间（Visible）"选择框，确定当前路径在模型运行时是否可见。对于起重机（吊车），则显示"起重机图形编辑对话框（Crane Graphic Edit dialog）"
名称（Name）	用来识别路径的名字
类型（Type）	如果实体和资源需要排队逐一通过路径的节点，则设置为非穿越型（Non-Passing）。对非穿越型路径，实体之间不能相互超越，即使后面的实体速度比前方的实体速度快。对于穿越型（Passing）路径，实体可以彼此超越
时间/速度（T/S）	以时间（Time）或速度与距离（Speed and Distance）为基础，计算资源沿路径的移动。对于起重机，该选项不可选
路径段编辑（Paths）	打开路径段编辑（Path Segment Editor），以编辑实际的路径网络布局。对于起重机，该选项不可选
接口（Interfaces）	打开节点接口编辑（Node Interface Editor），用来创建节点与位置之间的接口。如果路径只有一个节点，则所有位置与路径的接口都位于该点，因而也不需要创建接口
映射（Mapping）	打开映射编辑（Mapping Editor），将特定的目的地映射到特定的路由上
节点（Nodes）	当创建路径段时会自动生成节点。另外，选择该字段，打开节点编辑（Node Editor），也可以创建路径节点

　　路径编辑窗口用来定义构成特定路径的路径段。在模型布局窗口中，采用鼠标可以图形化地定义路径段。当绘制路径时，运行时间或每段的距离会自动地计算并显示出来。路径编辑窗口包含的字段及其含义见表 7-19（参见图 7-21）。

表 7-19 "路径编辑窗口"的字段组成及其含义

字 段	含 义
从（From）	路径段的起点
到（To）	路径段的终点
方向（BI）	选择该字段，根据资源是单向移动或双向移动，将路径设置为单向（Uni-directional，Uni）或双向（Bi-directional，BI）
时间（Time）	如果以时间作为沿路径移动的测度单位，输入资源或实体沿路径花费的时间
Distance	如果以速度和距离作为沿路径移动的测度单位，则输入路径的长度（0 至 9999ft 或 m）

　　7. 班次（Shifts）

　　"班次（Shifts）"是指位置或资源处于当班（工作）状态的时间块。在一个班次中也可以定义一个或多个休息（Break）。一般地，班次及休息的定义是以一个星期为单位。当仿真模型中使用班次时，必须指定仿真的开始时间和结束时间以确定仿真运行的长度。这一设置可以在仿真选项（Simulation Options）对话框中完成。

　　班次的结束不具有占先性（Non-preemptive），因此当前的活动可以在班次结束之前完成。班次的开始则始终按计划时间进行，不管先前的班次何时结束。

　　通过"班次编辑（Shift Editor）"可以创建班次和休息，并可以存为班次文件。仿真模型通过"文件编辑（File Editor）"使用班次文件。使用"班次分配编辑（Shift Assignment Editor）"可以为资源及位置分配班次文件。当一个资源或位置没有被分配班次时，则除它自身的停机时间（Downtimes）外，该资源或位置始终可用。

执行 ProModel 软件"Build"菜单中的"Shifts"命令，进入"班次"模块。其中包括"班次定义（Define Shift）"和"班次分配（Assign Shift）"两个选项。值得指出的是，必须首先对一个位置或资源定义班次，之后才能将之分配给相应的位置或资源。

图 7-22 所示为"班次编辑（Shift Editor）"的界面，用来定义班次。它的主要功能包括"定义班次（Define Shift）"和"定义休息（Define Break）"。可以在"开始时间（Begin Time）"和"结束时间（End Time）"框中输入准确的时间来定义班次和休息，也可以采用鼠标拖动方式来定义班次和休息。值得指出的是，休息块必须位于班次的内部。编辑完成后，可以存为班次文件（＊.sft）。

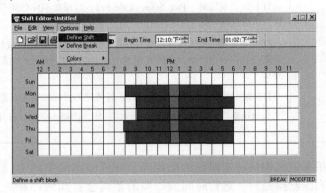

图 7-22   "班次编辑（Shift Editor）"的界面

图 7-23 所示为"班次分配（Shift Assignments）"的界面。其中，将资源和库所的班次分配合并到同一个模块中可以选择多个位置和资源，在一条记录中为之分配班次。也可以为一个位置或资源分配多个班次文件（Shift Files），其中包括每个班次的起始时间、班次及休息的逻辑等。

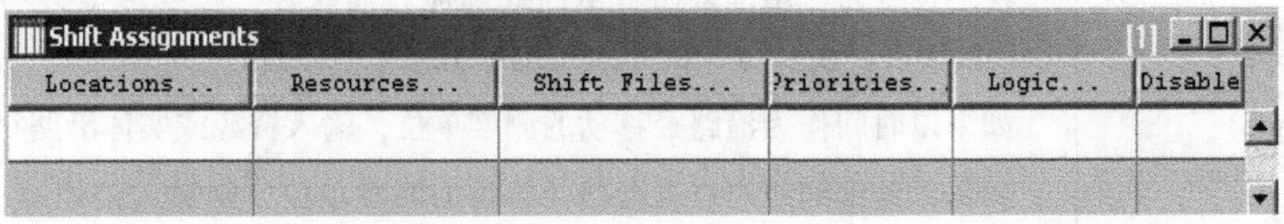

Shift Assignments					
Locations...	Resources...	Shift Files...	Priorities..	Logic...	Disable

图 7-23   "班次分配（Shift Assignments）"的界面

"班次分配"模块允许根据在"班次编辑"中定义的班次和休息确定资源和位置的可用度，并在输出统计记录位置或资源的离线（Off-line）或不当班（Off-duty）时间。

"班次优先级（Shift Priorities）"用来定义班次中的优先级水平。其中包括"结束班次的优先级（Priority for Ending Shift）""不当班的优先级（Off Shift Priority）""开始休息的优先级（Priority for Starting Break）"以及"休息的优先级（Break Priority）"等。

此外，还可以定义通过"班次及休息逻辑（Shift & Break Logic）"来确定仿真运行班次和休息的特定次序。

8. 路由（Routings）

"路由（Routings）"用来指定由位置上的操作而引发的实体类型和数量的变化。它也可以用来指定资源或实体选择下一个位置的规则、定义将实体移动到下一个位置的方法。

为增加建模的柔性，路由可以以成组（In Groups）方式定义或形成路由块（Routing Blocks）。路由块（Routing Block）是指被同一路由规则控制的一条或多条路径。根据需要，一个处理可以有多条路由块。一个处理（Processing）可以定义一个或多个路由块，路由块的执行过程可以指定。

若一个路由的输出数量大于 1，或者一个操作具有多个路由块的话，系统会自动创建另外的实体以满足路由要求。被创建的实体与原先的实体具有相同的属性值。

路由的定义通过"路由编辑表（Routing Edit Table）"完成，它是处理模块（Processing Module）的一部分（见图 7-24）。路由编辑表的字段组成及其含义见表 7-14。

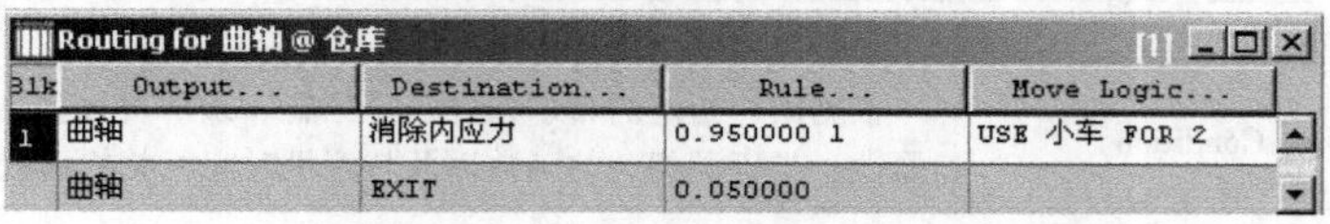

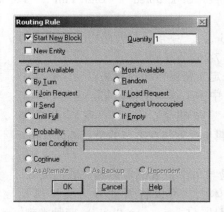

图 7-24　"路由编辑表"的界面

单击"Rule..."字段，打开路由规则（Routing Rule）对话框（见图 7-25）。通过该对话框可以选择路由规则，定义当前路由块结束后输出的实体数（路由数量）。另外，该对话框还可用来设定当前路由记录是一个新路由块的开始还是当前路由块的一部分。路由数量（Routing Quantity）的值从 1～9999，可以为除了资源以及停机时间函数等保留词之外的数值表达式。

图 7-25　"路由规则（Routing Rule）"的界面

图 7-25 中的路由规则选项的含义见表 7-20。

表 7-20　路由规则名称及其含义

规 则 名 称	含　　义
最先可用（First Available）	选择最早具有可用容量的位置
最大可用容量（Most Available）	选择具有最大可用容量的位置

（续）

规 则 名 称	含　义
轮流（by Turn）	在两个或多个可用位置中轮流选择
随机（Random）	在两个或多个可用位置中随机选择
满足 JOIN 要求（If Join Request）	按满足 Join 语句的要求选择位置
满足 LOAD 要求（If Load Request）	按满足 Load 语句的要求选择位置
满足 JOIN 要求（If Join Request）	按满足 Join 语句的要求选择位置
满足 LOAD 要求（If Load Request）	按满足 Load 语句的要求选择位置
满足 SEND 要求（If Send Request）	按满足 Send 语句的要求选择位置
空闲时间最长（Longest Unoccupied）	选择空闲时间最长的位置
直到充满（Until Full）	连续选择同一个位置直到充满
如果空（If Empty）	选择一个空的位置且连续选择直到被充满为止
概率（Probabilistic）	根据概率定义选择位置
用户条件（User Condition）	根据用户指定的布尔条件选择位置。条件可以为数值表达式，但位置属性、与资源相关的函数以及与停机时间相关的函数除外
继续（Continue）	连续选择同一个位置，以便完成附加的操作。该选项只用于有一条路由的路由块
作为备用（As Alternate to）	作为备份，只有当以上规则均不可用时才采用
关联的（Dependent）	只有当紧靠的前一个路由被处理后才选择

如果一个路由块中定义了一条路由，则可选择"First Available""Join""Load""Send""If Empty"或"Continue"规则。当一个路由块具有多条路由时，可以选择"Most Available""By Turn""Random""Longest Unoccupied""Until Full""Probabilistic"以及"User Condition"等规则。

选择其中的"Move Logic..."字段，打开路由"移动逻辑（Move Logic）"窗口（见图7-26）。

移动逻辑窗口可以用来定义资源移动的方法以及由移动引起的任何逻辑。可以在窗口中手工编辑逻辑语句，也可以单击窗口中的"建立（Build）"按钮 ，进入"逻辑生成器（Logic Builder）"窗口。逻辑生成器将在本节的最后部分介绍。

9. 属性（Attributes）

"属性（Attributes）"是与单个位置或实体相关联的变量，它可以是整数或实数。总体上，可以将属性分为实体属性（Entity Attributes）和位置属性（Location Attributes）两种类型。

只有当一个实体位于系统之中时，它才具有属性。实体属性可以在与实体相关的操作中引用，如实体到达逻辑（Entity Arrival Logic）、操作逻辑（Operation Logic）、位置退出逻辑（Location Exit Logic）、路由数量选派（Routing Quantity Designations）、路由优先级选派（Routing Priority Designations）等。

同样，位置属性与特定的位置有关。位置属性只能被当前位置所提及的实体或停机时间引用。

实体属性和位置属性的创建在属性编辑器（Attribute Editor）中完成。执行 ProModel 软件

图7-26　"移动逻辑
（Move Logic）"窗口

"Build"菜单中的"Attributes"命令或按下"Ctrl + T"快捷键，进入"属性"编辑模块（见图 7-27）。

属性编辑表用来定义模型中实体或位置的属性，它的字段组成及其含义见表 7-21。

图 7-27　"属性编辑（Attribute Editor）"的界面

表 7-21　"属性编辑表"的字段组成及其含义

规 则 名 称	含　义
标识符（ID）	用来区分属性的名称
类型（Type）	属性的数值类型，实数（Real）或整数（Integer）
分类（Classification Set）	区分属性与实体或位置相关
注释（Notes）	有关属性的说明

10. 变量（Variables）

"变量（Variables）"是实数或整数类型的占位符，在仿真过程中它们的数值可以改变。变量通常用于决策或收集系统的状态数据，它们可以是全局的（Global）或局部的（Local）。

全局变量（Global Variables）是指在模型的任何位置及任何时间都可以访问的变量。全局变量的数值可以在仿真过程中动态地显示，甚至可以交互式地改变数值。

局部变量（Local Variables）是临时变量，它们只用于特定的操作或子程序等之中。可以为每个实体、停机时间等创建局部变量，以完成特定的逻辑。局部变量只需在要使用的逻辑块中加以说明，而无须在变量编辑表中定义。

使用 INT 或 REAL 语句创建新的局部变量。例如：

```
INT counter
REAL x = 2.5, y = 5.0
```

局部变量可以作为参数传递给子程序，另外宏（Macro）也可以访问局部变量。子程序参数与局部变量具有相同的行为。

全局变量需要在变量编辑器中完成。执行 ProModel 软件"Build"菜单中的"Variables"命令或按下"Ctrl + B"快捷键，进入"变量"编辑模块（见图 7-28）。

变量编辑表用来定义全局变量，它的字段组成及其含义见表 7-22。

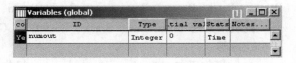

图 7-28　"变量"编辑的界面

表 7-22　"变量编辑表"的字段组成及其含义

规 则 名 称	含　义
图标（Icon）	确定是否在仿真模型的布局窗口中设置一个计数器以显示变量。只要在布局窗中显示计数器，它的位置可以拖动，也可以编辑
标识符（ID）	用来区分属性的名称
类型（Type）	设置变量的数值类型（实数或整数）
初始值（Initial value）	变量初始值的数值或表达式。缺省初值为 0。此字段中的表达式不包括属性或系统函数
统计（Stats）	确定统计类型，以便仿真运行时收集信息
注释（Notes）	有关说明

11. 表达式（Expressions）

表达式为一个数值或多个数值构成的集合。在 ProModel 中，表达式又可分为数值表达式（Numeric Expressions）、布尔表达式（Boolean Expressions）和时间表达式（Time Expressions）等类型。

数值表达式是以整数（Integers）、实数（Real Numbers）、变量（Variables）、阵列（Arrays）、属性（Attributes）、数学函数（Math functions）、分布函数（Distribution functions）、子程序函数（Subroutine functions）、系统函数（System functions）、宏（Macros）等运算对象（Operand），通过加（+）、减（-）、乘（*）、除（/）、取模（MOD）和求幂（**）等运算符（Operator）构成的表达式。

布尔表达式是通过对两个数值表达式的比较，得到真（True）或假（False）的结果。比较运算符包括等于（=）、大于（>）、小于（<）、大于等于（>=）、小于等于（<=）、不等于（<>）等。复杂的布尔表达式也使用与（AND）和或（OR）等运算符。

时间表达式通过选择时间单位和给定数值来定义持续时间。时间的单位包括星期（WK）、天（DAY）、小时（HR）、分钟（MIN）、秒钟（SEC）等。如果未指定时间单位，则以"Build"菜单中"通用信息（General Information）"里的时间单位作为默认时间单位。

12. 语句（statements）

语句用来定义一些行为或逻辑操作。通常，语句与事件相关，如实体进入一个位置、停机时间的发生等。

语句的格式比较自由，每个词之前可以有空格或空行。语句对大小写不敏感，首字母无须大写，语句中的字母既可以大写，也可以小写。语句的结束也无须用句号。ProModel 中的逻辑语句包括以下几种类型：

（1）通用语句（General Statements）　通用语句可以在任何逻辑中使用，包括行为语句（Action Statements）和控制语句（Control Statements）两类。其中，行为语句指令有 Activate、Animate、Assignment、Close、Comment、Dec、Display、Inc、Log、MapArr、Order、Pause、Prompt、Read、Report、Reset Stats、Send、Sound、Stop、Trace、View、Warmup、Write/Writeline 等；控制语句有 Begin/End、Break、BreakBlk、Goto、If-then、If-then-else、Return、Do-While、While-Do 等。

（2）操作语句（Operation Statements）　操作语句是指当实体进入位置时由实体或资源执行的语句。除通用语句外，操作语句可以分为两类：与实体相关的操作语句和与资源相关的操作语句。其中，与实体相关的操作语句有 Accum、Combine、Create、Graphic、Group、Join、Load、Match、Move、Rename as、Route、Split As、Ungroup、Unload、Wait、Wait Until 等；与资源相关的语句有 Free、Get、Graphic、Jointly get、Use 等。部分语句的含义如前所述。

（3）位置退出语句（Location Exit Statements）　位置退出逻辑语句也称退出逻辑。它由实体在离开一个位置时执行，也可以包括通用语句和 Graphic 语句，其中 Graphic 语句用来改变离去实体的外观。

（4）到达语句（Arrival Statements）　到达语句也称到达逻辑，当一个实体进入系统时执行。到达语句也可以包括通用语句和 Graphic 语句，并可以引用实体和位置的属性。

（5）停机时间语句（Downtime Statements）　当发生停机时可以执行停机时间语句。停机时间语句也可以包括任何除引用属性值之外的通用语句。另外，也可以使用 Free、Get、

Graphic、Jointly get、Use、Wait 等操作语句，还可以使用 DTDelay 函数。

（6）资源语句（Resource Statements）　当一个资源进入路径节点或从路径节点退出时，要执行资源语句。资源语句在"节点逻辑（Node Logic）"编辑器中定义。资源语句也可包括通用语句和 Graphic 语句。另外，与资源相关的系统函数也可以在资源语句中使用。

（7）初始化/终止语句（Initialization/Termination Statements）　初始化和终止语句分别用于仿真开始和结束的时候，以完成初始化逻辑和终止逻辑。其中可以包括任何通用语句，但不允许引用属性和系统函数。

常用的初始化逻辑包括读入外部文件（Reading external files）、阵列初始化（Initializing arrays）、显示信息（Displaying messages）、提示值（Prompting for values）、复位通用读/写文件（Resetting general read/write files）、激活基于计时器的独立子程序（Activating independent subroutines that process logic based on a timer）等。常用的终止语句有：将数据汇总到通用写文件中（Summarizing data to general write files）、显示信息（Displaying messages）、复位读/写文件（Resetting read/write files）等。

（8）班次和中断逻辑语句（Shift and Break Logic Statements ）　班次和中断语句用在班次和中断逻辑中，用来控制资源和位置如何脱机、定义当资源和位置脱机时系统将发生哪些操作。

限于篇幅，本书对上述语句中的指令及其语法规则不再逐一解释。具体可以查阅 ProModel 软件的帮助文件或用户向导（ProModel User Guide）。

如前所述，单击"操作（Operation）窗口"中的 ⚒ 按钮或"移动逻辑（Move Logic）"窗口中的 ⚒ 按钮，均可进入"逻辑生成器（Logic Builder）"窗口，如图 7-29 所示。

逻辑生成器具有强大的编辑功能。它集成了 ProModel 软件的关键词、语法、分布、时间、语句、函数、宏、操作符等逻辑元素以及与当前仿真模型相关的位置、实体、变量、资源、路径、属性、外部文件等模型信息。利用鼠标和内置键盘等工具，可以方便快捷地创建逻辑语句。

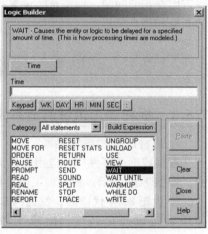

图 7-29　"逻辑生成器"窗口

7.4.2　ProModel 软件的使用步骤

如上节所述，在 ProModel 软件中制造系统的加工设备（如机床、工作台等）被抽象为位置（Locations），待加工的零件则以实体（Entities）表示，实体通过各位置的处理（Processing）完成相应的加工操作。此外，系统中还包括资源（Resource），如操作员、物流处理设备等，它们用来辅助完成实体的处理和移动。

ProModel 还可以模拟系统中的随机事件，如订单的随机到达、设备的随机故障等。通过软件内置的规则或采用程序代码，建模者可以定义系统的运行逻辑和决策过程。ProModel 软件具有动画显示功能，它能够自动收集和统计系统的参数，并在仿真结束时以列表或图形方式自动显示系统性能特征。

ProModel 可用于仿真作业车间、流水生产车间、装配线、看板系统等制造系统的规划及运作，并在消除系统瓶颈、提高运作效率、缩短交货期、提高资源利用率、降低库存水平等方面发挥作用。

ProModel 软件采用交互式方法完成仿真模型的构建，它的应用步骤为：

1）确定仿真目标。明确仿真要求，定义系统边界。

2）采集仿真数据。在分析待仿真的系统特性的基础上，通过对数据的收集、筛选和对比分析等环节，确定仿真模型中主要数据的数据类型、取值范围及其分布参数等，如零件的到达规律、设备的加工性能和停机时间、系统的班次安排等。

3）建立仿真模型。通过简化、抽象和提炼，以 ProModel 软件中的模型元素来表达实际系统，定义元素的属性和参数，设置规则和选项，利用 ProModel 软件中的关键词、语句、表达式、函数、属性、变量、运算符等描述元素之间的关系，定义系统的运行逻辑。

4）检验模型。通过试算、与手算对比、与实际系统比照等方法，验证模型结构、参数和决策逻辑的正确性，修改和完善仿真模型。

5）仿真试验。运行仿真模型，得到仿真结果。

6）仿真结果分析、评价与优化。通过对仿真结果的分析，判断系统在结构、参数或决策等方面存在的问题，调整系统设置，修改模型参数，反复进行仿真试验，直到得到满意的系统方案和仿真结果。

 ## 7.5　制造系统建模与仿真案例研究

7.5.1　板材加工柔性制造系统配置与参数的优化

1. 板材加工 FMS 概述

板材成形的零件广泛应用于计算机、家用电器、仪器仪表、控制柜、汽车以及通信产品中，如图 7-30 所示。板材加工也是机械制造的重要组成部分。

20 世纪 80 年代以后，发达国家的板材加工装备开始向数控化转变，出现了数控冲床（NC Punching）、数控剪板机（NC Shearing）以及数控折弯机（NC Bending）等系列数控加工设备。但是，独立的数控化板材加工设备存在生产效率低、加工成本高、车间物流管理混乱、产品质量难以控制等缺点。

1967 年，英国人研制成功世界上第一条柔性制造系统（FMS）。1979 年，世界上第一条板材加工 FMS 在日本三菱电机公司研制成功。柔性加工方式具有高效率、高柔性、高质量以及高度自动化等优点，填补了流水线的大批量生产方式与数控加工小批量生产方式之间的空白。FMS 的出现

图 7-30　板材成形零件示例

给机械制造业带来了深远影响。在欧洲、美国和日本等地区已出现多家专业生产板材数控及柔性加工设备的公司，如意大利 Salvagnini、芬兰 Finn-Power、日本 Marata 以及德国 Trumpf 等。板材加工 FMS 可以为企业带来显著的经济效益。例如：日本 Yaskawa 公司投产一条板材

加工 FMS 后，操作人员由 23 人减少为 9.5 人，材料利用率由 76.9% 提高到 91.4%，占地面积由 725m² 减少为 377m²，外包加工费由 37800 美元/月减少为 3000 美元/月，零件库存费用由 41640 美元/月减少为 7500 美元/月，材料种类由 10 种减少为 7 种，经济效益十分显著。

20 世纪 80 年代末，板材柔性加工装备开始进入我国市场。广西柳州开关厂、上海第二纺织机械厂、江苏扬中长江集团、南京电力自动化设备厂等多家企业先后从国外引进生产线。1991 年，我国第 1 条自主开发的板材加工 FMS 研制成功，在长城开关厂投入使用。1992 年，我国第 2 条自行研制的板材加工 FMS 在上海机床附件三厂投入运行。近年来，扬州扬力集团、济南铸锻所等先后开发出板材加工柔性生产设备。图 7-31 所示为扬力集团开发的板材柔性加工自动生产线，图 7-32 所示为济南铸锻所开发的 C1 板材加工 FMS 结构组成。

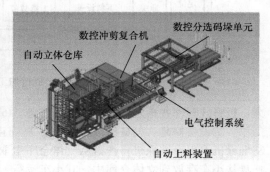

图 7-31　扬力集团开发的板材柔性加工自动生产线　　图 7-32　C1 板材加工 FMS 的结构组成

与金属切削加工相比，板材加工具有以下特点：①不同产品在结构复杂性、生产批量等方面有很大差异。②板料的加工过程以单张板料为单位，而出入库操作多以托盘（Pallet）为单位，一次可以完成数十张板料的出入库操作。③板材零件的加工工序数较少，多数零件只需要完成冲压（Punching）和剪切（Shearing）两道工序，一些零件还需要完成折弯（Bending）操作。为减少装夹和定位次数，提高生产效率和加工质量，同时具有冲压和剪切功能的数控冲压-剪切复合机床应用越来越广泛。④同类型机床之间通常具有可替代性，不同类型机床因功能不同、不可相互替换。

按照功能，板材加工 FMS 可以分为三个部分：①自动化加工系统，由数控冲床、数控剪床、数控折弯机等数控加工设备及其上下料辅助装置组成。②自动化物料储运系统，由立体仓库、堆垛机、出入库站台以及上下料小车组成。③计算机控制与管理系统，由数据库服务器、CAD/CAM 计算机、计划与监控计算机、单元控制器、监控与管理程序等软硬件组成。

不同板材加工 FMS 的区别在于数控加工设备的性能和数量、立体仓库的规模、堆垛机的数量及服务能力、系统的调度规则等。在板材加工 FMS 中，堆垛机负责板料和零件的出入库操作，是板材加工 FMS 物流系统的核心。图 7-33 所示为板材加工 FMS 的配置示意图。

2. 板材加工 FMS 仿真的目标与策略

板材加工 FMS 属于离散事件动态系统。在建立仿真模型时需解决以下问题：①仿真模型的元素构成。②分析和定义 FMS 中的典型事件。③分析事件的发生对系统状态和性能的影响。

由板材加工 FMS 的运行过程可知，系统运行时存在下列事件：①板料到达：待加工板料进入 FMS。②板料/零件入库：板料从出入库站台进入立体仓库。③板料/零件出库：待加工板料/零件由堆垛机取料出库。④加工开始：板料或零件到达指定机床开始加工。⑤加工结

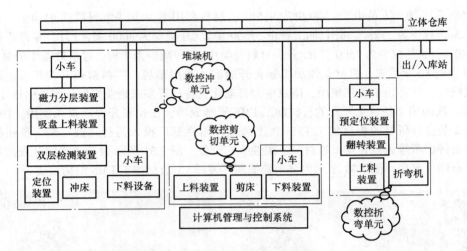

图 7-33 板材加工 FMS 的配置示意图

束：板料或零件在指定机床完成加工任务。⑥设备故障：系统中的设备发生故障，不能继续工作。⑦设备修复：设备从故障状态恢复到正常状态。⑧小车到达：小车到达装卸目的地。⑨堆垛机取料：堆垛机将托盘从立体仓库中取出放到上料小车上。⑩堆垛机存料：堆垛机将托盘从小车存放到立体仓库中。⑪小车运行：小车开始运行。⑫小车到达：运料小车到达目的地。⑬上料：上料装置进行上料。⑭下料：下料装置下料。⑮板料回库：未加工完的板料送回仓库。⑯零件入库：加工后的零件进入仓库。⑰零件离开：零件加工完毕，离开系统。

事件的发生为 FMS 运行时的路由选择提供可能，也是 FMS 系统柔性的体现。实际上，事件的发生点也是 FMS 调度和控制的决策点，决策点处的调度规则将影响仿真结果和系统性能，各决策点处调度策略共同决定了 FMS 的总体性能。

为评价不同参数设置和决策规则对 FMS 性能的影响，仿真时采用以下两种方法：①修改模型中元素的参数或操作逻辑来控制模型元素的行为。②设定不同的决策规则以控制系统的进程流向。其中，第一种方法主要用于定义系统的基本结构，求解 FMS 的基本性能指标，如生产能力、设备利用率以及瓶颈位置等；第二种方法可以用来评估不同调度策略对系统性能的影响，为 FMS 动态调度和控制提供决策依据。

本仿真研究的目标包括：①在配置给定的情况下，预测 FMS 的性能。②当配置给定时，通过仿真评估不同调度规则对 FMS 性能的影响，为 FMS 优化调度提供依据。③比较不同配置下 FMS 性能（如生产率、设备利用率等）的变化，以实现系统配置的优化。

在板材加工 FMS 中，堆垛机是物流系统的核心，堆垛机的参数和配置直接影响 FMS 的总体性能。通过分析，确定堆垛机最大服务能力的判定依据为：①堆垛机具有较高的利用率。②数控冲床、数控剪床等加工设备具有利用率较高，并且没有发生因堆垛机服务能力有限而形成的堵塞现象。③在加工任务和堆垛机服务能力不变的前提下，单纯地增加加工单元数已经不能有效地缩短加工任务的完成时间。

本研究采取的仿真策略包括：

1）在加工任务和加工单元参数不变的前提下，改变堆垛机的参数，如运行速度、出入库操作时间、停放点以及服务规则等，以评估堆垛机参数对 FMS 性能的影响。

2）在加工任务不变的前提下，从两个加工单元开始，通过增加加工单元的数量，分析

FMS 性能的变化，以判定堆垛机能提供有效服务的加工单元最大数目。所采用的性能指标包括：①仿真运行时间。②加工单元的利用率。③加工单元的堵塞率。④堆垛机的利用率。

就堆垛机而言，冲压-剪切加工和折弯加工对堆垛机使用过程并无本质不同。两者的区别在于：冲压-剪切后的零件多有入库要求，而折弯后的零件则无须入库。此外，为提高生产效率，板材加工 FMS 中多采用冲剪合一的机床。下面均以冲压-剪切复合加工作为基本加工单元进行仿真研究。

3. 以堆垛机参数设置为中心的仿真研究

设板材 FMS 中有两个参数相同的冲压-剪切加工单元（见图 7-34）。现有 2000 张板料等待加工，托盘每次可载料 40 张，单张板料冲压-剪切所需时间为 150s。堆垛机满载速度为 5m/min、空载速度为 10m/min、取料及存料时间均为 45s。上料点到立体仓库的平均距离为 8.0m，立体仓库至下料点的平均距离为 8.0m，下料点至出入库站的平均距离为 10.0m。

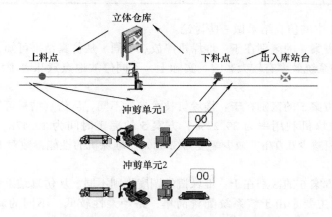

图 7-34　具有两个冲压-剪切加工单元的仿真模型

在上述参数下，完成加工任务所需时间（完工时间）为 42.89h，FMS 中主要设备的性能分别见表 7-23 和表 7-24。

表 7-23　加工单元的性能指标

名　　称	利用率（%）	加工（%）	设置（%）	空闲（%）	等待（%）	堵塞（%）	故障（%）
单元 1	97.14	97.14	0.00	2.86	0.00	0.00	0.00
单元 2	97.14	97.14	0.00	2.83	0.00	0.02	0.00

表 7-24　堆垛机的性能指标

完工时间/h	使用次数	平均每次使用时间	平均每次使用的运行时间	堵塞率（%）	利用率（%）
42.89	150	226.00	55.52	0.00	27.35

由仿真结果可知：在板材加工 FMS 中，虽然堆垛机负责板料出入库、加工后零件出入库以及板料回库等多种任务，但由于物料的运储过程是以托盘上的多张板料为单位，堆垛机的利用率较低，它具有为更多加工设备提供服务的能力。

保持模型其他参数不变，通过改变堆垛机的参数设置，可以分析堆垛机参数对 FMS 性能的影响，为堆垛机技术参数的选择提供理论依据。仿真方案和主要性能指标比较见表 7-25。

表 7-25　堆垛机技术参数与 FMS 性能指标的对比分析

方案	停放点	满载速度	空载速度	取料时间	存料时间	服 务 规 则	完工时间/h	加工单元利用率（%）	利用率（%）
						堆垛机参数		**系统性能**	
1	上料点	5	10	45	45	最近的对象先服务	42.73	82.50	29.60
2	立体仓库	5	10	45	45	最近的对象先服务	31.42	82.75	38.78
3	下料点	5	10	45	45	最近的对象先服务	31.44	82.69	39.22
4	出入库站	5	10	45	45	最近的对象先服务	32.25	77.52	38.30
5	下料点	8	16	20	20	最近的对象先服务	30.47	82.04	21.30
6	下料点	8	16	20	20	等待时间最长的对象先服务	30.47	82.04	21.30

下面对表 7-25 中的仿真结果做一些讨论：

1）方案 1 至方案 4 的区别在于：堆垛机停放点不同。从仿真结果可知，不同停放地点对加工单元利用率和系统效率有较大影响。实际上，不同停放地点意味着堆垛机实际运行距离的不同。

2）方案 3 与方案 5 的区别在于：堆垛机技术参数不同。从仿真结果可知，方案 3 的完工时间为 31.44h，堆垛机利用率为 39.22%；方案 5 的完工时间为 30.47h，堆垛机利用率为 21.53%，完工时间减少 0.97h，减少幅度为 3.08%。堆垛机的性能参数对 FMS 性能具有重要影响。

3）方案 5 与方案 6 的区别在于：堆垛机的调度规则不同。从仿真结果看，两方案的性能指标完全相同。这主要是由于该系统配置简单，路径柔性较低，不同的调度规则未能发挥作用。

4. 考虑堆垛机服务能力的仿真研究

下面通过改变 FMS 中加工单元的数量以评估堆垛机的服务能力。设板材 FMS 的加工任务、加工单元性能以及其他参数均与上节相同。其中，具有 6 个冲孔-剪切加工单元的板材 FMS 仿真模型布局如图 7-35 所示。

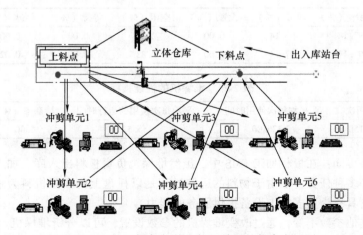

图 7-35　具有 6 个冲孔-剪切加工单元的仿真布局图

在上述参数下，完成 2000 张板料加工，具有 6 个冲孔-剪切加工单元的完工时间为 17.24h。主要性能指标分别见表 7-26 和表 7-27。

表 7-26　加工单元的性能指标

名称	利用率（%）	加工（%）	设置（%）	空闲（%）	等待（%）	堵塞（%）	故障（%）
单元 1	97.15	86.99	0.00	2.85	0.14	10.02	0.00
单元 2	96.86	86.99	0.00	3.14	0.14	9.73	0.00
单元 3	88.13	77.32	0.00	11.87	0.13	10.68	0.00
单元 4	89.84	77.32	0.00	10.16	0.13	12.39	0.00
单元 5	90.22	77.32	0.00	9.78	0.13	12.76	0.00
单元 6	90.59	77.32	0.00	9.41	0.13	13.14	0.00

表 7-27　堆垛机的主要性能指标

名称	调度时间/h	使用次数	平均每次使用时间	堵塞率（%）	利用率（%）
堆垛机	17.24	150	226.00	0	71.04

由表 7-26 和表 7-27 可知，6 个加工单元的利用率均在 90% 左右，堆垛机的利用率也达到 71.04%。但是，6 个加工单元分别存在从 9.73% ~ 13.14% 不等的堵塞现象。堵塞的原因是堆垛机服务能力的不足。堵塞造成的结果是形成加工单元的等待，造成资源浪费和系统效率下降。因此，在上述参数条件下，堆垛机不具备为 6 个冲孔-剪切加工单元提供有效服务的能力。

为评估堆垛机的最大服务能力，改变以下模型参数：①改变堆垛机参数。②减少 FMS 中冲孔-剪切加工单元的数目，以确定堆垛机的最大服务能力，实现板材 FMS 的最佳配置。

表 7-28 为在保持模型其他参数不变的前提下，堆垛机参数与冲孔-剪切加工单元的堵塞率之间的关系。由表 7-28 可以看出，提高堆垛机的行驶速度、减少堆垛机出入库操作的时间，能有效地提高堆垛机的服务能力。例如：当堆垛机的满载速度和空载速度分别由 10m/min 和 5m/min 提高到 16m/min 和 8m/min 时，6 个加工单元的堵塞率接近于 0，完工时间缩短到 15.67h，比原方案降低 9.11%。

表 7-28　堆垛机参数与冲孔-剪切加工单元堵塞率之间的关系

完工时间/h	堆垛机参数				冲孔-剪切单元的堵塞率（%）					
	满载速度	空载速度	取料时间	存料时间	单元 1	单元 2	单元 3	单元 4	单元 5	单元 6
17.24	10.00	5.00	45.00	45.00	10.02	9.73	10.68	12.39	12.76	13.14
15.67	16.00	8.00	45.00	45.00	0.00	0.00	0.00	0.11	0.20	0.30
15.49	16.00	8.00	30.00	30.00	0.00	0.00	0.00	0.00	0.00	0.00
16.34	10.00	5.00	30.00	30.00	0.00	0.08	0.41	1.39	2.37	3.34

表 7-29 为在保持堆垛机参数不变，即满载速度为 5m/min、空载速度为 10m/min、取料及存料时间为 45s 的前提下，通过改变冲孔-剪切单元数目，冲孔-剪切单元性能指标的变化。

表7-29 冲孔-剪切加工单元数与单元堵塞率之间的关系

冲剪加工单元数目	完工时间/h	堆垛机利用率	冲剪单元的堵塞率（%）					
			单元1	单元2	单元3	单元4	单元5	单元6
6	17.24	71.04	10.02	9.73	10.68	12.39	12.76	13.14
5	19.26	63.58	5.15	6.09	6.42	6.75	7.09	
4	22.63	54.14	0.00	0.08	0.87	2.18		
3	29.36	41.72	0.00	0.06	0.67			
2	42.89	27.35	0.00	0.00				

从表7-28和表7-29可以得出以下结论：

1）随着加工单元数量的增加，堆垛机的利用率大幅度提高，完工时间也有效缩短。例如：2个加工单元时，堆垛机利用率为27.35%，完工时间为42.89h，而6个加工单元时，堆垛机利用率为71.04%，完工时间为17.24h。

2）由表7-29中数据可知：加工单元数量的增加与完工时间的缩短不完全成反比关系。随着单元数量的增加，完工时间减少趋于不明显。原因在于：堆垛机的服务能力不足造成了加工单元的空闲、等待及堵塞。

从表7-29可知：当系统中有2个加工单元时，单元的堵塞率为0；当增加到6个加工单元时，单元的平均堵塞率达到10%左右。进一步的仿真表明：随着单元数量的增加，加工单元的堵塞率更高，完工时间缩短越来越不明显，此时单纯地增加加工单元数量已毫无意义。

3）在现有参数下，就堆垛机的服务能力而言，一台堆垛机可以为4个冲孔-剪切加工单元提供有效服务，使堆垛机具有较高的利用率、加工单元保持较低的堵塞率。

7.5.2 汽车发动机再制造生产线瓶颈工序分析与性能优化

1. 汽车发动机再制造概述

汽车是现代工业文明的重要标志。近年来，我国汽车工业发展迅速，汽车产销量和保有量均呈快速增加趋势。2002年我国汽车产量为325万辆，2017年我国汽车产量、销量分别为2901万辆和2887万辆。2009年以来，我国汽车产销量连续多年位居全球首位。

随着汽车产量和保有量的增加，因汽车工业发展带来的资源浪费和环境污染等问题也日益突出。汽车生产时需要消耗大量的矿产资源（如钢铁、铝、铜、塑料等），汽车使用过程中消费大量的石油资源。汽车尾气排放是城市空气污染的重要源头。据统计，大气中38.5%的CO、87.6%的NO_x、11.7%的CO_2以及6.2%的SO_2来源于汽车尾气。汽车的更新换代产生大量废弃物（如废旧塑料件、油污、重金属等），报废汽车不仅占用了大量土地，还造成严重的环境污染。严峻的事实迫使人们关注汽车再制造（Remanufacturing）。

20世纪80年代以来，工业发达国家纷纷制定政策或颁布法律，开展对包装材料和报废产品（如家电、汽车等）的回收利用工作。1986年起，德国先后颁布《循环经济与废物管理法》《包装条例》《限制废车条例》等法规，规定废弃物处理的优先顺序为"避免产生 – 循环使用 – 最终处置"。1996年，欧盟实施《包装和包装废品指令》，其中要求：到2006年，包装材料的回收率要达到90%，单一材料的循环利用率要达到60%。

其中，对汽车回收利用影响最大的是欧盟颁布的"报废汽车指令"。2000年9月，欧盟颁布《关于报废汽车（End-of-Life Vehicle，ELV）的指令》，并在欧盟范围内实施。该指令要求：①汽车制造商、汽车原材料及设备制造商在设计汽车时要减少有害物质的使用。②汽车制造商在设计和生产汽车时，要尽量简化汽车的拆卸、再利用、回收和再循环过程。③汽车制造时要增加循环材料的使用。④2003 年 7 月 1 日以后上市的汽车产品中不得含有汞、六价铬、镉或铅等有害成分。⑤对 2002 年 7 月 1 日之后投放市场的汽车，制造商将支付所有汽车回收及再制造费用。⑥自 2007 年 1 月 1 日起，不论车辆的使用年限，制造商将负责所有回收及再制造费用。⑦2006 年 1 月 1 日，汽车零部件循环利用率达到 85%，到 2015 年循环利用率提高到 95%。

ELV 指令不仅针对欧盟各成员国的汽车制造商，而且要求各成员国的汽车进口商也要负责汽车的回收利用。因此，ELV 指令也成为全球汽车制造商必须遵守的技术法规。在该指令的推动下，工业化国家纷纷制定、修改有关汽车回收利用的法律法规。

世界知名的汽车制造厂（如 BMW、Ford、Peugeot、FIAT 等）都将汽车零部件再制造上升到企业发展战略的高度给予重视，并在结构设计、材料选用、制造工艺、再制造工艺等方面开展研究。1994 年，中国重型汽车集团与英国 Sandwell 公司合资成立国内第一家汽车发动机再制造公司——济南复强动力有限公司。此外，上海大众联合发展公司也开展发动机再制造业务。

汽车中的大多数零部件都可以实现再制造，如发动机、传动装置、离合器、转向器、起动机、化油器、闸瓦、水泵、空调压缩机、油泵等。其中发动机是汽车中的核心部件，也最具有再制造价值。目前，国内汽车再制造主要集中在发动机、变速器、电动机等附加值较高的零部件上。图 7-36 所示为再制造前后的汽车发动机对比图。

a)　　　　　　　　　　　　　　　　b)

图 7-36　再制造前后的发动机对比
a）再制造前的发动机　b）再制造后的发动机

济南复强公司通过对 3000 台斯太尔发动机的统计分析发现：可直接再利用的零件数量占 23.7%、重量占 14.4%、成本占 12.3%；经再制造工艺可以重复使用的零件数量占 62%、重量占 80.1%、成本占 77.8%。按每年再制造 10000 台发动机计算，可实现回收价值 3.59 亿元、节省金属 8.5×10^3t、创造利税 0.36 亿元、节省电力 1600 万度，减少 CO_2 排放 $1.3 \times 10^4 \sim 1.7 \times 10^4$t。因此，汽车再制造具有重要的经济价值和社会意义。图 7-37 所示为济南复强公司的再制造生产车间。

本节以发动机再制造生产车间为研究对象，在仿真建模和仿真实验的基础上，通过对系统中资源配置及机床利用率等性能数据的分析，判断发动机再制造中的瓶颈工序，并通过对瓶颈工序改进，实现生产线性能的优化。

2. 发动机再制造仿真模型的建立

再制造件通常具有多品种、小批量、交货周期短、回收件质量以及制造工艺存在较大差异等特点。根据产品结构，发动机再制造主要由缸体生产线、缸盖生产线、曲轴生产线、连杆生产线以及其他小件生产线等组成。其中，缸体、缸盖、曲轴和连杆是汽车发动机的主要部件。考虑到其他小件的工况及加工工艺各异，本次仿真中不予考虑。

图 7-37 济南复强公司的再制造生产车间

以某型发动机再制造为例，设生产能力为年产 15000 台发动机，按每天三班制（24h）排定班次，通过仿真寻找系统的瓶颈工位，通过修改系统配置实现系统性能的优化。由发动机的再制造工艺，建立发动机再制造流程图如图 7-38 所示。再制造过程用到的设备包括物理超声波清洗设备、等离子喷涂机、立式珩磨机床、缸体磨床、气门磨床、铣床、振动时效设备、曲轴磨床、磁粒探伤仪、热处理炉、抛光机、纳米刷镀设备等。

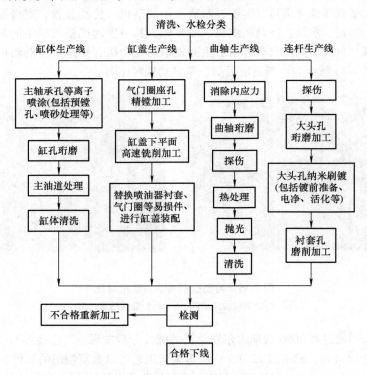

图 7-38 发动机再制造的工艺流程

显然，其中的每条生产线都属于排队系统模型。当工件到达的速率大于某个工序或某台设备的服务速率时，就会出现排队现象。出现排队现象会使得后续设备处于空闲、等待状态，造成资源浪费和系统性能下降。等待队列会造成系统堵塞、影响系统的生产效率，但盲目地增加设备也会造成设备的闲置浪费。本仿真的目的就是寻找加工对象与加工设备之间的最佳配置，优化系统的生产效率和经济效益。

（1）发动机缸体生产线的仿真与优化　发动机缸体仿真模型的主要元素设置如下：

1）实体。本仿真模型中的加工对象为待加工缸体。

2）位置。本模型中，位置对应于工艺路线中的工序或设备，如等离子喷涂机、珩磨机、清洗机、铣床、装配处、检查处等。以缸体生产线为例，位置的定义见表7-30。

表 7-30　缸体仿真模型中的"位置"定义

名　称	容　量	单　位	停机时间	统　计	规　则
仓库	2000	1	None	None	Oldest
更换水堵	1	1	None	Time Series	Oldest
托盘 1	10	1	None	None	Oldest
清洗水检	1	1	None	Time Series	Oldest
托盘 2	10	1	None	None	Oldest
等离子喷涂	1	1	None	Time Series	Oldest
托盘 3	10	1	None	None	Oldest
铣床	1	1	None	Time Series	Oldest
托盘 4	10	1	None	None	Oldest
珩磨机床	1	1	None	Time Series	Oldest
托盘 5	10	1	None	None	Oldest
磨床	1	1	None	Time Series	Oldest
托盘 6	10	1	None	None	Oldest
油道处理	1	1	None	Time Series	Oldest
托盘 7	10	1	None	None	Oldest
清洗	1	1	None	Time Series	Oldest
托盘 8	10	1	None	None	Oldest
检测	1	1	None	Time Series	Oldest

其中，托盘起缓冲作用，使设备具有存放一定数量产品的能力，避免系统因堵塞而引起瘫痪。

3）资源。本模型中的资源为小车，它负责在不同设备之间运输工件。小车在不同工位之间的移动需要花费一定时间。在实际生产系统中，可以用物料传送带来代替小车，以提高效率。

4）到达。实体的设置包括到达的初始位置、初始时间、时间间隔、每次到达的数量等，具体见表7-31。

表 7-31　"到达"的定义

名　称	位　置	每次数量	首次时间	发生次数	频率/min
缸体	仓库	320	0	inf	10080

本仿真中，考虑节假日因素，按年产15000台再制造发动机计算，实体的到达时间间隔设定为一个星期（即10080min），每次到达320台废旧发动机。

5）处理。根据图7-38所示的工艺流程，可以建立处理过程。以缸体为例，"处理"的具体定义见表7-32。

表 7-32　缸体仿真模型"处理"的定义

实　体	位　置	操　作	目　的　地	规　则	移　动　逻　辑
缸体	仓库	0	更换水堵	First 1	USE 小车 FOR 2
缸体	更换水堵	WAIT U (13, 3)	托盘 1	First 1	USE 小车 FOR 1
缸体	托盘 1	0	清洗水检	First 1	
缸体	清洗水检	WAIT U (35, 10)	托盘 2	0.95	Use 叉车 for 1
缸体	托盘 2	0	等离子喷涂	First 1	
缸体	等离子喷涂	WAIT N (40, 4)	托盘 3	First 1	Use 叉车 for 1
缸体	托盘 3	0	铣床	First 1	
缸体	铣床	WAIT U (20, 10)	托盘 4	First 1	Use 叉车 for 1
缸体	托盘 4	0	珩磨机床	First 1	
缸体	珩磨机床	WAIT U (50, 15)	托盘 5	First 1	Use 叉车 for 1
缸体	托盘 5	0	磨床	First 1	
缸体	磨床	WAIT U (35, 10)	托盘 6	First 1	Use 叉车 for 1
缸体	托盘 6	0	油道处理	First 1	
缸体	油道处理	WAIT U (80, 28)	托盘 7	First 1	Use 叉车 for 1
缸体	托盘 7	0	清洗	First 1	
缸体	清洗	WAIT N (20, 3)	托盘 8	First 1	Use 叉车 for 1
缸体	托盘 8	0	检测	First 1	
缸体	检测	WAIT N (10, 1.1)	Exit	0.98	numout = numout + 1

其中，操作（Operation）表示实体在每个位置处执行的动作，一般以 Wait 语句表示操作所花费的时间。本模型中加工时间服从均匀分布和正态分布。目的地（Destination）表示实体下一步到达的位置。规则（Rules）表示实体执行下一步操作的依据，如按概率、先进先出、随机等。本模型中，数字表示概率条件，First 1 表示先进先服务的规则。移动逻辑（Move Logic）表示实体移动的条件，本模型中资源（小车）的运送时间为固定值。Numout 为模型中定义的全局变量（Global Variables），用来表示完成加工的缸体数量。

按照 ProModel 软件的建模步骤，建立缸体生产线仿真模型如图 7-39 所示。

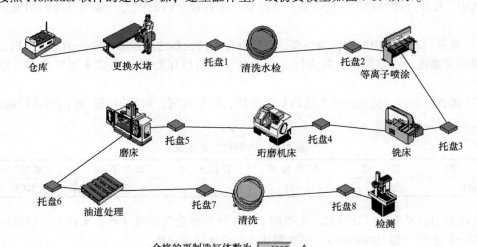

合格的再制造缸体数为　6097　个

图 7-39　缸体生产线的仿真模型

运行缸体生产线仿真模型，得各位置的性能指标见表 7-33。

表 7-33　优化前缸体各"位置"的性能指标

名　　称	加工（%）	空闲（%）	等待（%）	堵塞（%）
更换水堵	16.70	2.74	1.62	78.94
清洗水检	44.92	0.00	1.49	53.59
等离子喷涂	49.81	0.01	1.49	48.69
铣床	24.94	0.16	1.47	73.43
珩磨机床	61.85	0.02	1.51	36.62
磨床	43.32	0.18	2.13	54.37
油道处理	98.39	0.04	1.57	0.00
清洗	24.64	72.30	3.06	0.00
检测	12.39	85.88	0.00	1.73

其中，"加工（%）"表示实体在此当前位置处接受服务时间占仿真总时间的比例；"空闲（%）"指当前位置中没有实体的时间占仿真总时间的比例；"等待（%）"指当前位置处于等待上一位置的实体到达状态所占的比例；"堵塞（%）"是指由于下一个位置服务能力的不足而导致实体需要在当前位置留驻的时间的比例。需要说明的是，由于模型中假设缸体每次到达的数量为 320 个，使得更换水堵处的堵塞率较高，在本模型中不将它列入瓶颈工序。

由表 7-33 可以得出以下结论：①生产线的前几个工位堵塞率很高，存在严重的瓶颈现象，影响了系统整体的生产效率。原因是设备数量不足，导致服务能力偏低。②生产线的后几个工位处于空闲状态的比例偏高，设备利用率低。造成空闲的原因包括加工能力过剩、上一个位置处于堵塞状态等。③全局变量 numout 的数值为 6097，即在上述参数和配置下，该生产线一年的缸体产量为 6097 件，生产能力不能满足要求。

由表 7-33 的数据可知：缸体在各位置的等待率保持在较合理的水平，而在清洗水检、等离子喷涂、铣床、珩磨机床和磨床处发生了严重堵塞。分析其原因，油道处理工序因服务能力不足，利用率过高，导致了前续工序的堵塞和后续两道工序（清洗和检测）长时间处于空闲状态，从而造成其他资源浪费和系统效率下降，导致整个生产单元能力的下降。

为此，分别增加清洗水检、珩磨机床、等离子喷涂工位设备的数量增加到 2，将油道处理设备的数量增加到 3，再次运行仿真模型，得到各位置性能见表 7-34。

表 7-34　第一次优化后缸体各"位置"的性能指标

名　　称	加工（%）	空闲（%）	等待（%）	堵塞（%）
更换水堵	36.32	6.75	4.04	52.89
清洗水检	48.87	0.01	1.88	49.24
等离子喷涂	54.40	0.01	1.86	43.79
铣床	53.82	0.02	3.63	42.53
珩磨机床	67.89	0.03	1.91	30.17
磨床	94.61	0.03	5.36	0.00
油道处理	72.29	25.88	1.83	0.00
清洗	54.33	39.51	6.16	0.00
检测	27.11	69.75	0.00	3.14

优化后的仿真模型年产量达到 13385 件,系统性能有了很大提高,前面几个位置的堵塞率不同程度地下降。优化后由于油道处理工位的生产能力提高,导致该工位利用率下降,不再是系统中的瓶颈工位,而磨床处于加工状态的比例上升为 94.61%,成为该生产线新的瓶颈工序,并使得前续工序处于堵塞、后续工序处于等待状态。

为此,在前次模型的基础上,将磨床的数量增加到 2,建立仿真模型如图 7-40 所示。再次运行仿真模型,得到各位置性能见表 7-35。

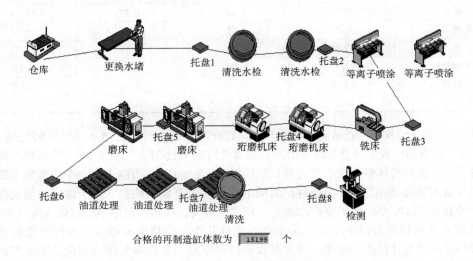

图 7-40　再次修改后的缸体生产线仿真模型

表 7-35　第二次优化后缸体各"位置"的性能指标

名　　称	加工(%)	空闲(%)	等待(%)	堵塞(%)
更换水堵	41.28	40.30	6.62	11.80
清洗水检	55.46	27.77	3.28	13.49
等离子喷涂	61.57	24.75	3.25	10.43
铣床	61.53	22.21	6.44	9.82
珩磨机床	76.89	19.49	3.51	0.11
磨床	53.70	32.67	4.40	9.23
油道处理	82.02	15.52	2.46	0.00
清洗	61.44	30.92	7.64	0.00
检测	30.77	68.15	0.00	1.08

再次优化后的仿真模型年产量达到 15199 件,满足生产需求。由表 7-35 可知,此时系统各工位的堵塞率有明显下降,但是也存在设备空闲率过高的问题,会造成资源的浪费。此时,简单地减少某工位设备的数量虽然能减少资源的空闲率,但会使系统产生新的堵塞,并使得系统不能满足生产需求。解决该问题的有效方法是:在提高工人作业效率或改善设备性能的基础上,减少同工位设备的数量,进一步优化系统性能。

(2)发动机缸盖生产线的仿真与优化　按照 ProModel 软件的建模步骤,建立发动机缸盖生产线模型如图 7-41 所示。运行仿真模型,得各位置的性能指标见表 7-36。

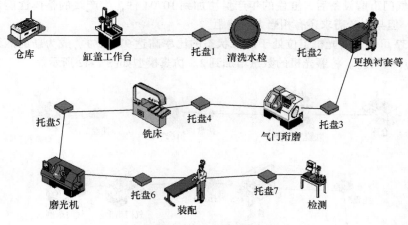

图 7-41　缸盖生产线的仿真模型

表 7-36　优化前缸盖各 "位置" 的性能指标

名　称	加工（%）	空闲（%）	等待（%）	堵塞（%）
缸盖工作台	40.23	4.61	2.74	52.42
清洗水检	50.22	0.01	2.47	47.30
更换衬套	34.34	0.06	2.47	63.13
气门珩磨	97.04	0.01	2.95	0.00
铣床	38.89	57.99	3.12	0.00
磨光机	87.34	9.37	3.29	0.00
装配	35.02	61.46	3.52	0.00
检测	19.47	78.11	0.00	2.42

由表 7-36 可知，缸盖生产线气门珩磨工序处于加工状态的比例高达 97.04%，直接导致前续工序的高堵塞率。因此，气门珩磨工序是该生产线的瓶颈环节，需要通过提高加工效率或增加同类型设备等方法加以改进。在上述参数和配置下，缸盖的年产量只有 8589 件，与生产需求相比存在较大差距。

将气门珩磨设备的数量增加到 2，再次运行模型，得各位置的性能指标见表 7-37。

表 7-37　第一次优化后缸盖各 "位置" 的性能指标

名　称	加工（%）	空闲（%）	等待（%）	堵塞（%）
缸盖工作台	44.70	4.81	2.80	47.69
清洗水检	55.82	0.01	2.51	41.66
更换衬套	38.29	0.13	2.53	59.05
气门珩磨	54.23	0.04	1.32	44.41
铣床	43.33	0.05	2.67	53.95
磨光机	97.21	0.03	2.76	0.00
装配	39.00	56.09	4.91	0.00
检测	21.71	75.38	0.00	2.91

在增加气门珩磨设备后，缸盖的年产量增加到10704件，生产线的整体性能比原方案提高24.60%，但与生产需求还有相当大的差距。

由表7-37可知，磨光机工位处于加工状态的比率高达97.21%，成为新的瓶颈工位，并导致前续工序的堵塞。将磨光机的数量增加到2。仿真模型如图7-42所示。

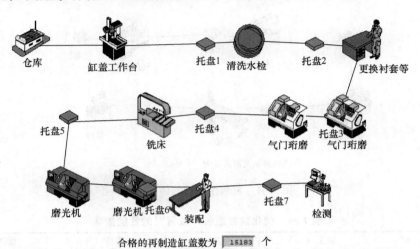

合格的再制造缸盖数为　15183　个

图7-42　再次修改后的缸盖生产线仿真模型

运行仿真模型，缸盖的年产量得到15183件，满足生产需求。各位置的性能指标见表7-38。

表7-38　第二次优化后缸盖各"位置"的性能指标

名　　称	加工（%）	空闲（%）	等待（%）	堵塞（%）
缸盖工作台	63.58	26.67	5.89	3.86
清洗水检	79.31	15.04	5.65	0.00
更换衬套	54.21	40.13	5.66	0.00
气门珩磨	76.79	20.15	3.06	0.00
铣床	61.60	32.21	6.19	0.00
磨光机	69.31	27.47	3.22	0.00
装配	55.41	37.69	6.90	0.00
检测	30.78	69.22	0.00	0.00

由表7-38可知，系统中各位置的堵塞率很低，但各位置处于空闲状态的比例显著上升，表明系统中设备的加工能力没有充分发挥，造成了设备的闲置。

为此，应寻找既能满足生产需求，又使设备保持较高利用率的有效方法。经过多次仿真，得出结论：当缸盖生产线每周达到365件待加工缸盖时，系统中各设备利用率以及其他性能将达到较合理的水平，并且可以按照每天两班制（16h）方式组织生产，生产线年产量为15500件，既满足了生产需求，也有利于降低生产成本，并使系统具有一定的弹性。

（3）发动机曲轴生产线的仿真与优化　建立曲轴生产线仿真模型如图7-43所示。运行仿真模型，得各位置性能指标见表7-39。

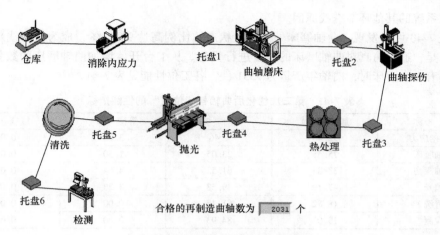

合格的再制造曲轴数为 ⎡2031⎤ 个

图 7-43　曲轴生产线的仿真模型

表 7-39　优化前曲轴各"位置"的性能指标

名　　称	加工（%）	空闲（%）	等待（%）	堵塞（%）
消除内应力	20.54	0.87	0.50	78.09
曲轴磨床	33.04	0.01	0.50	66.45
曲轴探伤	7.48	0.23	0.91	91.38
热处理	99.06	0.03	0.91	91.38
抛光	10.31	88.90	0.79	0.00
清洗	4.07	95.93	0.00	0.00
检测	3.30	94.42	0.00	2.28

在当前的配置和参数下，曲轴年产量仅为 2031 件，与生产需求存在相当大的差距。由表 7-39 可以看出，热处理工位处于加工状态的比例高达 99.06%，为系统的瓶颈工位，直接导致前续工序的严重堵塞和后续工序的严重空闲。

因此，应优先考虑增加热处理工位的设备数量，并通过仿真确定最佳的热处理设备数量。仿真表明：当热处理设备增加到 3 台时，生产线的年产量增加到 6036 件。此时，再单纯地增加热处理设备的数量对提高系统性能并没有太大作用。将热处理设备数量增加到 3 台后的系统性能指标见表 7-40。

表 7-40　第一次优化后曲轴各"位置"的性能指标

名　　称	加工（%）	空闲（%）	等待（%）	堵塞（%）
消除内应力	60.18	2.68	1.59	35.55
曲轴磨床	98.17	0.01	1.82	0.00
曲轴探伤	22.00	74.93	3.07	0.00
抛光	30.61	67.52	1.87	0.00
清洗	12.23	87.77	0.00	0.00
检测	9.78	88.71	0.00	1.51

虽然增加热处理工位的生产能力改善了系统性能，但与生产需求相比仍有相当大的差距。

因此，从系统的其他环节查找原因。

由表7-40可以发现，曲轴磨床处于加工状态的比例高达98.17%，成为生产线新的瓶颈工位。于是，通过仿真对曲轴磨床的数量进行优化。从1台开始增加曲轴磨床的数量。当生产线中具有2台磨床时，曲轴年产量为9331件，各工位性能见表7-41。

表7-41　第二次优化后曲轴各"位置"的性能指标

名　　称	加工（%）	空闲（%）	等待（%）	堵塞（%）
消除内应力	92.48	4.46	3.06	0.00
曲轴磨床	75.45	23.05	1.50	0.00
曲轴探伤	33.83	61.53	4.64	0.00
抛光	47.19	49.58	3.23	0.00
清洗	18.82	81.18	0.00	0.00
检测	15.07	84.93	0.00	0.00

由表7-41可知，此时系统所有工位的堵塞率都降为0，但生产线的产量还未达到预定目标。实际上，除消除内应力工位外，其他工位处于空闲的比例都相当高，而消除内应力工位处于加工状态的比例为92.48%。因此，消除内应力工位成为瓶颈工序，使后续工序处于空闲状态。再将消除内应力工位的设备数量增加到2，建立仿真模型如图7-44所示。

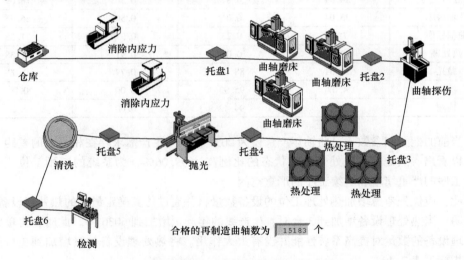

合格的再制造曲轴数为 15183 个

图7-44　再次修改后的曲轴生产线仿真模型

运行该仿真模型，曲轴年产量为15183件，各位置的性能指标见表7-42。

表7-42　第三次优化后曲轴各"位置"的性能指标

名　　称	加工（%）	空闲（%）	等待（%）	堵塞（%）
消除内应力	75.14	21.97	2.83	0.06
曲轴磨床	81.98	16.12	1.90	0.00
曲轴探伤	55.23	36.36	8.41	0.00
抛光	76.71	17.23	0.00	0.00
清洗	30.71	69.29	0.00	0.00
检测	24.59	75.40	0.00	0.01

在目前的配置下，曲轴生产线的生产能力基本能满足生产需求，各工位相对较为平衡。但是，各工位的等待率有所增加，说明曲轴毛坯的到达率不能满足需求。

进一步进行仿真优化，在上述配置情况下，当曲轴到达率为每周 360 件、按每天两班制（16h）方式组织生产时，曲轴生产线的年产量可以达到 15480 件。此时，既能满足生产需求，也能大幅度地减少系统的运行成本。此外，系统中各工位的性能较为合理，各工位之间比较平衡，没有明显的瓶颈工位，是曲轴生产的理想生产调度方案。

（4）发动机连杆生产线的仿真与优化　建立连杆生产仿真模型如图 7-45 所示。运行仿真模型，连杆的年产量为 9943 件，不满足生产需求。各位置的性能参数见表 7-43。

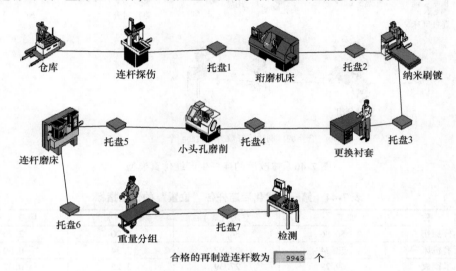

合格的再制造连杆数为 9943 个

图 7-45　连杆生产线的仿真模型

表 7-43　优化前连杆各"位置"的性能指标

名　　称	加工（%）	空闲（%）	等待（%）	堵塞（%）
连杆探伤	37.24	5.26	3.08	54.42
珩磨机床	96.61	0.00	3.39	0.00
纳米刷镀	90.74	5.69	3.57	0.00
更换衬套	24.11	72.68	3.21	0.00
小头孔磨削	70.22	26.34	3.44	0.00
连杆磨床	50.39	46.05	3.56	0.00
重量分组	10.09	86.46	3.45	0.00
检测	24.19	73.52	0.00	2.29

由表 7-43 可知，由于珩磨机床的加工能力不足，导致在连杆探伤处存在严重堵塞。此外，珩磨机床、纳米刷镀以及小头孔磨削等工序处于加工状态的比例都很高，均会影响系统的整体性能。将珩磨机床、纳米刷镀和小头孔磨削设备的数量增大到 2，建立仿真模型如图 7-46 所示。

再次运行仿真模型，连杆的年产量为 15203 件，能满足生产要求。各工位的性能指标见表 7-44。

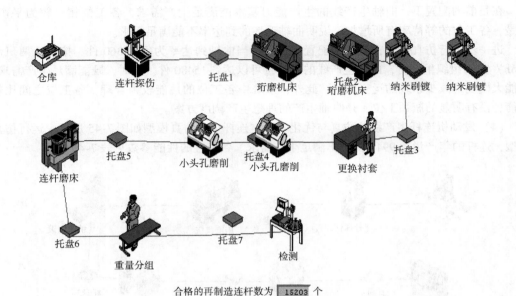

合格的再制造连杆数为 15203 个

图 7-46 修改后的连杆生产线仿真模型

表 7-44 第一次优化后连杆各"位置"的性能指标

名 称	加工（%）	空闲（%）	等待（%）	堵塞（%）
连杆探伤	56.86	34.44	6.00	2.70
珩磨机床	73.74	22.92	3.34	0.00
纳米刷镀	69.29	27.39	3.25	0.07
更换衬套	36.73	52.07	6.32	4.88
小头孔磨削	53.66	30.17	3.18	12.99
连杆磨床	76.65	17.18	6.17	0.00
重量分组	15.38	77.56	7.06	0.00
检测	36.78	63.07	0.15	0.00

　　同样，在上述模型中存在设备处于空闲状态比例过高的问题，造成了资源的闲置和浪费。经过多次修改模型和优化，最终确定在保持生产线设备数量和配置不变的前提下，采用每天两班制（16h）、加工对象（废旧连杆）的到达率为每周 370 件时，该生产线的年产量为15747 件，满足生产要求。

　　此时，除重量分组和检测工序的利用率较低外，其余加工工位的利用率在 60% ～96.57% 之间。其中，连杆磨床的利用率（加工＋等待）为 96.57%，成为新的瓶颈工位。实际上，在发动机几个基础件中，连杆的再制造工艺相对简单。因此，通过增加瓶颈工序的设备等方法，经过持续改进和优化，还可以使连杆生产线的生产能力得到大幅提升。

　　但是，发动机是一个有机整体，装配时零部件数量之间需要按比例匹配，否则会造成总装线的不平衡，影响总体效益。因此，一味地添加设备将会造成连杆生产能力的富余，既增加了设备的投入，也会造成发动机再制造装配线的不平衡。

　　汽车再制造是一个新兴产业。由于法律法规、环保意识以及技术等方面的原因，国内汽车再制造的开展并不顺利，废旧汽车的回收利用还存在不少困难。以废旧发动机的再制造为例，每台废旧发动机的材料、结构、磨损程度、失效模式等都存在差异，同一工序的加工时间、生产成本、制造质量等都存在不确定性。不确定性对再制造系统的配置和生产调度提出挑战。本节的发动机再制造仿真研究中，在统计分析的基础上，将工序的加工时间设置为均匀分布和正态分布，体现了加工时间的不确定性，通过仿真实现了生产线的优化配置，为系统生产调度提供决策支持。

7.5.3　基于仿真和规则的多机并行作业车间生产调度

1. 柔性作业车间调度问题描述

在柔性作业车间（Flexible Job Shop）中，通常每种零件都有多道工序，每道工序有多台并行机床可供选择，同一种零件在不同并行机床上的加工时间也不尽相同。当零件种类和机床种类较多时，柔性作业车间调度就成为一类 NP-hard 问题。运筹学模型建立在大量假设的基础上，难以反映此类调度问题动态和柔性的特性。基于规则的仿真方法依据一定的规则或策略来决定下一步操作，可以为规则范围内的问题产生合理的调度方案。

本节研究并行机加工速率可变、加工时间服从随机分布的作业车间生产调度问题，以平均完工时间（Mean Completion Time，CT）、平均延迟交货率（Average Percentage of Tardy Jobs，$T\%$）和平均资源利用率（Average Resource Utilization，RU）作为评价指标，通过仿真评估路径选择规则、调度规则及其组合对系统性能的影响，为此类系统的生产调度和性能优化提供可行性解决方案。

2. 并行作业车间生产调度的仿真逻辑

作业车间生产调度的任务就是根据系统状态，动态地决定工件的加工次序和机器的使用方式，以达到优化资源利用率和系统效率的目的。柔性作业车间生产调度的主要任务包括：①制定路径选择规则（Route Selection Rule，RSR），为各工序选择加工用的机器。②制定分派规则（Dispatching Rule，DR），确定每台机器上工件加工的先后顺序。显然，柔性作业车间的性能不仅取决于路径选择规则和分派规则，还取决于它们的组合形式。

由于多机并行作业车间的运行过程具有动态性和随机性，调度问题难以表达为确定性的解析模型。仿真技术能够描述系统组成及其逻辑关系，模拟系统的运行过程，为系统动态行为特性研究提供了条件。本节基于仿真研究车间的生产调度问题，并做如下假设：①工件的工艺计划固定不变，即工序的先后顺序不能违背。②每个工件在特定的时刻只能在一台机器上加工。③一台机器一次只能加工一个工件。④工件在加工过程中不能被中断。⑤不考虑机器故障停机，机器在仿真过程中始终可用。⑥加工时间包括工件准备时间。⑦工序在机器上的加工时间服从统计分布，实际加工时间由机器加工速率决定。综上，并行多机作业车间调度的仿真逻辑如图 7-47 所示。

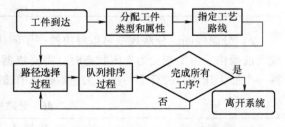

图 7-47　多机并行作业车间调度的仿真逻辑

由于作业车间中存在并行机，相同类型工件的加工工艺路径不尽相同，工件需要通过路径选择确定工艺路径。此外，由于机器的加工能力有限、在同一时间内只能为一个工件提供服务，当多个工件竞争同一台机器时，工件需要通过队列排序以确定占用机器的次序。路径选择和队列排序的基本过程如下：

（1）路径选择过程　当工件根据工艺路线要求进入指定加工区域后，需要根据并行机的状态决定加工路径，可能存在以下三种情况：①若并行机中有一台机器处于空闲状态，则工件占用该机器。②若并行机中多于一台机器处于空闲状态，工件根据规则占用加工机器，常用规则为优先选择加工速率高的机器。③若并行机中机器都处于繁忙状态，工件将根据路径选择规则计算并行机的相关属性，选择属性值最小的机器处理其工序，并进入相应的等待队列中，之后进入队列排序过程。路径选择的仿真逻辑如图7-48所示。

（2）队列排序过程　把到达加工机器的队列的每个工件视为一个任务，然后根据所选择的分派规则计算任务的列优先级，对队列中优先级最高的任务进行加工。值得指出的是，只有存在两个及以上的工件同时等待时才会根据优先级进行排序。队列排序的仿真逻辑如图7-49所示。

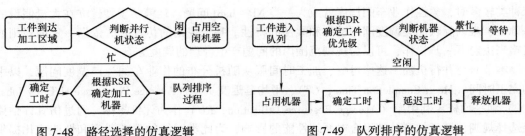

图7-48　路径选择的仿真逻辑　　　　图7-49　队列排序的仿真逻辑

3. 仿真决策变量和系统评价指标

（1）决策变量

1）路径选择规则。路径选择规则可以解决分派子问题，它的基本原理是：当工件上一个操作完成后，依据一定的规则，在可选设备集合中为工件的下一个操作选择一台机器。在有多个可选设备的生产环境中，路径选择规则对平衡设备的利用率和提高生产效率具有重要作用。本研究中所采用的路径选择规则见表7-45。

表7-45　路径选择规则（RSR）

规则代号	规则描述	规则含义
NINQ	Number In Next Queue	选择队长最短的机器
WINQ	Work In Next Queue	选择工作量最少的机器
LUM	Lowest Utilized Machine	选择利用率最低的机器
POR	Preferred Order	选择加工速率最高的机器

2）分派规则。分派规则可以解决排序子问题，它的基本原理是：当系统中的某一设备完成当前操作、由忙态变为空闲状态时，需要依据一定的规则，从竞争使用该设备的任务中选择一个加工任务，进行下一步加工。本研究中选取的分派规则见表7-46。

表7-46　分派规则（DR）

规则代号	规则描述	规则含义
FIFO	First In First Out	先到先加工
EDD	Earliest Due Date	交货期最早的先加工
SPT	Shortest Processing Time	加工时间最短的先加工
MS	Minimum Slack	宽放最小的先加工
MWKR	Most Work Remaining	工作量最大的先加工
LWKR	Least Work Remaining	工作量最小的先加工

（2）系统评价指标 系统评价指标是选取决策规则的主要依据，评价指标包括性能指标和经济指标等。现有的研究中以系统性能作为评价指标的居多，常用的指标包括平均完工时间、交货期、资源利用率等。

平均完工时间与工件在系统内的滞留时间和在制品库存水平有关，并影响工件的运输和存储成本。交货期能反映服务水平和客户满意度，它是调度效果的集中体现。资源利用率反映系统的生产绩效和车间的生产能力，提高资源利用率可以降低生产成本、提高生产效益。

本研究选取平均完工时间（CT）、平均延迟交货率（$T\%$）和平均资源利用率（RU）作为路径选择规则和分派规则组合效果的评价指标。它们的计算公式如下：

1）平均完工时间：

$$CT = \frac{1}{N} \sum_{i=1}^{N} CT_i$$

2）平均延迟交货率：

$$T\% = N(T)/n$$

3）平均资源利用率：

$$RU = \frac{1}{K} \sum RU_k, k = 1, \cdots, K$$

其中，CT_i 表示工件 $i(i = 1, 2, \cdots, N)$ 的完工时间，为工件 i 的完工时刻与到达时刻之差；N 表示观测期间内系统的总产出数；T_j 表示工件 j 的延迟交货判断，如果工件 j 的完工时间大于交货期，即设为 1，否则为 0；$N(T)$ 表示观测期间内的总延迟交货数，$N(T) = \sum T_j (j = 1, 2, \cdots, N)$；$n$ 为延迟交货的工件数；RU_k 表示机器 k 的资源利用率，即机器 k 的忙期与运行时间的比值；K 为机器的总数。

4. 仿真案例分析

某作业车间具有 4 个工位、每个工位有 2 台并行的作业设备，车间布局如图 7-50 所示。车间中有 4 种待加工工件，每种工件各占 25%。工件每次到达系统的数量为 1，工件到达服从泊松过程，到达间隔时间 $A_{i,i+1}$ 服从均值为 15min 的指数分布。采用不同路径选择

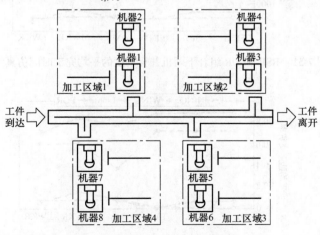

图 7-50 并行多机作业车间布局图

规则和调度规则的组合对工件进行调度，对每一种规则组合作一次仿真，每次仿真运行包含 30 次独立重复试验，并取 30 次重复试验的平均值作为仿真结果。由于可选机器集中的机器加工速率不同，完成同一工序所需加工时间也不同，假定加工时间 P_{ijk} 服从均值不同、方差相等的正态分布，即 $P_{ijk} \sim N(\mu, 1)$。每种工件的工艺路线、工序加工时间及可选机器见表 7-47。

表 7-47 工件的加工工艺信息

工序	工件类型 1		工件类型 2		工件类型 3		工件类型 4	
	机器	工时/min	机器	工时/min	机器	工时/min	机器	工时/min
O_{i1}	M1	$N(10, 1)$	M3	$N(18, 1)$	M5	$N(10, 1)$	M7	$N(8, 1)$
	M2	$N(15, 1)$	M4	$N(36, 1)$	M6	$N(5, 1)$	M8	$N(24, 1)$
O_{i2}	M3	$N(15, 1)$	M1	$N(20, 1)$	M3	$N(13, 1)$	M5	$N(22, 1)$
	M4	$N(30, 1)$	M2	$N(30, 1)$	M4	$N(26, 1)$	M6	$N(44, 1)$
O_{i3}	M5	$N(40, 1)$	M5	$N(50, 1)$	M7	$N(15, 1)$	M1	$N(4, 1)$
	M6	$N(20, 1)$	M6	$N(25, 1)$	M8	$N(45, 1)$	M2	$N(6, 1)$
O_{i4}	M7	$N(12, 1)$	M7	$N(8, 1)$	M1	$N(6, 1)$	M3	$N(44, 1)$
	M8	$N(36, 1)$	M8	$N(24, 1)$	M2	$N(9, 1)$	M4	$N(22, 1)$

在 Arena® 软件中完成并行作业车间生产调度的建模与仿真，利用公共随机数方法保证每种调度规则具有相同的实验条件。本研究的目标是分析稳态条件下系统的运行情况，根据文献确定仿真系统运行时间为 43200min，热身（Warm-up）时间为 9600min。仿真过程中利用上述公式完成平均完工时间、平均延迟率和平均资源利用率等性能指标的统计分析。仿真结果分别如图 7-51、图 7-52 和图 7-53 所示。

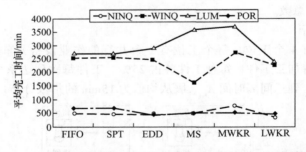

图 7-51　RSR 和 DR 组合下两机并行调度的平均完工时间仿真结果

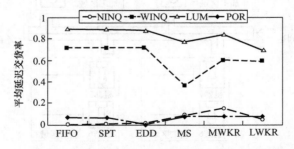

图 7-52　RSR 和 DR 组合下两机并行调度的平均延迟交货率仿真结果

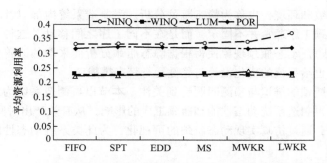

图 7-53 RSR 和 DR 组合下两机并行调度的平均资源利用率仿真结果

5. 仿真结果的分析与讨论

由图 7-51、图 7-52 和图 7-53，可以得出如下结论：

（1）平均完工时间指标 MWKR-LUM 规则组合的调度效果最差，LWKR-NINQ 是该项评价指标中最好的组合规则。与 LUM 有关的组合规则在平均完工时间方面表现都比较差，而与 NINQ 有关的组合规则和与 POR 有关的组合规则的性能比较接近。

（2）平均延迟交货率指标 SPT-NINQ、EDD-POR 在仿真实验中基本无延迟交货，而 FIFO-LUM 的性能最差。与 LUM 有关的组合规则普遍表现较差，延迟交货率始终保持在较高的水平，远高于其他资源选择规则的水平。分派规则中 FIFO、SPT、EDD 性能表现比较接近，而 EDD 与不同路径选择规则的组合都表现优于其他两项规则，为最优分派规则。

（3）平均资源利用率指标 LWKR-NINQ 的平均资源利用率最高，而 FIFO-LUM 的该指标值最低。同一路径选择规则与不同分派规则搭配时性能表现稳定，而不同路径选择规则之间的表现差异明显，其中 WINQ 与 LUM 的性能接近、均为最差。

由以上分析可知，在各路径选择规则中 NINQ 的性能最优、LUM 的性能为最差，POR 与 NINQ 在各项衡量指标的表现接近、为次优。由于不同目标下组合调度规则的性能不同，在生产实际中应根据具体的目标选取不同的组合规则进行生产调度。

本节以平均完工时间、平均资源利用率和平均延迟交货率作为加工时间不确定的多机并行作业车间调度方案的性能评价指标，研究不同路径选择规则和分派规则组合的性能。通过对仿真结果分析，给出每种性能指标下最优的组合规则。研究结果表明：与 LUM 搭配的组合规则在各性能测度中都表现不佳，与 NINQ 搭配的组合规则在各性能测度中都表现稳定。因此，调度时应根据车间状况和调度目标选择调度规则及其组合，避免仅凭借经验或偏好选择规则。

7.5.4 考虑质量不确定性的再制造系统动态瓶颈分析

再制造系统以恢复耗损零部件性能、实现退役或报废产品的重新利用为目标，是一类新型制造系统，也是循环经济的重要途径。不确定性（Uncertainty）是此类系统设计与运行面临的最大挑战，主要表现为：回收件数量、质量以及回收时间不确定，因回收件质量波动导致的再制造工艺路线和工序工时不确定，再制造件的市场需求和售价不确定等，上述特性给系统设计与运行带来挑战。

对制造系统而言，瓶颈（Bottleneck）是指系统产量和性能的限制性因素。根据约束理论（Theory Of Constraints，TOC），瓶颈工序性能决定了整个系统的生产能力。现有的瓶颈识别多基于确定的系统参数和环境，也称为静态瓶颈分析。受制造系统内部以及环境中不确定因素影响，系统中的瓶颈工序通常并不固定，而是在不同工序之间移动，这种现象称为动态瓶颈（Dynamic Bottleneck）。动态瓶颈现象使得根据静态瓶颈分析而采取的改善措施并不总能取得理想的控制效果，也给系统的优化设计与稳健运行带来挑战。

近年来，动态瓶颈的辨识与预测问题受到关注。本节以再制造系统为对象，重点研究回收件质量差异性对再制造系统动态性能和瓶颈工序的影响，从有效产出时间的视角定义瓶颈，建立瓶颈辨识指标，通过仿真实现动态瓶颈的可视化，为此类系统动态性能的分析与改善提供理论依据。

1. 回收件质量不确定性分析

如图 7-54 所示，再制造系统通常包括拆解、再制造和重新装配等三个子系统。回收件先被拆解成零部件；根据零部件性能和状态，分别进入"直接重用""再制造""材料回收"或"直接废弃"等处理程序；再制造后的零件与一定数量新件，经重新装配形成最终的再制造产品。

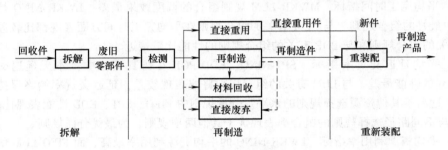

图 7-54　再制造工艺流程简图

回收件质量不确定是再制造系统的基本特性。它对再制造系统的动态性能有着多方面影响，具体表现在：①回收件再制造率（r）不确定。经过拆解和检验，回收件中只有一定比例的零部件符合再制造要求。②加工路径具有随机性。回收件质量不同，所需的再制造工序不尽相同，使得工艺路线具有随机性。③工序时间有较大的变异性。回收件质量的差异使得各工序的加工时间存在较大变数。④退出率（ω）不确定性。在再制造的不同阶段，一些零件会因性能不符合再制造要求而退出系统。⑤新件需求不确定。为按比例完成装配，需要适时、适地、适量的向再制造系统补充新件。上述特性极大地增加了系统设计与运营优化的难度，目前尚未见到有关回收件质量与动态瓶颈分析的研究工作。

2. 瓶颈定义及瓶颈指数

不同类型的瓶颈对系统性能的限制和约束作用不尽相同。产出时间（Throughput Time，TPT）是制造系统性能的常用评价指标，缩短产出时间意味着交货期的提前和系统产能的增加。以下结合再制造系统回收件质量的不确定性，从有效产出时间的角度定义产出时间瓶颈。

在再制造系统的一些工位，虽然回收件已完成加工，但因加工后零件的性能不符合品质标准会退出系统。此时，这些工位的作业对系统产出没有贡献，我们称之为非有效作业（Ineffective Operation），相应的作业时间称为非有效作业时间（Ineffective Operation Time）。非有效作业使一些工序处于忙碌状态，降低了工序的有效生产能力。

设有 K 个批次的回收件进入系统，每个批次的产出为 $B_k(k=1,2,\cdots,K)$。经过工位 j 的零件数为 TP_j。设加工完成后进入下一工序的零件数，即有效产出为 f_j，退出系统的零件数为 s_j。显然，

$$TP_j = f_j + s_j \geqslant \sum_{k=1}^{K} B_k$$

生产系统所有批次的总产出时间等于所有工位作业产出时间之和，因此有

$$\sum_{k=1}^{K} TPTB_k = \sum_{j=1}^{J} TPTW_j = \sum_{j=1}^{J} \left(\sum_{i=1}^{f_j} TPTW_{j,i} + \sum_{i=1}^{s_j} TPTW_{j,i} \right)$$

式中，$TPTB_k$ 为第 k 个批次回收件的再制造总产出时间；$TPTW_j$ 为工位 j 的总作业时间；J 为工位数；$TPTW_{j,i}$ 为工位 j 中第 i 个作业的时间。显然，$\sum_{i=1}^{f_j} TPTW_{j,i}$ 为工位 j 的有效作业时间（Effective Operation Time，EOT）。

有效作业时间比例（μ_{EOT}）反映了每个工位有效作业时间对其工位总作业时间的贡献度：

$$\mu_{EOT,j} = \frac{\sum_{i=1}^{f_j} TPTW_{j,i}}{TPTW_j} \times 100\%$$

式中，$\mu_{EOT,j}$ 为工位 j 的有效作业时间比例。

产出时间比例（μ_{TPT}）可用于计算每个工位的总作业时间对系统总产出时间的贡献度：

$$\mu_{TPT,j} = \frac{TPTW_j}{\sum_{j=1}^{J} TPTW_j} \times 100\%$$

式中，$\mu_{TPT,j}$ 为工位 j 的产出时间比例。

综上，再制造系统瓶颈应具备以下特征：产出时间大而有效作业时间小。定义工位 j 有效产出时间比例（$ETPT$）为

$$ETPT_j = \frac{\mu_{TPT,j}}{\mu_{EOT,j}}$$

通过统计同一时间段内系统中每个工位的 $ETPT$，可以得到各工位有效产出时间的排序情况，其中 $ETPT$ 值最大的工位即为系统的有效产出时间瓶颈（BN_{ETPT}）：

$$BN_{ETPT} = \{ j | ETPT_j = \max(ETPT_1, ETPT_2, \cdots, ETPT_w) \}$$

3. 动态瓶颈分析流程

基于质量不确定性的动态瓶颈分析流程如图 7-55 所示。

对再制造系统而言，首先需要分析回收件质量的不确定性，并在此基础上定义瓶颈指数。步骤 1 和步骤 2 的相关内容已经在前面阐述。

步骤 3：利用离散事件仿真技术建立系统仿真模型。建模时，需要定义生产线结构、编制所需瓶颈指数的获取方式。作为仿真模型的输入，需要确定回收件到达时间、再制造率、加工路径、加工时间以及退出率等基础数据。运行仿真模型，收集观测期内各工位的瓶颈指数值。

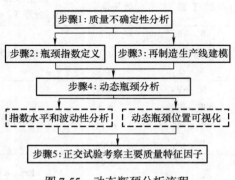

图 7-55 动态瓶颈分析流程

步骤 4：从两个角度分析动态瓶颈，一是通过比较同一工位、不同时间段瓶颈指数值的变化，完成特定工位瓶颈指数及波动性分析；二是通过比较不同工位、同一时段内瓶颈指数值的大小，实现瓶颈工位的可视化。

步骤5：考察回收产品质量特征因素的改变对系统瓶颈的影响。采用试验设计（Design of Experiment，DOE）方法，改变主要质量特征因子，如再制造率 r、平均服务率 μ 以及各工位零件退出率 ω，考察系统瓶颈变化。

4. 案例研究

（1）再制造生产线的仿真建模　图7-56所示为一车床主轴的再制造生产线。除检测（W_0）工位之外，生产线还设有镀刷（W_1）、涂敷（W_2）、焊补（W_3）、车削（W_4）、粗磨（W_5）以及精磨（W_6）等6个工位。回收件有3种去向：退出系统（P_1）、直接重用（P_2）和合格的再制造件（P_3）。该系统中包括几种典型的再制造加工路径，如顺序型加工、跳跃型加工、回流加工等。

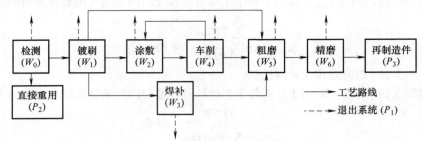

图7-56　车床主轴的再制造生产线

• 本节利用 ProModel 软件建立再制造生产线仿真模型。为专注于研究回收件质量特征对系统瓶颈与性能的影响，研究时做如下假设：①各工位前均设有缓冲区，并假定容量为无限大。②忽略工位之间的搬运时间。③不考虑各工位的停工和维修时间。④再制造件的回收与市场需求相互独立，回收件到达规律服从参数 $\lambda = 0.1$ 的泊松流。⑤采用转移概率描述零件的加工路径。例如：p_{ij} 表示回收件从工位 i 移动到工位 j 的概率，其中 p_{01} 为再制造率 r；加工时间服从数学分布，见表7-48。

表7-48　工艺路线及加工时间分布

加 工 路 径	转移概率 p_{ij}	起点加工时间分布 T_i/min	加 工 路 径	转移概率 p_{ij}	起点加工时间分布 t/min
$W_0 \to W_1$	0.6		$W_3 \to W_5$	0.95	$N(5,2)$
$W_0 \to P_1$	0.1	Exp（10）	$W_3 \to P_1$	0.05	
$W_0 \to P_2$	0.3		$W_4 \to W_2$	0.70	
$W_1 \to W_2$	0.6		$W_4 \to W_5$	0.20	$N(6,2)$
$W_1 \to W_3$	0.2		$W_4 \to P_1$	0.10	
$W_1 \to W_5$	0.15	Exp（15）	$W_5 \to W_6$	0.95	$N(8,2.5)$
$W_1 \to P_1$	0.05		$W_5 \to P_1$	0.05	
$W_2 \to W_4$	0.95	Exp（8）	$W_6 \to P1$	0.10	$N(10,3)$
$W_2 \to P_1$	0.05		$W_6 \to P_3$	0.90	

（2）动态瓶颈分析　运行仿真模型，以8h为单位，记录仿真周期（240h）内系统各工位 $ETPT$ 指数的变化情况。通过比较同一工位不同时间段瓶颈指数值的变化，完成特定工位瓶颈指数及其波动性分析；通过比较不同工位同一时段内瓶颈指数值的大小，实现瓶颈工位的可视化。

1）各工位瓶颈指数及其波动性分析。由前述的4个公式，计算得到各工位的 $ETPT$ 指数如图 7-57 所示。其中，W_2 工位 $ETPT$ 指数的值域为 $[0.09, 0.3]$，平均值为 0.229，相对其他工位处于较高水平；其次是 W_1 工位，值域为 $[0.16, 0.36]$，平均值为 0.227。因此，上述两个工位最有可能成为系统的 $ETPT$ 瓶颈。此外，W_2 和 W_4 工位的 $ETPT$ 指标波动幅度较大，标准偏差分别为 0.047 和 0.038，表明两者有效产出时间的稳定性较差。

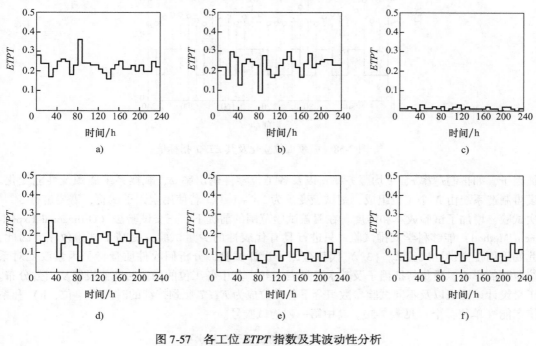

图 7-57　各工位 $ETPT$ 指数及其波动性分析

a) W_1　b) W_2　c) W_3　d) W_4　e) W_5　f) W_6

　　工位的瓶颈指数及其波动性反映了工位的动态特性。$ETPT$ 指数越高，表示该工位越可能成为系统的瓶颈；$ETPT$ 值的波动性越大，表明该工位对系统中的不确定性因素越敏感，需要采取措施加以控制。

　　2）瓶颈的可视化。由产出时间比例（μ_{TPT}）算式，可以得到仿真时段内系统 $ETPT$ 瓶颈工位的变化规律，以及各时段瓶颈指数的变动情况，如图 7-58 所示。其中，阶梯图反映 $ETPT$ 瓶颈在不同工位之间的转移情况，以及每个工位成为瓶颈的持续时间；火柴梗图反映了当某工位成为瓶颈时，该工位瓶颈指数的大小。对该系统而言，$ETPT$ 瓶颈首先出现在 W_1 工位；随着时间的推移，$ETPT$ 瓶颈在 W_1 和 W_2 两个工位之间交替出现，其中 W_2 成为系统 $ETPT$ 瓶颈的时间更长，达到 128h。

　　由图 7-58 可以得出如下结论：①当环境或系统内部存在不确定因素时，制造系统的瓶颈工位并不确定，它可能在不同工位之间不断转移。②即使某个工位在同一时段内持续成为系统瓶颈，其瓶颈指数也可能存在较大变化。③在实际生产中，通过瓶颈转移及其持续时间的分析，有助于寻找影响系统性能的关键工位。④通过对瓶颈工位瓶颈指数变化规律的分析，可以帮助决策者确定瓶颈形成的内在原因；通过定量计算瓶颈改善所需的成本以及改善后的经济效益，以便采取可行的瓶颈改善措施，优化系统性能。

　　（3）回收件质量特性对系统瓶颈的影响分析　本节采用试验设计方法，改变主要质量特

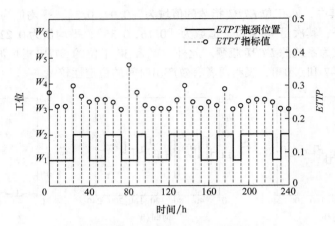

图 7-58 瓶颈工位变化及其 *ETPT* 指标值

征因子，如再制造率 r、平均服务率 μ 以及各工位零件退出率 ω，观察系统瓶颈及性能变化。设再制造系统由 N 个工位组成，则试验变量为 $2N+1$ 个。若使用全因子试验，需要进行 3^{2N+1} 次试验，增加了试验成本和难度。在覆盖试验范围的前提下，正交试验法（Orthogonal Experiment Method）能够科学安排试验，只进行具有代表性的少量试验，提高了试验效率。因此，此处采用正交设计试验 $L_{27}(3^{13})$ 代替全因子设计试验，分析回收件质量特征因素改变对系统瓶颈的影响。质量特征因子及其水平见表7-49，其中各工位的加工时间假设服从指数分布。正交设计试验表以及不同试验参数组合下各工位成为 *ETPT* 瓶颈持续的时间（单位：h）和系统产能（单位：个）见表7-50。其中第一列为试验号。

表 7-49 质量特征因子及其水平

因子	水平		
	1	2	3
r	0.6	0.7	0.8
μ_i	1/8	1/4	1/2
ω_i	0.01	0.05	0.1

表 7-50 不同试验参数下工位成为 *ETPT* 瓶颈的持续时间及系统产能分析

序号	r	μ_1	μ_2	μ_3	μ_4	μ_5	μ_6	ω_1	ω_2	ω_3	ω_4	ω_5	ω_6	1	2	3	4	5	6	产出
1	0.6	1/8	1/8	1/8	1/8	1/8	1/8	0.01	0.01	0.01	0.01	0.01	0.01	0	112	0	128	0	0	783
2	0.6	1/8	1/8	1/8	0.25	0.25	0.25	0.05	0.05	0.05	0.05	0.05	0.05	8	232	0	0	0	0	649
3	0.6	1/8	1/8	1/8	0.5	0.5	0.5	0.10	0.10	0.10	0.10	0.10	0.10	0	240	0	0	0	0	782
4	0.6	0.25	0.25	0.25	1/8	1/8	1/8	0.01	0.01	0.01	0.05	0.05	0.05	0	0	0	216	8	16	700
5	0.6	0.25	0.25	0.25	0.25	0.25	0.25	0.05	0.05	0.05	0.01	0.01	0.01	0	120	0	104	16	0	786
6	0.6	0.25	0.25	0.25	0.5	0.5	0.5	0.10	0.10	0.10	0.05	0.05	0.05	8	224	0	8	0	0	640
7	0.6	0.5	0.5	0.5	1/8	1/8	1/8	0.05	0.05	0.05	0.10	0.10	0.10	0	0	0	216	0	24	653
8	0.6	0.5	0.5	0.5	0.25	0.25	0.25	0.10	0.10	0.10	0.01	0.01	0.01	0	0	0	216	16	8	809
9	0.6	0.5	0.5	0.5	0.5	0.5	0.5	0.05	0.05	0.05	0.01	0.01	0.01	0	184	0	48	8	0	684
10	0.7	1/8	0.25	0.5	1/8	0.25	0.5	0.01	0.05	0.10	0.01	0.05	0.10	16	0	0	224	0	0	682

（续）

序号	r	μ_1	μ_2	μ_3	μ_4	μ_5	μ_6	ω_1	ω_2	ω_3	ω_4	ω_5	ω_6	1	2	3	4	5	6	产出
11	0.7	1/8	0.25	0.5	0.25	0.5	1/8	0.05	0.10	0.01	0.05	0.10	0.01	120	72	0	48	0	0	616
12	0.7	1/8	0.25	0.5	0.5	1/8	0.25	0.10	0.01	0.05	0.10	0.01	0.05	120	88	0	0	24	8	640
13	0.7	0.25	0.5	1/8	1/8	0.25	0.5	0.05	0.10	0.10	0.10	0.10	0.05	0	0	0	240	0	0	632
14	0.7	0.25	0.5	1/8	0.25	0.5	1/8	0.10	0.01	0.05	0.01	0.01	0.10	32	16	0	32	160	0	740
15	0.7	0.25	0.5	1/8	0.5	1/8	0.25	0.01	0.05	0.10	0.05	0.10	0.01	24	16	24	16	152	8	725
16	0.7	0.5	1/8	0.25	1/8	0.5	0.25	0.05	0.10	0.01	0.10	0.05	0.10	0	120	0	120	0	0	593
17	0.7	0.5	1/8	0.25	0.25	0.5	1/8	0.10	0.01	0.05	0.05	0.05	0.05	0	240	0	0	0	0	627
18	0.7	0.5	1/8	0.25	0.5	1/8	0.25	0.01	0.05	0.10	0.05	0.10	0.10	200	0	0	32	8	669
19	0.8	1/8	0.25	0.5	1/8	0.25	0.5	0.10	0.01	0.05	0.10	0.01	0.05	0	0	0	240	0	0	781
20	0.8	1/8	0.5	0.25	0.25	1/8	0.5	0.05	0.10	0.01	0.05	0.05	0.10	112	0	0	72	56	0	839
21	0.8	1/8	0.5	0.25	0.5	0.25	1/8	0.05	0.01	0.10	0.05	0.05	0.05	200	0	0	8	0	32	642
22	0.8	0.25	1/8	0.5	1/8	0.5	0.25	0.05	0.01	0.10	0.05	0.05	0.01	0	56	0	184	0	0	687
23	0.8	0.25	1/8	0.5	0.25	1/8	0.5	0.10	0.05	0.01	0.05	0.05	0.10	0	232	0	0	8	0	683
24	0.8	0.25	1/8	0.5	0.5	0.25	1/8	0.05	0.05	0.05	0.05	0.05	0.05	0	240	0	0	0	0	745
25	0.8	0.5	0.25	1/8	1/8	0.5	0.25	0.05	0.10	0.01	0.10	0.05	0.10	0	0	0	240	0	0	673
26	0.8	0.5	0.25	1/8	0.25	0.5	1/8	0.01	0.10	0.05	0.05	0.05	0.01	0	96	8	32	104	0	868
27	0.8	0.5	0.25	1/8	0.5	0.25	1/8	0.05	0.01	0.10	0.01	0.10	0.05	0	176	0	0	16	48	860

由表 7-50 可知：回收件的质量及其特征参数各工位成为瓶颈的可能性及其成为瓶颈的持续时间有直接影响，并影响到系统的产出。从试验结果可以看出：该系统的瓶颈工位主要集中在 W_1、W_2 和 W_4 工位。

W_1、W_2、W_4 工位的主导因子及其效应分析分别如图 7-59 ~ 图 7-61 所示。其中，图 7-59a、图 7-60a 和图 7-61a 显示每个因子在不同水平下响应（瓶颈持续时间）均值极差的排名，极差反映因子对响应的影响程度；图 7-59b、图 7-60b 和图 7-61b 显示了主导因子的主效应。

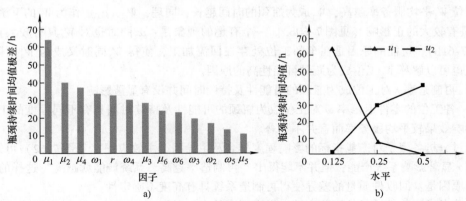

a)　　　　　　　　　　　　　　　　　　　　b)

图 7-59　W_1 工位的主导因子及其效应分析

a）瓶颈持续时间均值极差排名　b）主导因子主效应

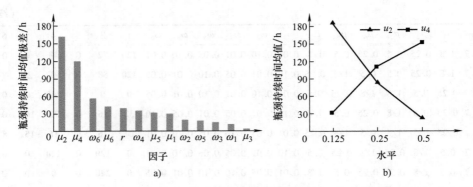

图 7-60　W_2 工位的主导因子及其效应分析

a）瓶颈持续时间均值极差排名　b）主导因子主效应

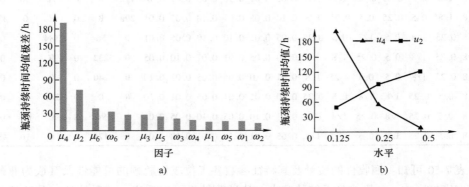

图 7-61　W_4 工位的主导因子及其效应分析

a）瓶颈持续时间均值极差排名　b）主导因子主效应

观察图 7-59 ~ 图 7-61 可以得出以下结论：

1）平均服务率 μ 对工位瓶颈的持续时间有显著的负面影响，即平均服务率越低，工位成为瓶颈的持续时间越长。μ_2 对 W_1 的瓶颈持续时间具有较大的正影响（见图 7-59b），即 W_1 的下游工位 W_2 平均服务率越高，W_1 成为瓶颈的时间越长；同理，W_4（μ_4）作为 W_2 的下游工位，对 W_2 具有较大的正影响（见图 7-60b）。一个有趣的现象是：μ_2 同时也对 W_4 具有较大正影响（见图 7-61b），可能的原因是在车削工位处存在回流加工，使得 W_2 同时又成为 W_4 的下游工位。这也可以解释 W_2 工位成为瓶颈可能性高的原因。

2）再制造率 r 对工位成为瓶颈的可能性及持续时间并没有显著影响。

3）各工位的零件退出率 ω 对工位成为瓶颈的可能性及持续时间具有不同程度的正影响，但是影响效果较平均服务率而言并不显著。

通过分析各因子对产能指标的影响程度排名及主导因子主效应图（见图 7-62）可知，再制造率 r 显著影响系统产能，但并不能得出"再制造率越高、系统产能就越高"这样的结论。可能的原因是：回收件质量的差异使得再制造系统具有高度不确定性。

本节考虑回收件质量的不确定性，提出了有效产出时间（*ETPT*）这一动态瓶颈指标；利用离散事件仿真技术模拟生产线运行过程，实现了再制造系统瓶颈的动态监测；采用正交实验方法研究质量特征因素的改变（再制造率、零件退出率和加工时间）对系统瓶颈和性能的影响，为此类系统的设计、运行与改善提供了理论依据。

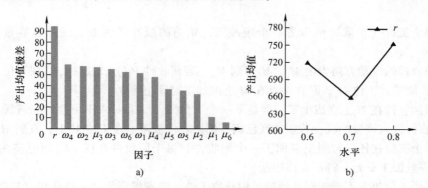

图 7-62　影响产能的因子主效应图
a）产能均值极差排名　b）主导因子主效应

7.5.5　基于分派规则和人工蜂群算法的再制造系统生产调度仿真

生产调度是制造企业运营中的重要内容。总体上，调度可以分为静态调度（Static Scheduling）和动态调度（Dynamic Scheduling）两种类型。其中，静态调度是指在生产任务和运行环境已经确定时完成的事前调度；动态调度则是根据生产需求和作业环境的变化，动态地调整生产任务和作业安排，以满足实时的生产需求。

根据求解调度策略方法的不同，调度大致可以分为两种类型：①基于进化算法（Evolutionary Algorithm）的调度，它具有计算精准、全局寻优等优点，但是求解过程复杂、耗时长、难以反映生产需求的动态变化，常用于静态调度。目前，遗传算法（Genetic Algorithm）、禁忌算法（Tabu Search Algorithm）等经典进化算法已经广泛应用于生产调度中。人工蜂群（Artificial Bee Colony，ABC）算法是一种新的进化算法，具有灵活性、鲁棒性和不受领域知识所约束等特点。②基于分派规则（Dispatching Rule）的调度，具有计算简单、可以反映系统实时变化等特点，可以快速得到局部最优解，常用于动态调度。

与传统制造系统相比，再制造系统中的原材料（回收件）质量、加工工序、再制造所需的时间以及再制造成本等均具有不确定性，系统的规划设计、运行和管理更为复杂。本节以再制造系统为对象，以系统总流程时间（Total Flow Time，TFT）最短为目标；根据再制造系统特点选择和构建分派规则，研究基于分派规则的动态调度；采用人工蜂群算法研究再制造系统的生产调度，并与基于分派规则的调度结果做对比分析。

1. 再制造系统调度建模

再制造生产线兼具流水作业（Flow Shop）和作业车间（Job Shop）的某些特征。回收件质量的不确定会导致工序加工时间不确定、再制造工艺路线存在随机性。为改善生产线平衡、减少堵塞和等待现象，通常会在每个工位前设置缓冲区。图 7-63 所示为再制造生产线示意图。

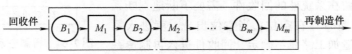

图 7-63　再制造系统示意图

由图7-63可知，再制造生产线主要由回收件、工序（机器）和缓冲区三类元素组成，假设：

1）每个工位（机器）前设置一个缓冲区，M_i前的缓冲区为B_i，缓冲区容量分别为K_i（$i=1,2,\cdots,m$）。

2）回收件的流动方向为由M_1、M_2直到M_m。若回收件P_j（$j=1,2,\cdots,n$）在工位M_i上没有加工作业，则跳过工位M_i。回收件P_j在M_i上的加工时间记为p_{ij}。

3）当回收件在M_i上完成加工，但是下一个工位M_k（$k>i$）不可用时，若缓冲区B_k未满，则回收件进入该缓冲区；若缓冲区已满，则回收件被阻塞在工位M_i上，直到M_k可用。

4）每个工位在任一时刻至多加工一个回收件，每个回收件在任一时刻至多在一个工位上加工；一旦加工开始，将不允许中断。

5）每个工位根据不同规则从缓冲区中获取工件，缺省规则为"先进先出（FIFO）"。

2. 生产调度优化模型

对于上述再制造系统，静态和动态生产调度问题分别可以表示为：

（1）静态调度　在工件到达系统时已经确定工件的排列次序。一旦输入工件的排列次序确定，工件在每个工位上的加工顺序就已经确定。因此，调度时无须考虑系统的状态信息，主要任务是评估每一种工件排列方式下系统的性能。一般地，静态调度的目标为

$$\mathrm{Opt} f(\bar{C}, I_v), I_v \in \Lambda_I$$

式中，I_v表示第v种输入排列，排列的集合为Λ_I；Λ_I中输入排列的数量为$n!$；$\bar{C}$为系统输入参数向量；f表示系统的性能指标。

（2）动态调度　当机器空闲、选取下一个加工工件时，需要确定缓冲区中工件的排列次序。动态调度适用于根据生产现场的状况实时做出调度决策，并需要根据系统特性设计合适的分派规则。当选定规则后，工件在每台机器上的加工顺序就已确定。动态调度的优化目标可以表示为

$$\mathrm{Opt} f(\{T_1, T_2, \cdots\}, \{M_i\}, \bar{C}, \bar{S}, R_v), R_v \in \Lambda_R$$

式中，$\{T_1, T_2, \cdots\}$为加工过程中仿真推进时刻的集合；$\{M_i\}$表示每个推进时刻需要选择工件的机器集合；$\bar{C}$为系统输入参数向量；$\bar{S}$为系统状态参数向量；R_v表示分派规则v；Λ_R为分派规则的集合；f表示系统性能指标。

3. 调度优化模型的求解

优化模型求解是生产调度研究的另一个关键问题。由于回收件质量不确定，再制造系统中回收件的加工路线和加工时间存在较大差异，通常难以用解析法求解系统性能指标。本研究中采用C++编制再制造系统运行仿真程序，获取系统状态参数及其性能指标，评估不同调度方案对系统性能的影响。调度仿真的流程如图7-64所示。

由于缓冲区容量有限，回收件不一定能全部进入再制造系统。暂时滞留在系统外的回收件，需要不断地判断系统内相应缓冲区是否存在空位；当空位出现，就进入系统。考虑到再制造加工路线不确定，回收件进入再制造系

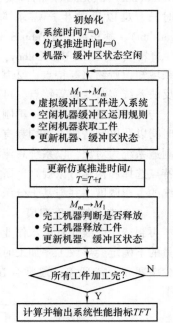

图7-64　再制造系统运行仿真流程

统的第一站并非一定是 B_1，也有可能是其他缓冲区。因此，编程时根据首站位置将回收件库存划分为 m 个虚拟缓冲区，即 $B_1 \sim B_m$。此外，假设来自机器释放的回收件，在进入缓冲区时比来自库存的回收件有更高的优先级。

4. 分派规则与离散人工蜂群算法

（1）分派规则　分派规则用于确定机器前缓冲区中工件的加工优先级，通常是系统输入和状态参数的简单函数。经典的分派规则未必完全适合再制造系统。考虑到因回收件质量的不确定，会造成再制造系统加工时间和加工路线的不确定，为此可以构造能反映再制造系统特性的新的分派规则。所采用的经典分派规则和新构造的分派规则见表 7-51。其中，规则 1 ~ 规则 10、规则 13 ~ 规则 20 为经典分派规则，规则 11、规则 12、规则 21 和规则 22 为新的分派规则，可以反映再制造系统中存在的跳跃现象。

表 7-51　分派规则

序号	符号	描述	序号	符号	描述
1	FIFO	先进先出	12	MNO	下一个操作的序号最大
2	LIFO	后进先出	13	LNPT	下一个操作的加工时间最短
3	SPT	操作加工时间最短	14	MNPT	下一个操作的加工时间最长
4	LPT	操作加工时间最长	15	LWINQ	下个缓冲区加工时间总和最短
5	LWKR	剩余操作的加工时间总和最短	16	MWINQ	下个缓冲区加工时间总和最长
6	MWKR	剩余操作的加工时间总和最长	17	AT	工件在系统中逗留的时间最短
7	LAVPRO	剩余操作的平均加工时间最短	18	PW	操作等待时间最短
8	MAVPRO	剩余操作的平均加工时间最长	19	SPT + PW	组合规则
9	LOPNR	工件剩余操作的数量最少	20	2PT + WINQ + NPT	组合规则
10	MOPNR	工件剩余操作的数量最多	21	LJN	跳跃机器台数最小
11	LNO	下一个操作的序号最小	22	MJN	跳跃机器台数最大

（2）蜂群算法的基本原理　在蜂群中，不同角色的蜜蜂只需完成简单、低智慧的任务。但是，通过舞蹈、气味等信息交互，群体中的不同个体能够协同完成复杂任务，如建筑蜂巢、繁衍后代和觅食等。Seely 最早提出一种蜂群的群居行为模型。Karaboga 进一步研究蜜蜂高效的采蜜方式，首次提出基于蜜蜂采蜜行为的人工蜂群（ABC）算法。

ABC 算法是一个复杂的群体智能系统，具有较强的灵活性、鲁棒性和不受领域知识所约束等特点。ABC 算法主要包括食物源、雇佣蜂、非雇佣蜂等三个要素。

1）食物源：食物源的价值取决距离蜂房的远近、所含蜂蜜的丰富程度以及获得蜂蜜的难易程度等。可以用食物源的"收益率"来表示食物源的价值。

2）雇佣蜂：雇佣蜂与正在开采的食物源一一对应。它们存储了对应食物源的相关信息，如食物源到蜂房的方向和距离、食物源的收益率等。雇佣蜂会以一定的概率分享这些信息。

3）非雇佣蜂：非雇佣蜂始终处于寻找待开发食物源的环境。非雇佣蜂分为两类，即旁观蜂和侦查蜂。旁观蜂在蜂房中等候并通过从雇佣蜂获得的信息开发食物源，收益率越高的食物源越有可能被旁观蜂选中。侦查蜂在蜂房附近搜索新的食物源。

假设蜂群已找到两个食物源 A 和 B，如图 7-65 所示。开始时，将待采蜜蜂设定为非雇佣蜂，它们没有任何关于蜂巢附近食物源的信息。此时，蜜蜂可以有两种选择：

1）由于蜂房内外部因素刺激，可能转化为侦查蜂，并自发地搜索蜂巢附近的食物源，如

图7-65 中的 S 线。

2）通过观察摇摆舞，可能转化为旁观蜂，并根据获得的信息寻找蜜源，如图7-65 中的 R 线。

当待采蜜蜂发现新蜜源后，它会记住蜜源的相关信息并立即开始采蜜。此时，待采蜜蜂变成了雇佣蜂。蜜蜂采蜜回到蜂巢并卸载花蜜后，它有以下三种行为模式：

1）放弃原先找到的食物源，成为待采蜜蜂，如图7-65 中的 UF；

2）返回同一食物源前，跳摇摆舞招募其他蜜蜂，如图7-65 中的 EF1；

3）不招募其他蜜蜂，继续返回同一蜜源采蜜，如图7-65 中的 EF2。

值得指出的是：不是所有蜜蜂都同时开始采蜜。新蜜蜂会根据蜜蜂的总数量和正在采蜜的蜜蜂数，按照一定的概率决定何时开始采蜜。

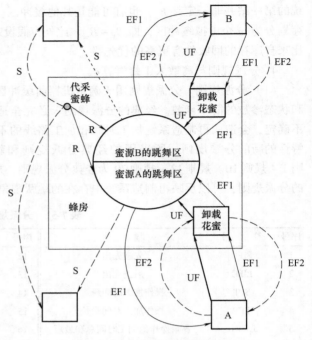

图7-65 蜜蜂的基本行为模式示意图

（3）基于人工蜂群算法的调度模型求解 再制造系统静态调度是典型的旅行商问题（Travel Salesman Problem, TSP）。本研究采用 ABC 算法来求解静态调度问题，并将用于解决离散组合优化问题的 ABC 算法称为离散人工蜂群（Discrete Artificial Bee Colony, DABC）算法。DABC 算法伪代码如下：

```
/ * DABC 算法 * /
Input : n, m, p_{ij}, K_i          Output : I *
SET NA =所选食物源个数/雇佣蜂个数/旁观蜂个数;
    生成初始化种群:随机生成 NA 个不同回收件排列;
WHILE 没有达到终结条件 MaxIteration
    搜索并记录当前种群中最优解及对应排列;
    LOOP 每一个雇佣蜂
        随机为该雇佣蜂选择一个策略 CL;
        根据策略在对应食物源中随机选择 Pr_1 个不重复回收件放入列表LB;
        LOOP 列表 LB 中每一个回收件
            确定回收件的当前位置,插入其他 n-1 个位置,得到新排列;
            计算 n-1 个新排列的目标值,选取目标值前 Pr_2 的新排列作为候选;
            随机选择 Pr_2 个新排列中的某一个,赋值给对应食物源;
        END LOOP
    END LOOP
    搜索并记录当前种群中最优解及对应排列;
    LOOP 每一个旁观蜂将对应食物源的每一个回收件都放入列表 LB;
```

LOOP 列表 LB 中每一个回收件

确定回收件的当前位置，插入其他 $n-1$ 个位置，得到新排列；

计算 $n-1$ 个新排列的目标值，选择最好的赋值给对应食物源；

END LOOP

END LOOP

搜索并记录当前种群中最优解及对应排列；

根据种群大小确定侦查蜂的数量；

LOOP 每一个侦查蜂

为每个侦查蜂选择策略 CL；

根据策略在对应的食物源中随机选择 Pr_1 个不重复回收件放入列表 LB；

LOOP 列表 LB 中每一个回收件

确定回收件的当前位置，插入其他 $n-1$ 个位置，得到新排列；

计算 $n-1$ 个新排列的目标值，选取目标值前 Pr_2 的新排列作为候选；

随机选择 Pr_2 个新排列中的某一个，赋值给对应食物源；

END LOOP

END LOOP

END WHILE

此外，本研究选用效果良好的 NEH 规则与 DABC 算法比较，以验证 DABC 算法的效果。NEH 规则是由 Nawaz、Enscore 和 Ham 等人提出的一种启发式规则，因性能好而得到广泛使用。Framinan 等在以 TFT 最小为目标时，发现将任务按照总加工时间从小到大排列要比按照从大到小排列效果要好，记为 NEH_A 规则。NEH_A 规则伪代码如下：

```
/ * NEH_A 规则 * /
```

Input：n, m, p_{ij}, K_i　　　　　**Output**：I *

将回收件按照总加工时间从小到大排列，初始排列为 $S=\{S_1, S_2, \cdots, S_n\}$

SET S^* 为所寻回收件排列；

初始化 $S^*=\{S_1\}$；

LOOP $j=2$ to n

从初始排列中获取回收件 S_j 并且将其插入 S^* 中可能的 j 个位置；

比较 j 次插入的目标值，最终将 S_j 插入其中目标值最好的位置；

END LOOP

（4）改进离散人工蜂群算法

1）算法初始化的改进。DABC 算法初始化是指生成由 NA 个初始解组成的种群。对于本研究，每个初始解就是回收件输入一种排列方式。原有 DABC 算法中，初始解是随机生成的。随机生成初始解可以保证解的多样性，降低了算法陷入局部最优的可能性，但是会减慢算法的收敛速度。为此，本研究将 NEH 规则思想引进 DABC 算法的初始化。引入 NEH 规则可以使算法较快地获得较优解，但是会在一定程度上减少解的多样性。

单个初始解的生成方法包括：

① 随机化生成，记为 RAN 法；

② 利用 NEH 规则生成，记为 NEH 法；

③ 利用 NEH 改进规则生成，记为 NEH_A 法；

④ 将 NEH 规则的初始排列随机生成，记为 NEH_R 法。

因此，本研究中构成初始种群的生成方法包括：

① NEHABC：1-NEH_A,1-NEH，(SN-2)-NEH_R；

② NEHRABC：1-NEH_A,1-NEH，(SN-2)-RAN；

③ NEHRRABC：1-NEH_A，(SN-1)-RAN。

2) DABC 主体算法的改进。DABC 算法的主体部分包括雇佣蜂阶段、旁观蜂阶段、侦查蜂阶段。为保证解的多样性，原始的 DABC 算法在雇佣蜂阶段和侦查蜂阶段会遗漏出现过的部分最优解。本研究中不浪费算法中任何一次生成新解的过程，以保证更好的解只要出现过就会被记录下来。为此，提出三种算法主体的改进方法：①侦查蜂阶段和雇佣蜂阶段的最优解均不遗漏，记为 ABC1；②不遗漏侦查蜂阶段的最优解，记为 ABC2；③不遗漏雇佣蜂阶段的最优解，记为 ABC3。

5. 案例分析

(1) 算例设计　本节选取 9 种 (n,m) 组合，n 取值集合为 $\{10,20,30,40\}$，m 取值集合为 $\{5,10,20\}$。其中，$n=\{10,20\}$ 对所有的 m 取值均产生算例，$n=30$ 只对 $m=\{5,10\}$ 产生算例，$n=40$ 只对 $m=5$ 产生算例。每种 (n,m) 组合分别产生 10 个算例，记为 $L_1 \sim L_{10}$，总共产生 90 个算例。假设模型中 m 个缓冲区的容量大小一致，有无、有限、无穷等三种容量取值，具体分别取 $K_i=0$、2、50；回收件加工时间 p_{ij} 服从均匀分布 $U(0,10)$。当 $p_{ij}=0$ 时，说明工件 P_j 跳过机器 M_i，以反映再制造系统加工时间和加工路线的不确定性。

(2) 离散人工蜂群算法及其改进效果验证

1) DABC 算法效果验证。

DABC 算法有三类重要参数，分别为：种群数量 NA、最大迭代次数 $MaxIteration$ 和可选策略集合 CL。设 $NA=10$、$MaxIteration=1000$，策略 CL 在算法每个阶段的取值各不相同，见表 7-52。

表 7-52　策略 CL 在算法各阶段的取值

算 法 阶 段	策略 CL	
	Pr_1	Pr_2
	2	5
	3	1
雇佣蜂	3	3
	4	3
	2	$n-1$
旁观蜂	n	1
侦查蜂	8	3

根据 DABC 算法以及 NEH_A 规则，分别求得 90 个算例下的 TFT 值，结果如表 7-53 所示。为更直观地比较上述两种方法的效果，引进相对百分偏差（Relative Percentage Deviation，RPD），算式如下：

$$RPD = \frac{TFT_{DABC} - TFT_{NEH\_A}}{TFT_{DABC}}$$

式中，TFT_{NEH_A} 指由 NEH_A 规则获得的 TFT 值；TFT_{DABC} 是在相同参数下由 DABC 算法获得的 TFT 值。

表 7-53　不同缓冲区容量及问题规模下，NEH_ A 规则和 DABC 算法求得的 TFT 值

序号	规模	B_i为0		B_i有限		K_i无穷	
		NEH_A	DABC	NEH_A	DABC	NEH_A	DABC
1		492	481	471	462	471	462
2		439	402	402	391	402	391
3		468	466	443	434	443	434
4		451	447	438	432	438	432
5	$n=10$	551	541	526	512	526	512
6	$m=5$	425	373	390	359	390	359
7		408	408	402	398	402	398
8		519	518	502	502	502	502
9		571	556	553	542	553	542
10		476	468	441	433	441	433
1		825	766	743	725	743	725
2		734	730	713	700	713	700
3		735	723	709	702	709	702
4		731	725	713	703	713	703
5	$n=10$	853	829	817	796	817	796
6	$m=10$	765	749	738	726	738	726
7		845	845	829	811	829	811
8		742	742	734	730	734	730
9		881	851	813	808	813	808
10		770	764	770	754	770	754
1		1326	1313	1331	1237	1331	1286
2		1346	1315	1308	1241	1308	1301
3		1326	1306	1266	1254	1266	1266
4		1381	1366	1346	1343	1346	1338
5	$n=10$	1344	1344	1330	1330	1330	1330
6	$m=20$	1366	1358	1367	1305	1367	1347
7		1392	1349	1377	1335	1377	1335
8		1475	1424	1442	1352	1442	1442
9		1356	1307	1305	1274	1305	1274
10		1480	1456	1507	1404	1506	1421

规模	K_i为0		K_i有限		K_i无穷	
	NEH_A	DABC	NEH_A	DABC	NEH_A	DABC
	1475	1327	1280	1237	1280	1237
	1495	1396	1274	1241	1295	1241
	1478	1394	1354	1254	1354	1253
	1471	1421	1395	1343	1395	1343
$n=20$	1632	1558	1517	1439	1517	1439
$m=5$	1449	1388	1345	1305	1345	1304
	1694	1603	1525	1459	1525	1460
	1527	1470	1393	1352	1393	1347
	1767	1700	1585	1580	1585	1580
	1542	1491	1483	1404	1483	1404
	2268	2103	2008	1924	1979	1922
	2104	2046	1931	1875	1931	1875
	2238	2130	2119	1976	2119	1976
	2302	2257	2200	2120	2182	2120
$n=20$	2210	2178	2097	2062	2097	2062
$m=10$	2288	2201	2147	2051	2147	2051
	2463	2167	2159	2012	2159	2014
	2382	2266	2288	2174	2286	2174
	2178	2103	2087	1936	2050	1930
	2442	2375	2288	2205	2288	2200
	3419	3315	3331	3200	3331	3315
	3516	3451	3536	3312	3473	3451
	3408	3344	3395	3229	3395	3344
	3693	3435	3619	3383	3613	3435
$n=20$	3633	3496	3442	3314	3442	3319
$m=20$	3398	3217	3208	3051	3208	3026
	3334	3215	3311	3137	3311	3215
	3531	3465	3484	3352	3484	3465
	3625	3420	3492	3333	3492	3420
	3562	3467	3570	3368	3579	3467

规模	K_i为0		K_i有限		K_i无穷	
	NEH_A	DABC	NEH_A	DABC	NEH_A	DABC
	2963	2605	2485	2378	2438	2378
	3081	2829	2668	2606	2641	2602
	3194	3053	2918	2737	2918	2739
	3185	2866	2716	2595	2699	2598
$n=30$	3334	3169	2982	2849	2982	2851
$m=5$	3295	3125	2938	2801	2956	2800
	3256	2988	2901	2765	2901	2776
	3154	2982	3053	2881	2985	2873
	3151	2876	2741	2529	2707	2535
	3364	3261	3092	2973	3110	2974
	3993	3795	3708	3517	3735	3521
	4379	4066	3760	3615	3760	3611
	4563	4370	4164	4016	4168	4036
	4211	4118	4001	3792	4001	3800
$n=30$	4866	4334	4362	3983	4347	4016
$m=10$	4431	4027	3947	3637	3889	3711
	4697	4221	4015	3868	3993	3824
	4134	3821	3630	3430	3630	3442
	4307	4102	3881	3765	3881	3789
	4075	3933	3755	3621	3748	3595
	4999	4508	4084	3955	4062	3964
	5077	4693	4458	4238	4396	4234
	5631	5013	4762	4524	4680	4497
	5573	5254	4905	4712	4876	4678
$n=40$	5687	5286	4975	4675	4919	4711
$m=5$	5274	5094	4887	4674	4901	4742
	5312	4901	4475	4180	4406	4188
	5877	5334	5132	4987	5120	4977
	5230	4719	4565	4278	4453	4246
	5651	5389	5142	4920	5139	4934

不同缓冲区容量下，每个算例都对应有不同的 *RPD*。为统计分析不同规模的 *RPD*，将折算到规模的 *RPD* 称为 *APRD*，不同缓冲区容量下 *APRD* 值统计见表7-54。

表7-54 不同缓冲区容量下的 *APRD* 值

(n, m)	$K_i = 0$	K_i有限	K_i无穷
(10, 5)	-3.05%	-2.35%	-2.35%
(10, 10)	-1.92%	-1.62%	-1.62%
(10, 20)	-1.82%	-3.64%	-1.70%
(20, 5)	-5.07%	-3.81%	-4.01%
(20, 10)	-4.51%	-4.63%	-4.28%
(20, 20)	-3.66%	-4.95%	-2.54%
(30, 5)	-7.03%	-4.83%	-4.23%
(30, 10)	-6.45%	-5.01%	-4.59%
(40, 5)	-7.59%	-4.74%	-3.79%
平均值	-4.57%	-3.95%	-3.23%

观察表7-54可以发现：三种缓冲区容量下，不论算例的规模如何，*APRD* 值均小于0。也就是说，就目前的算例而言，DABC算法可以得到比 NEH_A 规则更小的 *TFT* 值。因此，利用 DABC 算法完成再制造系统生产调度，可以得到更好的寻优效果。此外，比较不同规模下 *APRD* 的数值，缓冲区容量越大，DABC 算法和 NEH_A 规则优化结果的差值越小。

2）DABC算法初始化和主体改进。将初始完全随机化的 DABC 算法简单记为 ABC，3种 DABC 初始化改进算法分别称为 NEHABC、NEHRABC 以及 NEHRRABC，3种 DABC 主体改进算法称为 ABC1、ABC2 以及 ABC3。每个算法迭代300次，得到算法的迭代收敛曲线。初始化改进算法收敛曲线如图7-66所示，主体改进算法收敛曲线如图7-67所示。

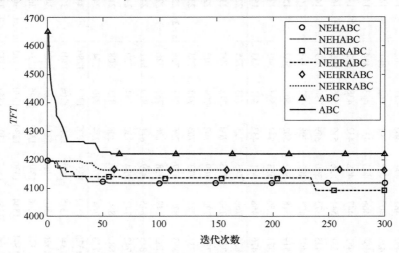

图7-66 初始化改进算法的收敛曲线

由图7-66可知：初始化算法改进后，算法能够更快地找到较优解，收敛速度更快，最终解的质量有时会更好。由图7-67可知：主体算法改进后，能够实时记录所有出现过的优化解，因而通常可以得到更好的最终解。

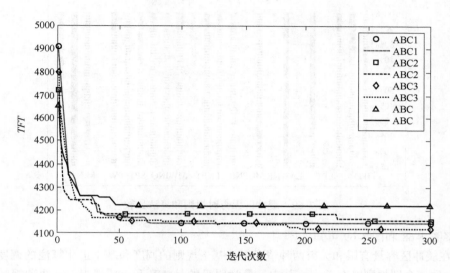

图 7-67　主体改进算法的收敛曲线

3）不同调度方法优化效果的对比分析。为了更为直观地比较两种调度方法，本节将 22 种分派规则、NEH_A 方法、DABC 算法等 24 种调度方法分别记为 $\Omega = \{ G_1, G_2, \cdots, G_{24} \}$。若方法 G_i 的调度效果优于 G_j，则记为 $-G_i > G_j$。统计劣于 G_i 的方法的数目，记为 U_i。

$$U_i = \text{Count}(\{ G_j | G_i > G_j, G_j \in \Omega \})$$

式中，$\text{Count}(\ )$ 为计算集合中元素数量的函数；U_i 的取值范围为 $[0,23]$，将其划分为 5 个等级，分别为 $[0,4]$、$[5,9]$、$[10,13]$、$[14,18]$ 和 $[19,23]$。

选取 9 组 (n,m) 规模，计算每组规模下每种方法的 U_i，并统计其分别落在 5 个等级中的概率，记为 $\rho_{i,l}$，$l = 1$、2、3、4、5，$\Sigma \rho_{i,l} = 1$。缓冲区有限和无穷条件下，每种方法的 $U_i (i = 1, 2, \cdots, 24)$ 分别落在 5 个等级中的概率 $\rho_{i,l} (l = 1, 2, 3, 4, 5)$ 的值分别如图 7-68 和图 7-69 所示。

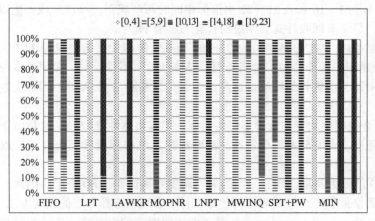

图 7-68　缓冲区有限时规则和算法比较

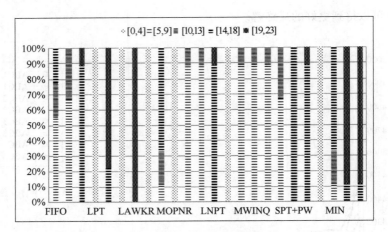

图 7-69　缓冲区无穷时规则和算法比较

观察图 7-68 和图 7-69 可知：

① 在缓冲区容量有限和无穷两种情况下，基于规则的调度和基于进化算法的调度优化效果基本一致，个别规则略有差别。其中，最为明显的是 AW 和 PW 规则，这两种规则的优化效果在缓冲区容量有限时更好。这是因为 AW 和 PW 规则是仅有的与等待时间相关的规则；当缓冲区容量无穷时，工件处于缓冲区不会造成堵塞，因而等待对优化调度影响不大。

② 两种容量条件下，规则 LWKR、LAWKR 及算法 NEH_A、DABC 的调度优化效果均领先于其他调度方法。其中，缓冲区容量无穷时 LAWKR 规则效果优于算法 NEH_A、DABC，而缓冲区容量有限时算法的效果更优。这说明规则能够利用实时信息来选择合适的工件，尽可能地使得工件流动起来，简单的规则有时反而更为有效，但是缓冲区容量有限会带来加工过程的随机性，会降低优化效果。除 LWKR、LAWKR 规则之外，SPT、LNPT 规则和 SPT + PW、2PT + WINQ + NPT 两个组合规则同样具有较好的调度效果，LOPNR、MJN 规则次之，其余规则效果不佳。

③ 比较②中优化效果较好的 6 个简单规则，可以发现：以加工时间为指标的规则效果优于以操作数量为指标的规则，以整体情况为指标的规则效果优于只注重当前工位情况的规则。

④ 对比序号为 3 ~ 16 以及 21、22 中指标相同的两两规则，可以发现：当以最小化总流程时间为目标时，尽早有回收件离开系统对优化目标有利。

⑤ LNO、LNPT、LWINQ 规则均与工件的下一操作相关，其中仅有 LNPT 规则的效果良好。LNPT 规则是下一操作的加工时间最短。整体的效果不佳说明，无须过多考虑工件下一操作的当前状态对该当前选择的影响。这是由于缓冲区中存在其他工件，导致生产情况时刻在发生变化。

⑥ 两个组合规则中均存在效果不佳的指标，但其整体性能较好。这是由于组合规则能够综合考虑系统情况，具有较好的稳定性。需要根据系统实际设计组合规则，以得到更好的调度计划。

⑦ 以 FIFO 规则为基准，约有一半的规则调度效果优于 FIFO 规则。因此，要提高系统运作的效率，需要根据生产系统实际，科学地设计、合理地选择合适的调度方法。

持续改进（Continous Improvement）是工业工程专业的座右铭。系统建模与仿真为持续改进提供了有效的工具和方法。

思考题及习题

1. 制造系统建模与仿真软件系统可以分为哪几种类型？分别分析它们的特点及应用领域。

2. 选择制造系统仿真软件时需要考虑哪些因素？

3. 了解常用系统建模与仿真软件的类型、功能、特点及其使用步骤。

4. 建立制造系统仿真模型的基本步骤是什么？需要采集哪些数据？

5. ProModel 软件中的建模元素有哪些？简要分析它们的定义、功能及其参数设置。

6. 简述采用 ProModel 软件进行系统建模与仿真的步骤。

7. 采用商品化仿真软件，基于本书"4.4.5 节案例研究：基于排队论的制造系统建模与手工仿真"以及表4-9中的数据，完成单工序钻孔加工系统的建模与仿真，并与手工模拟结果进行对比。在此基础上分析计算机仿真具有哪些优点、系统建模与仿真时应注意哪些细节。

8. 以本书"4.5.3 节案例研究：汽车4S店库存系统建模与仿真"中的案例和数据为基础，采用商品化软件，完成该库存系统的建模与仿真，分析仿真技术在库存管理中的作用。

9. 某钻床加工零件时，非急件以每 (5 ± 3) min 一个的速率到达，所需的加工时间为 (3 ± 2) min。另外，每 (60 ± 20) min 会有一个急件，急件的加工时间为 (12 ± 3) min。急件可以中断任何非急件的加工。当非急件返回钻床时，只需要在钻床上停留其剩余的加工时间。建立该钻孔加工系统的仿真模型，仿真加工10个急件，评估每类零件在系统中平均花费的总时间，并求解该排队系统主要的性能指标。

10. 利用商品化仿真软件，完成图7-70所示某生产车间的建模和仿真。其中，各工序加工时间单位为 min。根据以往数据，抛光后的产品经检验有90%合格直接出厂，其余10%需要重新进行抛光加工。分别将仿真模型运行100h、1000h 和10000h，统计各工位以及系统性能，分析系统的瓶颈环节，提出改进和优化意见。

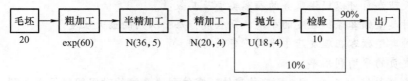

图7-70 某生产车间的建模和仿真

11. 采用商品化仿真软件，完成下述理发店的建模与仿真研究：

(1) 已知顾客到达理发店的时间间隔服从均值为10min 的指数分布；理发员为每一位顾客理发的时间服从 8～10min 的均匀分布，该时间包括与顾客打招呼以及收银等时间；理发员每天工作8h（480min）。通过仿真求系统的下列特性：

1) 理发员每天能够提供理发服务的顾客数量。

2) 等待理发的顾客平均数（队列长度），队列的最大长度。

3) 顾客在理发店花费的平均时间。

4) 理发员的平均利用率。

(2) 已知理发店的顾客中20%为儿童、50%为妇女、30%为男士；顾客到达的时间间隔服从最小值、模数、最大值分别为7min、8min、9min 的三角分布；根据顾客类型不同，理发时间服从表7-55的均匀分布，该时间包括与顾客打招呼以及收银等时间；理发员每天工作

8h（480min）。通过仿真求系统的下列特性：

表7-55 某理发店顾客理发时间统计表

顾客类型	理发时间/min	
	均　值	半　宽　度
儿童	8	2
妇女	12	3
男士	10	2

1）每天理发员可以提供服务的顾客类型及其数量。

2）每种类型顾客等待理发的平均队列长度，每个队列的最大长度。

3）每种类型顾客在理发店中平均花费的时间。

4）理发员的平均利用率。

（3）已知顾客到达的时间间隔如表7-56所示，理发店每天的营业时间为早晨6：00到晚上9：00，服务顾客类型、理发时间等参数分别与第（2）题相同。通过仿真求系统下列特性：

表7-56 某理发店顾客到达的时间间隔统计表

从	至	百分比（%）
上午6：00	上午6：30	5
上午6：30	上午8：00	20
上午8：00	上午11：00	5
上午11：00	下午1：00	35
下午1：00	下午5：00	10
下午5：00	晚上7：00	20
晚上7：00	晚上9：00	5

1）每天理发员可以提供服务的顾客类型及其数量。

2）每种类型顾客等待理发的平均队列长度，每个队列的最大长度。

3）每种类型顾客在理发店中平均花费的时间。

4）理发员的平均利用率。

12. 某制造系统加工A、B、C三种零件，零件到达系统的时间间隔见表7-57：

表7-57 零件到达系统的时间间隔统计表

到达时间间隔/s	10～20	20～30	30～40
比例	0.20	0.30	0.50

A、B、C三种零件的加工时间均呈正态分布。每种零件所占的比例以及相应的加工时间参数见表7-58：

表7-58 每种零件所占的比例及相应的加工时间参数

零件类型	比　例	均值/s	标准差/s
A	0.5	30	3
B	0.3	40	4
C	0.2	50	6

已知系统中的每台机床均可以加工任意类型的零件，且每台机床一次只能加工一个零件。假设系统中有一台、两台和三台机床，分别建立系统的仿真模型，比较系统主要性能指标的变化，并评估不同规则对系统性能的影响。

13. 某车间有 4 台机床，4 台机床功能各不相同，每种机床只有 1 台。共有 5 类零件需要加工，零件按指数分布到达车间，间隔为 10min。零件比例及其加工工艺见表 7-59，其中加工时间服从三角分布(单位：min)。根据经验数据，第一类零件在到达工位以及不同加工工位之间移动时所需时间服从参数为(7，12，15) min 的三角分布，其余 4 类零件在到达工位以及不同加工工位之间的移动时间服从参数为 (8，10，12) min 的三角分布。

表7-59 零件比例及其加工工艺

零 件 号	百分比（%）	工 序 号	所用机床号	加工时间/min
零件1	12	1	机床1	10.5，11.9，13.2
		2	机床2	7.1，8.5，9.8
		3	机床3	6.7，8.8，10.1
		4	机床4	6，8.9，10.3
零件2	14	1	机床1	7.3，8.6，10.1
		2	机床3	5.4，7.2，11.3
		3	机床2	9.6，11.4，15.3
零件3	31	1	机床2	8.7，9.9，12
		2	机床1	8.6，10.3，12.8
		3	机床1	10.3，12.4，14.8
		4	机床3	8.4，9.7，11
零件4	24	1	机床3	7.9，9.4，10.9
		2	机床4	7.6，8.9，10.3
		3	机床3	6.5，8.3，9.7
		4	机床4	6.7，7.8，9.4
零件5	19	1	机床3	5.6，7.1，8.8
		2	机床1	5.6，7.1，8.8
		3	机床4	9.1，10.7，12.8

（1）建立该加工车间的仿真模型，运行仿真模型 1000h，仿真次数为 5 次，分析系统生产效率、各工位利用率和堵塞率等性能特征，并提出改进方案。

（2）在完成系统建模、仿真和结果分析的基础上，撰写仿真分析报告，提交仿真模型及报告。

14. 某车间有一台机床，已知零件按均值为 10min 的指数分布到达车间，每个零件的加工时间服从参数为 $U(8,10)$ min 的均匀分布，车间采用两班工作制，有效加工时间为 16h。建立该车间仿真模型，并求解以下问题：

（1）该车间每天能加工零件的数量。

（2）车间中平均等待加工的零件数，等待加工零件的最大数量。

（3）每个零件在该车间的平均停留时间。

（4）机床的平均利用率。

（5）从加工设备数量的角度提出该车间优化配置方案。

15. 某车间有一台机床，有 A、B、C 三类零件需要加工，A、B、C 三类零件的比例构成为 20%、50% 和 30%。已知所有零件均按(7,8,9)min 的三角分布规律到达车间，A 类零件的

加工时间服从 $U(6,10)$ min 的均匀分布，B 类零件的加工时间服从 $U(9,15)$ min 的均匀分布，C 类零件的加工时间服从 $U(8,12)$ min 的均匀分布，车间采用两班工作制，有效加工时间为 16h。建立该车间仿真模型，并求解以下问题：

(1) 该车间每天能加工零件的数量。

(2) 车间中平均等待加工的每种类型零件的数量，等待加工每类零件的最大数量。

(3) 每类零件在该车间的平均停留时间和最大等待时间。

(4) 机床的平均利用率。

(5) 从加工设备数量的角度提出该车间优化配置方案。

16. 某城市公交车以指数时间间隔平均 2h 到达维修站。维修站包括一个检查站和两个独立修理站。每辆公交车都要检查，检查时间服从 15min ~ 1.05h 均匀分布；检查站按单一先到先出队列进出。30% 的公交车在检查期间被发现需要修理。两个相同的修理站按单一先到先出队列进出，修理时间服从 2.1 ~ 4.5h 均匀分布。建立系统的仿真模型，完成 160h 的仿真实验，求解系统以下性能指标：

(1) 每个队列的平均延迟时间；

(2) 每个队列的平均长度；

(3) 检查站的利用率；

(4) 修理站的利用率。

重复仿真 5 次，假设公交车的到达率增加 4 倍，即平均间隔时间减少为 30min。维修站能处理吗？能否通过仿真回答此问题。

17. 某加工车间，加工任务到达的时间间隔（min）（见表 7-60）服从如下分布：

表 7-60　加工任务到达的时间间隔

到达时间间隔	6	8	12	15
概率	0.25	0.30	0.32	0.18

已知新任务的加工时间服从均值为 9min、标准差为 4min 的正态分布。另外，在仿真开始时，有一项任务正在进行，需要时间为 6min，排队队列中还有一项需耗时 10min 的任务于等待状态。构建该系统仿真模型，完成 10 项新任务加工的仿真，并求解下列指标：

(1) 10 项新任务在队列中的平均等待时间。

(2) 10 项新任务的平均处理时间。

(3) 10 项新任务在系统中的最长等待时间。

18. 已知零件以均值为 60s 的指数分布的时间间隔到达加工车间。加工前，所有零件都需要 5s 的准备时间。共有 3 种不同类型零件，每种零件的加工时间均呈正态分布。3 种零件的比例以及加工时间参数见表 7-61。建立该系统的仿真模型，仿真一个工作班次（8h）并求解下列指标：

表 7-61　3 种零件的比例以及加工时间参数

零件类型	比例（%）	均值/s	标准差/s
1	50	40	6
2	30	55	8
3	20	80	12

（1）完成所有类型零件加工的总时间的分布。

（2）完成加工的时间大于 60s 的零件的比例为多少？

（3）零件的平均等待时间。

19. 分别以本章 7.5 节中的板材加工柔性制造系统、汽车发动机再制造车间、多机并行作业车间生产调度以及再制造系统动态瓶颈分析等案例为研究对象，构建系统仿真模型，设定模型参数及运行规则，分析系统的动态性能特征，并提出系统改进和优化方案。

20. 选择典型的制造系统（如齿轮生产车间、摩托车装配线、模具制造车间、数控机床装配车间等）、物流系统（公共汽车、运输公司、公交线路、物流中心、配送中心等）或服务系统（如理发店、食堂、超市、图书馆、银行、邮局等），完成以下工作：

（1）分析所选择系统的类型、结构、组成要素、特性、运行过程及其特点等，确定系统仿真模型中应包括哪些建模元素，如实体、资源、工序、设备、人员等，应设置哪些参数和属性。

（2）在调研和采集数据的基础上，确定模型输入参数的概率分布及其参数，如顾客的平均到达时间间隔、顾客平均等待时间、顾客平均接受服务的时间等。

（3）采用商品化仿真软件建立系统的仿真模型。

（4）调试仿真程序，以合适的图形、报表等形式表达仿真数据及仿真结果，评价仿真结果、分析系统性能指标，寻找系统的瓶颈环节。

（5）通过改进系统的某些设置或参数，通过多方案的比较和改进，提出系统结构、配置、参数以及性能的优化方案。

（6）在完成上述任务的基础上，按照系统分析与描述、建模与仿真任务分析、基础数据采集与拟合、系统建模与仿真、初步的仿真结果、方案改进与优化、结论等顺序，撰写系统建模与仿真分析报告。

参 考 文 献

[1] Banks Jerry, Carson John S Ⅱ, Nelson Barry L, et al. Discrete-event System Simulation [M]. 4th ed. Cambridge: Pearson Education, Inc. , 2005.

[2] Banks Jerry, Carson John S Ⅱ, Nelson Barry L, et al. 离散事件系统仿真 [M]. 肖田元, 范文慧, 译. 4 版. 北京: 机械工业出版社, 2007.

[3] Harrell Charles, Ghosh Biman K, Bowden Royce. Simulation Using ProModel [M]. 2nd. New York: McGraw-Hill Companies, Inc. , 2004.

[4] Curry Guy L, Feldman Richard M. Manufacturing Systems Modeling and Analysis [M]. 2nd. Berlin: Springer-Verlag GmbH 2011.

[5] Li Jingshan, Meerkov Semyon M. Production Systems Engineering [M]. Berling: Springer Science + Business Media Deutchland GmbH, 2009.

[6] 刘飞, 张晓东, 杨丹. 制造系统工程 [M]. 北京: 国防工业出版社, 2000.

[7] 齐欢, 王小平. 系统建模与仿真 [M]. 北京: 清华大学出版社, 2004.

[8] 李培根. 制造系统性能分析建模——理论与方法 [M]. 武汉: 华中理工大学出版社, 1998.

[9] 张晓萍, 颜永年. 现代生产物流及仿真 [M]. 北京: 清华大学出版社, 1998.

[10] 邓子琼, 李小宁. 柔性制造系统的建模与仿真 [M]. 北京: 国防工业出版社, 1993.

[11] 冯允成, 邹志红, 周泓. 离散系统仿真 [M]. 北京: 机械工业出版社, 1998.

[12] 张晓萍. 物流系统仿真原理与应用 [M]. 北京: 中国物资出版社, 2005.

[13] 孙小明. 生产系统建模与仿真 [M]. 上海: 上海交通大学出版社, 2006.

[14] 崔俊芝. 计算机辅助工程的现在及未来 [J]. 计算机辅助设计与制造, 2000 (6): 23-26.

[15] 王国中, 申长雨. 注塑模具 CAD/CAE/CAM [M]. 北京: 北京理工大学出版社, 1997.

[16] 吴启迪, 严隽薇, 张浩. 柔性制造自动化的原理与实践 [M]. 北京: 清华大学出版社, 1997.

[17] 王国强. 虚拟样机技术及其在 ADAMS 上的实现 [M]. 西安: 西北工业大学出版社, 2002.

[18] 冯允成, 杜端甫, 梁叔平. 系统仿真及其应用 [M]. 北京: 机械工业出版社, 1992.

[19] 肖田元, 张燕云, 陈加栋. 系统仿真导论 [M]. 北京: 清华大学出版社, 2000.

[20] 郑大钟, 赵千川. 离散事件动态系统 [M]. 北京: 清华大学出版社, 2001.

[21] 袁崇义. Petri 网原理 [M]. 北京: 电子工业出版社, 1998.

[22] 林闯. 随机 Petri 网和系统性能评价 [M]. 北京: 清华大学出版社, 2000.

[23] 江志斌. Petri 网及其在制造系统建模与控制中的应用 [M]. 北京: 机械工业出版社, 2004.

[24] 钱颂迪, 胡运权, 顾基发, 等. 运筹学 [M]. 北京: 清华大学出版社, 1990.

[25] 张维明, 邓苏, 罗雪山, 等. 信息系统建模技术与应用 [M]. 北京: 电子工业出版社, 1997.

[26] 陈旭, 武振业. 新一代可视化交互集成仿真环境 Arena [J]. 计算机应用研究, 2000, 17 (1): 9-11.

[27] 王超, 王金. 机械可靠性工程 [M]. 北京: 冶金工业出版社, 1992.

[28] O'connor Patrick D T, Kleyner Andre. Practical Reliability Engineering [M]. 4th ed. New York: John Wiley & Sons, Inc. , 2002.

[29] 蒋式勤, 吴启迪, 乔非. 有色、计时 Petri 网在柔性制造系统作业调度仿真中的应用 [J]. 组合机床与自动化加工技术, 1993 (5): 40-42.

［30］ Tchako J F N. Modeling with colored timed Petri nets and simulation of a dynamic and distributed management system for a manufacturing cell ［J］. Computer Integrated Manufacturing, 1994, 7 (6): 323-339.

［31］ 李芳芸, 柴跃廷. CIMS 环境下——集成化管理信息系统的分析、设计与实施 ［M］. 北京: 清华大学出版社, 1996.

［32］ Villania Emilia, Pascal Jean C, Miyagi Paulo E, et al. A Petri net-based object-oriented approach for the modelling of hybrid productive systems ［J］. Nonlinear Analysis, 2005, 62 (2): 1394-1418.

［33］ 刘忠. 工程机械液压传动原理、故障诊断与排除 ［M］. 北京: 机械工业出版社, 2005.

［34］ Liu T S, Choiu S B. The application of Petri nets to failure analysis ［J］. Reliability Engineering and System Safety, 1997, 57 (1): 129-142.

［35］ 于学奎, 陈雁军, 凌泽润. 应用可靠性技术, 提升数控装备市场竞争力 ［J］. 制造技术与机床, 2004 (3): 21-23.

［36］ 郑力, 江平宇, 乔立红, 等. 制造系统研究的挑战和前沿 ［J］. 机械工程学报, 2010, 46 (21): 124-136.

［37］ 胡运权, 郭耀煌. 运筹学教程 ［M］. 北京: 清华大学出版社, 2003.

［38］ 陈启申. ERP——从内部集成起步 ［M］. 北京: 电子工业出版社, 2004.

［39］ 茆诗松. 概率论与数理统计 ［M］. 北京: 中国统计出版社, 2000.

［40］ 肖化昆. 系统仿真中任意概率分布的伪随机数研究 ［J］. 计算机工程与设计, 2005 (1): 168-171.

［41］ 张传林, 林立东. 伪随机数发生器及其应用 ［J］. 数值计算与计算机应用, 2002 (3): 188-208.

［42］ 肖刚, 李天柁. 系统可靠性分析中的蒙特卡罗方法 ［M］. 北京: 科学出版社, 2003.

［43］ 杨为民, 盛一兴. 系统可靠性数字仿真 ［M］. 北京: 北京航空航天大学出版社, 1990.

［44］ 王其藩. 高级系统动力学 ［M］. 北京: 清华大学出版社, 1995.

［45］ 胡玉奎. 系统动力学: 战略与策略实验室 ［M］. 杭州: 浙江人民出版社, 1988.

［46］ Helbing K W, Reiche M. Selected aspects of development and planning of production and logistics systems ［J］. Journal of Materials Processing Technology, 1998, 76 (1-3): 233-237.

［47］ 霍佳震, 马秀波, 朱琳婕. 集成供应链绩效评价体系及应用 ［M］. 北京: 清华大学出版社, 2005.

［48］ 马士华, 徐荣秋. 供应链管理 ［M］. 北京: 机械工业出版社, 2000.

［49］ 顾启泰. 离散事件系统建模与仿真 ［M］. 北京: 清华大学出版社, 1999.

［50］ 王子才, 张冰, 杨明. 仿真系统的校核、验证和验收 (VV&A): 现状与未来 ［J］. 系统仿真学报, 1999, 11 (5): 321-325.

［51］ Osman Balci. Verification, Validation and Accrediation ［C］. Proceedings of 1998 Winter Simulation Conference, 1998: 41-48.

［52］ 郭齐胜, 董志明, 单家元, 等. 系统仿真 ［M］. 北京: 国防工业出版社, 2006.

［53］ 郭齐胜, 杨秀月, 王杏林, 等. 系统建模 ［M］. 北京: 国防工业出版社, 2006.

［54］ 玄光男, 程润伟. 遗传算法与工程优化 ［M］. 北京: 清华大学出版社, 2004.

［55］ Marseguerra M, Zio E. Optimizing maintenance and repair policies via a combination of genetic algorithms and Monte Carlo simulation ［J］. Reliability Engineering and System Safety, 2000, 68 (1): 69-83.

［56］ 周玉清, 刘伯莹, 周强. ERP 理论、方法与实践 ［M］. 北京: 电子工业出版社, 2006.

［57］ Jay Heizer, Barry Render. 生产与作业管理教程 ［M］. 潘洁夫, 余远征, 刘知颖, 译. 北京: 华夏出版社, 1999.

［58］邹小勇，许映秋. ABC 法在 4S 汽车备件库存管理中综合应用［J］. 物流科技，2008（9）：30-33.

［59］金秋，邓康丰. 基于 Flexsim 的汽车 4S 店备件库存仿真［J］. 天津科技大学学报，2011，26（6）：69-73.

［60］Mourtzis D, Doukas M, Bernidaki D. Simulation in manufacturing：Review and challenges［J］. Procedia CIRP, 2014, 25：213-229.

［61］Negahban Ashkan, Smith Jeffrey S. Simulation for manufacturing system design and operation：Literature review and analysis［J］. Journal of Manufacturing Systems, 2014, 33（2）：241-261.

［62］Birta Louis G, Arbez Gilbert. Modelling and simulation-Exploring dynamic system behaviour［M］. London：Springer-Verlag London Limited, 2007.

［63］Law Averill M. Simulation Modeling and Analysis（fifth edition）［M］. New York：McGraw-Hill Education, 2015.